BAUER UND LASCHE

SCHIFFSTURBINEN

———

Berechnung und Konstruktion

der

Schiffsmaschinen und -Kessel

Ein Handbuch zum Gebrauch für
Konstrukteure, Seemaschinisten und Studierende

Ergänzungsband:

SCHIFFSTURBINEN

von

Dr. G. BAUER und O. LASCHE

Direktor der Vulcan-Werke Hamburg
und Stettin A.-G.

Direktor der Turbinenfabrik der
AEG Berlin

unter Mitwirkung von Ingenieur

E. LUDWIG

Abteilungschef der Vulcan-Werke

Mit 254 Textabbildungen, vielen Tabellen und 6 Tafeln

Zweite, vermehrte und verbesserte Auflage

MÜNCHEN UND BERLIN
DRUCK UND VERLAG VON R. OLDENBOURG
1913

Vorrede zur zweiten Auflage.

Die neue Bearbeitung und Ergänzung des Werkchens, welche wir bereits in der Vorrede zur ersten Auflage als in kurzer Zeit erforderlich hingestellt haben, hat sich leider infolge unserer dringenden Berufs-Geschäfte länger verzögert, als die rasche Entwicklung des Schiffsturbinen-Baues in den letzten Jahren gefordert hätte.

Wir waren bemüht, die wenige uns zur Verfügung stehende Muße zu benützen, um namentlich das Kapitel über die Berechnung der Turbinen derartig auszugestalten, daß wenigstens in großen Zügen der Gang der Berechnung von Schiffsturbinen jeder Art klargestellt ist; auch die Kapitel über die Konstruktion der Turbine haben eine wesentliche Erweiterung erfahren. Neu hinzugekommen ist der Teil, welcher sich mit den nicht direkt wirkenden, sondern unter Zwischenschaltung von Tourenübersetzungen arbeitenden Anlagen beschäftigt.

Bei der Bearbeitung der zweiten Auflage wurden wir durch die Ingenieure Wagner, Ludwig und Wälde bestens unterstützt, wofür wir an dieser Stelle unseren besten Dank aussprechen. Nicht versäumen wollen wir auch an dieser Stelle der Arbeit der Verlagsbuchhandlung dankbar zu gedenken, welche zur Ausstattung des Werkes ihr Bestes beigetragen hat.

Wir hoffen, daß in der neuen Form unser Werkchen seiner Pflicht, eine Einführung in die Anfangsgründe des modernen Schiffsturbinen-Baues zu bieten, innerhalb der Grenzen seines Umfanges gerecht wird und eine freundliche Beurteilung finden möge.

Hamburg und Berlin, im März 1913.

Dr. Bauer. O. Lasche.

Inhaltsverzeichnis.

I. Teil.

II. Teil.

III. Teil.

Berechnung der Dampfturbinen.

Inhaltsverzeichnis. IX

IV. Teil.

Die Konstruktion der Turbinen.

Seite

V. Teil.
Wellenleitung und Propeller.

VI. Teil.
Die Kondensationsanlagen.

VII. Teil.
Die Schaltungen der Schiffsturbinen.
I. Abschnitt.

VIII. Teil.
Anordnung der Turbinen im Schiff.
I. Abschnitt. Torpedoboote mit reinen Trommelturbinen.

II. Abschnitt. Torpedoboote mit Einzelwellenturbinen gemischten Systems.

III. Abschnitt. Kreuzer und Linienschiffe mit reinen Trommelturbinen.

IV. Abschnitt. Einige Bemerkungen über die Verwendung von Marschturbinen bei Anlagen mit reinen Trommelturbinen für Kriegsschiffe.

IX. Teil.

Die Abdampfturbine.

X. Teil.

Indirekter Antrieb von Schiffen durch Turbinen unter Zwischenschaltung von Übersetzungsvorrichtungen zwischen Turbine und Propeller.

I. Abschnitt.

II. Abschnitt. Der Föttinger Transformator.

XIV. Teil.

Verschiedene Tabellen.

I. Teil.
Einleitung.

I. Abschnitt.

§ 1. Vorzüge der Turbinenanlagen gegenüber den Anlagen mit Kolbenmaschinen[1].

1. Dampfverbrauch. Der Dampfverbrauch von Schiffsturbinen ist bei Vollastbetrieb in den günstigsten Fällen k l e i n e r als für Kolbenmaschinen, und zwar zeigt sich dieser Vorteil um so mehr, je größer die Leistung und je höher die Umdrehungszahl des betreffenden Aggregates ist. Dieser Vorzug läßt sich also vor allem bei den Turbinenanlagen von Torpedobooten und kleinen Kreuzern, am wenigsten bei denen von Handelsschiffen nachweisen.

2. Gewichtsbedarf. Der Gewichtsbedarf der Turbine läßt sich da, wo es sich um große Schiffsgeschwindigkeiten und hohe Leistungen handelt, bei gleichem Dampfverbrauch unter den der Kolbenmaschinen herabdrücken.

Komplette Turbinenanlagen für Torpedoboote sind etwa 10 bis 15% leichter als Kolbenmaschinenanlagen gleicher Leistung, Turbinenanlagen für schnelle Kreuzer etwa 5 bis 10%, Turbinenanlagen für Linienschiffe etwa ebenso schwer oder sogar etwas schwerer als Kolbenmaschinenanlagen gleicher Leistung. Unter Anlagen ist hier stets die komplette Maschinen- und Kesselanlage verstanden. Bei Handelsschiffen wird es nur in denjenigen Fällen, welche für die Verwendung von Turbinen besonders günstig liegen, möglich sein, für die Turbinenanlage das gleiche Gewicht einzuhalten wie für die Kolbenmaschinenanlage.

3. Raumbedarf. Der Raumbedarf ist in den Fällen, welche für den Turbinenantrieb günstig liegen, also bei hohen Schiffsgeschwindigkeiten und -leistungen, etwas geringer als bei Kolbenmaschinen; in weniger günstigen Fällen wird er entsprechend größer als bei letzteren.

---

[1] Alle Ausführungen dieses Abschnittes beziehen sich auf direkt wirkende Dampfturbinen. Falls der Antrieb der Schraubenwelle nicht direkt durch die Dampfturbine, sondern unter Zwischenschaltung eines Übersetzungsgetriebes erfolgt, liegen die Verhältnisse durchweg anders; das Verwendungsgebiet der Dampfturbine wird — namentlich durch Zwischenschaltung des hydraulischen (Foettinger-)Transformators oder von Rädervorgelegen — ein wesentlich weiteres. Vgl. X. Teil.

Allen Turbinensystemen ist es gemeinsam, daß der Raumbedarf der Höhe nach geringer ist als bei Kolbenmaschinen. Wenn auch die Vorrichtung zum Abheben des Gehäuseoberteils sowie die Möglichkeit der Demontage des Abdampfbogens einen gewissen Spielraum der Höhe nach erfordert, ist man dennoch in der Höhe weniger beschränkt als bei Kolbenmaschinen, was namentlich bei Kriegsschiffen mit Panzerdeck von Vorteil ist.

4. **Vibrationen.** Alle Schiffsschrauben erzeugen mehr oder minder starke Vibrationen des Hinterschiffes, welche ihre Ursache in den großen Differenzen in der Geschwindigkeit des Vorstromes haben, in welchem die Schrauben arbeiten, ferner in der Tatsache, daß der Wasserstrom die Propellerachse in einem spitzen Winkel trifft. Diese Vibrationen machen zum Teil den Aufenthalt im Hinterschiff, namentlich in den den Wellenaustritten und Wellenböcken zunächst gelegenen Räumen, sehr unangenehm. Solche Vibrationen besitzen auch die Turbinendampfer. Es treten jedoch bei Turbinen niemals Vibrationen mit hohen Amplituden ein, wie bei nicht ausbalancierten Kolbenschiffsmaschinen, welche den ganzen Schiffskörper in Schwingungen von großem Ausschlag versetzen. Die Vibrationen bei Turbinenschiffen sind stets auf das Hinterschiff beschränkt, von hoher Periodenzahl und kleiner Amplitude und lassen den mittleren und vorderen Teil des Schiffes völlig verschont, so daß man an diesen Teilen des Schiffes kaum unterscheiden kann, ob dasselbe sich in Fahrt befindet oder nicht. Diese Tatsache ist ein großer Vorzug des Turbinenantriebs namentlich für Kriegsschiffe, weil dadurch die Sicherheit im Zielen mit den Geschützen im Mittel- und Vorderteil des Schiffes erhöht wird[1]).

5. **Manövrieren.** Ein großer Vorteil der Turbinen, welcher namentlich den Einzelwellensystemen (s. § 3) eigen ist, liegt in der Leichtigkeit, mit welcher dieselben manövriert werden können. Das M a n ö v r i e r e n geschieht z. B. bei den Curtis- und AEG-Turbinen lediglich durch ein Absperrventil für Vorwärtsgang und ein Absperrventil für Rückwärtsgang, ist also einfacher als bei den Kolbenmaschinen, weil die Umsteuermaschine in Wegfall kommt. Auch ganz ungeübtes Personal ist daher in der Lage, mit den Turbinen schnell und sicher zu manövrieren, was im Kriegsfall ein ganz besonderer Vorzug ist. Daß eine besondere Rückwärtsturbine vorgesehen werden muß, ist allerdings bei Turbinenanlagen unvermeidlich. Da dieselben aber trotzdem hinsichtlich Gewicht und Dampfverbrauch noch in vielen Fällen den Kolbenmaschinen überlegen sind, darf man diesen Umstand nicht absolut als einen Nachteil der Turbine gegenüber den Kolbenmaschinen auffassen.

6. **Leichtigkeit in der Bedienung.** Auch abgesehen von der Bequemlichkeit des Manövrierens lassen sich die Turbinen leichter bedienen als die Kolbenmaschinen. Es kommen sämtliche schwer instand zu haltende Lager, wie dies sämtliche

---

[1]) Ein Mittel zum Ausgleich der von den Propellern herrührenden Schwingungen ist der sog. Pallophthor, erfunden von O. S c h l i c k.

Lager des Kurbelgestänges bei Kolbenmaschinen sind, in Wegfall. Der Reibung ausgesetzte Teile, wie Kolbenliderungen und Kolbenstangenstopfbüchsen sind nicht vorhanden, kurz es sind fast alle diejenigen Teile der Kolbenmaschine ausgeschieden, welche bei der Bedienung der letzteren auf Schiffen Schwierigkeiten machen und welche nur durch die jahrzehntelange Erfahrung in der Konstruktion solcher Maschinen und durch die jetzige vorzügliche Ausbildung des Schiffsmaschinenpersonals überwunden werden.

7. **Überlastungsfähigkeit.** Die Turbinen sind in viel weiteren Grenzen überlastungsfähig als die Kolbenmaschinen. Bei letzteren steht einer Erhöhung der Leistung über die Konstruktionsleistung hinaus, abgesehen von den unter 6 erwähnten Betriebsschwierigkeiten, der Umstand im Wege, daß die Kolbenmaschinen im allgemeinen kein viel größeres Dampfquantum aufnehmen können, als bei der normalen Leistung zugrunde gelegt war. Bei Turbinen dagegen können Mehrleistungen bis zu $50\,\%$ und darüber erzielt werden, ohne daß deshalb von vornherein eine Vergrößerung der Außenabmessungen notwendig ist.

8. **Reinlichkeit im Betriebe.** Dieselbe ist eine vollkommene, insofern als gut konstruierte Turbinen weder Öl noch Wasser noch Dampf nach außen abscheiden, im großen Gegensatz namentlich zu den schnellaufenden Kolbenmaschinen für Kriegsschiffe und Schnelldampfer, welche bei den forcierten Fahrten von Öl und Wasser triefen, so daß von einer Reinlichkeit im Maschinenraum während des Betriebes meistens keine Rede sein kann. Erhöht wurde diese Errungenschaft noch durch die Einführung der in letzter Zeit ausgebildeten Luft-, Zirkulations- und Speisepumpen mit Turbinenantrieb (vgl. XI. Teil).

9. **Konservierung und Reparatur.** Die nahezu völlige Abwesenheit reibender Teile, wie Kolbenliderungen usw. bringt natürlich auch eine geringere Reparaturbedürftigkeit mit sich. Bei sachgemäßer Konstruktion und Wartung brauchen Schiffsturbinen während sehr erhebliche Zeiträume überhaupt nicht geöffnet zu werden.

II. Abschnitt.

§ 2. Verwendungsgebiet der Schiffsturbinen[1]).

Bei der großen Anzahl von Bedingungen, welche jede Schiffsturbine zu erfüllen hat, bringt die Konstruktion derselben stets Kompromisse mit sich, ebenso wie die Konstruktion einer

---

[1]) Auch dieser Abschnitt bezieht sich nur auf die d i r e k t w i r k e n d e Dampfturbine. Über das Verwendungsgebiet der Dampfturbine bei Zwischenschaltung des Foettinger Transformators vgl. X. Teil.

Kolbenmaschine für Schiffsbetrieb. Nach dem heutigen Stand der Technik ist für gewisse Schiffstypen die Verwendung von Turbinenantrieb noch eine praktische Unmöglichkeit.

Das Verwendungsgebiet der Dampfturbine für Schiffsbetrieb ist etwa wie folgt begrenzt:

1. **Torpedoboote.** Hier ist die Dampfturbine bei den modernen Geschwindigkeiten unter allen Umständen der Kolbenmaschine vorzuziehen. Die hohen Geschwindigkeiten ermöglichen eine hohe Umdrehungszahl (vgl. Abschn. über Schiffsschrauben), die großen Leistungen sichern verhältnismäßig geringes Gewicht bei geringem Dampfverbrauch.

2. **Schnelle Kreuzer.** Auch hier ist die Turbine in allen Fällen der Kolbenmaschine vorzuziehen, aus den Gründen, welche für die Torpedoboote angeführt sind.

3. **Große Kreuzer.** Hier sind hinsichtlich Gewicht und Dampfverbrauch die Turbinen bei großen Geschwindigkeiten im Vorteil. Bei kleineren Geschwindigkeiten sind die Turbinen hinsichtlich der beiden genannten Punkte den Kolbenmaschinen verhältnismäßig wenig überlegen, doch sind die übrigen Vorzüge, welche den Turbinenanlagen gemeinsam sind (vgl. § 1), wohl meistens für die Bevorzugung der Turbine ausschlaggebend.

4. **Linienschiffe.** Hier ist die Kolbenmaschine hinsichtlich Gewichtsersparnis der Dampfturbine vielleicht noch in den meisten Fällen überlegen; im Dampfverbrauch wird bei V o l l a s t - b e t r i e b die T u r b i n e, bei l a n g s a m e r F a h r t die K o l b e n m a s c h i n e im Vorteil sein. Die allgemeinen Vorzüge der Turbinen für Kriegsschiffe (vgl. § 1) haben aber bewirkt, daß die Turbine auch für diesen Schiffstyp fast ausnahmslos angewandt wird.

5. **Handelsschiffe.** Bei Handelsschiffen kann die Verwendung der Turbine heute überhaupt meist nur dann in Betracht gezogen werden, wenn es sich um Geschwindigkeiten von über 20 Seemeilen handelt, weil in allen anderen Fällen, ganz kleine Fahrzeuge ausgenommen, eine verhältnismäßig geringe Umdrehungszahl gewählt werden muß, um keinen zu ungünstigen Propellerwirkungsgrad zu erhalten. Diese geringe Umdrehungszahl bedingt einen bedeutenden Gewichts- und Platzbedarf sowie Preis der Turbine, welcher deren Verwendung meist ausschließt. Natürlich spielt bei Handelsschiffen für die Verwendbarkeit der Turbine der Preis eine ausschlaggebende Rolle, was bei Kriegsschiffen, wo man, koste es was es wolle, nur das B e s t e verwenden darf, wenig ins Gewicht fällt. Im allgemeinen wird heutzutage die komplette Maschinen- und Kesselanlage eines Schiffes mit Ausnahme von Torpedobooten und sehr schnellen Kreuzern mit Turbinen nicht unerheblich teurer als mit Kolbenmaschinen. Dieses erschwert natürlich für Handelsschiffe, welche sich rentieren sollen, an sich schon in vielen Fällen die Wahl der Turbine als Antriebsorgan.

III. Abschnitt.

§ 3.   Generelle Einteilung der Schiffsturbinen nach der Art ihrer Schaltung.

Die Schiffsturbinen zerfallen in zwei Hauptgruppen:

1. Turbinen, bei welchen die Expansion des Dampfes nicht an e i n e r Welle erfolgt, sondern bei welchen der Dampf auf seinem Wege zwischen dem Hauptabsperrventil an der Hochdruckturbine und dem Kondensator m e h r e r e Turbinen passiert, welche auf z w e i oder m e h r e r e n Wellen angeordnet sind. Dieses von Parsons erfundene System der Hintereinanderschaltung mehrerer Wellen, welches als eine geniale Lösung des Problems der Verwendung von reinen Trommelturbinen für Schiffsbetrieb bezeichnet werden muß, hat natürlich neben dem Vorteil der günstigen Ökonomie auch eine Reihe von Nachteilen (vgl. V I I I. Teil, Anordnung im Schiff).

2. Turbinen, bei welchen die gesamte Expansion des Dampfes zwischen Hauptabsperrventil und Kondensator an e i n e r Welle erfolgt, sog. E i n z e l w e l l e n t u r b i n e n.

Dieses System, welches für die Manövrierfähigkeit und leichte Übersichtlichkeit der Anlage besonders geeignet ist, ergab sich durch die Einführung der Turbinen des gemischten Systems, in welcher die Gruppe Curtis-AEG-Vulcan bahnbrechend vorging.

§ 4.   Die Schiffs-Turbinensysteme.

Bei dem heutigen Stande des Schiffsturbinenbaues kann man kaum mehr von bestimmten Systemen sprechen, welche den einzelnen Fabriken eigen und für dieselben typisch sind. Die von den verschiedenen Erfindern und Turbinen bauenden Firmen ersonnenen Konstruktionen sind im allgemeinen (abgesehen von Details) Allgemeingut der Schiffsturbinentechnik geworden, so daß es bei Besichtigung einer Turbinenanlage oder Durchsicht der Zeichnung einer Turbine häufig schwer hält, zu erkennen, welcher Firma oder welcher Interessensphäre die betreffende Konstruktion ihre Entstehung verdankt.

Da jedoch heute noch sehr häufig, wenn auch nicht selten ohne Berechtigung, die Fabrikate der einzelnen Firmen mit den Kennworten der früheren, in ihrer Reinheit häufig kaum mehr hergestellten ursprünglichen Systeme genannt werden, ist es der Vollständigkeit wegen notwendig, dieselben hier anzuführen. Es sind dies die folgenden:

1. D i e   P a r s o n s t u r b i n e.

Erfinder: Der Engländer Charles Algernon Parsons.

Kennzeichen: Die Turbine ist eine reine Trommelturbine. Die Beschaufelung ist eine reine Reaktionsbeschaufelung. Die Verarbeitung des Dampfes erfolgt in hintereinander geschalteten

Turbinen, welche auf die einzelnen Wellen des Schiffes verteilt sind (Hintereinanderschaltung der Wellen).

Beispiele derartiger Schiffsturbinen:

Die ersten englischen Turbinen-Torpedoboote »Turbinia«, »Cobra«, »Viper«;

das englische Linienschiff »Dreadnought«;

die englischen Schnelldampfer »Mauretania« und »Lusitania«;

die deutschen Torpedoboote »S. 125« und »G. 137«;

die deutschen Kreuzer »Lübeck«, »Stettin«, »Dresden«;

der deutsche Panzerkreuzer »v. d. Tann« und viele andere Schiffe.

2. Die Curtisturbine.

Erfinder: Der Amerikaner Charles Gordon Curtis.

Kennzeichen: Ausschließliche Verwendung von Rädern, reine Aktionsbeschaufelung. Jedes Rad besteht aus Geschwindigkeitsstufen (vgl. §. 41).

Beispiele:

Der amerikanische Kreuzer »Salem«;

das amerikanische Linienschiff »North Dacotah«;

der japanische Panzerkreuzer »Ibuki«

und mehrere andere Schiffe.

3. Die Curtis-AEG-Vulcan-Turbine.

Die Konstruktion dieser Turbine ist von der Turbinenfabrik der Allgemeinen Elektrizitäts Gesellschaft Berlin entwickelt und von dieser gemeinsam mit dem Vulcan Hamburg und Stettin weiter ausgebildet worden.

Kennzeichen: Der Hochdruckteil der Turbine besteht aus Curtisrädern (Geschwindigkeitsstufen), der Niederdruckteil der Turbine aus einer Trommel, welche vom Anfang ab zum größten Teil nach dem Aktionsprinzip beschaufelt ist, während nur das letzte Ende Reaktionsschaufeln trägt.

Beispiele:

22 der modernsten Torpedoboote der deutschen Marine;

der russische Torpedojäger »Nowik«;

die deutschen Kreuzer »Mainz« und »Breslau«;

das deutsche Linienschiff »Friedrich der Große«;

Dampfer »Kaiser« der Hamburg—Amerika-Linie;

Riesendampfer »Imperator« der Hamburg—Amerika-Linie (letzterer unter gleichzeitiger Benutzung des Systems der Hintereinanderschaltung der Wellen) und viele andere Schiffe.

Die übrigen Schiffsturbinenbauarten, deren Namen mehr oder weniger bekannt sind, wie z. B. die Zoellyturbine, die Melms-Pfenninger-Turbine, die Schichauturbine und die Rateauturbine sind kaum in einigermaßen typischer Form in tatsächlicher Ausführung vertreten. Die Firmen, welche Licenzen auf diese Turbinenbauarten erworben haben, hielten es für richtiger, sich den Ausführungen weiter vorgeschrittener Firmen anzuschließen und die Konstruktionen derselben sich zu eigen zu machen; so ist von diesen letzteren Systemen von Schiffsturbinen lediglich der Name geblieben, sachlich gehören diese Turbinen, wie sie heute gebaut werden, zu einer der drei erstgenannten Gruppen.

Wie eingangs bereits angedeutet, haben sich aber auch diese drei ersten Systeme nicht rein erhalten.

Der Parsonskonzern verwendet für den ersten Hochdruckteil heute mit Vorliebe statt der unökonomischen Hochdrucktrommel ein mehrkränziges Curtisrad. Die Turbinen des gemischten Systems werden, sofern dies zweckmäßig ist, statt mit einer größeren Anzahl von Rädern im Hochdruckteil mit nur einem solchen hergestellt und auf der Trommel statt mit Aktionsschaufeln ausschließlich mit Reaktionsschaufeln versehen.

Da bei den modernen Parsonsturbinen häufig auch die Hintereinanderschaltung fallen gelassen ist, finden sich heutzutage daher Turbinen, welche vollkommen identisch sind, trotzdem die einen von einer Firma des Parsons-, die anderen von einer Firma des Curtis-AEG-Vulcan-Konzerns gebaut werden.

Der amerikanische Curtis-Konzern endlich ist von einer ausschließlichen Verwendung der Räder abgekommen und verwendet für den Niederdruckteil seiner Turbinen ebenfalls eine, wenn auch manchmal kurze Trommel.

Dies vorausgeschickt, kann man aussprechen, daß heutzutage fast sämtliche Schiffsturbinen den sog. g e m i s c h t e n S y s t e m e n angehören, d. h. aus einer Kombination von beschaufelten Rädern und Trommeln bestehen.

Im folgenden sollen also, um im allgemeinen jedem Mißverständnis vorzubeugen, den Turbinen nicht mehr die Namen der Erfinder usw. zur Kennzeichnung des Systems gegeben werden, sondern es soll von »r e i n e n T r o m m e l t u r b i - n e n«, »r e i n e n R ä d e r t u r b i n e n« und »T u r b i n e n g e m i s c h t e n S y s t e m s«, m i t o d e r o h n e H i n t e r - e i n a n d e r s c h a l t u n g d e r W e l l e n g e s p r o c h e n w e r d e n.

II. Teil.

Allgemeine Gesichtspunkte für den Entwurf einer Turbinenanlage.

I. Abschnitt.
Indizierte und effektive Leistungen.

§ 5. Allgemeine Bemerkungen.

Während bei den Kolbenmaschinen die Arbeit, welche der Dampf auf die Kolben, die zunächst mit demselben in Berührung kommenden Arbeitsorgane, überträgt, mittels des Indikators gemessen werden kann, läßt sich bei der Dampfturbine die auf die Schaufeln übertragene Dampfarbeit nicht in ähnlicher Weise feststellen. Als Einheit für die Leistung der Dampfturbine gilt daher allgemein die e f f e k t i v e Pferdestärke, welche durch A b b r e m s u n g der Welle oder durch Messung der V e r d r e h u n g der Welle mittels des Torsionsindikators[1]) gemessen wird.

Die Beziehung zwischen der effektiven Leistung der Turbinenanlage, welche zum Antrieb eines gegebenen Schiffes nötig ist, und der indizierten Leistung der äquivalenten Kolbenmaschine üblicher Bauart ist deswegen von Wichtigkeit, weil bisher durch alle Messungen des Leistungsbedarfes der Schiffe die i n d i z i e r t e n Pferdestärken festgestellt wurden. Will man also die vorhandenen Probefahrtsergebnisse der Kolbenmaschinenanlagen für die Turbinenschiffe benutzen, so muß man in jedem Falle beurteilen können, wie groß die nötige effektive Leistung der Turbinen im Vergleich zur indizierten Leistung der äquivalenten Kolbenmaschine ist.

Würde von zwei ganz gleichen Schiffen das eine mit Turbinen, das andere mit Kolbenmaschinen ausgerüstet, so müßte

---

[1]) Vgl. XII. Teil.

bei gleichem Wirkungsgrad der Propeller für gleiche Geschwindigkeiten die effektive Leistung N_e der Turbine etwas kleiner sein als die indizierte Leistung der Kolbenmaschine in dem Schwesterschiff[1]. Es ist jedoch aus verschiedenen Gründen nur in seltenen Fällen möglich, die Turbine derartig zu konstruieren, daß der Propellerwirkungsgrad der gleiche ist, wie wenn das Schiff mit Kolbenmaschinen ausgerüstet worden wäre.

Ein solcher Fall tritt angenähert ein bei Torpedobooten von sehr hoher Geschwindigkeit und sehr hohen Leistungen. Bei solchen Torpedobooten muß die Kolbenmaschine der Gewichtsersparnis wegen eine sehr hohe Umdrehungszahl erhalten, während die Umdrehungszahl der Turbine unter Einhaltung des Gewichtes der Kolbenmaschine v e r h ä l t n i s m ä ß i g niedrig gewählt werden kann, so daß sie diejenige der Kolbenmaschine nicht in dem Maßstab überschreitet, als dies bei anderen Schiffstypen notwendig wird.

Bei derartigen Torpedobootsanlagen wird der Wirkungsgrad des Propellers beim Turbinenboot und Kolbenmaschinenboot annähernd gleich, so daß die für eine bestimmte Geschwindigkeit notwendige effektive Leistung die der äquivalenten Kolbenmaschine etwas unterschreitet oder wenigstens nicht überschreitet. Bei kleinen schnellen Kreuzern von verhältnismäßig sehr hohen Maschinenleistungen und Geschwindigkeiten können bei richtiger Wahl des Turbinensystems annähernd ebenso günstige Verhältnisse geschaffen werden.

Bei weniger schnellen Torpedobooten oder Kreuzern überschreitet die für eine bestimmte Geschwindigkeit notwendige effektive Leistung der Turbine die der Kolbenmaschine; bei langsameren schweren Schiffen wie z. B. Linienschiffen, Schnelldampfern usw. und natürlich ganz besonders bei langsam fahrenden Handelsschiffen ist das Mehr an effektiven Pferdestärken der Turbine, welches gegenüber der indizierten Leistung der Kolbenmaschine eintritt, bedeutend. Bei diesen Ausführungen ist vorausgesetzt, daß das Gewicht der Turbine das der äquivalenten Kolbenmaschine nicht wesentlich überschreiten darf, was ja auch bei Bordverhältnissen nicht zulässig ist. Hätte man unbeschränktes Gewicht zur Verfügung, so wäre man natürlich in allen Fällen imstande, die Turbine so langsam laufen zu lassen, daß der Propellerwirkungsgrad dem der Kolbenmaschinenanlage nicht nachsteht und gleichzeitig doch eine vorzügliche Dampfausnutzung in der Turbine zu erhalten.

Gerade die vorstehend erwähnten Schwierigkeiten waren es, welche zur Erfindung des Foettinger Transformators und zur Anwendung von Rädervorgelegen führten, welche gleichzeitige Verwendung schnellaufender, sehr leichter Turbinen mit hoher Ökonomie und langsamlaufender Propeller mit hohem Wirkungsgrad ermöglichen.

---

[1] Vgl. Schiffsmaschinen, 4. Aufl., S. 2. Über das Verhältnis von indizierter zur effektiven Leistung.

§ 6. Vergleichsmessungen von effektiven und indizierten Leistungen.

1. Zum erstenmal wurde dieses Verhältnis zwischen indizierter und effektiver Leistung direkt wirkender Turbinen festgestellt durch die äußerst wertvollen Vergleichsfahrten der kleinen Kreuzer »Hamburg« mit Kolbenmaschinen und »Lübeck« mit Parsonsturbinen (reinen Trommelturbinen), welche die deutsche Marine im Jahre 1903/04 anstellte[1]). Die Resultate zeigt die Tabelle Nr. 1.

Tabelle Nr. 1.

	Schiffsgeschwindigkeit V	N_i	N_e	N_e mehr als N_i in % von N_i	Umdrehzahl	Verhältnis der Umdrehungen	Anzahl der Wellen	Anzahl der Propeller	Deplacement	Gewicht der Maschinen- u. Kesselanlage
»Hamburg«	23	11250	—	22,6	146	4,3	2	2	3220	7 % kleiner bei »Lübeck« als bei »Hamburg«
»Lübeck«	23	—	13800		630		4	4	3210	

2. Bei einem Paar von kleinen Kreuzern ähnlicher Abmessungen stellte sich das Verhältnis von N_e zu N_i günstiger, weil man die Umdrehzahl der Turbinen herabgesetzt hatte. Vgl. Tabelle Nr. 2.

Tabelle Nr. 2.

	Schiffsgeschwindigkeit V	N_i	N_e	N_e mehr als N_i in % von N_i	Umdrehzahl	Verhältnis der Umdrehungen	Anzahl der Wellen	Anzahl der Propeller	Deplacement	Gewicht der Maschinen- u. Kesselanlage
1.Kolbenmaschinenkreuzer	24	13600	—	12,1	143	3,69	2	2	3340	in beiden Fällen gleich
2. Turbinenkreuzer mit Parsonsturbinen	24	—	15250		528		4	4	3410	

[1]) Vgl. Veith, Marinerundschau, Jhrg. 1906, S. 1353 u. f.

In diesem Falle liegt der Verbrauch an Leistung für den Turbinendampfer schon wesentlich günstiger als beim Beispiel Tabelle 1. In beiden Fällen wurde jedoch die Umdrehungszahl der Turbine zu hoch gewählt in Rücksicht auf die angestrebte Gewichtsersparnis durch die Turbine und in Rücksicht auf möglichst geringen Dampfverbrauch bei langsamer Fahrt. Außerdem trat zweifellos beim Turbinenkreuzer in beiden Fällen ein großer Kraftverlust durch die komplizierte Form des Hinterschiffes mit den vier Wellenaustritten und Wellenböcken, welche die Parsonsturbinenanlage mit sich brachte, ein.

3. Die amerikanische Marine hat Vergleichsfahrten mit den beiden Kreuzern »Salem« (Curtisturbinen, d. h. reine Räderturbinen, mit 2 Wellen à 1 Propeller) und »Birmingham« (Kolbenmaschinen, 2 Wellen) angestellt. Das Deplacement beider Kreuzer war ca. 3800 Tonnen. Bei verschiedenen Geschwindigkeiten ergeben sich aus den Resultaten der Probefahrten folgende Verhältnisse der Umdrehungszahlen und der Leistungen.

Tabelle Nr. 3.

	Schiffs-geschwin-digkeit	N_i	N_e	N_e weniger als N_i in %	Umdreh-zahl	Verhält-nis der Umdreh-zahlen
»Birmingham«	24	14 450	—	} 11	187	} 1,79
»Salem«	24	—	12 850		335	
»Birmingham«	20	7250	—	} 13,8	150	} 1,86
»Salem«	20	—	6250		249	
»Birmingham«	16	3700	—	} 12,2	120	} 1,86
»Salem«	16	—	3250		222	

Man ersieht aus Tabelle 3, daß in diesem Falle der Kolbenmaschinenkreuzer mehr indizierte Pferdestärken verbraucht hat als der Turbinenkreuzer effektive Pferdestärken, und zwar etwa so viel mehr, als der Unterschied zwischen effektiven und indizierten Pferdestärken bei Kolbenmaschinen ausmacht. Es müssen in diesem Falle die Propellerwirkungsgrade, also für Turbinen- und Kolbenmaschinenschiff, annähernd g l e i c h gewesen sein. Gründe hierfür sind die verhältnismäßig geringe Umdrehungszahl und die Einfachheit des Hinterschiffes beim Turbinenkreuzer, allerdings auch die verhältnismäßig hohe, daher ungünstige Umdrehzahl beim Kolbenmaschinenkreuzer.

4. Ganz ähnliche Erfahrungen sind bei Torpedobooten mit Curtis - AEG - Vulcan-Turbinen gemacht worden. Einwandfreie Messungen haben ergeben, daß bei gleichem Schiffskörper und gleichen Geschwindigkeiten zum Antrieb des Turbinenbootes ca. 5 % weniger e f f e k t i v e Pferdestärken notwendig waren als zum Antrieb des Kolbenmaschinenbootes i n d i - z i e r t e Pferdestärken, wobei die Gesamtgewichte der beiden

Anlagen gleich waren. Es war hier das Verhältnis der Umdrehungszahlen der Turbinen zu der der Kolbenmaschinen gleich 1,82, also sehr ähnlich wie bei den beiden Kreuzern ad 3.

§ 7. Zusammenfassung.

Um ein z u s a m m e n f a s s e n d e s U r t e i l ü b e r d a s V e r h ä l t n i s d e r e f f e k t i v e n P f e r d e s t ä r k e n d e r T u r b i n e n a n l a g e z u d e n i n d i z i e r t e n P f e r d e s t ä r k e n d e r g l e i c h w e r t i g e n K o l b e n m a s c h i n e n a n l a g e zu gewinnen, ist es nötig, auf die Berechnung der Propeller näher einzugehen, welche in Teil V behandelt ist.

Man kann kurz aussprechen: J e w e i t e r m a n b e i d e r K o n s t r u k t i o n d e r P r o p e l l e r u n t e r d e n d o r t i n T a b e l l e 13 g e g e b e n e n G r e n z w e r t e n f ü r d i e D i m e n s i o n i e r u n g d e r P r o p e l l e r b l e i b t, u m s o w e n i g e r ü b e r s c h r e i t e t d i e e f f e k t i v e T u r b i n e n l e i s t u n g d i e L e i s t u n g d e r ä q u i v a l e n t e n K o l b e n m a s c h i n e.

Im großen und ganzen werden sich diese günstigen Propellerverhältnisse aber nur erzielen lassen bei verhältnismäßig geringer Umdrehzahl der Turbinen, und diese geringe Umdrehzahl der Turbinen läßt sich unter Einhaltung des Gewichtes der Kolbenmaschine nur erreichen, wenn es sich um hohe Leistungen und gleichzeitig um große Geschwindigkeiten handelt.

§ 8. Beispiel.

Torpedoboote von 360 Tonnen Deplacement und verschiedenen Geschwindigkeiten. Angenommen sind Doppelschraubenschiffe.

Die Turbinenanlage soll in allen Fällen aus zwei Turbinen gemischten Systems bestehen.

Aus der Tabelle Nr. 4 ersieht man folgendes: Bei der hohen Geschwindigkeit von 33 Knoten ist die zulässige Umdrehzahl h ö h e r als diejenige, welche die Turbine erhalten muß, um gleiches Gewicht mit der Kolbenmaschine einzuhalten, man könnte also mit der Turbine G e w i c h t s p a r e n. Zwischen 27 und 30 Knoten wird die hinsichtlich des Propellerwirkungsgrades nötige Tourenzahl g l e i c h der für die Einhaltung des Kolbenmaschinengewichtes nötigen. Von einer bestimmten Geschwindigkeit und Maschinenleistung abwärts (hier 28 Knoten) läßt sich jedoch mit dem gegebenen Gewicht eine r a t i o n e l l e U m d r e h u n g s z a h l n i c h t m e h r einhalten. Von 28 Knoten abwärts wird man also damit rechnen müssen, daß die Turbinenanlage entweder wesentlich schwerer wird als die äquivalente Kolbenmaschinenanlage oder daß dieselbe wesentlich mehr effektive Pferdestärken entwickeln muß als die Kolbenmaschinenanlage. Es ist dann für die Turbinenanlage unter Umständen eine stärkere Kesselanlage nötig als für die Kolbenmaschinenanlage. Von einer Geschwindigkeit von 28 Knoten abwärts wird in diesem Falle die Anwendung von Turbinen demnach hinsichtlich des Gewichtes weniger vorteilhaft.

Tabelle Nr. 4.

1	2	3	4	5	6
Maximal-geschwindig-keit, für wel-che das be-treffende Schiff gebaut werden soll	Leistung der äquivalenten Kolben-maschine in indiz. PS	Umdrehzahl derselben für leichteste Ausführung	Gewicht[1] der Kolben-maschine in kg	Umdrehzahl der Turbine (AEG) von der Leistung ad 2) u. dem Gewicht ad 4)	Höchste im Interesse guten Propellerwir-kungsgrades zu-lässige Umdreh-zahl der Turbine
33	2 × 4100	310	49 000	680	860
30	2 × 3225	325	38 000	740	800
27	2 × 2400	340	27 600	825	745
24	2 × 1650	360	18 800	955	710
21	2 × 1035	380	11 200	1150	700
18	2 × 600	400	6 800	1460	690

Bei Schiffen, welche mit verhältnismäßig schweren Kolben-maschinen ausgerüstet werden, liegt die Geschwindigkeitsgrenze, bei welcher die Turbine schwerer wird als die Kolbenmaschine, niedriger.

II. Abschnitt.

Berechnung des verfügbaren Dampfquantums und Dampfverbrauch der Hilfsmaschinen.

§ 9. Allgemeine Bemerkungen.

Bei der Berechnung von Kolbenmaschinenanlagen geht man zwecks Bemessung der Hauptdimensionen der Kessel (Rostfläche und Heizfläche) ausschließlich von erfahrungsmäßigen Ziffern aus, welche besagen, wieviele Pferdestärken für den Quadrat-meter Rostfläche oder Heizfläche bei einem bestimmten Kessel- und Maschinensystem sowie einem bestimmten Grad der Forcierung geleistet werden können (vgl. Schiffsmasch., 4. Aufl., § 291, S. 516). Diese einfache Methode der Bestimmung der Rost- und Heizfläche für eine gegebene Maschinenleistung ist bei der Verwendung von Turbinen nicht mehr tunlich.

Ein äußerer Grund dafür ist der, daß in der ersten Zeit der Einführung der Turbinen diese häufig nicht von den eigent-lichen Schiffswerften gebaut wurden, sondern von Spezialfirmen,

[1]) Dieses Gewicht enthält nur die beiden Kolbenmaschinen mit Arma-turen, aber ohne Kondensationsanlage.

welche lediglich die Turbinen lieferten, und welche für die Ökonomie ihrer Turbinen einen gewissen D a m p f v e r b r a u c h
garantierten, wie dies im stationären Maschinenbau üblich ist. Der
Hauptgrund aber ist der, daß abweichend von der Berechnung
der Kolbenmaschinen die Berechnung der Dampfturbine lediglich darauf hinausläuft, die Turbine derartig einzurichten, daß
mit einem bestimmten gegebenen D a m p f q u a n t u m eine
ganz bestimmte vorgeschriebene Leistung erzielt wird. Bei der
Projektierung einer Turbinenanlage von einer gegebenen Leistung
und Umdrehungszahl wird also stets die erste Frage sein: welches
Dampfquantum steht für die Turbinen zur Verfügung?

§ 10. Dampfverbrauch der Hauptturbinen und der Hilfs-maschinen.

Da die Kessel außer dem Dampf, welchen die zum Antrieb
des Schiffes vorgesehenen Turbinen (Hauptturbinen) verbrauchen,
auch den Dampf für den Betrieb der Hilfsmaschinen liefern
müssen, ist es von Wichtigkeit, zu wissen, welchen Prozentsatz
des Dampfverbrauchs der Hauptturbinen die Hilfsmaschinen
verbrauchen. Ohne die Kenntnis dieser Ziffer ist es nicht möglich, die Größe der Kessel für eine bestimmte Turbinenanlage
festzulegen.

Sei D der Dampfverbrauch der Hauptturbinen,

d der Dampfverbrauch der Hilfsmaschinen,

dann ist der Prozentsatz $\dfrac{d}{D} \cdot 100$ etwa aus folgender Tabelle zu
entnehmen.

Tabelle Nr. 5.
Dampfverbrauch der Hilfsmaschinen in Prozenten des Dampf-verbrauchs der Hauptturbinen $\dfrac{d}{D} \cdot 100$.

Schiffstyp	Volle Fahrt	Halbe Fahrt	Langsame Fahrt
Handelsschiffe .	8—10	9—11	10—12
Linienschiffe . .	10—14	11—14	12—15
Kreuzer	12—15	14—18	15—20
Torpedoboote . .	16—18	18—20	18—25

Der Gesamtdampfverbrauch $D + d$, für welchen die Kesselanlage eingerichtet werden muß, läßt sich mit Hilfe dieser Tabelle
leicht feststellen, nachdem der Dampfverbrauch der Hauptturbine ermittelt ist. Anderseits läßt sich mit Hilfe der Tabelle
bei einer gegebenen Kesselanlage von gegebener Dampfleistung
das für die Hauptturbinen disponible Dampfquantum unter Abzug desjenigen der Hilfsmaschinen leicht ermessen. Es ist dabei
zu bemerken, daß die Hilfsmaschinen, deren Dampfverbrauch
in Tabelle Nr. 5 gekennzeichnet ist, die eigentlichen Schiffs-

hilfsmaschinen nicht umfassen, weil letztere bei Kohlenverbrauchsgarantien in der Regel nicht miteinbegriffen sind. Unter diesen Schiffshilfsmaschinen sind verstanden die elektrischen Maschinen, die Spills und Bootsheißmaschinen, die Dampfheizung, Klosett- und Waschwasserpumpen und alle anderen nur Schiffszwecken dienenden Hilfsmaschinen.

Die Hilfsmaschinen, deren Dampfverbrauch aus Tabelle Nr. 5 hervorgeht, sind somit nur die Zirkulationspumpen, Luftpumpen, Ölpumpen, Ventilationsmaschinen in den Kesselräumen, Ventilationsmaschinen in den Maschinenräumen, die Speisepumpen, ferner der Evaporator, soweit er zur Deckung der Speisewasserverluste in Frage kommt, und die Rudermaschine unter Annahme nicht häufiger Manöver.

§ 11. Dimensionierung der Kesselanlage.

Ist der Dampfverbrauch der Hauptturbine D und der Dampfverbrauch der Hilfsmaschinen d festgelegt, so bildet die D i m e n s i o n i e r u n g d e r K e s s e l a n l a g e keine Schwierigkeit unter Benutzung der in Schiffsmasch., Aufl. 4, in Tabelle 57 und 61 niedergelegten Ziffern über die pro qm Rost und Stunde verbrannten Kohlenmengen sowie über die Verdampfungsziffer der Kessel.

Es sei hier eine Tabelle der pro qm Rost verbrannten Kohlenmengen sowie der hierfür erreichbaren Verdampfungsziffern für die wichtigsten Kesselsysteme gegeben, welche als Anhaltspunkte für Projektierungen dienen können. Dabei ist zu bemerken, daß diese Daten natürlich sehr von konstruktiven Einzelheiten der Kessel abhängen. Die pro qm Rost verbrannten Kohlenmengen beziehen sich auf die forcierte Fahrt.

Tabelle Nr. 6.

Pro qm Rost verbrannte Kohlenmengen und erreichbare Verdampfungsziffern für verschiedene Kesselsysteme unter Voraussetzung einer Vorwärmung des Speisewassers auf 70° C.

Kesseltyp	Kohle verbrannt pro qm Rost und St.	Verdampfungsziffer. Wasser v. 70° in Dampf v. p at Überdr.	Überdruck p in at
Zylinderkessel für gewöhnliche Handelsdampfer bei natürlichem Zug	70—80	8,5—9,5 [1])	14
Zylinderkessel für Schnelldampfer bei natürlichem Zug	90—100	9—10	15
Engrohrige Wasserrohrkessel für Handelsdampfer mit Howdens Zug	110—150	9,8—11	16

[1]) B e m e r k u n g: Die größeren Werte dieser Spalte gelten für die kleineren Werte der vorhergehenden Spalte. Dies gilt für Tabelle 6 und Tabelle 6 a.

Tabelle Nr. 6.

**Pro qm Rost verbrannte Kohlenmengen und erreichbare Verdampfungs-
ziffern für verschiedene Kesselsysteme unter Voraussetzung einer
Vorwärmung des Speisewassers auf 70° C.**
(Fortsetzung.)

Kesseltyp	Kohle ver-brannt pro qm Rost und St.	Verdampfungs-ziffer. Wasser v. 70° in Dampf v. p at Überdr.	Über-druck p in at
Zylinderkessel für Schnell-dampfer bei Howdens for-ciertem Zug	110—130	9,5—10,5	15
Bellevillekessel für Panzerschiffe und große Kreuzer, Luftdruck im Heizraum bis 30 mm	120—140	8—9	18
Schulz-Thornycroft- und ähn-liche Kessel für Linienschiffe, Luftdruck im Heizraum bis 35 mm	180—200	9—10,5	16—17
Schulz-Thornycroft- und ähn-liche Kessel für schnelle Kreuzer, Luftdruck im Heiz-raum bis 60 mm	200—250	8,5—9,5	17—18
Schulz-Thornycroft- und ähn-liche Kessel für Torpedoboote, Luftdruck im Heizraum bis 150 mm	320—360	7,5—8	18—19
Normandkessel f. Linienschiffe, Luftdruck im Heizraum bis 50 mm	180—200	7,5—8,5	16—20
Normandkessel für schnelle Kreuzer, Luftdruck im Heiz-raum bis 75 mm	200—250	7,5—8	17—18
Normandkessel für Torpedo-boote, Luftdruck im Heizraum bis 150 mm	350—400	7—7,5	18—19
Yarrowkessel für Linienschiffe, Luftdruck im Heizraum bis 40 mm	180—220	8—8,5	16—17
Yarrowkessel für schnelle Kreu-zer, Luftdruck im Heizraum bis 60 mm	220—280	7—8,5	17—18
Yarrowkessel für Torpedoboote, Luftdruck im Heizraum bis 90 mm	400—470	6,5—7,5	18—19

Tabelle Nr. 6 a.

Pro qm Heizfläche verbrannte Heizölmengen und erreichbare Verdampfungsziffern bei Heizölkesseln unter Voraussetzung einer Vorwärmung des Speisewassers auf 70° C und Heizöl von 10000 Kal. Heizwert.

Kesseltyp	Heizöl verbrannt pro qm Heizfl. u. Stunde	Verdampfungsziffer. Wasser v. 70° in Dampf v. p at Überdr.	Überdruck p in at
Engrohriger Wasserrohrkessel für Linienschiffe u. Kreuzer	4—5 kg	12,5—13,2	16—17
Engrohriger Wasserrohrkessel für Torpedoboote und Torpedojäger	4,5—6 kg	11,5—12,8	17—18

III. Abschnitt.
Rückwärtsleistung und Manövrierfähigkeit.

§ 12. Allgemeines über die Anordnung von Rückwärtsturbinen.

Da es nicht möglich ist, umsteuerbare Turbinen zu konstruieren, ist die Anordnung von besonderen Turbinen für Rückwärtsfahrt eine Notwendigkeit. Über die Anordnung der Rückwärtsturbinen im Schiff in Verbindung mit den Turbinen für Vorwärtsgang s. Teil VII.

Meistens werden die Rückwärtsturbinen in das Gehäuse der Niederdruckturbinen eingebaut, so daß der Abdampfraum, welcher mit dem Kondensator in Verbindung steht, für die Vorwärts- und für die Rückwärtsturbine gemeinsam ist.

Bei den Anlagen mit Parsonsturbinen werden außer den in das Gehäuse der Niederdruckvorwärtsturbinen eingebauten Niederdruckrückwärtsturbinen häufig, namentlich bei Vierwellenanordnung, noch besondere Hochdruckrückwärtsturbinen angeordnet, welche alsdann meist auf der gleichen Welle sitzen wie die Hochdruckturbinen für Vorwärtsgang.

Bei den allergrößten Anlagen werden die Rückwärtsturbinen durchweg in getrennten Gehäusen untergebracht. Im übrigen findet man eine große Mannigfaltigkeit in der Anordnung der Rückwärtsturbinen je nach den räumlichen Verhältnissen und den besonderen Zwecken der Anlage. Vergl. hierzu VIII. Teil.

§ 13. Bemessung der Rückwärtsturbinen.

Da der Raum- und Gewichtsbedarf der Rückwärtsturbinen selbstverständlich für Schiffsturbinenanlagen sehr störend ist, versucht man stets dieselben klein als möglich zu machen. Man ist bei den ersten Turbinenanlagen in diesem Punkt zu weit gegangen, so daß man in der neuesten Zeit mit der Bemessung der Rückwärtsturbinen etwas vorsichtiger geworden ist. Trotzdem bleibt die Leistung der Rückwärtsturbine hinter der Leistung, welche Kolbenmaschinen bei Rückwärtsgang entwickeln, stets sehr wesentlich zurück. Kolbenmaschinen sind imstande, bei Rückwärtsgang etwa 70 bis 80% ihrer Leistung für Vorwärtsgang zu entwickeln, meistens werden dieselben bei Rückwärtsfahrt jedoch nicht höher als mit etwa 50 bis 60% ihrer Leistung für Vorwärtsgang beansprucht.

Bei Turbinenanlagen wählt man heute etwa folgende Verhältnisse:

Tabelle Nr. 7.

Gesamtleistung der Rückwärtsturbinen in % der Gesamtleistung der Vorwärtsturbinen unter Voraussetzung des gleichen Dampfverbrauchs für Vorwärts- und Rückwärtsgang.

Linienschiffe	40—45 %
Kleine Kreuzer	35—40 «
Torpedoboote	25—30 «

Mit reinen Trommelturbinen ist es naturgemäß schwierig, den Rückwärtsturbinen hohe Leistungen zu geben, weil die verhältnismäßig große Länge, welche für einigermaßen ökonomische Ausnutzung des Dampfes nötig ist, für die Rückwärtsturbinen nicht zur Verfügung steht. Aus der Bemerkung, daß obige Rückwärtsleistungen mit gleichem Dampfverbrauch zu erzielen sind wie für die forcierte Fahrt vorwärts, geht hervor, daß der Wirkungsgrad der Rückwärtsturbinen e b e n s o v i e l P r o z e n t kleiner ist als der Wirkungsgrad der Turbinen für V o r w ä r t s - g a n g , als die Ziffern der Tabelle Nr. 7 kleiner sind als 100%. Ist z. B. bei einem Torpedoboot der Wirkungsgrad für Vorwärtsgang 60%, so ist er für Rückwärtsfahrt 15—18%, entsprechend dem Wert in Tabelle 7.

Es fällt auf, daß die Leistung der Rückwärtsturbine um so kleiner bemessen wird, je kleinere Abmessungen die Schiffskörper haben. Es hat dieses seinen Grund darin, daß man im allgemeinen darauf abzielt, die Rückwärtsturbinen so zu bemessen, daß sie dem Schiff, wenn auch nicht gleiche, so doch möglichst ähnliche Manövriereigenschaften geben wie die Kolbenmaschinen; dieses ist bei den kleinen Fahrzeugen leichter zu erreichen als bei den großen, und zwar aus folgenden Gründen:

1. Bei den leichten Fahrzeugen wie Torpedobooten und kleinen Kreuzern, welche bei forcierter Fahrt sehr hohe Umdrehungen haben, riskiert man es bei Kolbenmaschinen antrieb meistens nicht, beim Übergang auf volle Kraft rückwärts die Maschine sofort mit der äußersten Kraft auf rückwärts anzustellen, so daß nicht nur eine gewisse Verzögerung in der Entfaltung der größten Leistung rückwärts resultiert, sondern in den meisten Fällen die höchst erreichbare· Leistung rückwärts beim Manövrieren überhaupt nicht angewandt wird.

2. Namentlich bei kleinen Schiffen fällt die Schnelligkeit der Ausführung des Manövers mehr ins Gewicht als bei großen Schiffen, und da es bei der Turbine, wie wir im folgenden sehen werden, möglich ist, diese Manöver rascher auszuführen, so liegt darin ebenfalls ein Grund, welcher gestattet, die Rückwärtsturbine kleiner Schiffe verhältnismäßig kleiner zu bemessen als diejenige großer Schiffe.

Die Schnelligkeit der Ausführung der Manöver von Vorwärtsgang auf Rückwärtsgang ist bei den Turbinen deswegen größer, weil bei denselben die Umsteuermaschinen in Wegfall kommen. Man braucht, um von Vorwärtsgang auf Rückwärtsgang überzugehen, nur das Manövrierventil für Vorwärtsgang zu schließen und das Ventil für Rückwärtsgang zu öffnen. Ohne Einschränkung gilt dies wenigstens bei den Turbinen gemischten Systems, bei welchen die Komplikation der Marschturbinen nicht vorhanden ist (vgl. Teil VIII). Durch den Wegfall der Umsteuermaschine wird beim Manövrieren viel Zeit gewonnen, denn der Maschinist braucht nicht wie bei der Kolbenmaschine erst eine Stellung des rotierenden Teils ausfindig zu machen, bei welcher der Übergang in die andere Gangart eingeleitet werden kann, und außerdem kommt jedenfalls e i n Handgriff in Fortfall.

§ 14. Stoppzeit und Stoppweg.

Sehr häufig wird seitens des Auftraggebers für die Turbinenanlage die Bedingung gestellt, daß in einer gewissen Zeit von Erteilung des Kommandos »Stopp« gerechnet, das Schiff zum Stillstand gebracht werden muß, oder aber es wird auch manchmal ausbedungen, daß das Schiff nach Erteilung des Kommandos »Stopp« nur mehr eine bestimmte Wegstrecke durchlaufen soll, bevor es zum Stillstand kommt.

Es ist nicht leicht, rechnerisch diejenige Leistung festzustellen, welche zur Einhaltung dieser Bedingung den Rückwärtsturbinen gegeben werden muß. Will man die Angelegenheit rechnerisch anfassen, so läßt sich unter Umständen die Beziehung benutzen:

Die lebendige Kraft des in Fahrt befindlichen Schiffes nach dem Stoppen der Turbinen ist gleich der Summe der Arbeiten der auf dasselbe wirkenden fahrtvermindernden Kräfte. Ist z. B.:

G das Gewicht des Schiffes,
g die Beschleunigung der Schwere,
L die Leistung der Rückwärtsturbinen,
W der Schiffswiderstand,
v die Geschwindigkeit des Schiffes, aus welcher gestoppt werden soll,
η_P der Wirkungsgrad des Propellers für Rückwärtsgang,
dann ist

$$\frac{1}{2}\frac{G}{g} \cdot v^2 = \int_0^t \eta_P L \cdot dt + \int_0^s W \cdot ds,$$

2*

wobei *ds* die Wegstrecke ist, welche das Schiff in einem unendlich kleinen Zeitintervall *d t* beim Auslauf nach dem Kommando »Stopp« zurücklegt (*s* = der gesamte Weg, welchen
das Schiff nach dem Kommando »Stopp« durchläuft).

Diese Formel wird, wenn es sich um außergewöhnliche
Fälle handelt, wofür Erfahrungszahlen nicht vorliegen, angewandt werden können, um einen Anhaltspunkt zu geben.
Heute, wo eine große Anzahl von Turbinenschiffen bereits
erprobt und in Fahrt befindlich ist, kann man jedoch für jeden
Schiffstyp und die hierfür üblichen Garantien betreffs Stoppzeit
und Stoppweg sich der Erfahrung nach ein Bild über die auf-
zuwendende Rückwärtsleistung machen.

1. Torpedoboote.

Von den Torpedobooten wird in der Regel verlangt
eine Stoppzeit von ca. 45 bis 60 Sekunden,
ein Stoppweg von ca. 250 bis 300 m.

Diese Leistungen werden erfüllt durch Rückwärtsturbinen,
deren Gesamtleistung ca. 28 bis 35% der Vorwärtsleistung
beträgt.

2. Kreuzer und Linienschiffe.

Hier wird eine Stoppzeit von 1 bis 1½ Minuten erwartet.
Hierfür genügt erfahrungsgemäß eine Leistung der Rückwärtsturbine von ca. 40 bis 45% der Leistung der Vorwärtsturbinen.

Bei den vorstehenden Ziffern ist vorausgesetzt, daß das
Stoppen aus voller Fahrtgeschwindigkeit erfolgt, und daß die
Rückwärtsturbinen derartig bemessen sind, daß sie bei vor-
stehender Leistung nicht mehr Dampf konsumieren als für die
Vorwärtsturbinen bei voller Fahrt zur Verfügung steht.

III. Teil.

Berechnung der Dampfturbinen.

I. Abschnitt.

Allgemeines und grundlegende Kapitel aus der Wärmelehre.

---

§ 15. Vergleich mit der Berechnung der Kolbenmaschinen.

Die Berechnung der Kolbenmaschinen erfolgt gewissermaßen nur auf s t a t i s c h e r Grundlage, während der Rechnungsvorgang bei der Festlegung der Verhältnisse einer Dampfturbine ein d y n a m i s c h e r genannt werden kann. Dementsprechend läuft die Berechnung d e r K o l b e n m a s c h i n e n nur darauf hinaus, den mittleren Kolbendruck zu bestimmen. Ist dieser gefunden, so ist die Leistung durch Multiplikation des mittleren Druckes mit der Kolbengeschwindigkeit ohne weiteres zu ermitteln. Bei der Berechnung d e r D a m p f - t u r b i n e kommt es darauf an, das gesamte Aggregat und jeden Teil der Turbine so zu gestalten, daß das Wärmegefälle, welches demselben zur Verarbeitung zugeteilt wird, mit möglichst hohem Wirkungsgrad in mechanische Arbeit umgesetzt wird, und dies gelingt nur durch passende Wahl von Dampfgeschwindigkeit und Umfangsgeschwindigkeit in jedem Teil der Beschaufelung.

§ 16. Das Druckvolumendiagramm.

Dem oben geschilderten Rechnungsgang entsprechend basiert die Berechnung der Kolbenmaschine auf derjenigen Darstellung der Zustandsänderung des Wasserdampfes, welche den Zusammenhang zwischen Druck und Volumen veranschaulicht. Auf der Abszissenachse sind die Volumina, auf der Ordinatenachse die Drücke aufgetragen.

Für vollkommene Gase ist die Kurve der Zustandsänderung
bei gleichbleibender Temperatur, die I s o t h e r m e , in diesem
Diagramm eine gleichseitige Hyperbel! *AB* bzw. *CD* (Fig. 1).

Die Linie der Zustandsänderung ohne Wärmezufuhr von
oder Wärmeabgabe nach außen, die A d i a b a t e , ist ebenfalls
eine Kurve, hier *B C* bzw. *D A*.

Ein Flächenstück dieses Diagramms bedeutet m e c h a -
n i s c h e A r b e i t; das Flächenstück *A B C D* stellt z. B. die
Arbeit dar, welche bei einem Kreisprozeß *A B C D* gewonnen
wird. Ein Diagramm in diesem Ordinatensystem ist auch das
I n d i k a t o r d i a g r a m m   d e r   D a m p f m a s c h i n e.

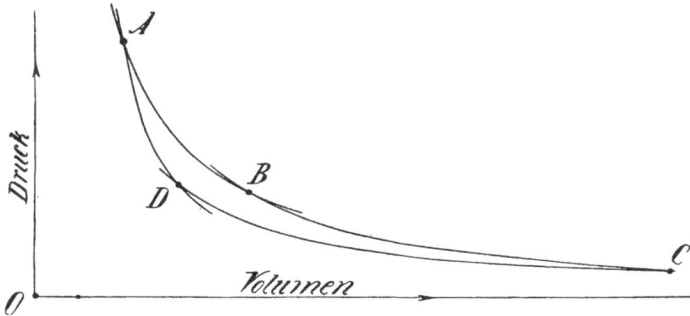

Fig. 1.

(Vgl. die Berechnung des Indikatordiagramms, Schiffsmasch.,
IV. Aufl., S. 2 u. f.)

§ 17. Das *T-S-* oder Wärmediagramm.

Das Druckvolumendiagramm hat den Nachteil, daß die
Wärmemengen, welche bei den Zustandsänderungen ins Spiel
kommen, sowie die Temperatur des Dampfes nicht direkt veranschaulicht werden.

Man hat daher das sog. W ä r m e d i a g r a m m (Fig. 2 u. 3)
ersonnen, in welchem die in Frage kommenden Wärmemengen
durch Flächenstücke dargestellt sind, und zwar bezieht man
diese Wärmemengen stets auf 1 kg arbeitende Flüssigkeit. Die
Ordinaten geben hierin die absolute Temperatur des Dampfes
an, die Abszissen das Integral der Quotienten: J e w e i l i g e
Ä n d e r u n g d e r W ä r m e m e n g e *Q* dividiert durch die
zugehörige absolute Temperatur *T*. Man nennt dieses Integral
die E n t r o p i e des Dampfes. Bezeichnet man diese mit *s*, so ist

$$s = \int \frac{dQ}{T}.$$

In diesem Diagramm wird die A d i a b a t e eine Gerade
parallel zur Ordinatenachse, weil bei dieser Zustandsänderung

weder Wärme zugeführt noch abgeführt wird, also $dQ = 0$ ist; die Isotherme wird, da $T = $ const. eine Gerade parallel zur Abszissenachse. Das Rechteck $ABCD$ Fig. 2 stellt wieder einen Kreisprozeß und zwar zwischen den Temperaturgrenzen T_1 und T_2 dar. Die Fläche $ABCD$ ist die bei demselben in mechanische Arbeit umsetzbare Wärmemenge. Es ist nämlich die Änderung der Entropie zwischen den Zuständen A und B gleich $\int \dfrac{dQ}{T}$ und daher das Rechteck unter AB (zugeführte Wärme)

$$= \int \frac{dQ}{T_1} \times T_1 = \frac{Q_1\,T_1}{T_1} = Q_1$$

das Rechteck unter CD (abgeführte Wärme)

$$\int \frac{dQ}{T_2} \times T_2 = \frac{Q_2\,T_2}{T_2} = Q_2$$

und da $\dfrac{Q_1}{T_1} = \dfrac{Q_2}{T_2}$, wird der Inhalt des Rechteckes $ABCD$ gleich der Wärmemenge:

$$\frac{Q_1}{T_1}\,(T_1 - T_2).$$

Das Äquivalent dieser Wärmemenge ist die theoretisch bei diesem Prozeß erzielbare Arbeit. Ist

$$A = \frac{1}{427}$$

das mechanische Wärmeäquivalent, L die mechanische Arbeit in Meterkilogramm, so ist also:

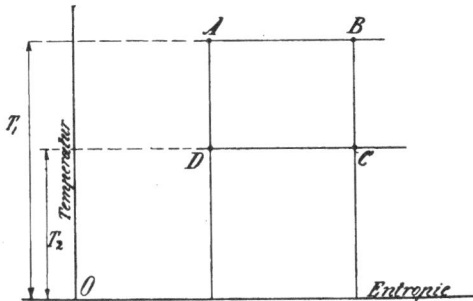

Fig. 2.

$$A\,L = \frac{Q_1}{T_1}\,(T_1 - T_2).$$

Im Wärmediagramm für Wasserdampf (s. Fig. 3) spielen zwei Kurven eine besondere Rolle, und zwar die Kurven OA aller derjenigen Punkte, in denen der Übergang des Wassers in den Zustand des gesättigten Dampfes und die Kurve BC aller Punkte, in denen der Übergang des gesättigten Dampfes in überhitzten Dampf erfolgt. Man nennt diese Kurven die Grenzkurven, und zwar die erstere die untere Grenzkurve, die letztere die obere Grenzkurve.

Die eingezeichnete Linie $A_1\,B_1\,D_1$ ist eine Linie konstanten Druckes. Im Gebiet des Wassers entspricht einer Wärmezufuhr eine Temperatursteigerung und eine Zunahme der Entropie von O bis F, im Gebiet des gesättigten Dampfes (welches erreicht wird, sobald die Dampfbildung in Punkt A_1 bei der Temperatur t_s beginnt) tritt bei Wärmezufuhr eine Temperatur-

steigerung nicht ein, wohl aber eine der Wärmezufuhr entsprechende Zunahme der Entropie von F bis G, weil alle zugeführte
Wärme benutzt wird, um das in der Gewichtseinheit, welche
den Prozeß durchmacht, noch vorhandene Wasser zu verdampfen;
im Gebiet des überhitzten Dampfes rechts der Kurve $B\,C$ aber
tritt bei Wärmezufuhr neben der Zunahme der Entropie von
G bis H wieder eine Temperaturerhöhung von t_s auf t ein, in ähnlicher Weise wie bei der Erhitzung eines vollkommenen Gases.

Im Gebiet der gesättigten Dämpfe nimmt bei Wärmezufuhr
der Wassergehalt der Gewichtseinheit (1 kg), welche den Prozeß
durchmacht, allmählich von 100 % auf 0 % ab, der Dampf-

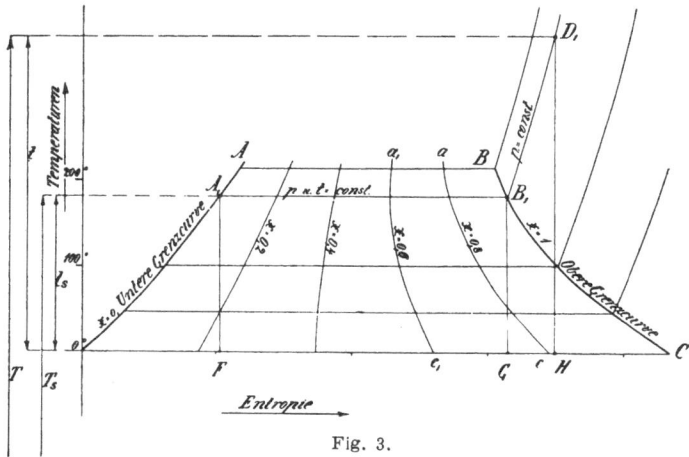

Fig. 3.

gehalt von 0 % auf 100 % zu. Man bezeichnet die s p e z i -
f i s c h e D a m p f m e n g e , welche in dem betreffenden Punkt
der Zustandsänderung vorhanden ist, mit x und es ist $x = 0$ in
der unteren Grenzkurve, $x = 1$ in der oberen Grenzkurve. Die
Kurven, welche Punkte gleicher spezifischer Dampfmenge ver-
binden, sind z. B. in Fig. 3 mit $a\,c$ für $x = 0,8$ bzw. $a_1\,c_1$ für
$x = 0,6$ bezeichnet.

Bei den Zustandsänderungen des Dampfes[1]) entspricht einer
Wärmezufuhr bei konstantem Druck stets die gleiche Zunahme
von dessen Erzeugungswärme, also derjenigen Wärmemenge,
welche aufgewendet werden muß, um Wasser von 0° C in den
betreffenden Dampfzustand überzuführen, und zwar geht man
hier stets vom Gefrierpunkt des Wassers (0° C) und nicht vom
absoluten Nullpunkt aus.

Im folgenden sei bezeichnet mit
i'' die Erzeugungswärme von 1 kg trocken gesättigtem Dampf,

---

[1]) Im folgenden seien alle Betrachtungen nur auf W a s s e r und dessen
Dämpfe bezogen.

wobei **Dampferzeugung** bei konstantem Druck vorausgesetzt ist, wie dieselbe z. B. in einem Dampfkessel vor sich geht,

i' die Flüssigkeitswärme, welche aufgewendet werden muß, um 1 kg Wasser von 0^0 auf die Temperatur t, des gesättigten Dampfes zu erwärmen,

ϱ die innere Verdampfungswärme, welche aufgewendet werden muß, um 1 kg Wasser von der Temperatur t_s in trocken gesättigten Dampf gleicher Temperatur zu verwandeln,

$A P (v'' - v') = \psi$ die äußere latente Wärme, welche aufgewendet werden muß, um den auf dem Wasser lastenden Druck P während der Verwandlung in Dampf zu überwinden.

Hierbei bedeutet:

A das Wärmeäquivalent $\left(\dfrac{1}{427}\right)$,

P bzw. p den Druck bei dem betreffenden Zustande in kg/qm bzw. kg/qcm,

v'' das Volumen von 1 kg trocken gesättigtem Dampf in dem betr. Zustand in cbm,

$v' = 0,001$ cbm das Volumen von 1 kg Wasser.

Dann ist:

$$i'' = i' + \varrho + \psi \text{ Wärmeeinheiten}[1]).$$

Es sei ferner bezeichnet mit

v das spezifische Volumen von 1 kg der Mischung aus gesättigtem Dampf und Wasser in cbm, welches bei dem betreffenden Zustand vorhanden sein mag,

x die in 1 kg der Mischung enthaltene Dampfmenge, so daß $1 - x$ die in ihr enthaltene Wassermenge ist.

Es ist dann:

$$v = 0,001 + x \cdot (v'' - 0,001)$$

und die Erzeugungswärme für 1 kg Gemisch aus Wasser und Dampf allgemein:

$$i = i' + x (\varrho + \psi) \text{ WE}.$$

Es sei ferner bezeichnet mit:

i_1'' die Erzeugungswärme überhitzten Dampfes,

i_1 diejenige Wärmemenge, welche trocken gesättigtem oder nassem Dampf zugeführt werden muß, um ihn von der Temperatur t_s auf die Temperatur t zu überhitzen,

c_x die spezifische Wärme des überhitzten Dampfes bei konstantem Druck,

t die Endtemperatur desselben,

t_s die Sättigungstemperatur (d. h. also die Temperatur des gesättigten Dampfes gleicher Spannung).

Dann läßt sich die Erzeugungswärme für überhitzten Dampf ausdrücken durch die Gleichung:

$$i_1'' = i'' + c_p (t - t_s).$$

Da jedoch die spezifische Wärme c_p des Dampfes kein konstanter Wert ist, sondern mit dem Druck zu-, hingegen mit der Temperatur abnimmt, so ist es zweckmäßiger, die Erzeugungswärme aus der Gl. 1, S. 26, zu berechnen.

---

[1]) Im folgenden wird Wärmeeinheit stets mit WE bezeichnet.

Zur Berechnung der erforderlichen Wärmemengen, der Entropie und des Volumens (bezogen auf 1 kg) des Dampfes dienen folgende Gleichungen[1]):

1. Die Gesamtwärme i'' trocken gesättigten oder i_1'' von überhitztem Dampf ist:

$$i'' \text{ bzw. } i_1'' = 594{,}7 + 0{,}477\, t - X \cdot p \text{ WE} \quad . . \text{ Gl. 1}$$

2. Das Volumen v'' von gesättigtem oder v_1'' von überhitztem Dampf ist:

$$v'' \text{ bzw. } v_1'' = 47\,\frac{T}{P} - Y \text{ cbm} \quad . . . . \text{ Gl. 2}$$

3. Die Entropie gesättigten oder überhitzten Dampfes ist:

$$s = 0{,}477\, ln\, T - 0{,}11\, ln\, p - Z \cdot p - 1{,}0544 \quad . \text{ Gl. 3}$$

In vorstehenden Gleichungen ist:

$$Y = 0{,}075 \left(\frac{273}{T}\right)^{\frac{10}{3}}; \; X = \frac{10\,000}{427}\left(\frac{13}{3}\, Y - 0{,}001\right);$$

$$Z = \frac{10\,000}{427} \cdot \frac{10}{3} \cdot \frac{Y}{T}.$$

Die berechneten Werte von Y, X und Z für verschiedene absolute Temperaturen T sind in Tabelle 15, Teil XIV, niedergelegt.

Um die zur Überhitzung des Dampfes erforderliche Wärmemenge i_1 zu finden, ist es am einfachsten, von der berechneten Gesamtwärme i_1'' die Erzeugungswärme i'' des gesättigten Dampfes bei derselben Spannung (aus der Tabelle entnommen) abzuziehen, so daß also die Überhitzungswärme ist:

$$i_1 = i_1'' - i'' \text{ WE}.$$

Ist nasser Dampf zu überhitzen, dann muß ihm außer der sonst nötigen Überhitzungswärme noch diejenige Wärmemenge zugeführt werden, welche zum Verdampfen der im Gemisch enthaltenen Wassermenge $1 - x$ erforderlich ist.

In diesem Falle ist dann die Überhitzungswärme:

$$i_1 = i_1'' - i'' + (1 - x)\,(\varrho + \psi) \text{ WE}.$$

B e i s p i e l 1. Wie groß ist die Erzeugungswärme von gesättigtem Dampf von 20 at absoluter Spannung bei 3 % Feuchtigkeit? (s. Dampftabelle.)

$i' = 215{,}5$ Somit ist die Erzeugungswärme
$\varrho = 409{,}8$ $i = 215{,}5 + 0{,}97\,(409{,}8 + 48{,}08)$
$\psi = \;\;48{,}08$ $= 215{,}5 + 0{,}97 \cdot 457{,}88 = 659{,}6$ WE.
$x = \;\;\;0{,}97$

B e i s p i e l 2. Wie groß ist die Erzeugungswärme von trocken gesättigtem Dampf von 15 at abs. Spannung? (s. Dampftabelle.)

$$
\begin{aligned}
i' &= 200{,}7 \\
\varrho &= 422{,}4 \\
\psi &= \;\;47{,}4 \\
\hline
i'' &= 670{,}5 \text{ WE.}
\end{aligned}
$$

---

[1]) Nach M o l l i e r, Neue Tabellen und Diagramme für Wasserdampf.

B e i s p i e l 3. Wie groß ist die Erzeugungswärme für Dampf von einer spezifischen Dampfmenge von 60% und einer Spannung von 0,1 at? (s. Dampftabellen.)

$$i' = 45{,}7 \qquad \varrho = 535{,}4 \qquad x\,(\varrho + \psi) = 342{,}2$$
$$x = 0{,}6 \qquad \psi = 34{,}94 \qquad i' = 45{,}7$$
$$\varrho + \psi = 570{,}34 \qquad \text{Somit } i'' = 387{,}9 \text{ WE.}$$

B e i s p i e l 4. Wie groß ist die Erzeugungswärme von überhitztem Dampf von 15 at Spannung und einer Temperatur von 300⁰?

Nach Gl. 1, S. 26 ist:

$$i_1'' = 594{,}7 + 0{,}477\, t - X \cdot p,$$

worin nach Tabelle 15, Teil XIV, für $t = 300^0$ $X = 0{,}62$ ist; also:

$$i_1'' = 594{,}7 + 0{,}477 \cdot 300 - 0{,}62 \cdot 15 = 594{,}7 + 143{,}1 - 9{,}3$$
$$i_1'' = 728{,}5 \text{ WE.}$$

§ 18. Das Mollier- oder *J-S*-Diagramm[1]).

Das im vorigen Paragraphen beschriebene Wärmediagramm ist jedoch für die Berechnung der Dampfturbinen nicht ohne weiteres geeignet, weil dasselbe nicht gestattet, die Wärmegefälle in der einfachsten Weise als gerade Strecken abzugreifen, wie dies die Berechnung der Dampfturbine erfordert. Zu diesem Zweck müssen in das *T-S*-Diagramm »Kurven gleichen Wärmeinhaltes« eingezeichnet werden. Um noch bequemer zum Ziele zu kommen, hat nun Prof. M o l l i e r das sog. *J-S*-Diagramm entworfen[2]) und in die Praxis eingeführt, auf dessen Abszissenachse die Entropien aufgetragen sind, während die Erzeugungswärmen die Ordinaten bilden.

Da für die Berechnung der Turbinen nur die Gegend der oberen Grenzkurve von Interesse ist, zeigt dieses Diagramm nur den nahe dieser Kurve gelegenen Teil des Diagramms. Die Adiabate ist in diesem Diagramm eine vertikale Linie (Zustandsänderung ohne Wärmezufuhr), und da es sich bei der Berechnung von Dampfturbinen nur um Zustandsänderungen handelt, welche, abgesehen von Verlusten, Reibungseinflüssen etc., a d i a - b a t i s c h genannt werden können, ist die obige Forderung erfüllt, die Differenz der Erzeugungswärme zwischen zwei Zuständen als gerade Linie abgreifen zu können.

In das Diagramm sind Kurven g l e i c h e r s p e z i - f i s c h e r D a m p f m e n g e n eingetragen, ferner enthält dasselbe die Linien konstanter Dampfspannungen.

Ein *J-S*-Diagramm, wie dasselbe für die Berechnung von Dampfturbinen direkt verwendet werden kann, ist diesem Buche als besondere Tafel hinten lose beigefügt.

Das Diagramm ist nach den Gleichungen 1—3 S. 26 berechnet.

Als Erläuterung für die Benutzung des Diagramms mögen einige Beispiele dienen.

---

¹) Statt der kleinen Buchstaben i und s sind für die Bezeichnung dieses Diagrammes der Deutlichkeit wegen große Buchstaben *J* und *S* gewählt.
²) Z. d. V. D. Ing. Jahrg. 1904, S. 271.

B e i s p i e l 1. Welches ist die disponible Wärmemenge von
1 kg Dampf (Wärmegefälle), wenn derselbe von einer Dampfspannung von 16 at absolut bei 3 % Feuchtigkeit auf einen
absoluten Gegendruck von 0,07 at adiabatisch herunterexpan-
diert? Lösung s. Fig. 4.

Wir ziehen vom Schnittpunkt der beiden Kurven $p = 16$ at

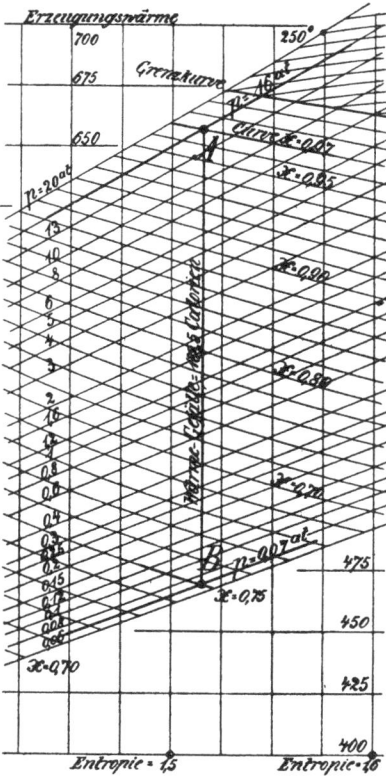

Fig. 4.

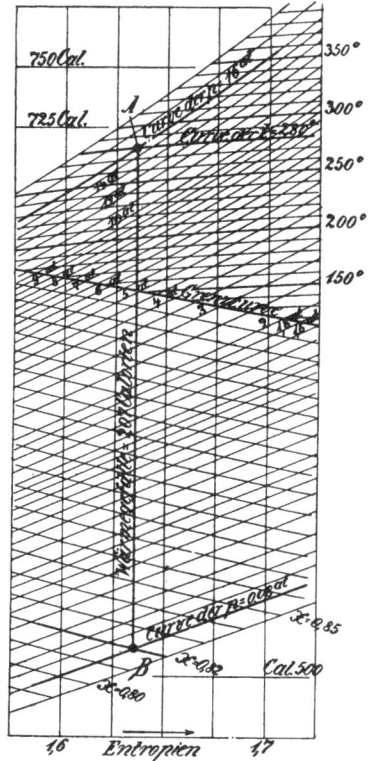

Fig. 5.

und $x = 0,97$ eine vertikale Gerade soweit, bis dieselbe die Kurve
der $p = 0,07$ at schneidet.

Die Erzeugungswärme im ersteren Schnittpunkt bei A ist
$i_A = 657$ WE, im letzteren B ist sie $i_B = 468,5$ WE.

Es ist also das Wärmegefälle $i_A - i_B = 657 - 468,5 =
188,5$ WE. Natürlich hätte man dieses Gefälle auch durch
direktes Abgreifen der Länge der vertikalen Strecke ermitteln

können, da der Maßstab der Erzeugungswärmen in dem Diagramm konstant ist.

Die spezifische Dampfmenge im Endpunkt B der Expansion geht ebenfalls aus dem Diagramm hervor. Sie ist $x = 0,75$, also enthält der expandierte Dampf 25% Wasser. Allgemein gilt der Satz: Bei adiabatischer Expansion von Wasserdampf von praktisch in Frage kommendem Anfangs-. zustand nimmt die spezifische Dampfmenge ab, also die Feuchtigkeit des Dampfes zu.

Beispiel 2. Wie groß ist die disponible Wärmemenge, wenn 20 000 kg Dampf von einer Spannung von $p = 16$ at absolut und einer Temperatur von 280° adiabatisch auf einen absoluten Druck von 0,08 at herunterexpandieren? Lösung s. Fig. 5.

Wir ziehen vom Schnittpunkt A der Kurven $p = 16$ at und $t = 280°$ eine vertikale Gerade bis zum Schnittpunkt B mit der Kurve der $p = 0,08$ at.

Die Differenz der Erzeugungswärmen vom Anfangs- und Endzustand, welche direkt aus dem Diagramm als Länge der vertikalen Linie zwischen den beiden Schnittpunkten A und B abgegriffen werden kann, beträgt $i_A - i_n = 207$ WE.

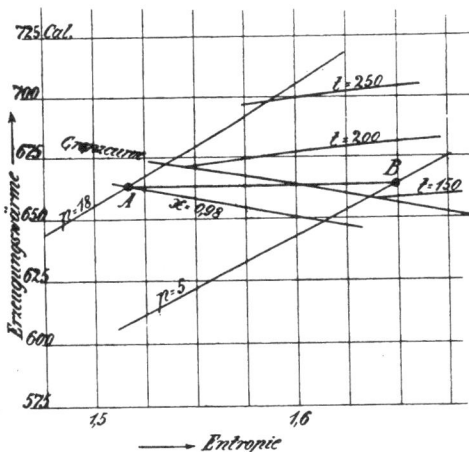

Fig. 6.

Wird dieses Wärmegefälle mit $h = i_A - i_n$ bezeichnet, dann ist die gesamte disponible Wärmemenge für die totale Dampfmenge von $G = 20\,000$ kg

$$Q = G \cdot h = 20\,000 \cdot 207 \text{ WE.} = 4\,140\,000 \text{ WE.}$$

Die spezifische Dampfmenge in B beträgt $x = 0,82$, entsprechend einer Dampffeuchtigkeit von 18%.

Beispiel 3. Welchen Endzustand erreicht eine gewisse Dampfmenge von 18 at absoluter Anfangsspannung und 2% Feuchtigkeitsgehalt, wenn dieselbe auf eine Spannung von 5 at absolut gedrosselt wird.

Unter »Drosseln« des Dampfes versteht man die Verminderung der Dampfspannung ohne Arbeitsleistung und ohne Wärmezu- oder -abfuhr. Demgemäß ändert sich durch das Drosseln der Wärmeinhalt des Dampfes nicht und die Drossellinie ist im Mollierdiagramm eine horizontale Linie ($i = $ const).

Um obige Aufgabe zu lösen, ziehen wir (vgl. Fig. 6) eine horizontale Linie vom Schnittpunkt A der Kurven $p = 18$ und $x = 0,98$ so weit, bis dieselbe die Linie $p = 5$ at schneidet, was im Punkt B geschieht. Der gesuchte Endzustand liegt im Gebiet der überhitzten Dämpfe, und zwar ergibt sich für denselben eine Temperatur $t = 162^0$, während gesättigter Dampf von gleicher Spannung eine Temperatur von $t_s = 151^0$ besitzt. Die Überhitzung beträgt also 11^0. Die Endtemperatur ergibt sich aus dem Molliediagramm ohne weiteres durch Einzeichnen der t-Kurven im Gebiet der überhitzten Dämpfe.

Allgemein gilt der Satz: D u r c h D r o s s e l u n g v e r - m i n d e r t s i c h d e r F e u c h t i g k e i t s g e h a l t d e s D a m p f e s , j a e s k a n n s o g a r Ü b e r h i t z u n g e i n - t r e t e n , w e n n d e r A n f a n g s z u s t a n d n a h e a n d e r G r e n z k u r v e u n d d i e D r o s s e l u n g s t a r k g e n u g i s t .

§ 19. Berechnung des Gesamtwirkungsgrades von ausgeführten Dampfturbinen.

Die Kenntnis des im vorigen Paragraphen erklärten J-S-Diagramms setzt uns in den Stand, mit leichter Mühe den Gesamtwirkungsgrad einer bekannten Dampfturbinenanlage zu berechnen. Bei einer solchen ist stets gegeben:

die Admissionsspannung p, d. h. die absolute Dampfspannung, mit welcher der Dampf in die Hochdruckturbine eintritt.

die Feuchtigkeit des Dampfes x (meistens schätzungsweise zu ermitteln, vgl. § 24),

die Überhitzungstemperatur t, falls Überhitzung vorgesehen,

das Vakuum im Kondensator bzw. der in demselben herrschende Gegendruck p_c,

N_e die gemessene eff. Leistung der Turbine

und schließlich die Dampfmenge G, welche in der Turbine zur Wirkung kommt, in kg pro Stunde.

Diese Angaben ermöglichen uns, die theoretische Leistung zu bestimmen, welche bei adiabatischer Expansion des Dampfes überhaupt disponibel ist.

Sei das aus dem J-S-Diagramm entnommene Wärmegefälle (disponible Wärmemenge pro 1 kg) mit $h = i_A - i_B$ bezeichnet, so ist die mechanische Arbeit in mkg

$$L = \frac{G \cdot h}{A}$$

und die theoretisch überhaupt disponible Leistung in Pferdestärken:

$$N = \frac{G \cdot h}{A \cdot 3600 \cdot 75} = 0,001582 \; G \cdot h = \frac{G \cdot h}{632}.$$

Es ergibt sich daraus der eff. Wirkungsgrad $r_e = \dfrac{N_e}{N}$.

Über den indizierten Wirkungsgrad siehe § 50.

§ 20. Beispiel.

Es sei z. B. für die Turbine eines Kreuzers das stündlich zur Verfügung stehende Dampfquantum $G_{st} = 65\,000$ kg, die

Admissionsspannung sei 17 at absolut, das zur Verfügung stehende Vakuum sei 92 %, die Dampffeuchtigkeit beim Eintritt in die Turbine sei 3 %, also $x = 0,97$; dann ist das zur Verfügung stehende Wärmegefälle (vgl. Wärmediagramm) = 186 Kalorien. Es ist somit die theoretische Leistung in Pferdestärken

$$N = \frac{65\,000 \cdot 186}{632} \approx 19\,100 \text{ PS.}$$

Die an der fertigen Turbine mit dem Torsionsindikator gemessene eff. Leistung bei der oben angegebenen Dampfmenge sei zu $N_e = 10\,800$ PS ermittelt worden. Dann ist der eff. Wirkungsgrad $\eta_e = \frac{10\,800}{19\,100} = 0,566$. Die theoretische Leistung von 19 100 PS würde einem theoretischen Dampfverbrauch pro PS von $\frac{65\,000}{19\,100} = 3,4$ kg pro eff. Pferdekraft und Stunde entsprechen.

Bei der Messung des Dampfverbrauchs an der fertigen Turbine würde sich entsprechend der Leistung von 10 800 PS$_e$ ein Dampfverbrauch von 6,0 kg pro eff. Pferdekraft und Stunde ergeben.

§ 21. Gesamtwirkungsgrade.

Die Gesamtwirkungsgrade ausgeführter Schiffsturbinen schwanken etwa zwischen 62 % und 52 %, entsprechend einem Dampfverbrauch von 5,8 bis 6,8 kg, wobei der kleinere Wert für große Turbinen und verhältnismäßig hohe Umdrehungszahlen, der große Wert für kleinere Turbinen bzw. weniger günstige, also verhältnismäßig niedrigere Umdrehungszahlen gilt. Bei den modernsten Turbinenanlagen für große Schnelldampfer, bei welchen die Wellen in Hintereinanderschaltung arbeiten, kommen unter Aufwendung gewaltiger Gewichte Dampfverbrauchsziffern bis herunter auf 5,2 kg pro PS$_e$ und Stunde vor, entsprechend einem Gesamtwirkungsgrad von 65 %. Der Dampfverbrauch ist für die beiden bisher bewährtesten Schiffsturbinensysteme gemischten Systems und reine Trommelturbinen etwa der gleiche. In beiden Fällen ist es der Niederdruckteil, welcher die höhere Ökonomie, also den besseren Wirkungsgrad besitzt, während es schwieriger ist, den Hochdruckteil ökonomisch zu gestalten. Das beste Mittel, um letzteres zu erreichen, bietet den Schiffsturbinen die Verwendung von Rädern mit Geschwindigkeitsstufen (Curtisstufen), weil sich mittels derselben mit der geringsten Baulänge, also verhältnismäßig geringstem Platzbedarf, ein verhältnismäßig ökonomischer Hochdruckteil erzielen läßt. Es hat sich daher die Entwicklung der Dampfturbine in dieser Richtung bewegt und es sind die Schiffsturbinensysteme von heute meistens im Hochdruckteil mit Geschwindigkeitsstufen, im Niederdruckteil mit einer Trommel, welche Aktionsstufen bzw. Reaktionsstufen trägt, ausgerüstet.

§ 22. Einfluß des Vakuums auf den Dampfverbrauch.

Der Einfluß, welchen die Erhöhung des Vakuums im günstigen Sinne bzw. eine Verschlechterung des Vakuums im ungünstigen Sinne auf den Dampfverbrauch der Turbine ausübt, ist ein sehr bedeutender.

Wie groß dieser Einfluß ist, läßt sich durch Betrachtung des Wärmediagramms am schnellsten feststellen. Es sei z. B. die Admissionsspannung einer Schiffsturbine 18 at abs., die Feuchtigkeit des Dampfes 3%, also $x = 0,97$ und das Vakuum im Kondensator 90%, dann ist das adiabatische Wärmegefälle (s. Wärmediagramm) $= 182$ WE. Falls das Vakuum auf 91% gesteigert wird, steigt das Wärmegefälle auf 184,5 WE, wird dasselbe auf 92, 93, 94% gesteigert, dann steigt das Wärmegefälle auf 188, 191,5, 195 WE.

In umgekehrtem Verhältnis zu der Zunahme der Wärmegefälle sinkt der Dampfverbrauch pro PS$_e$. Würde derselbe z. B. für 90% Vakuum in diesem speziellen Falle 6 kg betragen, so würde er sich theoretisch ermäßigen

für 91 % Vakuum auf 5,92 kg pro PS
» 92 » » » 5,81 » » »
» 93 » » » 5,72 » » »
» 94 » » » 5,61 » » »

An Hand des Wärmediagramms läßt sich in jedem Falle sofort feststellen, welchen Einfluß die Vergrößerung des Vakuums auf den Dampfverbrauch der Turbine hat; doch ergibt diese Betrachtung natürlich nur den theoretischen Einfluß dieser Änderung des Vakuums. Der tatsächliche Einfluß, welchen die Änderung des Vakuums hat, ist für jede Turbine individuell, und zwar ist derselbe abhängig von der Konstruktion der Beschaufelung des Niederdruckteils, der Bemessung der Austrittsquerschnitte aus der Niederdruckturbine, von der Dimensionierung des Abdampfbogens usw.

Ein Beispiel für den tatsächlichen Einfluß des Vakuums auf den Dampfverbrauch gibt Tabelle Nr. 8.

Tabelle Nr. 8.

Beispiel für den Einfluß des Vakuums auf den Dampfverbrauch von Turbinen. AEG-Schiffsturbine.

Vakuum in %	ca. 70 % der normalen Dampfmenge				ca. 31 % der normalen Dampfmenge		
%	Dampfverbrauch pro PSe u. Stunde, kg	Zunahme (+) oder Abnahme (—) des Dampfverbr. pro PSe gegenüber 90% Vak. in %	Zu- oder Abnahme des Dampfverbrauchs pro PSe gegenüber 90% Vak. in %, pro 1% Vak.-Änderung		Dampfverbrauch pro PSe u. Stunde, kg	Zunahme (+) oder Abnahme (—) des Dampfverbr. pro PSe gegenüber 90% Vak. in %	Zu- oder Abnahme des Dampfverbrauchs pro PSe gegenüber 90% Vak. in %, pro 1% Vak.-Änderung
95	5,60	— 8,94	— 1,79		6,73	— 14,81	— 2,96
92	5,94	— 3,41	— 1,71		7,45	— 5,70	— 2,85
90	**6,15**	—	+ 1,68		**7,90**	—	± 2,76
88	6,35	± 3,25	± 1,63		8,32	+ 5,32	± 2,66
85	6,64	+ 7,97	± 1,59		8,93	+ 13,04	± 2,61
80	7,10	+ 15,45	± 1,55		9,89	+ 25,19	± 2,52
75	7,55	+ 22,76	± 1,52		10,74	+ 35,95	± 2,40
70	7,99	+ 29,92	± 1,50		11,58	+ 46,55	± 2,33

Aus dieser Tabelle geht hervor, daß der Dampfverbrauch sich in diesem Falle zum Teil in weit höherem Verhältnis erniedrigt, als sich aus dem theoretischen Werte ergeben würde, und zwar namentlich bei der Fahrt mit geringer Leistung. Bei letzterer spielt der Einfluß des Vakuums deswegen eine so bedeutende Rolle, weil das verfügbare Wärmegefälle infolge der Drosselung des Dampfes wesentlich kleiner ist als im ersten Fall und die Änderung des Vakuums daher einen prozentual viel größeren Einfluß hat.

Da sich diese Verhältnisse nicht ohne Erfahrungszahlen im voraus bestimmen lassen, ist es wesentlich, daß bei den Erprobungen von Turbinen im Prüffeld immer sog. Vakuumkurven genommen werden, d. h. also, daß durch Messung festgestellt wird, welchen Dampfverbrauch die zu erprobende Turbine bei verschiedenem Vakuum, sonst aber gleichen Verhältnissen ergibt.

§ 23. Einfluß der Überhitzung auf den Dampfverbrauch der Turbine.

Den Einfluß der Überhitzung auf den Dampfverbrauch der Turbine kann man ohne weiteres durch Betrachtung des Wärmediagramms erkennen. Es sei z. B. die Anfangsspannung wie vorhin 18 at absolut, die Dampffeuchtigkeit 3 %, das Vakuum im Kondensator 90 %, dann ist das disponible Wärmegefälle 182 WE. Wird der Dampf gesättigt, so steigt bei gleicher Admissionsspannung und gleichem Vakuum das Wärmegefälle auf 187 WE. Wird der Dampf auf 250⁰ überhitzt, dann wird bei gleicher Admissionsspannung und gleichem Vakuum das Wärmegefälle 195 WE, wird er auf 300⁰ überhitzt, 208 WE. In gleichem Verhältnis wie das Wärmegefälle durch die Überhitzung zunimmt, wird der theoretische Dampfverbrauch pro PS, sinken.

Bezüglich des Einflusses, welchen die Überhitzung auf den Dampfverbrauch der Turbine tatsächlich ausübt, gelten ähnliche Betrachtungen wie unter § 21 über den Einfluß des Vakuums angestellt, d. h. der Einfluß der Überhitzung auf den Dampfverbrauch macht sich je nach der Konstruktion der Turbine in verschiedenem Grade bemerkbar. Ein Beispiel für einen praktischen Fall gibt Tabelle Nr. 9.

Aus diesem Beispiel geht hervor, daß der tatsächliche Einfluß der Überhitzung auf den Dampfverbrauch sich etwas anders stellt als der theoretische.

An dieser Stelle muß darauf hingewiesen werden, daß sich nicht alle Turbinensysteme in gleicher Weise für die Verwendung von überhitztem Dampf eignen. Zweifellos ist die reine Trommelturbine, welche im Hochdruckteil sehr geringe Spielräume besitzt, weniger für die Verwendung von hoch überhitztem Dampf geeignet als die reine Räderturbine oder die Turbine gemischten Systems, welche in den Curtisrädern des Hochdruckteiles wesentlich größere Spielräume besitzt. Ferner wird bei letztgenannter Turbine die Überhitzung noch vor dem Eintritt

Tabelle Nr. 9.
Beispiel für den Einfluß der Überhitzung auf den Dampfverbrauch der Turbinen.
AEG-Turbinenanlage.

Überhitzung °C	ca. 39 % der normalen Dampfmenge				ca. 21 % der normalen Dampfmenge			
	Dampf-Verbr. pro PSe u. Std. kg	Verringerg. des Dampf-Verbr. pro PSe gegenüber trock.-ges. Dampf in %	Verringerg. des Dampf-Verbr. pro PSe gegenüber trock.-ges. Dampf pro 10° Überh. %	Erforderl. Überhitzung zur Verbesserung des Dampf-Verbr. pro PSe um 1% °C	Dampf-Verbr. pro PSe u. Std. kg	Verringerg. des Dampf-Verbr. pro PSe gegenüber trock.-ges. Dampf in %	Verringerg. des Dampf-Verbr. pro PSe gegenüber trock.-ges. Dampf pro 10° Überh. %	Erforderl. Überhitzung zur Verbesserung des Dampf-Verbr. pro PSe um 1% °C
0	7,21	—	—	—	10,01	—	—	—
20	6,83	5,27	2,61	3,79	9,12	8,89	4,45	2,25
40	6,52	9,57	2,39	4,18	8,58	14,29	3,57	2,80
60	6,27	13,04	2,17	4,61	8,16	18,48	3,08	3,25
80	6,06	15,95	1,99	5,03	7,81	21,98	2,75	3,64
100	5,91	18,03	1,80	5,56	7,53	24,78	2,48	4,03
120	5,79	19,70	1,64	6,10	7,30	27,07	2,26	4,42

in das erste Rad schon beim Austritt aus den Düsen zum großen Teil beseitigt, wie sich unschwer aus dem Wärmediagramm ersehen läßt. Beträgt z. B. die Admissionsspannung 18 at absolut, die Temperatur des überhitzten Dampfes 250⁰, der Druck nach Austritt aus der Düse also in der ersten Stufe 7 at, dann ist das adiabatische Gefälle in der ersten Stufe 46 Kalorien. Falls in dem ersten Rad nur 50 % dieses Wärmegefälles aufgezehrt werden, dann ergibt der Endzustand des Dampfes nach dem Wärmediagramm eine Temperatur von 190⁰, gegenüber der Sättigungstemperatur von 164⁰. Es ist also die Überhitzung des Dampfes beinahe beseitigt.

Aus den vorstehenden Betrachtungen geht hervor, daß die Überhitzung des Dampfes den Dampfverbrauch der Turbine wesentlich erniedrigt. Man darf jedoch nicht unbeachtet lassen, daß für die Überhitzung des Dampfes auch Brennmaterial aufgewendet werden muß. Es ist daher notwendig, nicht nur den Dampfverbrauch mit und ohne Überhitzung zu vergleichen, sondern auch den Kohlenverbrauch, welcher mit und ohne Überhitzung eintritt. Da zur Überhitzung des Dampfes auch eine nicht unerhebliche Menge Kohlen verbrannt werden muß, stellt sich die Ersparnis an Kohle wesentlich geringer als die Ersparnis an Dampf. Ein Beispiel hierfür gibt Tabelle Nr. 10 (S. 35).

Es beträgt in diesem Falle die Ersparnis an Kohle infolge der Überhitzung gegenüber der Verwendung von gesättigtem Dampf nur 9,2%, während die Ersparnis an Dampf 21,1% beträgt.

Tabelle Nr. 10.[1])
Beispiel für die Berechnung der Kohlenersparnis durch einen Überhitzer an Bord.

Sattdampf	Überhitzter Dampf
Zustand an der Turbine: $p = 16$ at abs. 4% Nässe	Zustand an der Turbine $p = 16$ at abs. $t = 300^0$ entsprech. 100⁰ Überhitzung
Turbinenleistung . . 7900 PS. Dampfverbrauch pro PS, u. St. gemessen . . . . . 7,10 kg	Turbinenleistung . . 7900 PS, Dampfverbrauch pro PS, u. St. gemessen . . . . 5,60 kg Verringerung des Dampfverbrauchs, verglichen mit Sattdampf (4% Nässe) 21,1 %
Erzeugungswärme pro 1 kg Dampf bei 80⁰ Vorwärmung 571,6 WE Wärmeaufwand pro PS, und Stunde . 4058 WE Gesamtdampfmenge für die Turbinen pro Stunde 7900 × 7,10 56 090 kg Verdampfungsziffer 8,7	Erzeugungswärme pro 1 kg Dampf bei 80⁰ Vorwärmung 647,6 WE Wärmeaufwand pro PS, und Stunde 3627 WE Gesamtdampfmenge für die Turbinen pro Stunde 7900 × 5,6 44 240 kg Verdampfungsziffer 8,7 Kohlenverbrauch zur Dampferzeugung $= \dfrac{44\,240}{8,7}$ p. Stde. = 5085 kg Heizwert der Kohle pro kg . . . . . 7000 WE Kohlenverbrauch zur Überhitzung (in einem direkt gefeuerten Überhitzer v. 62% Wirkungsgrad) pro Stunde . . . 775 kg
Kohlenverbrauch pro Stde. $\dfrac{56\,090}{8,7} =$ 6447 kg Kohlenverbrauch pro PS, u. Stde. für die Turbinen allein ohne Hilfsmaschin. 0,8161 kg	Aufzuwendende Kohle insgesamt pro Stunde . . . 5860 kg Aufzuwendende Kohle pro PS, und Stde. f. d. Turbinen allein ohne Hilfsmaschinen . . . . 0,741 kg Kohlenersparnis infolge d. Überhitzung 9,2 %

[1]) Vgl. Jahrbuch der schiffbautechnischen Gesellschaft 1909 »Über moderne Turbinenanlagen für Kriegsschiffe« S. 329.

3*

§ 24. Dampffeuchtigkeit und Einfluß derselben auf den Wirkungsgrad der Turbinen.

Die Dampffeuchtigkeit ist eine Größe, welche sehr wesentlich vom Kesselsystem, von der Forcierung der Kessel, von der Isolierung der Dampfleitungen und auch von der Geschicklichkeit des Bedienungspersonals der Kessel abhängig ist. Im allgemeinen wird die Dampffeuchtigkeit um so höher, je kleiner der Dampfraum der Kessel, je länger und je weniger gut isoliert die Dampfleitung und je weniger geübt das Personal in der Bedienung der Kessel ist. Wie das Verhältnis der Dampffeuchtigkeit bei starker im Vergleich zu schwacher Forcierung sich gestaltet, läßt sich sehr schwer feststellen, da einesteils bei s t a r k e r F o r c i e r u n g die Menge des aus dem Kessel mitgerissenen Wassers wächst, während anderseits bei g e r i n g e r D a m p f e n t n a h m e der Einfluß der Kondensation in der Rohrleitung etc. stärker hervortritt. Im allgemeinen rechnet man bei den Wasserrohrkesseln der Kriegsschiffe, welche für die Erzeugung des Dampfes für Turbinenanlagen gegenwärtig die Hauptrolle spielen, mit einer Dampffeuchtigkeit von 3 bis 5 % bei Vollastbetrieb und mit etwa 4 bis 6 % bei langsamer Fahrt.

Die Dampfnässe wird in der Regel einfach in der Weise berücksichtigt, daß man von der disponiblen Dampfmenge diesen Betrag des mitgerissenen Wassers abzieht. Sind z. B. für die Berechnung der Leistung einer Turbine 60 000 kg Dampf pro Stunde gegeben, so rechnet man tatsächlich, um der Dampffeuchtigkeit Rechnung zu tragen, nur mit ca. 57 000 bis 58 200 kg. (Über die Messung der Dampffeuchtigkeit s. »Schiffsmaschinen«, IV. Aufl., S. 648.)

§ 25. Theoretische Ausflußgeschwindigkeit.

Wenn 1 kg Dampf mit der Geschwindigkeit c_0 aus einer Düse ausströmt, so ist die ihm innewohnende Arbeitsfähigkeit L gleich seiner lebendigen Kraft, d. h. also $L = \dfrac{1}{g} \cdot \dfrac{c_0{}^2}{2}$, woraus die Ausflußgeschwindigkeit $c_0 = \sqrt{2 \cdot g \cdot L}$.

Bei der Berechnung der Dampfturbine geht man in der Regel von dem für die Ausnutzung des Dampfes zur Verfügung stehenden Wärmegefälle aus, welches seiner Arbeitsfähigkeit für die Gewichtseinheit proportional ist. Ist $A = \dfrac{1}{427}$ das mechanische Wärmeäquivalent und h das Wärmegefälle, dann ist

$$h = A \cdot L \quad \text{und} \quad L = \frac{h}{A}.$$

Es ergibt sich hieraus

$$c_0 = \sqrt{\frac{2\,g\,h}{A}} = \sqrt{2 \cdot 9{,}81 \cdot 427 \cdot h},$$

woraus

$$c_0 = 91{,}5 \cdot \sqrt{h} \quad \text{in m pro Sekunde.}$$

Falls der Dampf in dem Gefäße, aus welchem derselbe ausströmt, trocken gesättigt ist, ist der Exponent in der Gleichung der Adiabate

$$n = 1,135,$$

und es ergibt sich

$$p_m = 0,577\ p_1$$

$$G_{sek} = 200\ F_m \sqrt{\frac{p_1}{v_1}},$$

wobei F_m in qm gerechnet ist (ohne Verluste).

Für F_m in qmm und stündliche Dampfmenge wird

$$G_{st} = 0,72\ F_m \sqrt{\frac{p_1}{v_1}}.$$

Es wird ferner die maximale Ausflußgeschwindigkeit

$$c_m = 323 \sqrt{p_1 v_1}.$$

Diese soeben besprochenen Erscheinungen gelten natürlich nur in der Ausströmungsöffnung selbst, also z. B. bei einer nicht erweiterten Düse an deren Ende. Falls man die Düse jedoch erweitert, wächst in derselben die Geschwindigkeit des Dampfes über die Geschwindigkeit c_m hinaus an bis zu der-

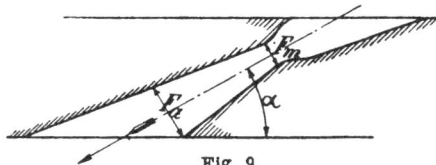

Fig. 9.

jenigen Geschwindigkeit, welche dem Wärmegefälle zwischen dem Gefäß, aus welchem der Dampf ausströmt und demjenigen, in welches derselbe einströmt, entspricht, so daß am Ende der erweiterten Düse die theoretische Geschwindigkeit

$$c_o = 91,5 \sqrt{h}$$

herrscht, genau so, wie wenn das Druckverhältnis nicht das kritische überschritten hätte.

Man muß daher bei der Konstruktion der Düsen für Dampfturbinen darauf achten, daß dieselben erweiterte Mündungen erhalten, falls das Druckverhältnis in den durch die Düsen verbundenen Räumen das kritische überschreitet. Eine erweiterte Düse zeigt Fig. 9. Die Öffnung an der engsten Stelle ergibt sich (ohne Verluste zu berücksichtigen) aus der obigen Gleichung für G_{st}

zu

$$F_m = \frac{G_{st}}{0,72 \sqrt{\frac{p_1}{v_1}}} \quad \text{in qmm.}$$

Der Querschnitt an dem erweiterten Ende ergibt sich aus der Kontinuitätsgleichung zu

$$F_a = G_{sek} \cdot \frac{v_a}{c_1},$$

hierin ist $c_1 = \varphi\,c_o$ die tatsächliche Ausflußgeschwindigkeit, und v_a das spezifische Volumen des austretenden Dampfes.

Derartige erweiterte Düsen finden sich daher hauptsächlich bei den Düsen für Marschfahrt, weil bei dieser Gangart die hohe Spannung des Kessels schon in der ersten Düse auf einen sehr geringen Druck reduziert wird.

Würde diese Überlegung, in einem derartigen Falle erweiterte Düsen anzuwenden, übersehen werden, dann würde ein gewisser Energieverlust eintreten, da der Dampf bei weitem nicht die Ausströmungsgeschwindigkeit und Arbeitsfähigkeit erreichen würde, welche dem vorhandenen Wärmegefälle entsprechen würde. Diese Verhältnisse mögen an einem Beispiel erläutert werden.

§ 30.   Beispiel für die Berechnung einer erweiterten Düse.

Der Druck vor der Düse sei $p_1 = 15$ at abs., der Druck in der ersten Stufe, also hinter der Düse $p_2 = 2$ at abs., die Dampfmenge, welche pro Stunde durch die Düse strömen soll, sei $G_{st} = 720$ kg, also pro Sekunde $G_{sek} = 0,2$ kg. Der Dampf vor der Düse sei trocken gesättigt.

Der Ausflußquerschnitt an der e n g s t e n S t e l l e der erweiterten Düse ergibt sich aus der Formel

$$F_m = \frac{G_{st}}{0,72\sqrt{\dfrac{p_1}{v_1}}}.$$

hierin ist

$G_{st} = 720$ kg, $p_1 = 15$ at, v_1 lt. Dampftabelle $= 0,136$ cbm.

also

$$F_m = \frac{720\cdot}{0,72 \cdot 10,5} = 95 \text{ qmm.}$$

Der Ausflußquerschnitt am erweiterten Ende ergibt sich aus der Formel

$$F_a = \frac{G_{sek} \cdot v_a}{c_1}.$$

Für $\varphi = 0,9$ wird $c_1 = 0,9 \cdot 91,5\sqrt{h} = 0,9 \cdot 844 = 760$ m/sek. (Das Wärmegefälle h ergibt sich aus dem J-S-Diagramm zu 85 WE.)

Um das spezifische Volumen v_a zu finden, benutzen wir das $J\,S$-Diagramm. Wir tragen auf der Linie des Wärmegefälles den Energieverlust von 20 % (entsprechend einem Geschwindigkeitsverlust von 10 %, vgl. § 27) ab und gehen von dem so gefundenen Punkt horizontal bis zum Schnittpunkt mit der Linie $p = 2$ at. Der so ermittelte Punkt ist der Endzustand am Austrittsende der Düse. Es ergibt sich für denselben $x = 0,915$, also $v_a = 0,915 \cdot 0,901 = 0,824$ cbm, wobei 0,901 das spezifische Volumen für trocken gesättigten Dampf bei 2 at ist. Somit

$$F_a = \frac{G_{sek} \cdot v_a}{c_1} = \frac{0,2 \cdot 0,824}{760} = 217 \text{ qmm.}$$

Die erweiterte Düse hat also bei konstanter Breite die Form Fig. 9.

Wäre k e i n e erweiterte Düse angewendet worden, so würde die theoretische Ausströmungsgeschwindigkeit aus der Düse statt 844 m/sek nur betragen haben

$$c_m = 323 \sqrt{p_1 v_1} = 323 \sqrt{15 \cdot 0,136}$$
$$= 462 \text{ m/sek.}$$

Diesen Wert hätte man auch feststellen können wie folgt: Bei nicht erweiterter Düse kann die Ausfluß-Geschwindigkeit des Dampfes nicht gesteigert werden über den dem kritischen Druck entsprechenden Wert. Der kritische Druck ist

$$p_m = \frac{15}{1,73} = 8,7 \text{ at.}$$

Das Wärmegefälle zwischen 15 und 8,7 at ist (lt. J S-Diagramm) = 25,5 Kalorien. Also die entsprechende Ausflußgeschwindigkeit

$$w_m = 91,5 \sqrt{25,5} \Leftrightarrow 462 \text{ m/sek.}$$

Die Differenz zwischen 85 WE und dem kritischen Gefälle von 25,5 WE, das sind 59,5 WE, gehen jedoch nicht verloren; vielmehr findet die Expansion in dem sich an den Ausfluß-querschnitt F_a (Fig. 7) anschließenden dreieckigen Teile statt, wodurch eine Ablenkung des Dampfstrahles erfolgt.

II. Abschnitt.

Allgemeine Grundlagen für die Berechnung und Konstruktion von Dampfturbinen.

§ 31. Wesen der Dampfturbine.

Die Dampfturbine ist eine Kraftmaschine, welche die dem Dampf innewohnende Wärmeenergie in mechanische Arbeit umsetzt, indem in derselben dem Dampf durch Entlangströmen an bewegten stetig gekrümmten Flächen (Schaufeln) seine lebendige Kraft entzogen wird.

§ 32. Vergleich mit der Wasserturbine.

Der Unterschied zwischen der Dampfturbine und Wasserturbine besteht lediglich in dem Unterschied der arbeitenden Körper und der Verschiedenheiten der Konstruktion, welche die Verschiedenartigkeit dieser arbeitenden Körper mit sich bringt. Während nämlich das Wasser sein Volumen während des Arbeitens in der Turbine nicht verändern kann, hat man es beim Dampf mit einem Körper zu tun, welcher bestrebt ist, sein Volumen sofort zu vergrößern, sobald der auf ihn wirkende Druck sich verringert.

§ 33. Reaktion und Aktion.

Wie bei der Wasserturbine unterscheidet man zwei Haupt-
arten von Dampfturbinen:

1. Reaktions- oder Überdruckturbinen,
2. Aktions-, Gleichdruck- oder Freistrahlturbinen.

Definition der Reaktionsturbine.

In der einfachsten Weise würde eine R e a k t i o n s -
t u r b i n e hergestellt werden können dadurch, daß in einen um
eine Achse drehbaren, Dampf führenden Hohlkörper Rohre radial
eingesteckt werden, welche an ihren äußeren Enden tangential
umgebogen sind und Düsen tragen, aus welchen der dem Hohlkörper durch die Drehachse zugeführte Dampf austreten kann.
Der Rückstoß des Dampfes würde die Vorrichtung um ihre
Achse in Drehung versetzen.   Es würde also in diesem Falle
die gesamte Entspannung des Dampfes in den Ausströmungs-
düsen des r o t i e r e n d e n Körpers stattfinden.   Dieser ursprünglichen Form entsprechend nennt man Reaktionsbeschaufelung eine solche, bei welcher im rotierenden Teil die Strömungsquerschnitte sich gegen die Ausströmungsseite zu verengen, so
daß die Geschwindigkeit des Dampfes beim A u s t r i t t eine
g r ö ß e r e ist als beim E i n t r i t t.

Reine Reaktionsturbinen, bei denen die gesamte Expansion
in den Laufschaufeln stattfindet, sind praktisch noch kaum angewandt worden. Die bekannten Ausführungen haben alle einen
Reaktionsgrad von ca. 50%, d. h. es wird etwa die Hälfte des
auf jede Stufe entfallenden Wärmegefälles in den Leitschaufeln,
die andere Hälfte in den Laufschaufeln in kinetische Energie
umgesetzt; mit anderen Worten: der Dampf expandiert sowohl
in den Leitschaufeln als auch in den Laufschaufeln.

Die Beurteilung des R e a k t i o n s g r a d e s kann daher
in einfacher Weise erfolgen nach den Ein- und Austrittsverhält-
nissen eines zusammengehörigen Leit- und Laufschaufelkranzes.

Bei a b s o l u t e r R e a k t i o n s b e s c h a u f e l u n g
(Reaktionsgrad 100%) würden — ein solcher Fall kommt im
Dampfturbinenbau praktisch nicht vor — die umgekehrten Verhältnisse statthaben, d. h. also nur im Laufrad eine Quer-
schnittsverminderung, also Geschwindigkeitserhöhung, beim Austritt stattfinden.

Bei der R e a k t i o n s b e s c h a u f e l u n g mit 50%
R e a k t i o n s g r a d, wie bei der Reaktionsbeschaufelung von
Dampfturbinen üblich, tritt im Laufrad u n d im Leitrad die
gleiche Verminderung des Austrittsquerschnittes ein. Infolgedessen ergibt sich im Leitrad die gleiche Geschwindigkeitserhöhung wie im Laufrad.

Bei einer r e i n e n A k t i o n s b e s c h a u f e l u n g (Reaktionsgrad 0) werden Ein- und Austrittsquerschnitte der Laufschaufel gleich sein, während der Austrittsquerschnitt in der
Leitschaufel wesentlich kleiner sein wird als der Eintritts-
querschnitt.

Definition der Aktionsturbine.

Die A k t i o n s t u r b i n e ist dadurch gekennzeichnet, daß Dampf aus einer feststehenden Düse austritt und in die am Umfang eines drehbaren Rades angebrachten Schaufeln einströmt, so daß der Dampfstrahl diese Schaufeln womöglich stoßfrei trifft und in denselben aus seiner Richtung abgelenkt wird, ohne während des Durchtretens durch diese Schaufeln seine Relativgeschwindigkeit zu diesen zu ändern. Diese Schaufeln müssen, um dieser letzten Bedingung zu genügen, so gebaut sein, daß die Weite zwischen zwei Schaufeln an jeder Stelle dieselbe ist, da sonst Geschwindigkeitsveränderungen beim Durchtritt durch die Schaufeln eintreten würden.

Im Gegensatz zu der Reaktionsturbine findet also die ganze Entspannung des Dampfes nur im f e s t s t e h e n d e n Teil

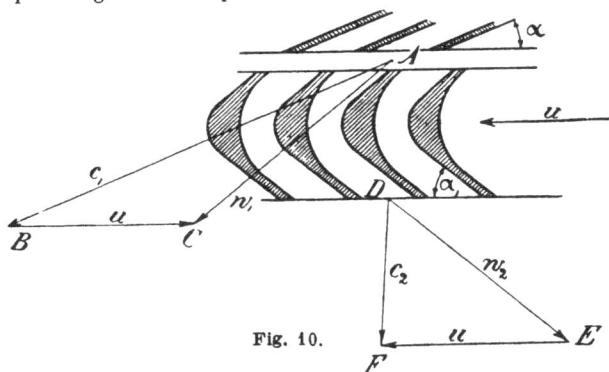

Fig. 10.

statt, während im rotierenden Teil weder eine Volumenänderung des Dampfes noch eine Druckänderung (abgesehen von den passiven Widerständen etc.) eintritt. Die Aktionsschaufeln haben demnach etwa eine Form, wie in Fig. 10 dargestellt.

§ 34. Zusammensetzung der Geschwindigkeiten.

Da für die Berechnung der Arbeitsleistung des Dampfes in der Turbine die Kenntnis der absoluten Dampfgeschwindigkeit sowohl als auch der relativen gegenüber den rotierenden Teilen der Beschaufelung erforderlich ist, spielt bei der Berechnung der Turbinen die Zusammensetzung der Dampfgeschwindigkeit mit der Umfangsgeschwindigkeit der bewegten Schaufelkränze eine große Rolle. Für die Zusammensetzung von Geschwindigkeiten in verschiedenen Richtungen (Ermittlung der aus mehreren Geschwindigkeiten resultierenden Geschwindigkeit) gilt der Satz vom Geschwindigkeitsparallelogramm, welcher dem Satz des Parallelogramms der Kräfte analog ist, d. h. die aus 2 Geschwindigkeiten resultierende Geschwindigkeit ist die Diagonale des Parallelogramms, welches aus den beiden Geschwindigkeiten gebildet werden kann.

B e i s p i e l: Eine 'Turbinenschaufel sei am Umfang eines
Rades vom Durchmesser D angebracht. (Dabei bedeutet D den
mittleren Schaufelkreisdurchmesser, d. h. den Durchmesser von
Mitte. zu Mitte Schaufel gemessen.) Wenn dieses Rad n Um-
drehungen in der Minute macht, so ist die Umfangsgeschwindig-
keit $u = \dfrac{D \cdot \pi \cdot n}{60}$. Gegen diesen Radkranz ströme durch eine
Düse ein Dampfstrahl mit der Geschwindigkeit c_1. Die Richtung
dieses Strahles sei bestimmt durch den Düsenwinkel α. Wie groß
ist die Geschwindigkeit, mit welcher der Dampf sich relativ zur
Schaufel (an dieser entlang) bewegt? Lösung s. Fig. 10.
Wir tragen die Geschwindigkeit c_1 in einem bestimmten
Maßstab in ihrer Richtung vom Punkt A aus auf. In ihrem
Endpunkt wird die Geschwindigkeit u in entgegengesetzter Rich-
tung zur Bewegungsrichtung des Rades angetragen, so daß also
$B C = u$. Dann ist die gesuchte Relativgeschwindigkeit der
Größe und Richtung nach gleich der Linie $A C$. Mit dieser
Geschwindigkeit $A C = w_1$ bewegt sich der Dampf relativ an der
Schaufel entlang unter der Voraussetzung, daß eine Verzögerung
durch die Reibung nicht eintritt.
Auch die a b s o l u t e Austrittsgeschwindigkeit aus der
Schaufel läßt sich durch das Geschwindigkeitsdreieck feststellen.
Sei α_1 der Winkel, unter welchem der Dampfstrahl aus der
Schaufel austritt. Die relative Austrittsgeschwindigkeit w_2 ist,
wenn es sich um eine Aktionsschaufel handelt und keine Verluste auftreten, gleich der relativen Eintrittsgeschwindigkeit w_1,
so daß also $D E = w_2 = w_1$ ist. Die absolute Austrittsgeschwindigkeit ergibt sich durch Zusammensetzung dieser Geschwindigkeit w_2 mit der Umfangsgeschwindigkeit u, so daß also $E F = u$
und $D F = c_2$ die gesuchte absolute Austrittsgeschwindigkeit des
Dampfes aus dem Laufrad ist. Daß die Geschwindigkeit u im
ersteren Falle e n t g e g e n g e s e t z t der Drehrichtung des
Rades, im letzteren Falle i n der Drehrichtung des Rades aufzutragen ist, hat seinen Grund darin, daß im ersteren Falle die
R e l a t i v geschwindigkeit zur Schaufel selbstverständlich eine
um u kleinere Tangentialkomponente haben muß als die absolute
Austrittsgeschwindigkeit c_1, während im zweiten Fall die a b -
s o l u t e Austrittsgeschwindigkeit c_2 eine um u kleinere Tangentialkomponente haben muß als die relative Austrittsgeschwindigkeit w_2.

§ 35.   Grundbegriff der Arbeitsleistung in der Turbine.

Wie aus der Definition der Turbine in § 31 hervorgeht,
leistet der Dampf in der Turbine dadurch Arbeit, daß derselbe
an den bewegten gekrümmten Flächen vorbeistreicht und diese
dabei unter Überwindung eines Widerstandes in Bewegung
erhält. Demgemäß ist die Arbeit, welche der Dampf in der
Turbine, oder, besser gesagt, in jeder einzelnen Turbinenschaufel,
leistet, abhängig von seiner Geschwindigkeitsänderung, wobei es
natürlich nur auf die Änderung der a b s o l u t e n Geschwindigkeit ankommt.

Nach dem Fundamentalsatz der Mechanik ist

$$\text{Kraft} = \text{Masse} \times \text{Beschleunigung},$$

also

$$P = m \cdot \frac{dc}{dt},$$

woraus folgt

$$P \cdot dt = m \cdot dc$$

oder

$$\int_{t_1}^{t_2} P \cdot dt = \int_{c_1}^{c_2} m \cdot dc,$$

hieraus

$$P\,(t_1 - t_2) = m \cdot (c_1 - c_2).$$

Für die Zeiteinheit wird

$$P = m \cdot (c_1 - c_2) = \frac{G}{g} \cdot (c_1 - c_2),$$

wobei

$c_1 - c_2$ die Änderung der absoluten Geschwindigkeit des Dampfes in der Sekunde darstellt, während

G das pro Sekunde verarbeitete Dampfquantum und

g die Beschleunigung der Schwere ist.

Die Arbeit, welche in der Zeiteinheit verrichtet wird, ist das Produkt aus der Kraft P, w e l c h e i n t a n g e n t i a l e r R i c h t u n g a u s g e ü b t w i r d (Ablenkungsdruck), multipliziert mit dem Weg pro Zeiteinheit, welcher nichts anderes ist als die Umfangsgeschwindigkeit u.

Es ist somit

$$L = u \cdot P = u \cdot \frac{G}{g} \cdot (c_1 - c_2).$$

Es ist dabei zu bemerken, daß c_1 und c_2 nur die t a n g e n - t i a l e n Komponenten der Dampfgeschwindigkeit darstellen, da nur diese für die Arbeitsleistung des Dampfes im Rade, dessen Umfang sich nur in tangentialer Richtung bewegen kann, in Frage kommen.

Aus dieser Gleichung lassen sich die meisten Arbeitsvorgänge in der Turbine ableiten.

§ 36. Feststellung des Wirkungsgrades einer Beschaufelung aus den Schaufelwinkeln.

Die Arbeit, welche der Dampfstrahl auf die Schaufeln überträgt, ist das Produkt aus dem Ablenkungsdruck multipliziert mit dem Weg, welchen diese pro Zeiteinheit zurücklegen, d. h. also mit der Umfangsgeschwindigkeit. Ist z. B. (s. Fig. 11) die absolute Austrittsgeschwindigkeit aus der Düse, dem Leitrad od. dgl. c_1, die absolute Austrittsgeschwindigkeit aus dem Laufrad c_2, dann sind die Tangential-Komponenten dieser Geschwindigkeit c_1' und c_2'. Die Verzögerung des Dampfes in tangentialer

Richtung ist also $c_1'-c_2'$. Ist G das sekundlich zur Wirkung kommende Dampfquantum, g die Beschleunigung der Schwere, dann ist der Ablenkungsdruck

$$\frac{G}{g}(c_1'-c_2')$$

und die an das Rad abgegebene Arbeit

$$L = u \cdot \frac{G}{g}(c_1'-c_2')$$

Das mechanische Wärmeäquivalent dieser Arbeit ist, bezogen auf die Gewichtseinheit

$$h_i = \frac{A u}{g}(c_1'-c_2').$$

Wird das disponible Wärmegefälle, also die der Gewichtseinheit innewohnende disponible Wärmemenge zwischen den Zuständen

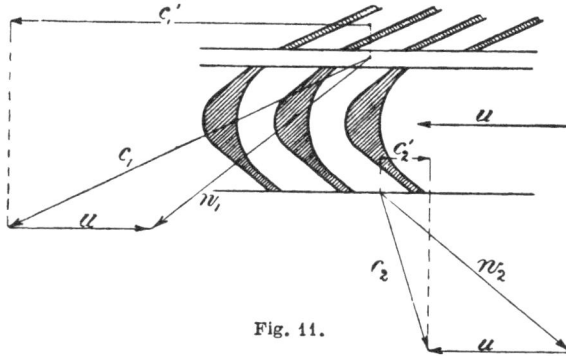

Fig. 11.

vor der Düse und nach verlustfreiem Passieren der Beschaufelung des Rades[1]) mit h bezeichnet, dann ist der Wirkungsgrad

$$\eta = \frac{A L}{h} = \frac{h_i}{h} = \frac{A u}{g h}(c_1'-c_2').$$

Sind die Geschwindigkeiten c_1' und c_2' wie in Fig. 11 entgegengesetzt gerichtet, d. h. hat die eine derselben eine Geschwindigkeitskomponente in der Drehrichtung des Rades, die andere eine solche von entgegengesetzter Richtung, dann sind die Tangentialkomponenten zu a d d i e r e n statt zu subtrahieren, d. h. es muß stets das Vorzeichen der betreffenden Komponente in Rücksicht gezogen werden. Zur Berechnung der vielstufigen

---

[1]) Mit Berücksichtigung der Verluste in Düse und Rad ist der Zustand (Wärmeinhalt) ein anderer als der adiabatischen Zustandskurve entsprechen würde.

Trommelturbinen benützt man allgemein Wirkungsgradkurven, welche den Wirkungsgrad abhängig von Umfangsgeschwindigkeit, Dampfgeschwindigkeit und Schaufelwinkel darstellen. Vgl. § 43.

§ 37. Arbeitsvorgang in der idealen Aktions- oder Freistrahlturbine.

Wie eingangs erwähnt, besteht dieselbe in der einfachsten Form aus einem Rade, welches durch einen aus einer Düse austretenden Dampfstrahl in Rotation versetzt wird. Die gesamte Energie des Dampfes wird vor dem Eintritt in das Rad in Geschwindigkeit umgesetzt und diese Geschwindigkeit in dem rotierenden Rade in mechanische Arbeit verwandelt. Fig. 12 zeigt die Düse und eine Schaufel des Rades.

Nehmen wir zunächst den einfachsten Fall an, daß der Winkel $\alpha_1 = 0$, $\alpha_2 = 180^0$ ist.

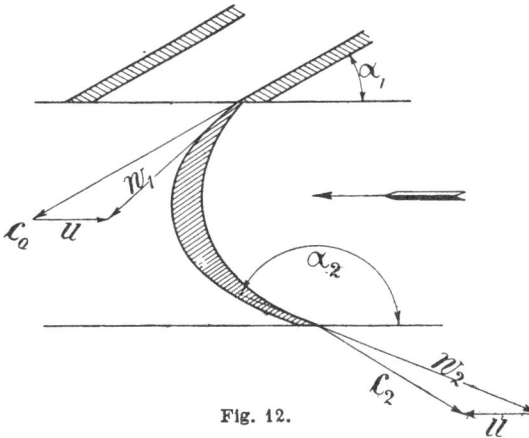

Fig. 12.

Wie wir im vorigen Paragraphen gesehen haben, ist die Arbeit, welche der Dampfstrahl in der Sekunde an das Rad abgibt,

$$L = \frac{G}{g} \cdot u \cdot (c'_1 - c'_2).$$

In diesem Falle ist die Anfangsgeschwindigkeit $c'_1 = $ der absoluten Geschwindigkeit des Dampfstrahls, welche mit c_0 bezeichnet werden soll, die absolute Endgeschwindigkeit c'_2 ist gleich c_2.

Eine einfache Überlegung zeigt, daß diese Endgeschwindigkeit c_2 nichts anderes ist, als die absolute Eintrittsgeschwindigkeit c_0 weniger zweimal Umfangsgeschwindigkeit, also

$$c_2 = c_0 - 2\,u.$$

Bauer u. Lasche, Schiffsturbinen.   4

Es ist nämlich die relative Geschwindigkeit in der Schaufel

$$w_1 = c_o - u.$$

Die absolute Austrittsgeschwindigkeit muß noch um die Geschwindigkeit u kleiner sein als die relative Geschwindigkeit in der Schaufel, weil sich die Schaufel mit der Geschwindigkeit u in entgegengesetzter Richtung bewegt. Die gesamte Geschwindigkeitsänderung in tangentialer Richtung, welche der Dampfstrahl bei dem gesamten Arbeitsvorgang erleidet, ist also

$$c'_1 - c'_2 = c_o + (c_o - 2\,u) = 2\,(c_o - u).$$

Dabei ist zu bemerken, daß die absolute Austrittsgeschwindigkeit $c_o - 2\,u$ als Summand auftritt, wenn diese Geschwindigkeit die entgegengesetzte Richtung von c_o besitzt, was allerdings meistens der Fall ist.

Die Arbeit, welche der Dampf bei diesem ganzen Vorgang verrichtet, ist also

$$L = \frac{G}{g} \cdot 2 \cdot (c_o - u)\,u.$$

Nach § 36 ist der Wirkungsgrad $\eta = \dfrac{A\,L}{h}$, wobei $h = A\,\dfrac{c_o{}^2}{2\,g}$,

somit wird $\eta = \dfrac{L}{\dfrac{c_o{}^2}{2\,g}} = \dfrac{2\,(c_o - u)\,u}{\dfrac{c_o{}^2}{2}} = 4 \left[\dfrac{u}{c_o} - \left(\dfrac{u}{c_o}\right)^2 \right].$

Der Wert L hat ein Maximum für $u = \dfrac{c_o}{2}$ im Betrage von $L_{max} = \dfrac{G}{g} \cdot \dfrac{c_o{}^2}{2}$. L_{max} ist also hier zugleich die höchste Leistung, welche bei einem bestimmten c_o überhaupt dem Dampf entzogen werden kann.

Am besten kann man sich diesen Verlauf des Wirkungsgrades durch eine Kurve veranschaulichen, wie dies in Fig. 14 geschehen ist. Als Abszissen werden die Werte $\dfrac{u}{c_o}$ eingetragen, während die Wirkungsgrade durch die Ordinaten dargestellt werden. Bei dem Wert $\dfrac{u}{c_o} = 0$ sowie bei dem Wert $\dfrac{u}{c_o} = 1$ wird der Wirkungsgrad $= 0$, während ein Maximum des Wirkungsgrades bei $\dfrac{u}{c_o} = 0{,}5$ eintritt. Entsprechend dem Charakter der Gleichung für η ist die Kurve des Wirkungsgrades eine Parabel. Aus dieser Ableitung ergibt sich der Satz, d a ß d e r g ü n s t i g s t e t h e o r e t i s c h e W i r k u n g s g r a d e i n e r A k t i o n s - s c h a u f e l e r r e i c h t w i r d , w e n n d i e U m f a n g s - g e s c h w i n d i g k e i t g l e i c h d e r h a l b e n A u s t r i t t s - g e s c h w i n d i g k e i t d e s D a m p f s t r a h l s a u s d e r D ü s e i s t .

In gleicher Weise läßt sich dieser Satz ableiten für die weniger einfachen Schaufelformen, bei welchen die Eintrittsgeschwindigkeit sowie die Austrittsgeschwindigkeit einen spitzen Winkel mit der Umfangsgeschwindigkeit einschließen; es ist bei

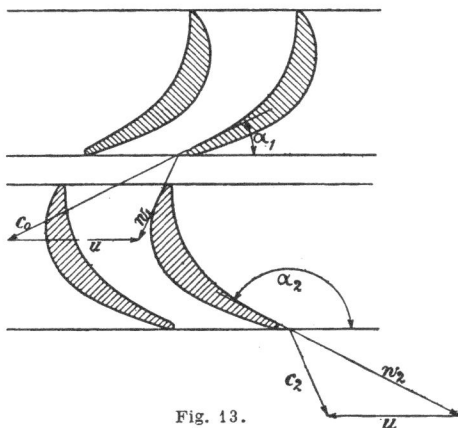

Fig. 13.

dieser Ableitung zu beachten, daß in die Gleichung für die Ermittelung der Arbeit nur die Tangentialkomponenten der Ein- und Austrittsgeschwindigkeit des Dampfes einzuführen sind.

§ 38. Arbeitsvorgang in einer idealen Reaktions- oder Überdruckturbine.

Wir nehmen den einfachsten Fall an, daß die Schaufelwinkel $\alpha_1 = 0$ und $\alpha_2 = 180^0$ (vgl. Fig. 13); ferner soll die absolute Austrittsgeschwindigkeit c_o in der Leitschaufel = der relativen Austrittsgeschwindigkeit w_o aus der Laufschaufel sein, was bei den üblichen Beschaufelungen etwa einem Reaktionsgrad von 50 % entspricht.

Die vom Dampfstrahl an das Rad abgegebene Arbeit ist wieder allgemein

$$L = \frac{G}{g} \cdot u \, (c'_1 - c'_2).$$

In diesem Fall ist die Anfangsgeschwindigkeit des Dampfes $c'_1 = c_o$, die Endgeschwindigkeit $c'_2 = c_2 = w_o - u$, und da $w_o = c_o$ angenommen, ist hier auch $c_2 = c_o - u$.

Demnach ist die gesamte Geschwindigkeitsänderung in tangentialer Richtung (vgl. § 35)

$$c'_1 - c'_2 = c_o + c_o - u = 2\,c_o - u.$$

und somit die Arbeit

$$L = \frac{G}{g} \cdot u \, (2\,c_o - u)$$

4*

Um den Wirkungsgrad ermitteln zu können, müssen wir das Wärmegefälle bestimmen, welches für die Erzeugung der Geschwindigkeiten c_o und w_o aufgewendet werden mußte. Das Verhältnis der erzielten Arbeit zu diesem Wärmegefälle ergibt den Wirkungsgrad.

Es ist

Gefälle im Leitrad

$$h_1 = \frac{A}{2\,g}\,c_o{}^2.$$

Gefälle im Laufrad[1])

$$h_2 = \frac{A}{2\,g}\,w_o{}^2 - \frac{A}{2\,g}\,w_1{}^2.$$

Somit Gesamtgefälle

$$H = h_1 + h_2 = \frac{A}{2\,g}\,(c_o{}^2 + w_o{}^2 - w_1{}^2)$$

$$= \frac{A}{2\,g}\,(2\,c_o{}^2 - w_1{}^2);$$

nun ist, wie leicht einzusehen, $w_1 = c_o - u$, also

$$H = \frac{A}{2\,g}\,[2\,c_o{}^2 - (c_o - u)^2] = \frac{A}{2\,g}\,(c_o{}^2 + 2\,u\,c_o - u^2).$$

Der Wirkungsgrad wird demnach

$$\eta = \frac{A\,L}{G \cdot H} = \frac{A\,\dfrac{G}{g}\,u\,(2\,c_o - u)}{G \cdot \dfrac{A}{2\,g}\,(c_o{}^2 + 2\,u\,c_o - u^2)},$$

woraus durch Reduktion

$$\eta = \frac{2\,\dfrac{u}{c_o}\left(2 - \dfrac{u}{c_o}\right)}{1 + 2\,\dfrac{u}{c_o} - \left(\dfrac{u}{c_o}\right)^2}.$$

Dieser Wert für den Wirkungsgrad hat ein Maximum ($\eta = 1$) für $\dfrac{u}{c_o} = 1$ und ergibt 0 für $\dfrac{u}{c_o} = 0$ und $\dfrac{u}{c_o} = 2$.

Den Verlauf des Wirkungsgrades für verschiedene Werte von $\dfrac{u}{c_o}$ veranschaulicht die Kurve Fig. 14. Dieselbe hat eine parabelähnliche Gestalt mit dem Scheitel bei $\dfrac{u}{c_o} = 1$.

Vergleicht man dieses Ergebnis mit der Kurve des Wirkungsgrades für die Aktionsturbine, so sieht man, daß bei Anwen-

---

[1]) In den praktischen Fällen ist w_1 im Verhältnis zu w_o meistens sehr klein.

dung von Reaktionsturbinen zur Erreichung des höchsten Nutz-
effektes größere Umfangsgeschwindigkeiten nötig sind, als bei
Anwendung von Aktionsturbinen, denn bei ersteren tritt das
Maximum des Wirkungsgrades schon ein, wenn die Umfangs-

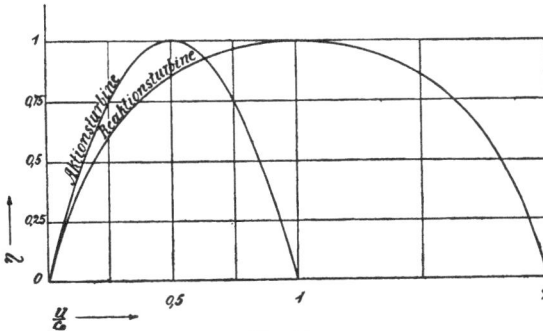

Fig. 14.

geschwindigkeit gleich der halben Dampfgeschwindigkeit ist,
während bei letzteren dasselbe erst eintritt, wenn die Umfangsgeschwindigkeit gleich der Dampfgeschwindigkeit ist.

§ 39. Druckstufen und Geschwindigkeitsstufen. Allgemeines.

Wir haben aus § 37 und 38 gesehen, daß die Umdrehungszahl bzw. die Umfangsgeschwindigkeit, welche für die Erreichung
eines günstigen Wirkungsgrades notwendig ist, in einem bestimmten Verhältnis zur Dampfgeschwindigkeit stehen muß.
Würde man das ganze Druckgefälle zwischen Kessel und Kondensator in einem einzigen Rade zu bewältigen suchen, so würde
man auf Umfangsgeschwindigkeiten kommen, für welche mit der
nötigen Betriebssicherheit kaum Räder konstruiert werden könnten. Dieselben würden den Beanspruchungen der Zentrifugalkräfte
nicht standhalten. Aber abgesehen davon, ist es auch für Schiffsturbinen ganz unmöglich, über eine bestimmte Umdrehungszahl
hinauszugehen, ohne einen zu geringen Propellerwirkungsgrad
zu erhalten (vgl. § 7).

Es ist also namentlich für die Schiffsturbinen ein unbe-
dingtes Erfordernis, das Wärmegefälle zwischen dem Kessel
und Kondensator in der Turbine derart zu verteilen, daß jeder
Schaufelkranz nur ein so geringes Gefälle zu verarbeiten hat,
als unter Einhaltung eines günstigen Wirkungsgrades bei der
durch die vorliegenden Verhältnisse gegebenen Umfangsgeschwindigkeit ausnutzbar ist.

Diese Verteilung des Gefälles kann man in folgender Weise
bewerkstelligen:

1. indem man eine Anzahl von Stufen, jede gebildet aus je
einem Leit- und Laufschaufelkranz, vorsieht, von denen

jede einen gewissen Teil des Druckgefälles verarbeitet. Es wird also das gesamte Druckgefälle in eine ebenso große Anzahl von Einzelgefällen verteilt, als Stufen vorhanden sind. Die Beschaufelung kann hierbei sowohl nach dem Aktionsprinzip als auch nach dem Reaktionsprinzip konstruiert werden. Ein Beispiel für ersteres System ist die Rateauturbine, ein Beispiel für letzteres die Parsonsturbine;

2. indem man das Druckgefälle in eine Anzahl von Stufen unterteilt, welche aber nicht wie vorher nur aus je einem Leit- und Laufschaufelkranz gebildet sind, sondern aus je 2, je 3 oder je 4 Leit- und Laufkränzen, und indem man das für jede Stufe bestimmte Druckgefälle beim Eintritt in die Stufe gänzlich in Geschwindigkeit umsetzt. Diese Geschwindigkeit wird von den einzelnen Lauf- und Leitkränzen der Stufe nacheinander in mechanische Arbeit verwandelt, indem jeder Laufschaufelkranz einen Teil der Geschwindigkeit verzehrt. Es entsteht so innerhalb jeder Druckstufe noch eine Geschwindigkeitsabstufung (Geschwindigkeitsstufen). Nach diesem Prinzip werden die reinen Curtisturbinen, wie solche für amerikanische und japanische Kriegsschiffe gebaut wurden, ausgeführt;

3. indem man den Hochdruckteil der Turbine nach der Methode ad 2, den Niederdruckteil nach der Methode ad 1 gestaltet. Ein Beispiel einer solchen Konstruktion ist die AEG-Turbine.

§ 40. Druckstufen.

Setzen wir voraus, daß die Arbeiten, welche der Dampf in jeder Stufe abgibt, einander gleich sind, ferner, daß es sich um eine reine Aktions- oder eine reine Reaktionsturbine handelt und daß n Stufen vorhanden sind, so ist die Arbeit jeder einzelnen Stufe $= \dfrac{L}{n}$. Die Dampfgeschwindigkeit für das ganze Wärmegefälle, welches die Turbine zu verarbeiten hat, ist, wie aus § 25 hervorgeht,

$$c_o = \sqrt{2\,g\,L} = 91,5\,\sqrt{h}$$

und für jede einzelne Stufe $c_n = \sqrt{2\,\mathrm{g}\cdot\dfrac{L}{n}}$. Durch Division des Ausdrucks für c_o und c_n ergibt sich $\dfrac{c_o}{c_n} = \sqrt{n}$ d. h. die Austrittsgeschwindigkeit pro Stufe ist umgekehrt proportional der Wurzel aus der Anzahl der Druckstufen. Da aber die günstigste Umfangsgeschwindigkeit der Austrittsgeschwindigkeit des Dampfes proportional ist (vgl. § 37), so kann man aussprechen, daß unter Beibehaltung des gleichen Wirkungsgrades die Umfangsgeschwindigkeit einer Turbine mit n-Druckstufen im Verhältnis $\sqrt{n} : 1$ kleiner sein kann als bei einer Turbine, deren Wärmegefälle in einer einzigen Stufe verarbeitet wird.

Bei der Überdruckturbine wird, falls im Leit- und Laufrad die gleiche Wärmemenge in Geschwindigkeit umgesetzt wird (Reaktionsgrad 50 %), unter Vernachlässigung des Gliedes $\dfrac{A\,w_1^2}{2\,g}$ (vgl. § 38)

$$c_n = \sqrt{g\,\frac{L}{n}}$$

und hieraus

$$\frac{c_0}{c_n} = \sqrt{2\,n}.$$

B e i s p i e l 1. Für eine reine Aktionsturbine sei der Durchmesser des Schaufelkreises 2 m, die Umdrehungszahl 700 per Minute, das in Frage kommende Druckgefälle sei von 16 at abs. auf 90 % Vakuum entsprechend ca. 0,1 at abs. Gegendruck also das zu verarbeitende Wärmegefälle 181 WE (adiabatische Expansion vorausgesetzt). Für einen Wirkungsgrad = 1 müßte die Dampfgeschwindigkeit gleich zweimal der Umfangsgeschwindigkeit sein, es wäre also $c_n = 2 \cdot 73,5 = 147$ m per Sekunde. Es ergibt sich für obiges Wärmegefälle von 181 WE eine theoretische Ausflußgeschwindigkeit $c_0 = 91,5\sqrt{h} = 1230$ m per Sekunde. Die Stufenzahl würde also sein

$$n = \left(\frac{c}{c_n}\right)^2 = \left(\frac{1230}{147}\right)^2 = 70.$$

B e i s p i e l 2. Bei einer Parsonsturbine mit dem üblichen Reaktionsgrad von 50 % wäre

$$\frac{c_0}{c_n} = \sqrt{2\,n} = 1,41\,\sqrt{n} \quad\text{bzw.}\quad n = 0,5\left(\frac{c_0}{c_n}\right)^2$$

und also für die Zahlenwerte von Beispiel 1

$$n = 0,5\left(\frac{1230}{73,5}\right)^2 = \text{ca. } 140 \text{ Stufen.}$$

§ 41. Geschwindigkeitsstufen.

Wie in § 39 ad 2 erläutert, kann man die Geschwindigkeit des ausströmenden Dampfstrahles auf einzelne beschaufelte Radkränze derart verteilen, daß jeder Radkranz immer nur einen Teil der Geschwindigkeit des Dampfes in Arbeit umsetzt. Es müssen dann zwischen den einzelnen Laufkränzen Umkehrkränze (Leiträder) angeordnet sein, welche den Dampf derartig führen, daß er auf den folgenden Laufkranz in der zweck - mäßigsten Richtung trifft (vgl. Fig. 15). Die Austrittsgeschwindigkeit des Dampfes nimmt von der Einströmdüse bis zum Austritt aus dem letzten Laufkranz stetig ab; in der idealen Turbine sollte die absolute Austrittsgeschwindigkeit aus dem letzten Laufkranz gleich 0 sein. Fig. 15 zeigt ein Rad mit drei Geschwindigkeitsstufen, von welchen die erste gebildet wird durch die Düsen a_1 und den ersten Laufkranz b_1, die zweite durch die Umkehrschaufeln a_2 und den zweiten Laufkranz b_2, die dritte durch die Umkehrschaufeln a_3 und den dritten Laufkranz b_3.

In die Figur sind auch die Geschwindigkeiten eingezeichnet. Man sieht, wie durch Kombination der Austrittsgeschwindigkeit und der Umfangsgeschwindigkeit allmählich eine Reduktion der Austrittsgeschwindigkeiten eintritt.

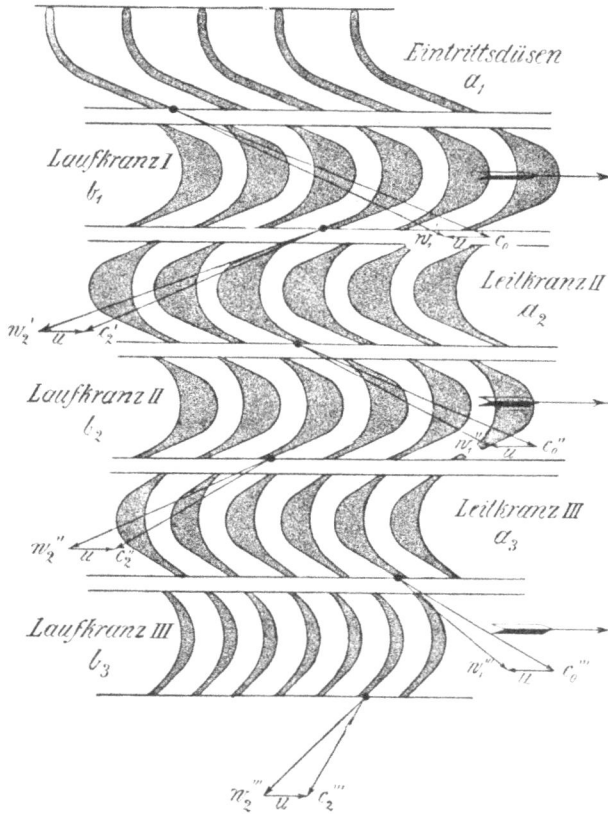

Fig. 15.

Die Austrittsgeschwindigkeit aus der Düse sei mit c_o bezeichnet. Dieselbe ergibt unter Annahme einer Umfangsgeschwindigkeit u aus dem Geschwindigkeitsdreieck eine relative Eintrittsgeschwindigkeit w_1 in das erste Laufrad b_1. Unter der Annahme, daß keine Verluste eintreten, ist die relative Austrittsgeschwindigkeit w_2' aus dem ersten Laufrad gleich der relativen Eintrittsgeschwindigkeit in dasselbe, also gleich w_1'. Die ab -

s o l u t e Austrittsgeschwindigkeit aus dem Laufrad b_1 ergibt sich wieder aus dem Geschwindigkeitsdreieck zu c_2'. Diese Geschwindigkeit wird im ersten Umkehrkranz a_2 umgelenkt und für den Fall, daß keine Verluste in demselben eintreten, ist die Austrittsgeschwindigkeit aus dem ersten Leitrad a_2 ebenfalls gleich c_2', wird aber der Einheitlichkeit wegen mit c_o bezeichnet, Die relative Eintrittsgeschwindigkeit in das zweite Laufrad ergibt sich, wie vorher, zu w_1''.

Die relative Austrittsgeschwindigkeit aus dem zweiten Laufrad ist, wenn Verluste nicht eintreten, wieder w_2'' gleich w_1''. Die absolute Austrittsgeschwindigkeit aus dem zweiten Laufkranz ergibt sich aus dem Geschwindigkeitsdreieck zu c_2''. Der Dampf erfährt in dem zweiten Leitkranz wieder eine Umlenkung, so daß er den dritten Laufkranz stoßfrei trifft, und es ist somit die Austrittsgeschwindigkeit aus dem zweiten Leitkranz ebenfalls wieder $c_o''' = c_2''$. Die relative Eintrittsgeschwindigkeit in den dritten Leitkranz ergibt sich aus dem Geschwindigkeitsdreieck zu w_1'''. Diese bleibt in dem letzten Laufkranz konstant, so daß die relative Austrittsgeschwindigkeit aus demselben wieder $w_2''' = w_1'''$ beträgt. Aus dem Geschwindigkeitsdreieck ergibt sich nun die absolute Austrittsgeschwindigkeit aus dem dreikränzigen Rad zu c_2'''.

In welcher Weise die Anwendung von Geschwindigkeitsstufen die Anzahl der zur Verwendung kommenden Schaufelkränze beeinflußt, ergibt sich aus folgender Überlegung:

Angenommen, daß der Strahl in den Schaufeln um 180° umgelenkt werden könnte, ist die Austrittsgeschwindigkeit aus jedem Schaufelkranz gleich der Eintrittsgeschwindigkeit in den betreffenden Kranz weniger zweimal der Umfangsgeschwindigkeit. Sind n Kränze vorhanden, so ist die Austrittsgeschwindigkeit aus dem letzten der n Kränze gleich der Eintrittsgeschwindigkeit in den ersten Kranz weniger $n \cdot 2 u$. Nun würde unter Annahme des idealen Wirkungsgrades $\eta = 1$, die Austrittsgeschwindigkeit aus dem letzten Kranze $= 0$ sein, es wird also

$$c_a = c_o - n \cdot 2 u = 0,$$

hieraus ergibt sich $n = \dfrac{c_o}{2 u}$ und $c_o = 2 \cdot u \cdot n$.

Bezeichnet man mit h das von einem einkränzigen Rad verarbeitete Wärmegefälle, mit h_n das bei gleichem Wirkungsgrade und gleicher Umfangsgeschwindigkeit von einem n-kränzigen Rade verarbeitete Wärmegefälle, so ergibt sich aus vorstehendem ohne weiteres die Gleichung

$$h_n = h \cdot n^2,$$

d. h. b e i A n w e n d u n g e i n e s m e h r k r ä n z i g e n R a d e s mit n G e s c h w i n d i g k e i t s s t u f e n k a n n m a n u n t e r Einhaltung des gleichen Wirkungsgrades u n d d e r g l e i c h e n U m f a n g s g e s c h w i n d i g k e i t t h e o r e t i s c h e i n W ä r m e g e f ä l l e v e r a r b e i t e n, w e l c h e s i m V e r h ä l t n i s $n^2 : 1$ g r ö ß e r i s t a l s d a s.

welches man bei sonst gleichen Verhältnissen in einem einkränzigen Rade verzehren
könnte. Wenn nun auch der Wirkungsgrad mehrkränziger
Räder geringer ist als mehrerer einkränziger Räder, so sieht man
doch, daß das mehrkränzige Rad ein Mittel ist, um eine sehr
wesentliche Gewichts- und Raumersparnis herbeizuführen. Aus
diesem Grunde ist das mehrkränzige Rad mit Geschwindigkeitsstufen ein für die Schiffsturbine außerordentlich wesentlicher
Konstruktionsbestandteil. Da das mehrkränzige Rad zum ersten
Male von Curtis angewendet wurde und die heutigen Curtisturbinen ausschließlich aus solchen Rädern zusammengesetzt
sind, nennt man ein mehrkränziges Rad mit Geschwindigkeitsstufen sehr häufig kurzweg Curtisrad.

§ 42. Kombination von Druckstufen und Geschwindigkeitsstufen.

Diejenigen Schiffsturbinensysteme, welche nicht wie die
Parsonsturbine gänzlich aus Druckstufen aufgebaut sind, bestehen
heutzutage fast sämtlich aus einer Kombination von Geschwindigkeitsstufen und Druckstufen. Die Geschwindigkeitsstufen werden in der Regel für den Hochdruckteil der Turbine
verwendet, und zwar finden in der Regel mehrere mehrkränzige
Räder hintereinander Verwendung.

Der Dampf wird nach dem Durchströmen des ersten Rades
durch Düsen in das zweite mehrkränzige Rad eingelassen usw.
Vgl. Berechnung der Turbinenanlagen gemischten Systems § 70.

§ 43. Wirkungsgradkurven.

Allgemeines.

Da die Berechnung der Turbinen darauf basiert, für eine
gegebene Leistung Anfangsdruck und Vakuum einen möglichst
geringen Dampfverbrauch bei zulässigen Dimensionen zu erzielen, spielt die Festsetzung des Wirkungsgrades einer Beschaufelung die Hauptrolle bei der Berechnung der Turbinen.

Wollte man für jeden einzelnen Schaufelkranz den Wirkungsgrad berechnen, so würde dieses eine außerordentlich zeitraubende Arbeit sein. Man hilft sich aus dieser Schwierigkeit
durch Benutzung von Wirkungsgradkurven. Diese
Kurven geben den Wirkungsgrad einer bestimmten Beschaufelung, sei es Aktions- oder Reaktionsbeschaufelung oder mehrkränziges Curtisrad, als Funktion der Dampfgeschwindigkeit,
der Umfangsgeschwindigkeit und des Schaufelwinkels (Austritt-
winkels) an.

Die Aufstellung dieser Kurven geschieht, indem man ein
für allemal für bestimmte Werte der obigen Variabeln den
Wirkungsgrad unter Zugrundelegung der allgemeinen Formel
§ 36 errechnet, um denselben dann in allen einzelnen Fällen

durch einfaches Abgreifen aus den betreffenden Kurvenblättern ermitteln zu können. Die Formel für den Wirkungsgrad (vgl. § 36) ist:

$$r_i = \frac{h_i}{h}$$

$$h_i = \frac{A\,u}{g}\,(c_1' - c_2').$$

Bei Verwendung dieser Formel ist dem Umstand Rechnung zu tragen, daß beim Durchströmen einer Beschaufelung gewisse Geschwindigkeitsverluste auftreten, welche eine Verminderung der theoretischen Austrittsgeschwindigkeit bedingen.

Diese Verluste werden bei der Berechnung dadurch berücksichtigt, daß man die theoretische Austrittsgeschwindigkeit mit einem gewissen Verlustkoeffizienten multipliziert, um die tatsächliche Austrittsgeschwindigkeit zu erhalten.

Im folgenden sei bezeichnet mit

φ der Verlustkoeffizient in einer Leitschaufel,

ψ » » » » » Laufschaufel,

welche Koeffizienten bei Reaktionsturbinen (Reaktionsgrad ca. 50 %) einander gleich sind. Über die Werte dieser Koeffizienten wird Näheres für die einzelnen Beschaufelungen unter § 46 »Zeichnerische Darstellung« erläutert werden.

Die Herleitung dieser Wirkungsgradkurven geht aus den nachfolgenden Betrachtungen hervor.

§ 44. Wirkungsgradkurven für Reaktionsstufen.

Der Einfachheit wegen sei der Reaktionsgrad $= 0,5$ angenommen, d. h. das pro Stufe zu verarbeitende Wärmegefälle verteilt sich je zur Hälfte auf die Leit- und Laufschaufel, wie

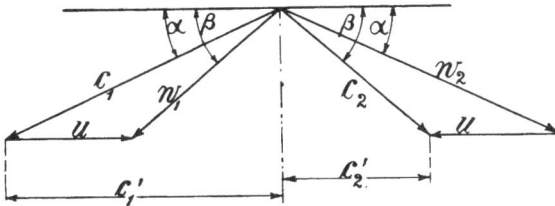

Fig. 16.

dies bei der praktischen Ausführung der Beschaufelung meistens der Fall ist.

Der Verlustkoeffizient in den Schaufeln sei φ; dieser ist bei Reaktionsstufen in der Leit- und Laufschaufel, für welche der Praxis entsprechend die gleichen Profile vorausgesetzt werden, gleich. Es ist also mit Bezug auf Fig. 16

$$c_1 = \varphi \cdot c_o$$

$$w_2 = c_1 = \varphi \cdot c_o \text{ und } c_2 = w_1$$

Bei den folgenden Berechnungen ist ferner angenommen, daß die Austrittsgeschwindigkeit c_2 der unmittelbar vorhergehenden Trommelstufe gleich derjenigen der in Frage kommenden Stufe selbst ist.

Die indizierte, d. h. die an den Radumfang von 1 kg Dampf abgegebene Leistung ist:

$$L_i = \frac{h_i}{A},$$

also

$$L_i = \frac{u}{g}\,(c_1' + c_2')\ \text{mkg/Sek.}$$

(wegen des $+$-Zeichens vgl. § 36) oder in WE ausgedrückt

$$A L_i = \frac{A u}{g}\,(c_1' + c_2')\ \text{WE}\ \ .\ .\ .\ .\ .\ .\ (1)$$

Es ist ferner mit Bezug auf Fig. 16

$$c_1' + c_2' = 2\,c_1 \cos \alpha - u = 2\,\varphi\,c_o \cos \alpha - u.$$

Wird dieser Wert in die vorstehende Gleichung eingesetzt, so ergibt sich:

$$A L_i = h_i = \frac{A u^2}{g}\left(2\,\varphi\,\frac{c_o}{u} \cos \alpha - 1\right)\text{WE}\ \ .\ .\ .\ (2)$$

Das der theoretischen Geschwindigkeit c_o entsprechende Wärmegefälle ist:

$$\frac{A\,c_o{}^2}{2\,g} = \frac{A\,c_2{}^2}{2\,g} + \frac{h}{2}\,\text{WE}$$

oder das in der Stufe zugesetzte Gefälle

$$h = 2\left(\frac{A\,c_o{}^2}{2\,g} - \frac{A\,c_2{}^2}{2\,g}\right)\text{WE},\ \ .\ .\ .\ .\ .\ (3)$$

worin c_2 Austrittsgeschwindigkeit aus der vorhergehenden Laufschaufel und h das in der Stufe zu verarbeitende Wärmegefälle ist. Nach dem Cosinussatz ist ferner:

$$c_2{}^2 = c_1{}^2 + u^2 - 2\,c_1\,u \cdot \cos \alpha.$$

oder

$$c_2{}^2 = \varphi^2\,c_o{}^2 + u^2 - 2\,\varphi \cdot c_o\,u \cdot \cos \alpha$$

Für 1 kg Dampf ergibt sich hieraus in WE ausgedrückt $\left(\text{durch Multiplikation mit } \dfrac{A}{2\,g}\right)$

$$\frac{A\,c_2{}^2}{2\,g} = \frac{A u^2}{2\,g}\left[\varphi^2\left(\frac{c_o}{u}\right)^2 - 2\,\varphi\,\frac{c_o}{u} \cos \alpha + 1\right]\text{WE}\ \ .\ .\ (4)$$

Durch Einsetzen von Gleichung 4 in Gleichung 3 ergibt sich das in der Stufe zu verarbeitende Wärmegefälle h zu:

$$h = \frac{A u^2}{g}\left[(1 - \varphi^2)\left(\frac{c_o}{u}\right)^2 + 2\,\varphi \cdot \frac{c_o}{u} \cos \alpha - 1\right]\text{WE}\ \ .\ (5)$$

Durch Division der Gleichungen 2 und 5 ergibt sich dann der indizierte Wirkungsgrad η_i zu

$$\eta_i = \frac{2\,\varphi\,\dfrac{c_o}{u}\cos\alpha - 1}{(1-\varphi^2)\left(\dfrac{c_o}{u}\right)^2 + 2\,\varphi\,\dfrac{c_o}{u}\cos\alpha - 1} \quad \ldots \quad (6)$$

Aus Gleichung 5 kann für einen beliebigen Winkel α und ein angenommenes $\dfrac{c_a}{u}$ bzw. u das in einer Stufe verarbeitete Wärmegefälle berechnet werden.

Aus Gleichung 6 läßt sich ferner für die angenommenen Werte von α bzw. $\dfrac{c_o}{u}$ der indizierte Wirkungsgrad η_i berechnen, mit welchem das aus der Gleichung 5 berechnete Wärmegefälle in der Stufe verarbeitet wird.

Zeichnerische Darstellung siehe § 46.

§ 45. Wirkungsgradkurven für Aktionsstufen.

Bei den Aktionsstufen wird das ganze in einer Stufe zu verarbeitende Wärmegefälle in der Leitschaufel in lebendige Kraft umgesetzt, die dann an die Laufschaufel abgegeben wird.

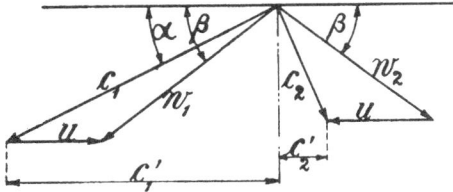

Fig. 17.

Die Verlustkoeffizienten seien wieder

φ für die Leitschaufel und
ψ für die Laufschaufel.

Es ist also vgl. Fig. 17

$$c_1 = \varphi\,c_o$$

und

$$w_2 = \psi\,w_1.$$

Auch hier ist angenommen, daß die Austrittsgeschwindigkeit der unmittelbar vorhergehenden Trommelstufe = derjenigen der in Frage stehenden Stufe selbst ist. Der Eintritts- und Austrittswinkel der Laufschaufel seien gleich β.

Die indizierte, d. h. die an den Radumfang abgegebene Leistung ist für 1 kg Dampf

$$L_i = \frac{u}{g}\,(c_1' + c_2')\ \text{mkg/Sek.}$$

oder in WE ausgedrückt

$$A L_i = h_i = \frac{A u}{g} (c_1' + c_2') \text{ WE} \quad \ldots \ldots \quad (1)$$

Es ist ferner

$$c_1' = c_1 \cos \alpha$$

und $\qquad c_2' = w_2 \cos \beta - u = \psi w_1 \cos \beta - u$

oder, da $w_1 \cos \beta = c'_1 - u$,

$$c_2' = \psi (c_1' - u) - u = \psi (c_1 \cos \alpha - u) - u.$$

Folglich ist

$$c_1' + c_2' = c_1 \cos \alpha + \psi (c_1 \cos \alpha - u) - u = (1 + \psi) (c_1 \cos \alpha - u)$$

und $\qquad A L_i = h_i = \dfrac{A u}{g} (1 + \psi) (c_1 \cos \alpha - u)$

woraus sich ergibt

$$h_i = \frac{A u^2}{g} (1 + \psi) \left(\varphi \frac{c_o}{u} \cos \alpha - 1 \right) \text{ WE} \quad \ldots \quad (2)$$

Das der theoretischen Geschwindigkeit c_o entsprechende Wärmegefälle ist:

$$\frac{A c_o^2}{2 g} = \frac{A c_2^2}{2 g} + h \quad \text{WE}$$

oder das in der Stufe zugesetzte Gefälle

$$h = \frac{A c_o^2}{2 g} - \frac{A c_2^2}{2 g}. \text{ WE} \quad \ldots \ldots \quad (3)$$

worin c_2 die Austrittsgeschwindigkeit aus der vorhergehenden Stufe und h das in der Stufe zuzusetzende Wärmegefälle bedeutet.

Das Quadrat der Austrittsgeschwindigkeit c_2 ist

$$c_2^2 = w_2^2 + u^2 - 2 w_2 u \cos \beta$$

oder

$$c_2^2 = \psi^2 w_1^2 + u^2 - 2 \psi w_1 u \cos \beta.$$

Ferner ist

$$w_1^2 = c_1^2 + u^2 - 2 c_1 u \cos \alpha \text{ und } w_1 \cos \beta = c_1 \cos \alpha - u,$$

so daß

$$c_2^2 = \psi^2 (c_1^2 + u^2 - 2 c_1 u \cos \alpha) + u^2 - 2 \psi u (c_1 \cos \alpha - u)$$

oder

$$c_2^2 = \psi^2 \varphi^2 c_o^2 + \psi^2 u^2 - 2 \psi^2 \varphi c_o u \cos \alpha + u^2 - 2 \psi \varphi c_o u \cos \alpha \\ + 2 \psi u^2.$$

Für 1 kg Dampf pro Sekunde ergibt sich daraus, in WE ausgedrückt $\left(\text{durch Multiplikation mit } \dfrac{A}{2 g} \right)$:

$$\frac{A c_2^2}{2 g} = \frac{A u^2}{2 g} \left[\varphi^2 \psi^2 \left(\frac{c_o}{u} \right)^2 - 2 \varphi \psi (1 + \psi) \frac{c_o}{u} \cos \alpha + (1 + \psi)^2 \right] . \quad (4)$$

Durch Einsetzen von Gleichung 4 in Gleichung 3 erhält man dann das in der Stufe zuzusetzende Wärmegefälle

$$h = \frac{A\,u^2}{2\,g}\left[(1-\varphi^2\,\psi^2)\left(\frac{c_o}{u}\right)^2 + 2\,\varphi\,\psi\,(1+\psi)\,\frac{c_o}{u}\cos\alpha - (1+\psi)^2\right]\,(5)$$

Durch Division der Gleichungen 2 und 5 ergibt sich nun der indizierte Wirkungsgrad

$$\eta_i = \frac{2\,(1+\psi)\left(\varphi\,\dfrac{c_o}{u}\cos\alpha - 1\right)}{(1-\varphi^2\,\psi^2)\left(\dfrac{c_o}{u}\right)^2 + 2\,\varphi\,\psi\,(1+\psi)\,\dfrac{c_o}{u}\cos\alpha - (1+\psi)^2} \tag{6}$$

Aus Gleichung 5 kann wieder für einen beliebigen Düsenwinkel α und ein angenommenes $\frac{c_o}{u}$ bzw. u das in einer Stufe verarbeitete Wärmegefälle h berechnet werden.

Ebenso kann aus Gleichung 6 für die angenommenen Werte von α und $\frac{c_o}{u}$ der Wirkungsgrad bestimmt werden, mit dem das nach Gleichung 5 bestimmte Wärmegefälle in Arbeit umgesetzt wird.

§ 46. Zeichnerische Darstellung der Wirkungsgradkurven für Trommeln.

Um die Ausdrücke 5 in Kurvenform darzustellen, ist es zweckmäßig, eine bestimmte Umfangsgeschwindigkeit u zugrunde zu legen und für verschiedene Werte von $\frac{c_o}{u}$ als Abszissen das Wärmegefälle h als Ordinaten aufzutragen. Man erhält so für jeden angenommenen Winkel α eine Kurve.

Aus diesen Kurven läßt sich für ein gegebenes Gefälle h der Wert von $\frac{c_o}{u}$ finden und daraus durch Multiplikation mit dem gegebenen u die wirkliche Austrittsgeschwindigkeit c_o feststellen.

Wie aus den Gleichungen 5 hervorgeht, ist das in einer Stufe verarbeitete Gefälle h für bestimmte Werte des Winkels α bzw. $\frac{c_o}{u}$ nur abhängig von der Umfangsgeschwindigkeit u. Wird mit C der von α und $\frac{c_o}{u}$ abhängige Faktor bezeichnet, so ist also

$$h = \frac{A \cdot u^2}{g}\,C.$$

Für eine beliebige andere Umfangsgeschwindigkeit u' ist dann ferner das verarbeitete Wärmegefälle h'

$$h' = \frac{A \cdot u'^2}{g}\,C.$$

Wärmegefällskurven
für
„A"-Stufen
$\varphi = 0{,}92$; $\psi = 0{,}88$
$h' = \dfrac{u'^2}{u^2}\, h$
$u' = 50$ m/sec.

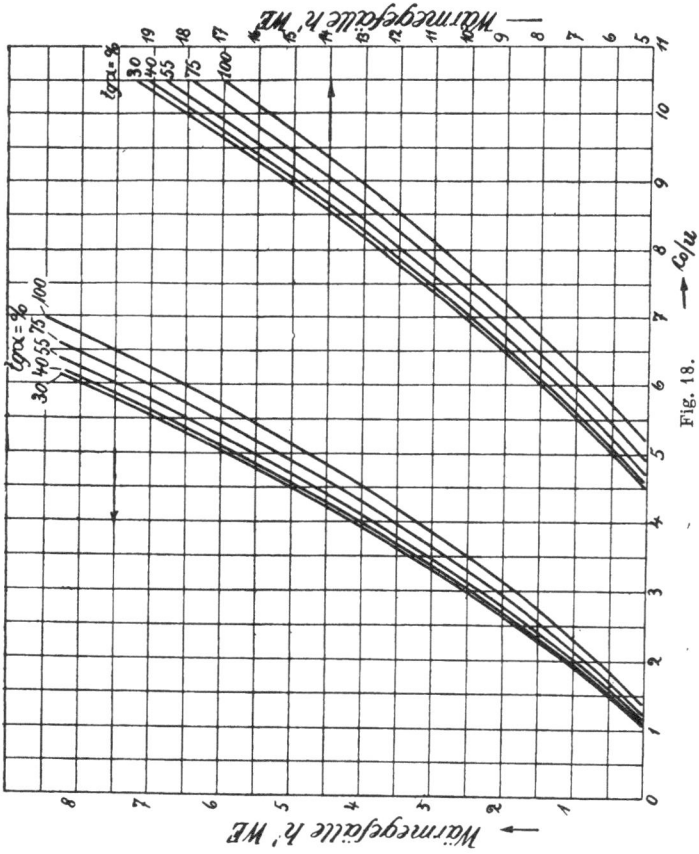

Fig. 18.

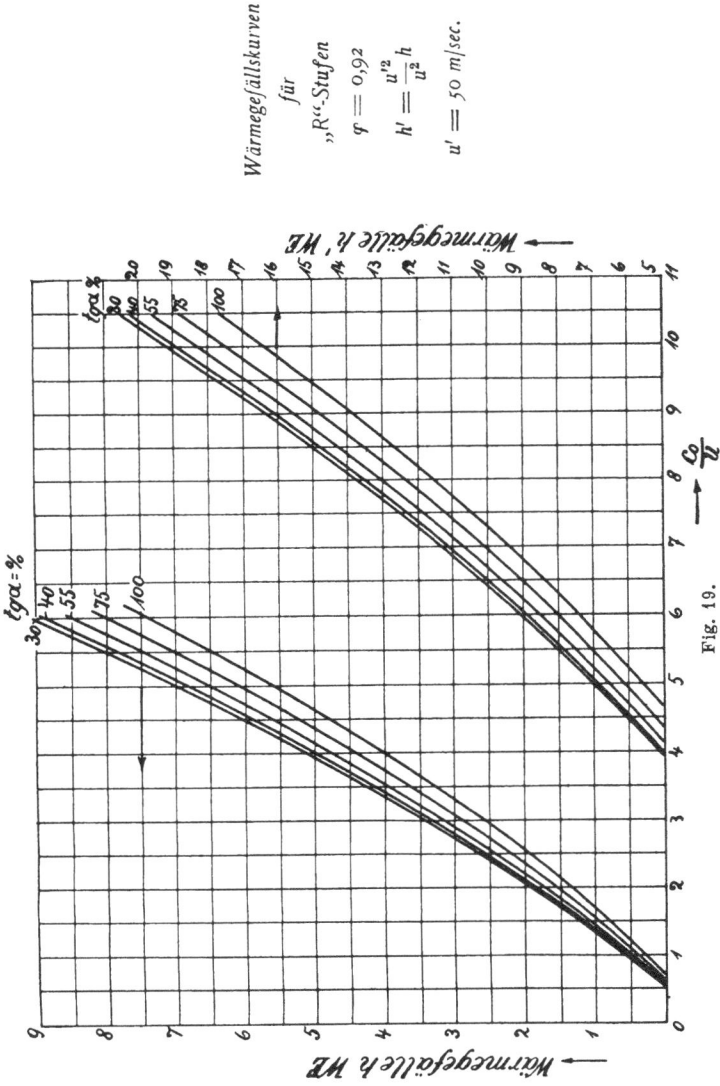

Fig. 19.

Durch Division beider Ausdrücke ergibt sich

$$\frac{h}{h'} = \frac{u^2}{u'^2}$$

oder

$$h' = h\,\frac{u'^2}{u^2}. \quad \ldots \ldots \ldots \quad (7)$$

Die in den Fig. 18 und 19 dargestellten Gefällskurven sind mit der Voraussetzung berechnet, daß bei

den Reaktionsstufen $\qquad\qquad \varphi = 0{,}92$

den Aktionsstufen $\qquad\qquad \begin{cases} \varphi = 0{,}92 \\ \psi = 0{,}88 \end{cases}$

und die Umfangsgeschwindigkeit $u' = 50\ m/\text{sec}$ beträgt.

Die in Fig. 20 und 21 dargestellten Wirkungsgradkurven sind für die gleichen Werte von φ und ψ berechnet.

Die Verlustkoeffizienten gelten unter der Voraussetzung, daß der Eintritt in die Leit- und Laufschaufeln stoßfrei erfolgt, d. h. daß die Eintrittswinkel der Profile den theoretischen Geschwindigkeitsdreiecken genügen.

Um also für eine beliebige Umfangsgeschwindigkeit u und ein beliebiges in einer Stufe zu verarbeitendes Wärmegefälle h den Wirkungsgrad η_i zu bestimmen, ermittelt man zuerst aus Gleichung 7 den Wert h' und bestimmt dann aus der Wärmegefällskurve das $\frac{c_o}{u}$. Für dieses $\frac{c_o}{u}$ erhält man dann aus der Wirkungsgradkurve das η_i pro Stufe.

B e i s p i e l:

Die Umfangsgeschwindigkeit sei $u = 45$ m/sec

Der Schaufelwinkel sei . . $tg\ \alpha = 30\,\%$.

Die Stufenzahl der Gruppe (vgl. § 66) ist angenommen zu $z = 9$.

Das in der Gruppe zu verarbeitende Wärmegefälle sei $H = 13$ WE.

Das mittlere Gefälle pro Stufe ist somit

$$h_m = \frac{13}{9} = 1{,}445 \text{ WE}.$$

Das auf die Umfangsgeschwindigkeit $u = 50\ m/\text{sec}$ bezogene Wärmegefälle wird nun nach Gleichung 7

$$h' = 1{,}445\,\frac{50^2}{45^2} = 1{,}787 \text{ WE}.$$

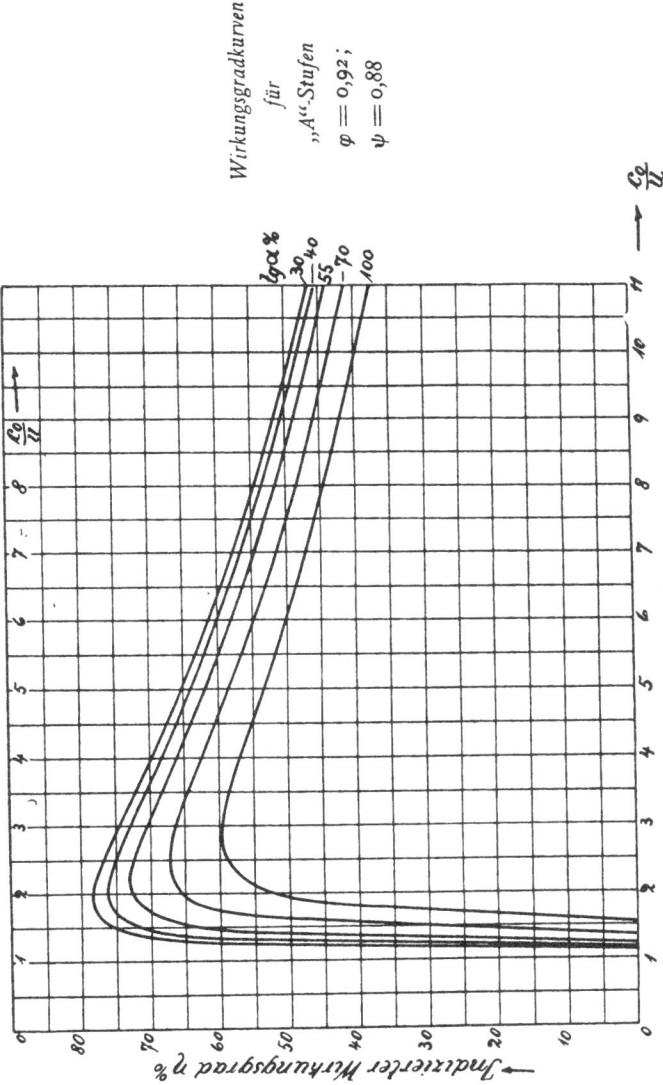

Wirkungsgradkurven
für
„A" Stufen
$\varphi = 0{,}92$;
$\psi = 0{,}88$

Fig. 20.

5*

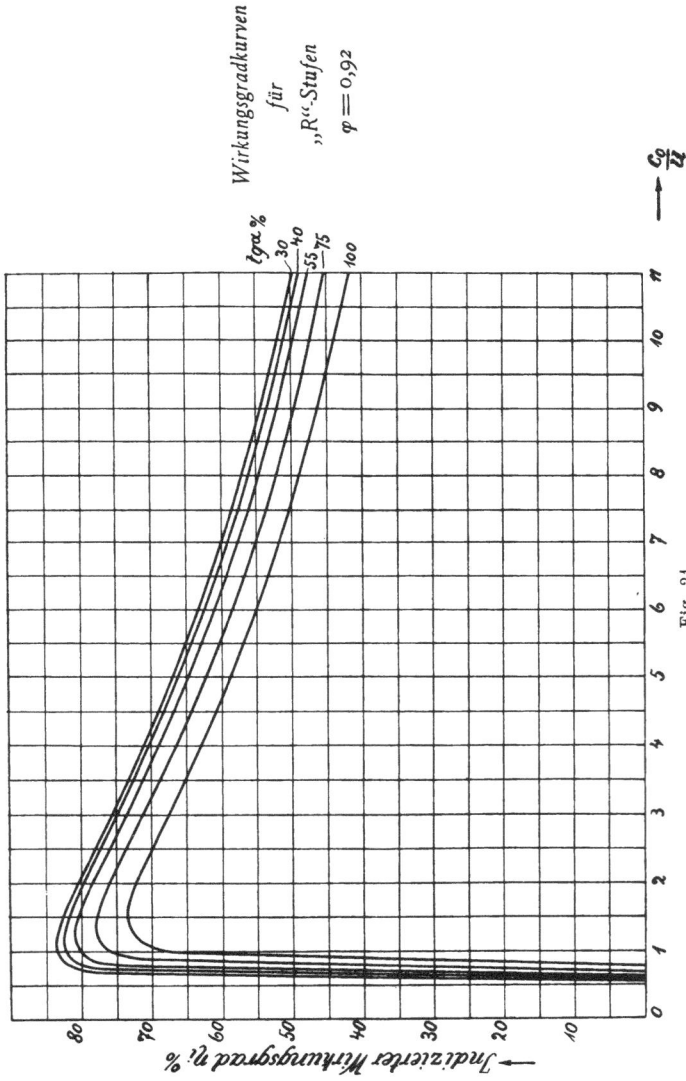

Fig. 21.

Es ergeben sich dann aus den Kurven Fig. 18 bis 21 folgende Werte bei Verwendung von

	Reaktionsstufen	Aktionsstufen
h'	1,787 WE	1,787 WE.
$\dfrac{c_0}{u}$	1,93	2,48
η_i	80,5 %	77

In gleicher Weise können alle Gruppen der Turbine berechnet werden.

§ 47. Wirkungsgrade von Geschwindigkeits-Rädern.

Im § 36 ist die Bestimmung des Wirkungsgrades eines einkränzigen Geschwindigkeitsrades angegeben worden.

Die dort angegebene Methode läßt sich auch verwenden, um den Wirkungsgrad eines mehrkränzigen Geschwindigkeitsrades festzustellen, indem man die Summe der Leistungen der einzelnen Laufkränze feststellt und durch die dem verarbeiteten Wärmegefälle h entsprechende Arbeit dividiert.

Die dem Wärmegefälle h entsprechende Austrittsgeschwindigkeit c_0 aus der Düse ist

$$c_0 = 91,5 \sqrt{h}.$$

Ist ferner $m = \dfrac{G}{g}$ die Masse der per Sekunde zur Arbeitsleistung gelangenden Dampfmenge, so ist die in dem Dampf enthaltene theoretische Leistung:

$$L_0 = \frac{m}{2} c_0{}^2.$$

Die von dem ausströmenden Dampf an einen Schaufelkranz abgegebene Leistung ist nach § 36:

$$L_1 = u \cdot m \, (c_1' - c_2'),$$

die an alle Laufkränze eines Rades abgegebene Leistung daher:

$$L = u \cdot m \, \Sigma \, (c_1' - c_2').$$

Der Wirkungsgrad des Rades ist nun:

$$\eta_i = \frac{L}{L_0} = \frac{u \cdot m \cdot \Sigma \, (c_1' - c_2')}{\dfrac{m}{2} \, c_0{}^2}$$

oder

$$\eta_i = \frac{\Sigma \, (c_1' - c_2')}{\dfrac{c_0{}^2}{2\,u}} = \frac{\Sigma f}{\dfrac{c_0{}^2}{2\,u}} = \frac{\Sigma f}{\left(\dfrac{c_0}{2}\right) \cdot \left(\dfrac{c_0}{u}\right)}.$$

Dieser Wirkungsgrad kann zur praktischen Verwendung ebenfalls als Kurve über dem Verhältnis $\dfrac{c_0}{u}$ aufgetragen werden, aus der sich dann ohne weiteres für ein beliebiges $\dfrac{c_0}{u}$ der zugehörige Wirkungsgrad entnehmen läßt.

Eine rein rechnerische Ermittlung dieses Wirkungsgrades ist jedoch wegen der verschiedenen Austrittswinkel der Schaufeln eines Rades unzweckmäßig; hingegen ist eine zeichnerische Ermittlung der Geschwindigkeiten bequemer und genügend genau.

Sind für die Beschaufelung eines mehrkränzigen Curtisrades die Profile mit Rücksicht auf die verschieden großen Werte von $\frac{c_0}{u}$ bei verschiedenen Leistungen festgelegt, so kann zweckmäßig in folgender Weise verfahren werden.

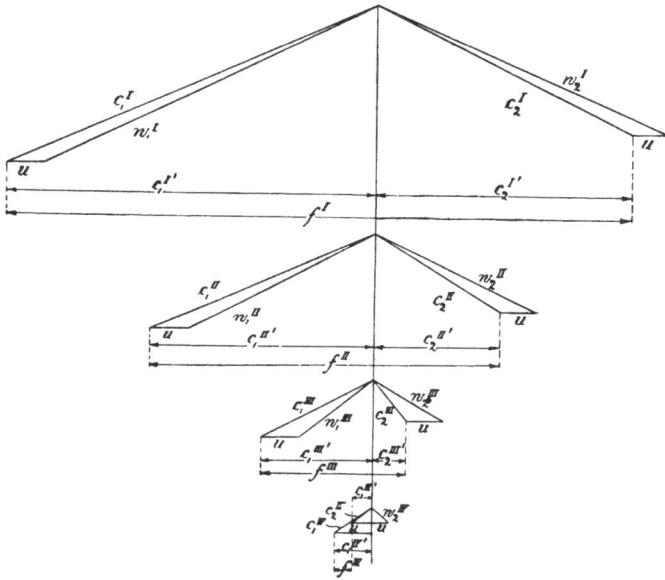

Fig. 22.

Die für ein vierkränziges Curtisrad gewählten Austrittswinkel seien:

Düsen	45 %
Laufkranz I	45 »
Leitkranz II	45 »
Laufkranz II	50 »
Leitkranz III	55 »
Laufkranz III	60 »
Leitkranz IV	70 »
Laufkranz IV	90 »

Diese Winkel sind in Fig. 22 für die Geschwindigkeitsstufen I—IV dargestellt.

Es sei ferner die theoretische Austrittsgeschwindigkeit des Dampfes aus der Düse zu 800 m und $\frac{c_0}{u} = 12$, also $u = 66,67$ m/sec angenommen.

Man erhält nun brauchbare, mit Erfahrungsresultaten nahe übereinstimmende Werte für die verschiedenen in den Lauf- und Leitschaufeln auftretenden Austrittsgeschwindigkeiten, wenn angenommen wird:

Geschwindigkeits-Koeffizient für die Düse . . $\varphi = 0,90$
Geschwindigkeits-Koeffizient für die Lauf- und
Leitschaufeln . . . . $\psi = 0,86$.

Man erhält dann:

Stufe I
{
Austrittsgeschwindigkeit aus der Düse:
$$c_1{}^I = \varphi \cdot c_0 = 720 \ m/\text{sec}.$$
Relative Eintrittsgeschwindigkeit in Laufkranz I:
$$w_1{}^I = 659 \text{ m/sec}.$$
Relative Austrittsgeschwindigkeit aus Laufkranz I:
$$w_2{}^I = \psi \, w_1{}^I = 566 \text{ m/sec}.$$
Absolute Austrittsgeschwindigkeit aus Laufkranz I:
$$c_2{}^I = 505 \text{ m/sec}.$$
Tangential-Komponente von $c_1{}^I = c_1{}''= 656$ m/sec.
Tangential-Komponente von $c_2{}^I = c_2{}'' = -449$ m/sec.
}

Stufe II
{
Austrittsgeschwindigkeit aus Leitkranz II:
$$c_1{}'' = \psi \, c_2{}^I = 435 \text{ m/sec}.$$
Relative Eintrittsgeschwindigkeit in Laufkranz II:
$$w_1{}'' = 375 \text{ m/sec}.$$
Relative Austrittsgeschwindigkeit aus Laufkranz II:
$$w_2{}'' = \psi \, w_1{}'' = 322 \text{ m/sec}.$$
Absolute Austrittsgeschwindigkeit aus Laufkranz II:
$$c_2{}'' = 264 \text{ m/sec}.$$
Tangential-Komponente von $c_1{}'' = c_1{}''' = 396$ m/sec.
Tangential-Komponente von $c_2{}'' = c_2{}''' = -221$ m/sec.
}

Stufe III
{
Austrittsgeschwindigkeit aus Leitkranz III:
$$c_1{}''' = \psi \, c_2{}'' = 227 \text{ m/sec}.$$
Relative Eintrittsgeschwindigkeit in Laufkranz III:
$$w_1{}''' = 172 \text{ m/sec}.$$
Relative Austrittsgeschwindigkeit aus Laufkranz III:
$$w_2{}''' = \psi \, w_1{}''' = 148 \text{ m/sec}.$$
Absolute Austrittsgeschwindigkeit aus Laufkranz III:
$$c_2{}''' = 97 \text{ m/sec}.$$
Tangential-Komponente von $c_1{}''' = c_1{}'''' = 198$ m/sec.
Tangential-Komponente von $c_2{}''' = c_2{}'''' = -60$ m/sec.
}

Stufe IV
$\left\{\begin{array}{l}\text{Austrittsgeschwindigkeit aus Leitkranz IV:}\\ \qquad c_1{}^{IV} = \psi\, c_2{}^{III} = 83{,}5 \text{ m/sec.}\\ \text{Relative Eintrittsgeschwindigkeit in Laufkranz IV:}\\ \qquad w_1{}^{IV} = 48 \text{ m/sec.}\\ \text{Relative Austrittsgeschwindigkeit aus Laufkranz IV:}\\ \qquad w_2{}^{IV} = \psi w_1{}^{IV} = 41{,}5 \text{ m/sec.}\\ \text{Absolute Austrittsgeschwindigkeit aus Laufkranz IV:}\\ \qquad c_2{}^{IV} = 45{,}5 \text{ m/sec.}\\ \text{Tangential-Komponente von } c_1{}^{IV} = c_1{}^{IV'} = 68 \text{ m/sec.}\\ \text{Tangential-Komponente von } c_2{}^{IV} = c_2{}^{IV'} = 36 \text{ m/sec.}\end{array}\right.$

Indizierte Wirkungsgrade eines 4-kränzigen Curtis-Rades
$\varphi = 0{,}90, \ \psi = 0{,}86.$

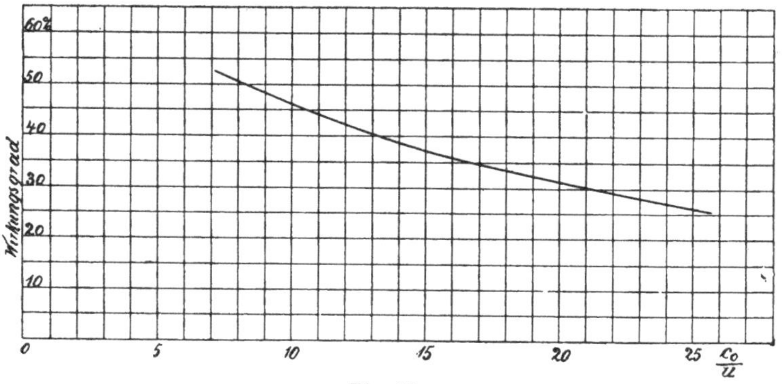

Fig. 23.

Es ergibt sich nun:

$$f_I = c_1{}^{I'} - c_2{}^{I'} = 656{,}0 + 449{,}0 = 1105{,}0 \text{ m/sec}$$
$$f_{II} = c_1{}^{II'} - c_2{}^{II'} = 396{,}0 + 221{,}0 = 617{,}0 \quad \text{»}$$
$$f_{III} = c_1{}^{III'} - c_2{}^{III'} = 198{,}0 + 60{,}0 = 258{,}0 \quad \text{»}$$
$$f_{IV} = c_1{}^{IV'} - c_2{}^{IV'} = 68{,}0 - 36 = 32{,}0 \quad \text{»}$$
$$f = 2012 \text{ m/sec.}$$

Man erhält nun hiermit den indizierten Wirkungsgrad für $\dfrac{c_0}{u} = 12$:

$$\eta_i = \frac{2012}{\dfrac{800}{2} \cdot 12} = 0{,}419.$$

Wird der Wirkungsgrad für mehrere Werte von $\dfrac{c_0}{u}$ in vorstehender Weise ermittelt, so ergibt sich die in Fig. 23 dargestellte Kurve.

Unter Zugrundelegung der gleichen Geschwindigkeits-Koeffizienten wurde auch die in Fig. 24 dargestellte Kurve der Wirkungsgrade für ein dreikränziges Curtisrad ermittelt, wobei folgende Austrittswinkel angenommen wurden:

Düsen . . . . 40 %
Laufkranz   I . . . . 42 »
Leitkranz   II . . . . . . 45 »
Laufkranz   II . . . . . . 50 »
Leitkranz III . . . . . . 60 »
Laufkranz III . . . . . . 100 »

Indizierte Wirkungsgrade eines 3-kränzigen Curtis-Rades
$$\varphi = 0{,}90,\ \psi = 0{,}86.$$

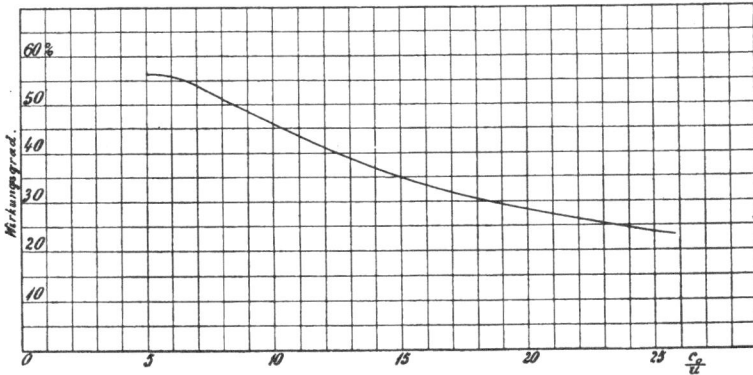

Fig. 24.

§ 48. Austrittsverlust.[1]

Für die Erzielung eines möglichst hohen Wirkungsgrades der Turbine wäre es natürlich das vorteilhafteste, wenn der Dampf den letzten Laufschaufelkranz mit einer absoluten Austrittsgeschwindigkeit = 0 verlassen würde. Dies ist jedoch praktisch nicht möglich und läßt sich deswegen auch nicht entfernt erreichen, weil gerade die letzten Querschnitte wegen des großen Volumens des Dampfes an dieser Stelle besonders weit sein müssen und weil, je mehr die Schaufeln am Austrittsende tangential gerichtet sind, desto kleiner der Austrittsquerschnitt wird, welchen sie übriglassen.

Der Austrittsverlust ist, wie sich ohne weiteres ersehen läßt, gleich der lebendigen Kraft des mit der absoluten Geschwindigkeit c_2 austretenden Dampfes, also für die sekundliche Dampfmenge G

$$h_v = \frac{AG}{g} \cdot \frac{c_2^{\,2}}{2}\ \text{WE.}$$

---

[1] Betr. Austrittsverlust bei Rückwärtsturbinen siehe § 66, S. 108.

Der Austrittsverlust beträgt bei ausgeführten Schiffsturbinen mit Trommelbeschaufelung im ND.-Teil etwa 2—6 WE pro 1 kg Dampf, entsprechend einem Prozentsatz des für gewöhnlich zur Verfügung stehenden Wärmegefälles von ca. 2—4%.

§ 49. Sonstige Verluste.

Die in der Turbine auftretenden Verluste sind die folgenden:

1. Verluste durch die Dampfreibung, Wirbel- und Stoßverluste,
2. Spalt- und Lässigkeitsverluste,
3. Ventilationsverluste,
4. Verluste durch Lagerreibung.

1. Die Verluste, welche dadurch eintreten, daß die rotierenden Scheiben oder Trommeln im Dampf einen gewissen Reibungswiderstand finden, sind bei Schiffsturbinen so gering, daß sie rechnungsmäßig kaum berücksichtigt werden können. Größer sind die Verluste, welche der Dampf durch Reibung in den Düsen-, Leit- und Laufschaufeln erfährt. Diese letzteren Verluste werden aber bei der Berechnung der Turbine schon berücksichtigt, indem man die in die Berechnungen eingehenden Werte der Dampfgeschwindigkeiten mit gewissen Koeffizienten, welche kleiner als 1 sind, multipliziert. Vgl. Berechnung des Wirkungsgrades § 43 bis § 47.

2. Zu den Lässigkeitsverlusten gehören: die Verluste in den Schaufelspalten, Außenstopfbüchsen, Zwischenstopfbüchsen, Ausgleichkolben etc. (vgl. Abschn. IV und V).

3. Der Ventilationswiderstand von beschaufelten Rädern und Trommeln spielt bei den Schiffsturbinen hauptsächlich deswegen eine große Rolle, weil bei fast allen Schiffsturbinenanlagen beschaufelte Teile vorhanden sind, welche entweder bei Vorwärtsgang oder bei Rückwärtsgang leer mitlaufen. Solche Schaufelkränze würden, wenn sie in Luft von atmosphärischem Druck sich bewegen würden, sehr erhebliche Widerstände verursachen, namentlich wenn sie entgegen der Drehrichtung, für welche sie beschaufelt sind, mitgedreht werden, wie dies zum Beispiel bei den auf gleicher Welle wie die Vorwärtsturbinen sitzenden Rückwärtsturbinen der Fall ist, wenn die Turbine vorwärts arbeitet und umgekehrt.

Die Konstruktion der Schiffsturbine wird daher stets so eingerichtet, daß der nicht arbeitende Teil der Turbine i m V a - k u u m   m i t l ä u f t, weil dann der Ventilationswiderstand infolge des sehr dünnen Mediums sehr gering ausfällt.

Aber nicht nur die leer mitlaufenden oder gar entgegengesetzt zu ihrer Beschaufelung mitgedrehten Laufkränze erzeugen Ventilationswiderstand, sondern auch die vom Dampf angetriebenen Laufräder, müssen, wenn sie partiell beaufschlagt sind, von ihrer indizierten Leistung Arbeit zur Überwindung von Ventilationswiderständen abgeben.

Es liegt auf der Hand, daß die Größe solcher Ventilationswiderstände nur empirisch festgestellt werden kann. Es ist daher Sache der einzelnen Turbinenfabriken, für ihr Produkt durch Versuche den Wert dieser Ventilationswiderstände für jeden bestimmten Fall festzustellen. A l l g e m e i n läßt sich nur folgendes aussprechen:

Die Reibungsarbeit von Radscheiben ist proportional dem spezifischen Gewichte des umgebenden Dampfes, der dritten Potenz der Umdrehungszahl bei gleichbleibendem Durchmesser und der fünften Potenz des Durchmessers des Rades bei gleichbleibender Umdrehungszahl.[1])

Im allgemeinen dürfte die Ventilationsarbeit bei einem kompletten Schiffsturbinenaggregat etwa 2—4% der Nutzleistung betragen, falls die Turbine vorwärts läuft; bei Rückwärtsleistung wird dieser Prozentsatz mindestens auf das Doppelte und mehr steigen, je mehr Schaufelkränze für Vorwärtsgang die Welle der betreffenden Rückwärtsturbine mitschleppen muß und je schwächer die Rückwärtsturbine an sich ist.

4. Die Lagerreibung läßt sich berechnen wie jede Zapfenreibung aus dem Gewicht des rotierenden Teiles und dem Reibungskoeffizienten im' Lager. — Ist

Q das Gewicht des rotierenden Teiles in kg,
d der Durchmesser des Zapfens in m,
n die Umdrehungszahl,
ϱ der Zapfen-Reibungskoeffizient,

dann ist die gesamte Lagerreibung N_R in Pferdestärken für den rotierenden Teil vom Gewicht Q

$$N_R = \frac{Q \cdot \varrho \cdot d \pi n}{60 \cdot 75} = \frac{Q \cdot \varrho \cdot d \cdot n}{1430}.$$

Die Drucklagerreibung kann in derselben Weise aus dem Drucklagerschub und der mittleren Gleitgeschwindigkeit der Druckringflächen berechnet werden.

Da bei Schiffsturbinen für eine sehr sorgfältige Schmierung der Lager stets Sorge getragen ist, kann der Zapfen-Reibungskoeffizient sehr klein angenommen werden, und zwar etwa zu $\varrho = 0,01$ bis $0,005$.

Die Lagerreibung spielt eine weit geringere Rolle als der Ventilationswiderstand, wie sich leicht aus den angegebenen Werten ersehen läßt (vergl. hierzu die §§ 66, 71, 72 und 73).

§ 50. Indizierte Leistung der Turbine.

Man spricht auch bei Turbinen von der sogenannten i n - d i z i e r t e n L e i s t u n g N_i, und zwar versteht man darunter die Leistung, welche der Dampf an die Schaufeln selbst abgibt. Die effektive Leistung der Turbine ist somit gleich der indizierten Leistung weniger den Verlusten, welche durch Ventilationswiderstand, Reibungswiderstand der rotierenden Teile und Lagerreibung verloren geht; dagegen ist bei der Festsetzung der indizierten Leistung bereits der Verlust durch die Stopfbüchsen, der Austrittsverlust, kurz alle die an der arbeitenden Dampfmenge auftretenden Verluste berücksichtigt. — Bei gut kon-

---

[1]) Vgl. S t o d o l a, Die Dampfturbine, 4. Aufl., S. 120.

struierten Turbinen ist die effektive Leistung bei Vorwärtsgang um etwa 4—6% kleiner als die sogenannte indizierte Leistung. Die wie vorstehend definierte indizierte Leistung darf man nicht verwechseln mit der indizierten Leistung der äquivalenten Kolbenmaschine. (S. § 5.)

Der indizierte Wirkungsgrad einer Dampfturbine ist demnach:

$$\eta_i = \frac{N_i}{N},$$

wenn N die dem Wärmegefälle entsprechende Leistung ist (vgl. § 19).

§ 51. Über die Schaufeldimensionen im allgemeinen.

Bei der Bemessung der Schaufeldimensionen für Schiffsturbinen gilt naturgemäß der Grundsatz: Die Schaufelprofile sind so klein als möglich herzustellen. Dieses ist erforderlich:

1. wegen der Gewichtsersparnis,
2. wegen der Ersparnis an Baulänge der Turbine, also wegen der Raumersparnis.

Einer extremen Verkleinerung der Schaufeln stehen aber die Anforderungen an deren Festigkeit im Wege. Solche sind zunächst

a) **Fabrikationsrücksichten.** Die Schaufeln müssen so fest sein, daß sie ohne Schwierigkeiten und ohne Gefahr der Deformation in die zur Aufnahme derselben vorgesehenen Ringnuten eingesetzt werden können, und daß die Bandagen auf dieselben aufgenietet bzw. die Bindedrähte durch dieselben gezogen werden können, kurz, daß sie steif genug sind, um überhaupt für einen sachgemäßen Bau und Betrieb geeignet zu sein (vgl. IV. Teil, I. Abschnitt). Letzteres gilt namentlich von den langen Schaufeln des Niederdruckteils, bei welchen, um die nötigen Durchtrittsquerschnitte für den Dampf zu erzielen, oft eine sehr große Länge in Frage kommt. (Die längsten Schaufeln bei den Schnelldampfern der Cunardlinie »Mauretania« und »Lusitania« sind 559 mm lang. Seitdem sind noch längere Schaufeln ausgeführt worden, und zwar bis zu 600 mm und darüber.) Die Breite der Schaufeln für Schiffsturbinen schwankt demnach zwischen ca. 10 und ca. 50 mm über die Spitzen gemessen. Die Stärke der Schaufeln an der dicksten Stelle (also etwa in der Mitte des Profils) hängt natürlich sehr wesentlich von der Größe der Ein- und Austrittswinkel ab. In der Regel ist dieselbe bei den Aktionsschaufeln der Curtisturbinen am größten, weil dort der Kanal überall gleiche Weite besitzt, während sie am kleinsten bei den Schaufeln der Niederdrucktrommeln ist. Verhältnismäßig widerstandsfähige Profile kommen bei den reinen Curtisturbinen vor, wie überhaupt die Curtisräder den Vorzug kräftiger Beschaufelung besitzen.

b) Bei Bemessung der Profilstärke muß die Beanspruchung der Schaufeln durch die statische und dynamische Wirkung des Dampfes volle Berücksichtigung finden. Die Schaufeln sind also hierauf zu berechnen und soll diese Berechnung im nächsten Paragraphen näher erläutert werden.

52. Berechnung der Turbinenschaufeln auf Festigkeit.

Während die F o r m der Schaufelprofile abhängig ist von den gewählten Ein- und Austrittswinkeln und überhaupt von der beabsichtigten Wirkungsweise des Dampfes müssen die G r ö ß e n = verhältnisse des Profils so gewählt werden, daß die Schaufel eine hinreichende Widerstandsfähigkeit gegen die auf sie wirkenden Kräfte erhält. Die auf die Schaufeln wirkenden Kräfte sind im wesentlichen:

1. parallel zur Rotorachse der statische Druck des Dampfes (nur bei Überdruckschaufeln, welcher eine Biegung der Schaufel hervorruft,

2. der Ablenkungsdruck des Dampfes, ebenfalls biegend,

3. bei Laufschaufeln in Richtung der Schaufel die Zentrifugalkraft.

Während die Beanspruchung durch die Zentrifugalkraft meistens gering ist, ergeben sich durch die Kräfte unter 1 und 2 oft erhebliche Beanspruchungen. Am stärksten treten diese Beanspruchungen bei denjenigen Schaufelreihen auf, für welche die Dampfgeschwindigkeit die größte und deren Schaufellänge verhältnismäßig sehr groß ist, also bei den letzten Stufen der Niederdruckturbinen und in den ersten Curtisrädern namentlich bei Fahrt mit geringer Leistung, bei welcher die Dampfgeschwindigkeit sehr hohe Werte annimmt.

V o r b e m e r k u n g   z u r   B e r e c h n u n g   d e r   S c h a u f e l -
B e a n s p r u c h u n g.

Bei der Berechnung der Turbinenschaufeln hinsichtlich ihrer Festigkeit wird zunächst angenommen, daß die Bandagen oder Verbindungsdrähte keine Versteifung derselben bieten. Letzteres ist, natürlich nicht der Fall, im Gegenteil bilden alle derartigen Verbindungen der Schaufeln untereinander mehr oder minder wirksame Versteifungen.

Die im nachstehenden errechneten Beanspruchungen sind daher nur als scheinbare zu betrachten; bei einer sachgemäßen Verbindung der Schaufeln untereinander, z. B. durch Drähte welche mit den Schaufeln durch Löten gut verbunden sind, kann man annehmen, daß die Beanspruchung nur etwa die Hälfte der berechneten ist und die eintretenden Deformationen ebenfalls entsprechend geringer sind als die sich rechnungsmäßig ergebenden. Die vorstehende Wirkung der eingelöteten Drähte, ergibt sich daraus, daß dieselben durch die Lötung fest in den Schaufeln eingespannt, bei Biegung der letzteren sich sehr stark deformieren müssen (vgl. Fig. 25, Schaufeln ungebogen, Fig. 26, Schaufeln verbogen).

Die Ausführung der Berechnung.

Fig. 27 zeigt ein Schaufelprofil. (Hier ist eine Reaktionsschaufel gewählt, wie sie am Ende der Niederdrucktrommel
einer Schiffsturbine zur Anwendung kommt.)

In den Profilquerschnitt sind die Hauptträgheitsachsen
eingetragen (diejenigen Schwerpunktsachsen, um welche das

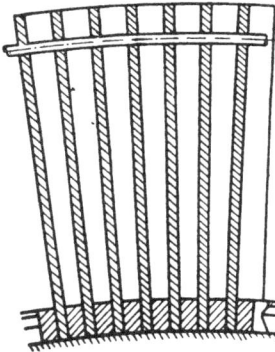

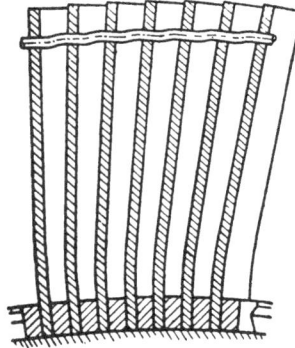

Fig. 25.   Fig. 26.

Trägheitsmoment des Querschnittes ein Maximum bzw. Minimum
ergibt). Da die Aufsuchung dieser Hauptträgheitsachsen, wenn
sie genau ausgeführt werden soll, mit Umständlichkeiten verknüpft ist, genügt es in der Regel, die Achse des kleinsten Träg-

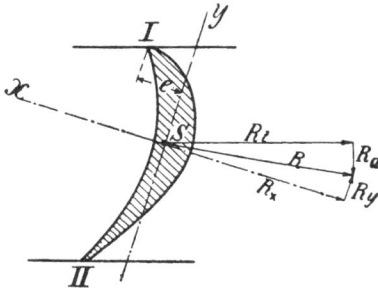

Fig. 27.

heitsmomentes, in der Fi-
gur mit Y bezeichnet,
durch den Schwerpunkt S
des **Profils parallel zur**
Verbindungslinie der Vor-
derkanten I, II des Schaufelprofils zu ziehen. Die
Achse X des größten Träg-
heitsmomentes ist dann
eine senkrechte Linie zur
Achse Y, gelegt durch den
Schwerpunkt S.

Die biegenden Kräfte,
welche auf die Schaufel
wirken, treten als gleich-
mäßige Belastung über die
ganze Schaufellänge auf und werden bei dieser Berechnung in
die Mitte der Schaufellänge verlegt gedacht. Es sind dies die
Reaktionskräfte (entstanden durch die Geschwindigkeitsänderung in der Schaufel) sowie der statische Überdruck, welcher
infolge der Verschiedenheit des Druckes beim Eintritt und beim

Austritt aus der Schaufel auf dieselbe wirkt. Aus diesen Kräften entsteht eine resultierende Schaufelkraft, welche mit R bezeichnet sei. Diese Schaufelkraft R sei zerlegt gedacht in eine tangentiale Komponente in Richtung des Umfangs, genannt R_t und in eine axiale Komponente in Richtung der Wellenachse, genannt R_a. Die tangentiale Komponente R_t könnte bestimmt werden aus der von dem betreffenden Schaufelkranz übertragenen Leistung, bestimmt sich aber noch einfacher direkt aus dem Satz von dem Antrieb der Kraft, welcher ergibt, daß die Umfangskraft gleich ist der sekundlich durch den Schaufelkanal strömenden Masse des Dampfes, multipliziert

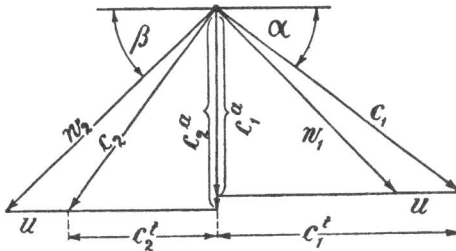

Fig. 28.

mit der Änderung der Geschwindigkeit in tangentialer Richtung, somit also vgl. Fig. 28

$$R_t = \frac{G_{sch}}{g}\,(c_1{}^t - c_2{}^t),$$

wobei G_{sch} in kg die sekundlich durch den Kanal zwischen zwei Schaufeln strömende Dampfmenge darstellt,

g die Beschleunigung der Schwere in m/sec²,

$c_1{}^t$ die tangentiale Komponente der absoluten Einströmungsgeschwindigkeit in m/sec,

$c_2{}^t$ die tangentiale Komponente der absoluten Ausströmungsgeschwindigkeit in m/sec.

Hierbei ist das Vorzeichen dieser Geschwindigkeitskomponente zu beachten in der Weise, daß die beiden Größen addiert werden müssen, wenn deren Vorzeichen verschieden sind.

Eine weitere Kraft kommt in tangentialer Richtung nicht in Betracht, da der vorgenannte statische Überdruck lediglich in achsialer Richtung auftritt.

Die axiale Komponente der resultierenden Schaufelkraft, welche mit R_a bezeichnet wurde, setzt sich zusammen aus der Differenz des Ein- und Austrittsdruckes auf den einer Schaufelteilung entsprechenden Querschnitt senkrecht zur Wellenachse und aus der axialen Komponente der Reaktions-

kraft. Der erste Summand, d. h. also der axiale Überdruck
findet sich aus der Formel:

$$U = t \cdot l \ (p_1 - p_2) \ \text{in kg},$$

wobei t = der Schaufelteilung in cm, gemessen im mittleren
        Schaufelkreise,
  l = der Schaufellänge in cm,
 p_1 = der Eintrittsspannung in kg/qcm,
 p_2 = der Austrittsspannung aus der betr. Schaufel in kg/qcm
entspricht.

Der zweite Summand, d. h. die axiale Komponente
der Reaktionskraft, ist gleich der sekundlichen Dampfmasse
pro Schaufelkanal $\dfrac{G_{sch}}{g}$, multipliziert mit der Änderung der
axialen Geschwindigkeitskomponenten $(c_1{}^a - c_2{}^a)$, somit

$$R_a = t \cdot l \ (p_1 - p_2) + \frac{G_{sch}}{g} \ (c_1{}^a - c_2{}^a).$$

Genau genommen, müßte nun die Schaufelkraft R, welche
rechnungsmäßig aus der Tangentialkomponente und der Axial-
komponente zu finden ist, zerlegt werden in eine Komponente

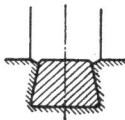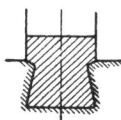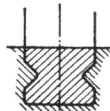

  Fig. 29.   Fig. 30.   Fig. 31.

R_x in der Richtung der Achse X und in eine zweite R_y in der
Richtung der Achse Y und müßten die aus den beiden Komponenten und den entsprechenden Widerstandsmomenten zu berechnenden Biegungsbeanspruchungen kombiniert werden. Der
Einfachheit halber beschränkt man sich jedoch auf die Feststellung der Komponente in der Richtung der X-Achse, also
senkrecht zur Achse Y, und berechnet die Beanspruchung nur
hierfür, da die zusätzliche Beanspruchung, welche aus der Biegung um die Achse X infolge der Komponente in Richtung der
Y-Achse entsteht, vernachlässigt werden kann.

Als Einspannquerschnitt, um welchen die Biegung erfolgt,
muß derjenige Querschnitt in Rechnung gesetzt werden, mit welchem die Schaufel zwischen den Füllstücken heraustritt. Es
muß also z. B. in Fig. 29, wo die Füllstücke nur bis zur tiefsten
Einkerbung des Schwalbenschwanzes heranreichen, der durch
den Schwalbenschwanz geschwächte Querschnitt für die Berechnung der Schaufelbeanspruchung herangezogen werden,
während dagegen in Fig. 30, wo erhöhte Füllstücke zur Anwendung
kommen, oder in Fig. 31, wo die Kerbe tiefer liegt als das obere
Ende des Füllstückes, der volle Schaufelquerschnitt der Berechnung des Widerstandsmomentes zugrunde gelegt werden kann.

Selbstverständlich müssen auch die Hauptträgheitsachsen X, Y und die Komponente R_x jeweils für den Einspannquerschnitt ermittelt werden, im Falle der Fig. 29 also nicht für den vollen, sondern für den geschwächten Profilquerschnitt.

Für eine Aktionsschaufel, wie sie in den Curtisstufen bzw. in den Aktionsstufen der Trommel (siehe Fig. 32) zur Anwendung kommt, gestaltet sich die Berechnung der Biegungsbeanspruchung ganz analog. In der Figur bedeuten wieder X und Y die durch den Schwerpunkt S gezogenen Hauptträgheitsachsen des Querschnittes, wobei wiederum zu bemerken ist, daß die Richtung der Achse Y genügend genau parallel zur Verbindungslinie der Vorderkanten I, II angenommen werden kann, während die Achse X hierauf senkrecht steht. Der einzige Unterschied gegenüber der Berechnung der Reaktionsschaufeln besteht darin, daß in diesem Falle keine Druckunterschiede zwischen Ein- und Austritt der Schaufel herrschen, so daß in der axialen Komponente R_a der Überdruck U verschwindet. Demnach wird die tangentiale Komponente genau wie früher (vgl. Fig. 33)

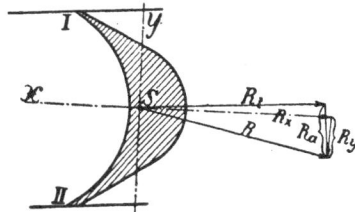

Fig. 32.

$$R_t = \frac{G_{sch}}{g}\left(c_1{}^t - c_2{}^t\right)$$

und die axiale Komponente

$$R_a = \frac{G_{sch}}{g}\left(c_1{}^a - c_2{}^a\right).$$

Die Bedeutung der Buchstaben ist dieselbe wie oben.

Auch hier genügt es, für die Berechnung der Biegungsbeanspruchung nur die Komponente R_x in Richtung der Achse X

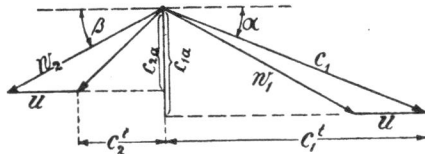

Fig. 33.

zu berücksichtigen. Im übrigen erfolgt die Berechnung der Biegungsbeanspruchung bzw. die Festlegung des Einspannquerschnittes in der gleichen Weise wie oben für eine Reaktionsschaufel des näheren ausgeführt wurde.

Beanspruchung durch die Zentrifugalkraft.

Bedeutet

u die Umfangsgeschwindigkeit in m pro Sekunde im mittleren Schaufelkreis,

r den Radius des mittleren Schaufelkreises in m,

l die freie Länge einer Schaufel in dm,

F_e den Schaufelquerschnitt an der Einspannstelle,

F den vollen Schaufelquerschnitt,

γ das spezifische Gewicht des Schaufelmaterials in kg/cdm

g die Erdbeschleunigung in $\dfrac{m}{sec^2}$,

so ergibt sich für den gefährlichen Querschnitt an der Einspannstelle eine Zugbeanspruchung von

$$k_z = \frac{u^2 \cdot l}{r \cdot g} \cdot \frac{\gamma}{100} \cdot \left(\frac{F}{F_e}\right) \text{ in kg/qcm.}$$

Der Einfluß der Bandage oder der Versteifungsdrähte müßte besonders berücksichtigt werden. Da jedoch die Beanspruchungen k_z bei Schiffsturbinen meistens verhältnismäßig klein sind, so genügt es, dieser zusätzlichen Belastung durch einen entsprechend geschätzten Zuschlag zu der Schaufellänge l Rechnung zu tragen.

§ 53.   Zahlenbeispiel für die Berechnung der Schaufel-Beanspruchung.

Es sei festzustellen die Beanspruchung einer Reaktionsschaufel für den Rotor einer Torpedobootsturbine für ein Torpedoboot von 35 Knoten Geschwindigkeit. Die Anlage besitzt drei gleiche Turbinen von je ca. 7300 Pferdestärken.

Dampfmenge pro Stunde . . . . 43 000 kg

verloren durch Verluste . . . .   1 350 kg

Es gehen also durch den Schaufelkranz   . 41 650 kg p. Std.

Schaufelzahl pro Kranz 446 Stück

hieraus $G_{sch} = \dfrac{41\,650}{3600 \cdot 446} = 0{,}026$ kg/sec.

Durchmesser des mittleren Schaufelkreises = 1378 mm

Tourenzahl = 720 pro Minute

hieraus Umfangsgeschwindigkeit $u = 52$ m/sec.

Ferner sei Winkel beim Austritt aus der vorhergehenden Leitschaufel $tg\, \alpha = 0{,}8$ (vgl. Fig. 28) und Winkel beim Austritt aus der Laufschaufel $tg\, \beta = 1{,}0$.

Die detaillierte Berechnung ergab:

$c_1 = 260$ m/sec, $w_1 = 222$ m/sec, $w_2 = 242$ m/sec, $c_2 = 208$ m/sec, hieraus ergibt sich durch Zeichnung der Dreiecke

$$c_1^t - c_2^t = 321 \text{ m/sec und } c_1^a - c_2^a = 11 \text{ m/sec.}$$

Es ist ferner:

Druck beim Eintritt in die Laufschaufel

$$p_1 = 0{,}1073 \text{ Atm. abs.}$$

Druck beim Austritt aus der Laufschaufel

$$p_2 = 0,10 \text{ Atm. abs.}$$

Schaufellänge $l = 23,4$ cm

Mittlere Schaufelteilung $t = 0,97$ cm

hieraus ergibt sich

$$R_t = \frac{0,026}{9,81} \cdot 321 = 0,851 \text{ kg}$$

$$R_a = 0,97 \cdot 23,4 \cdot (0,1073 - 0,1) - \frac{0,026}{9,81} \cdot 11$$

$$= 0,165 - 0,029 = 0,136 \text{ kg.}$$

Bemerkung: Das zweite Glied des Ausdruckes für R_a ist mit dem negativen Vorzeichen eingesetzt, weil $c_1{}^a$ kleiner ist als $c_2{}^a$.

Aus R_t und R_a ergibt sich graphisch die resultierende R bzw. deren Komponenten $R_x = 0,855$ kg und $R_y = 0,105$ kg. Letztere Komponente kann vernachlässigt werden. Das Biegungsmoment um die Y-Achse ergibt sich zu

$$M_x = R_x \cdot \frac{l}{2} = 0,855 \cdot 11,7 = 10 \text{ kg cm.}$$

Das Widerstandsmoment habe sich ergeben zu

$$W = \frac{\text{Trägheitsmoment}}{\text{Abstand } e} = \frac{0,00566 \text{ cm}^4}{0,31 \text{ cm}} = 0,0183 \text{ cm}^3.$$

unter der Annahme ungeschwächten Einspannquerschnittes (hohe Füllstücke), woraus die größte Biegungsbeanspruchung in den Ecken I und II

$$k_b = \frac{M_x}{W} = 548 \text{ kg/qcm (Zugspannung).}$$

Hierzu tritt noch die Beanspruchung durch die Zentrifugalkraft nach der Formel

$$k_z = \frac{u^2 \cdot l}{r \cdot g} \cdot \frac{\gamma}{100} = \frac{52^2 \cdot 2,34}{0,689 \cdot 9,81} \cdot \frac{8,5}{100} = 79 \text{ kg/qcm.}$$

Somit die gesamte Zubgeanspruchung

$$k = k_b + k_z = 627 \text{ kg/qcm.}$$

§ 54. Schlußbemerkung und Bemerkung über die Schaufelteilung.

Die Verdickung der Schaufeln im Rücken, welche für die Erhöhung der Festigkeit am vorteilhaftesten ist, läßt sich meist nur ausführen unter gleichzeitiger Verbreiterung des ganzen Profils, da sonst die Schaufel eine für die Ausnutzung des Dampfes zu ungünstige Form annehmen würde. Es geht also mit der V e r - s t ä r k u n g e i n e s P r o f i l s auch seine Verbreiterung und somit die Erhöhung der Baulänge d e r g a n z e n T u r b i n e Hand in Hand. und es erhellt hieraus, daß der Konstrukteur einer Schiffsturbine, welcher hinsichtlich G e w i c h t und R a u m meist auf das äußerste beschränkt ist, gern mit der Beanspruchung der Schaufeln bis an die äußerste Grenze geht.

Berechnet man die Schaufeln für die ungünstigsten Fälle bei Vorwärtsfahrt bei der Vorwärts- und für Rückwärtsfahrt bei der Rückwärts-Turbine, dann mag man mit der Beanspruchung bis etwa 700 bis 800 kg/qcm gehen unter Anwendung obiger Rechnungsmethode, bei welcher die Versteifung durch Bandagen und Drähte nicht berücksichtigt ist; bei plötzlichem Umsteuern können diese scheinbaren Beanspruchungen dann event. bis um 50% steigen.

Mit der Größe der Schaufeln ist auch d e r e n T e i l u n g festgelegt. Die Schaufeln müssen so nahe aneinander stehen, daß eine ausreichende Führung des Dampfstrahls eintritt, d. h. also, es muß eine senkrechte Linie, welche vom Endpunkt der Innenkante einer Schaufel auf die Rückfläche der folgenden Schaufel gefällt wird, dieselbe noch annähernd in dem Teil der Schaufel treffen, an welchem die Tangente der Schaufel noch kaum von der gewünschten Austrittsrichtung abweicht (vgl. Fig. 34).

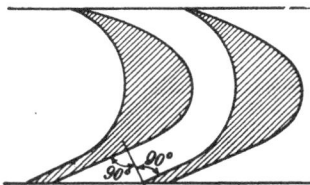

Fig. 34.

Näheres über Form und Abmessung der Schaufeln siehe IV. Teil I. Abschnitt.

§ 55. Axialschub.

Bei der Konstruktion aller Schiffsturbinen spielt die Bestimmung des an den Rotoren derselben auftretenden A x i a l - s c h u b e s eine bedeutende Rolle, da von der Größe desselben die Dimensionierung der Drucklager und — wie aus dem Folgenden hervorgeht — häufig der ganze konstruktive Aufbau der Turbine abhängig ist.

Axialschub entsteht:
1. durch den Propellerschub,
2. durch den Dampfschub auf Trommelböden oder auf ringförmige Trommelabstufungen,
3. durch die Differenz der Dampfdrücke vor und hinter den Laufschaufeln bei Reaktionsturbinen.

Zu 1. P r o p e l l e r s c h u b. Derselbe ist von hinten nach vorn gerichtet bei Vorwärtsfahrt, in umgekehrter Richtung wirkend bei Rückwärtsfahrt des Schiffes.

Die Größe des Propellerschubes ergibt sich aus der Formel

$$P_1 = \frac{N_e \cdot 75 \cdot \eta_p \cdot 3600}{V \cdot 1852} = \frac{N_e \cdot 75 \cdot \eta_p}{0{,}515 \cdot V} = 145{,}8 \frac{N_e \cdot \eta_p}{V}.$$

Dabei bedeutet N_e die effektive Leistung in Pferdestärken, V die Schiffsgeschwindigkeit in Knoten pro Stunde und η_p den Propellerwirkungsgrad, welcher bei solchen Berechnungen etwa zu 60% anzunehmen ist.

Zu 2. Das Auftreten des Dampfschubes wird sofort klar durch Betrachtung eines bestimmten Falles. In Fig. 35

ist schematisch die Hochdruckturbine gemischten Systems eines großen Dampfers dargestellt. Der Dampf tritt in die Ein-strömdüsen mit der Kesselspannung p_1 ein, verläßt dieselben mit der Austrittsspannung p_2, durchströmt mit dieser Spannung das dreikränzige Curtisrad, welches vor der Trommel angeordnet ist, verläßt dasselbe mit der gleichen Spannung p_2, durchfließt

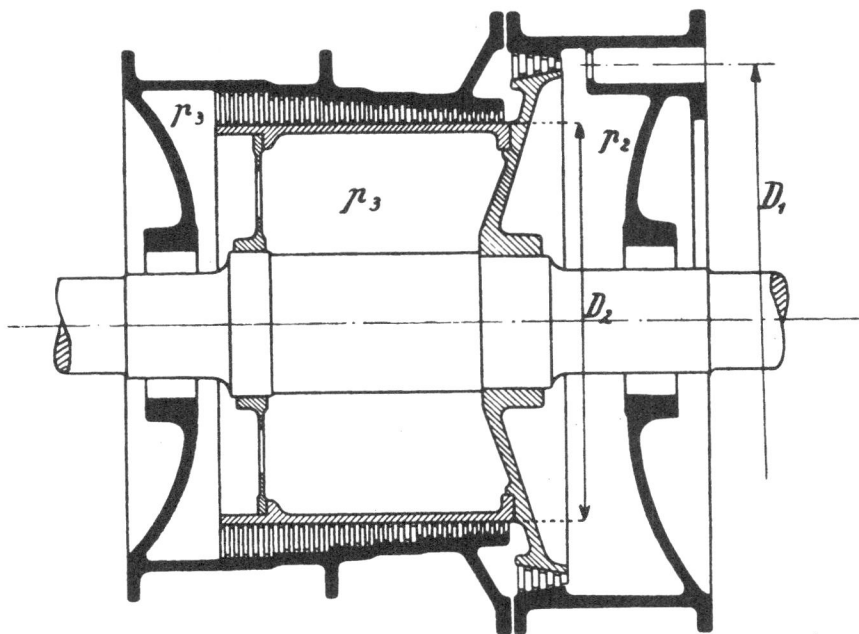

Fig. 35.

die Hochdrucktrommel und strömt am Ende derselben mit der Spannung p_3 in die Niederdruckturbine über. Es wirkt also auf den vorderen Trommelboden ein sehr erheblicher Dampf-druck, und zwar — da die Hinterseite des Curtisrades ebenfalls unter dem Austrittsdruck der Düsen p_2 steht — von der Größe

$$P_2 = \frac{D_2{}^2 \pi}{4} (p_2 - p_3)$$

wobei D_2 der äußere Trommeldurchmesser ist.[1]) Dieser von vorn nach hinten gerichtete Druck würde, wenn nicht, wie wir später

---

[1]) Bei genauerer Rechnung muß von der Fläche $\frac{D_2{}^2 \pi}{4}$ die Kreisfläche in Abzug gebracht werden, welche durch den Dichtungsdurchmesser der Außenstopfbüchse bestimmt wird.

sehen werden, Entlastungsvorrichtungen angebracht würden, so
hohe Werte erreichen, daß der Propellerschub bei weitem nicht
imstande wäre, ihn auszugleichen.
Ist z. B. $D_2 = 3000$ mm, $p_2 = 8$ Atm. abs., $p_3 = 4$ Atm. abs.,
dann wird der Schub auf den Trommelboden $P = 70\,700 \cdot 4$
$= 282\,800$ kg.

Zu 3. Da wie in § 33 erläutert, bei jeder Reaktionsbeschaufelung auch im Laufrad Druck in Geschwindigkeit umgesetzt
wird, muß der Druck hinter jeder Laufschaufelreihe geringer
sein als vor derselben. Es muß also bei Dampfeintritt in die
Trommel v o r n ein von vorn nach hinten gerichteter Schub P_3
entstehen, welcher aus diesen Druckdifferenzen vor und hinter
den Laufschaufelkränzen resultiert. Da bei der Berechnung
der Turbinen (vgl. § 66 und § 77) die Drücke hinter den einzelnen
Stufengruppen bzw. das von denselben verarbeitete Druckgefälle
genau festgestellt wird, läßt sich hieraus der Axialschub auf die
Schaufeln mit genügender Genauigkeit berechnen.

Das Bestreben des Konstrukteurs muß es nun sein, die
Schiffsturbine so zu bauen, daß sich diese Schübe möglichst
ausgleichen, um möglichst kleine Drucklager zu erhalten; denn
außer dem Energieverlust in großen Drucklagern bedingen
solche großen Ölverbrauch, schwierige Wartung, Gewichts-
und Platzverlust.

Die auftretenden Schubverhältnisse müssen natürlich bei
verschiedenen Belastungsverhältnissen der Turbine untersucht
werden, da unter Umständen die Differenz aus den verschiedenen
Schüben, welche bestehen bleibt und der Konstruktion des
Drucklagers zugrunde gelegt werden muß, nicht gerade bei
V o l l a s t ein Maximum erreicht. Man entwirft daher am besten
K u r v e n der Dampf- und Propellerschübe, aus welchen man
leicht ersehen kann, bei welcher Belastung der kombinierte
Axialschub am größten ist und welchen Betrag er dann er-
reicht.

Aus dem unter 2. angeführten Beispiel ersieht man, daß
der Trommelschub bei reinen Trommelturbinen oder Turbinen
gemischten Systems mit einem Rad oder nur wenigen Rädern
derart hohe Werte erreicht, daß ein nennenswerter Ausgleich
desselben durch den Propellerschub nicht erreichbar ist.

§ 56. Entlastungskolben oder Ausgleichkolben.

Man verwendet daher bei solchen Turbinen sog. Ausgleichkolben (englisch dummy, pl. dummies), um den zu sehr vor-
herrschenden Trommelschub zu verringern. Die Anordnung
eines solchen Ausgleichkolbens geht aus Fig. 36 hervor.
(Über die Konstruktion der Ausgleichkolben siehe IV. Teil V. Abschnitt.) Fig. 36 zeigt den Schnitt durch eine Hochdruckturbine
gemischten Systems mit einem Curtisrad, wie sie für einen großen
Handelsdampfer oder ein großes Kriegsschiff in Frage kommt.
Der in die Düsenkasten einströmende Dampf habe die
Kesselspannung p_1, der Austrittsdruck aus den Düsen sei p_2,
welcher Druck gleichzeitig der Anfangsdruck der Trommel ist.
Der Enddruck der Trommel sei p_3. Man ordnet nun an dem

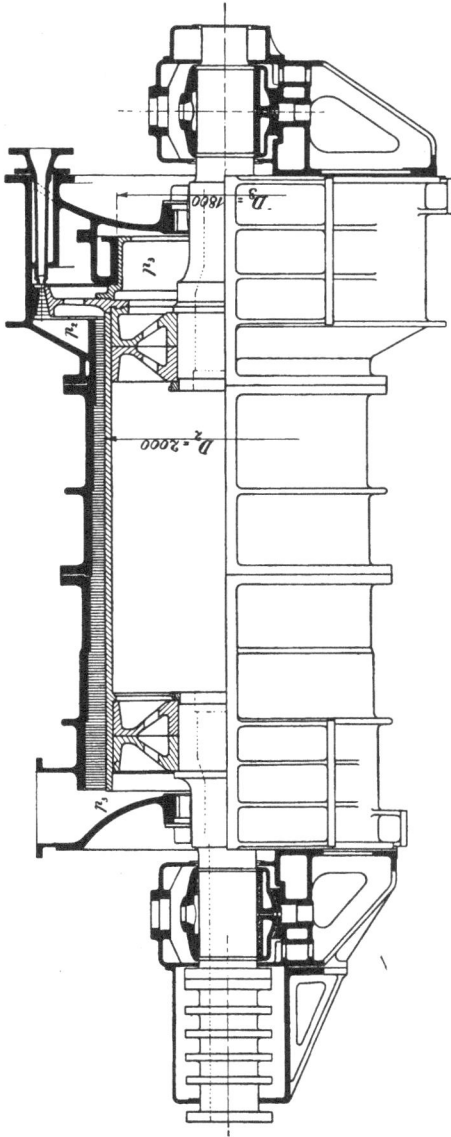

Fig. 36.

vorderen Trommelboden (hier zugleich Radscheibe) einen Ring, den sog. Ausgleichkolben, vom Durchmesser D_3 an. Derselbe dichtet mit Labyrinth-(Spitzen-)Dichtung (vgl. IV. Teil, § 112) gegen einen am vorderen Gehäusedeckel angebrachten konzentrischen Ring, den Ausgleichzylinder (auch dummy stator genannt), ab, so daß die Spannung innerhalb und außerhalb des Ringes verschieden ist. Außerhalb desselben ist diese Spannung die Düsenaustrittsspannung p_2, innerhalb desselben die Endspannung der Trommel p_3; dies wird einfach dadurch erreicht, daß sowohl der hintere als auch der vordere Trommelboden (dieser innerhalb der Entlastung) durchlöchert sind. Der durch die Labyrinthdichtung in den Entlastungsraum durchtretende Dampf strömt durch die Trommel in den Abdampfraum der Hochdruckturbine ein und wird in der Niederdruckturbine wieder zur Arbeitsleistung herangezogen.

§ 57. Beispiel.

Berechnung des Drucklagerschubes bei der Hochdruckturbine eines Passagierdampfers Fig. 36.

Es sei die Admissionsspannung $p_1 = 16$ Atm. abs.
der Ausströmungsdruck aus den Düsen $p_2 = 7$ Atm. abs.
der Trommelenddruck $p_3 = 1,5$ Atm. abs.,
der Düsenkreisdurchmesser des Curtisrades $D_1 = 3000$ mm,
der äußere Trommeldurchmesser $D_2 = 2000$ mm,
der Durchmesser des Ausgleichkolbens $D_3 = 1800$ mm.

Es sei ferner die Leistung der Turbine in effektiven Pferdestärken $N_e = 12\,000$, die Umdrehungszahl $n = 300$, die Schiffsgeschwindigkeit $V = 22$ Knoten.

Dann ist 1. der Propellerschub bei Vorwärtsfahrt (nach v o r n gerichtet)

$$P_1 = \frac{N_e \cdot 75 \cdot 0,60}{0,515 \cdot V} = \frac{12\,000 \cdot 75 \cdot 0,6}{0,515 \cdot 22} = \text{ca. } 47\,700 \text{ kg,}$$

2. der Dampfschub auf den Trommelboden unter Berücksichtigung der Entlastung (nach hinten gerichtet):

$$P_2 = (D_2{}^2 - D_3{}^2)\,\frac{\pi}{4} \cdot (p_2 - p_3) =$$

$$= 10\,000\,(2,0^2 - 1,8^2)\,\frac{\pi}{4} \cdot 5,5 = 32\,800 \text{ kg.}$$

3. Der Schub P_3 auf die Schaufeln ergebe sich nach genauer Berechnung (vgl. § 55), zu ca. 22 000 kg. Derselbe ist nach hinten gerichtet.

Einen überschläglichen Wert hierfür kann man ermitteln wie folgt: Die mittlere Schaufellänge sei 130 mm. Das gesamte Druckgefälle beträgt 5,5 Atm.; hiervon entfällt bei 50% Reaktionsgrad die Hälfte, also 2,75 Atm., auf die Rotorbeschaufelung.

Der mittlere Schaufelkreisdurchmesser ist $D_5 = 2000 +$ $130 = 2130$ mm. Dann ist der Schaufeldruck

$$P'_3 = 10\,000 \cdot 2,13 \cdot \pi \cdot 0,13 \cdot 2,75 = \text{ca. } 23\,900 \text{ kg.}$$

Der Schub, welcher der Belastung des Drucklagers zugrunde zu legen ist, ergibt sich demnach zu

$$S = P_1 - P_2 - P_3 = 47\,700 - 32\,800 - 22\,000 = -7100 \text{ kg}$$

und ist nach h i n t e n gerichtet.

Um für die Dimensionierung des Drucklagers genaue Unterlagen zu gewinnen, wäre diese Berechnung noch für verschiedene Belastungen der Turbine zu wiederholen; nach dem größten sich ergebenden kombinierten Schub ist das Drucklager zu bemessen.

§ 58. Kritische Umdrehungszahl.

Eine Erscheinung, welche bei der Konstruktion von Kolbenmaschinenanlagen nicht beachtet wird und bei derselben auch in den seltensten Fällen Beachtung verdient, welche aber bei den mit großer Umdrehungszahl laufenden und stark belasteten Turbinenwellen eine große Rolle spielt, ist die Erscheinung der sog. k r i t i s c h e n T o u r e n z a h l.

Der Erläuterung dieser Erscheinung seien folgende Überlegungen vorausgeschickt. Eine Masse, welche exzentrisch zur Welle rotiert, erzeugt eine Zentrifugalkraft, welche die Welle durchzubiegen bestrebt ist. Sei z. B. diese exzentrische Masse vom Gewicht $G = 10$ kg am Radius von 1 m aus der Wellenmitte angebracht und rotiere die Welle wie etwa bei der Schiffsturbine eines Torpedobootes mit einer Umdrehungszahl von 700 per Minute, so ist die Umfangsgeschwindigkeit

$$u = \frac{2\,r \cdot \pi \cdot n}{60} = \frac{2 \cdot 1 \cdot 3,14 \cdot 700}{60} = 73,2 \text{ m/sec}$$

und die Zentrifugalkraft

$$C = \frac{G}{g} \cdot \frac{u^2}{r} = \frac{10}{9,81} \cdot \frac{73,2^2}{1} = 5450 \text{ kg.}$$

Aus dem enormen Wert, welchen die Zentrifugalkraft annimmt, ersieht man, daß derartige exzentrische Belastungen natürlich bei Turbinen gänzlich ausgeschlossen sind und selbstverständlich vermieden werden müssen.

Aber auch die unvermeidlichen kleinen Fehler, welche sich bei der Fabrikation der Räder und Trommeln herausstellen, sind schon zu groß, um bei der Berechnung der Turbinenwellen vernachlässigt werden zu können. Es ist daher nötig, die Wellen derartig zu berechnen, daß bei der Umdrehungszahl, mit welcher sie laufen sollen, eine Gefahr der übermäßigen Deformation oder gar des Bruches nicht eintreten kann. Diese Sicherheit verschafft man sich dadurch, daß man die Wellen, wie man sich ausdrückt, erheblich u n t e r d e r k r i t i s c h e n U m d r e - h u n g s z a h l laufen läßt. Um nun den Begriff der kritischen Umdrehungszahl zu erläutern, seien folgende Betrachtungen angestellt.

Wir nehmen an, daß der rotierende Teil (z. B. Welle, Räder und Trommeln einer AEG.-Turbine für ein Torpedoboot) vom Gewicht G trotz der sogfältigsten Ausführung doch eine kleine

Abweichung von der vollkommen gleichmäßigen Verteilung der
Massen um das Wellenmittel zeigt, so daß der Schwerpunkt des
ganzen Rotors um den kleinen Betrag e vom Wellenmittel entfernt liege. Es liegt also der Fall so, wie wenn das Gesamtgewicht
G das bei dieser Betrachtung im Schwerpunkt konzentriert gedacht sei mit der kleinen Exzentrizität e um das Wellenmittel
rotierte. Es ist klar, daß unter dem Einfluß der Zentrifugal-
kraft sich diese Exzentrizität stets vergrößert, und zwar um
so mehr, je höher die Umdrehungszahl ist. Wird die mit der
Umdrehungszahl bzw. der Winkelgeschwindigkeit ω wachsende
Durchbiegung der Welle mit y bezeichnet, Fig. 37, so ist die
Exzentrizität der rotierenden Masse $r = y + e$. Ferner ist die
Zentrifugalkraft in jedem Augenblick $C = \dfrac{G}{g} \cdot \dfrac{u^2}{r}$, und da
die Umfangsgeschwindigkeit u in jedem Augenblick $\omega \cdot r$ ist, so folgt

$$C = \frac{G}{g} \cdot \omega^2 \cdot (y + e)$$

Der Durchbiegung, welche diese Kraft hervorrufen will, wirkt
die Widerstandsfähigkeit der Welle entgegen. Wird nun mit K

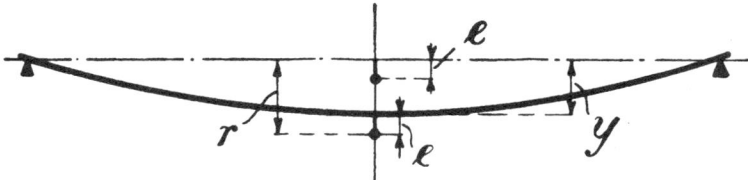

Fig. 37.

die Kraft bezeichnet, welche notwendig ist, um die Welle um
1 cm durchzubiegen so ist die Kraft, welche notwendig ist, um
die Welle um den Betrag y aus dem Mittel durchzubiegen $= K \cdot y$.
Diese elastische Gegenkraft muß der Zentrifugalkraft das Gleichgewicht halten. Es muß also sein:

$$K \cdot y = \frac{G}{g} \cdot \omega^2 \cdot (y + e)$$

woraus

$$y = \frac{e}{\dfrac{K}{G} \dfrac{g}{\omega^2} - 1}.$$

Für den Fall, daß die Größe $\dfrac{K}{G} \cdot \dfrac{g}{\omega^2}$ den Wert 1 erreicht,
wird der Wert für die Durchbiegung y unendlich groß, d. h. die
Welle wird brechen müssen, wenn auch der Wert für die ur-

sprüngliche Exzentrizität sehr klein war. Wird die Winkelgeschwindigkeit für diesen Fall mit ω_k bezeichnet, so ist

$$\omega_k = \sqrt{\frac{K \cdot g}{G}}.$$

Hieraus geht also hervor, daß man eine Welle mit derjenigen Tourenzahl, welche der Winkelgeschwindigkeit ω_k entspricht, überhaupt nicht laufen lassen darf, weil alsdann der kleinste Betrag der Exzentrizität oder der geringste Anstoß von außen die Welle zum Bruch bringen kann, falls keine Führungen vorhanden sind.

Diese Winkelgeschwindigkeit ω_k und die ihr entsprechende Umdrehungszahl n_k wird d i e k r i t i s c h e W i n k e l g e -
s c h w i n d i g k e i t bzw. d i e k r i t i s c h e U m d r e -
h u n g s z a h l genannt. Da zwischen der Winkelgeschwindigkeit und der Umdrehungszahl die Beziehung besteht

$$\frac{2\pi n}{60} = \omega, \text{ also } \omega = \frac{\pi \cdot n}{30},$$

so ist

$$n_k = \omega_k \frac{30}{\pi} \text{ und } n_k = 300 \sqrt{\frac{K}{G}}.$$

Die vorstehende Formel läßt sich auch wie folgt umformen:

Ist f die statische Durchbiegung der horizontal liegenden Welle, hervorgerufen durch die Belastung G in deren Angriffspunkt, so ist

$$f = \frac{G}{K}$$

oder

$$\frac{K}{G} = \frac{1}{f}$$

Es ist demnach auch

$$n_k = 300 \sqrt{\frac{1}{f}}$$

Es ist also bei der Konstruktion der Turbinen nötig, die Welle so stark zu bemessen, daß die kritische Umdrehungszahl genügend hoch über die Betriebsumdrehungszahl n zu liegen kommt. In der Regel findet man in der Praxis $\frac{n_k}{n} = 2$ bis 3. Je höher die kritische Tourenzahl n_k über der Betriebsumdrehungszahl n der Turbine liegt, desto größer darf die durch Ausführungsfehler bedingte exzentrische Lage des Schwerpunkts des rotierenden Teils gegenüber dem Wellenmittel sein, ohne daß Gefahr eines Wellenbruchs eintritt.

§ 59. Berechnung der kritischen Umdrehungszahl.

Für die einfachsten Fälle läßt sich die kritische Umdrehungszahl ohne Schwierigkeiten durch Rechnung festlegen.

In der Mitte einer Welle von der freitragenden Länge 2 a
(Fig. 38) zwischen zwei Lagern sei eine Scheibe aufgekeilt von
einem Gewicht G. Die Welle sei in beiden Lagern als freiauf-
liegend betrachtet. Dann ist die Kraft K, welche die Welle
um 1 cm durchzubiegen vermag,

$$K = \frac{6 \cdot J \cdot E}{a^3}.$$

wobei J das Trägheitsmoment und E den Elastizitätsmodul
der Welle bedeutet.

Die kritische Umdrehungszahl ist

$$n_k = 300 \sqrt{\frac{6 \cdot J \cdot E}{a^3 \cdot G}}.$$

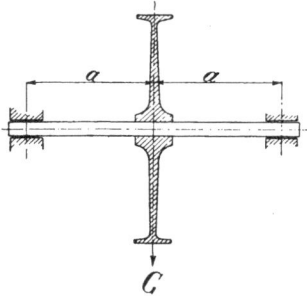

Nehmen wir nun an, daß
die Welle massenlos sei, ferner
daß die Welle einen Durchmesser von 100 mm habe, und
zwar auf ihrer ganzen Länge,
das Material der Welle geschmiedeter Stahl, ferner 2 a =
100 cm und das Gewicht G
der Scheibe = 1000 kg sei,
dann ist

das Trägheitsmoment

$$J = 490,9 \text{ cm}^4$$

der Elastizitätsmodul

$$E = 2\,000\,000 \text{ kg/qcm}$$

Fig. 38.

und somit

$$n_k = 300 \cdot \sqrt{\frac{6 \cdot 490,9 \cdot 2\,000\,000}{50^3 \cdot 1000}}$$

$$\doteq 300 \cdot \sqrt{47,1} \doteq 2060 \text{ Umdrehungen pro Minute.}$$

Wäre also beabsichtigt, diese Scheibe etwa mit 2000 Umdrehungen laufen zu lassen, dann wäre eine viel zu geringe
Sicherheit gegen Zerbrechen der Welle vorhanden. Man wird
also die Welle etwas dicker machen müssen. Würde z. B. die
Welle mit 150 mm Durchmesser ausgeführt, dann würde das
Trägheitsmoment $J = 2485 \text{ cm}^4$ und die kritische Tourenzahl n_k
$\doteq 4630$ sein, welcher Betrag als zulässig betrachtet werden könnte,
da er über das Zweifache der Betriebstourenzahl der Welle ist.

§ 60.   Kritische Umdrehungszahl einer mehrfach belasteten Welle.

Um die durch die Zentrifugalkraft hervorgerufene Ausbie-
gung einer Turbinenwelle zu finden, auf welcher mehrere Laufräder, Trommeln usw. befestigt sind, bedient man sich zweckmäßig der sogenannten »Mohrschen Methode«.

Diese beruht darauf, daß die Gleichung der elastischen Linie eines auf Biegung beanspruchten Balkens dieselbe Form besitzt, wie die Gleichung der entsprechenden Seilkurve.[1])

Die Anwendung dieser Methode sei wieder an einem Beispiel erläutert. Fig. 39 sei eine Welle, welche außer einem Curtisrad noch eine durch zwei Scheiben getragene Trommel trägt. Das Gewicht des Rades sei $G_3 = 400$ kg, die auf die beiden Befestigungsstellen der Trommelscheiben entfallenden Gewichte (inkl. Trommel) betragen $G_2 = 800$ bzw. $G_1 = 500$ kg.

Die Welle selbst sei zylindrisch, besitze einen Durchmesser von 300 mm und sei der Einfachheit wegen gewichtslos angenommen.

Es wird nun zunächst angenommen, daß die Welle bei einer beliebig angenommenen Winkelgeschwindigkeit z. B. $\omega = 100$, durch die entstehenden Zentrifugalkräfte der Einzelmassen nach der s c h ä t z u n g s w e i s e eingezeichneten Kurve $A\,a\,c\,f\,B$ ausgebogen werde.

Die in den einzelnen Belastungspunkten sich ergebenden Durchbiegungen sind danach

$$r_1 = a\,b = 12 \text{ mm}$$
$$r_2 = c\,d = 17 \text{ mm}$$
$$r_3 = f\,g = 14 \text{ mm}$$

Die Zentrifugalkräfte, welche bei diesen geschätzten Durchbiegungen hervorgerufen werden, sind nun

$$C_1 = \frac{G_1}{g}\,r_1\,\omega^2 = \frac{500}{9{,}81} \cdot 0{,}012 \cdot 100^2 = 6120 \text{ kg}$$

$$C_2 = \frac{G_2}{g}\,r_2\,\omega^2 = \frac{800}{9{,}81} \cdot 0{,}017 \cdot 100^2 = 13\,860 \text{ kg}$$

$$C_3 = \frac{G_3}{g}\,r_3\,\omega^2 = \frac{400}{9{,}81} \cdot 0{,}014 \cdot 100^2 = 5710 \text{ kg}.$$

Mit diesen Belastungen wird dann die Momentenfläche $A_1\,a_1\,c_1\,f_1\,B_1$, Fig. 40, in bekannter Weise gezeichnet, wobei für die Kräfte 1 mm = 300 kg, für die Länge der Welle $^1/_{20}$ der natürlichen Größe gewählt worden ist.[2])

Der Polabstand für den Kräfteplan ist zu $A_1 = 15\,000$ kg entsprechend 50 mm gewählt worden. Um nun die wirkliche elastische Linie zu finden, nach welcher die Welle durchgebogen wird, muß die Momentenfläche als Belastungsfläche aufgefaßt werden, d. h. ihre Ordinaten an beliebigen Stellen des Balkens, z. B. $\overline{a_1\,b_1}$, $\overline{c_1\,d_1}$ usw. stellen die Belastungsintensitäten der Welle dar. Da die Balkenlänge in $^1/_{20}$ dargestellt wurde, so bedeutet 1 mm² der Momentenfläche $1 \cdot 20^2 = 400$ mm² = 4 cm².

Die gedachte Belastung P_1 der Welle auf der Länge $A_1\,b_1$ wird daher durch die Fläche $A_1\,a_1\,b_1$, jene P_2 auf der Strecke $b_1\,d_1$ durch die Fläche $b_1\,a_1\,c_1\,d_1$ usw. dargestellt, welche man sich in den

---

[1]) Näheres siehe: F ö p p l, Graphostatik.
[2]) Zu beachten ist, daß die Fig. 39, 40 und 41 im Maßstab 1 : 2,5 verkleinert dargestellt sind.

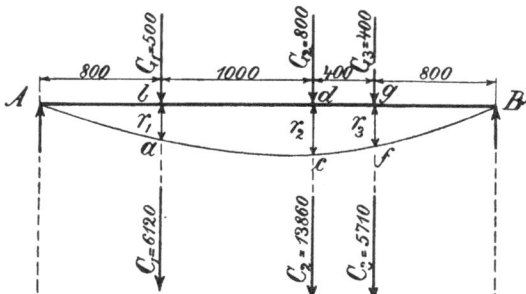

Fig. 39.

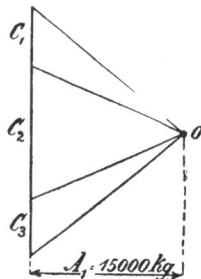

Fig. 40.

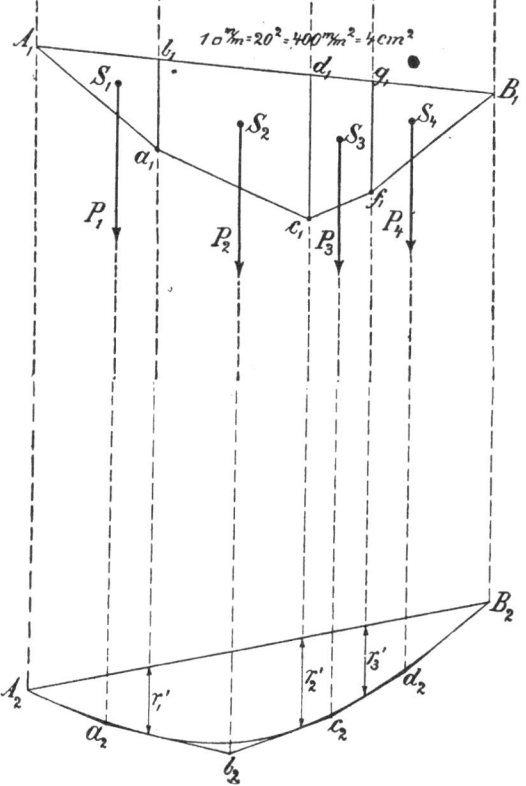

Fig. 41.

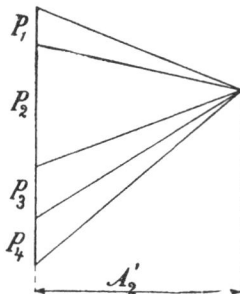

Schwerpunkten S_1 S_2 usw. der Flächen angreifend denken kann.
Mit diesen Belastungen wird nun eine neue Momentenfläche,
Fig. 41, gezeichnet, deren Seilkurve die gesuchte Durchbiegung
der Welle darstellt. Für die Belastungen P_1 P_2 usw. ist hier
1 mm = 200 cm² der Belastungsfläche angenommen worden. Die
in den Schwerpunkten S_1, S_2 usw. angreifenden Kräfte sind
daher durch die Strecken

$$P_1 = 12,4 \text{ mm}$$
$$P_2 = 40,5 \text{ mm}$$
$$P_3 = 17,6 \text{ mm}$$
$$P_4 = 15,2 \text{ mm}$$

dargestellt.

Die Poldistanz A_2 für die Konstruktion des neuen Kräfte-
planes in Fig. 41 muß nun, um der Gleichung der elastischen
Linie zu entsprechen:

$$A_2 = \frac{E \cdot J}{A_1}$$

gemacht werden.

Hierin bedeutet E den Elastizitätsmodul des Materials, welcher hier zu $E = 2\,000\,000$ kg/qcm angenommen wurde, und J
das Trägheitsmoment des Wellenquerschnittes = 39 760 cm⁴. Es
müßte demnach:

$$A_2 = \frac{2\,000\,000 \cdot 39\,760}{15\,000} = 5\,300\,000 \text{ cm}^2$$

sein; in obigem Maßstab würde also die Poldistanz auf der
Zeichnung

$$A_2' = \frac{5\,300\,000}{200} = 26\,500 \text{ mm}$$

betragen.

Wird davon nur 1 : 400, also $A_2' = 66,25$ mm genommen,
so erscheinen die Durchbiegungen 400 fach vergrößert; da die
Länge des Balkens jedoch in 1 : 20 gezeichnet ist, so erscheinen
sie nur noch im Maßstabe 400 : 20, also in 20 facher wirklicher
Größe. Mit $A_2' = 66,25$ mm erhält man das neue Seilpolygon
$A_2\,a_2\,b_2\,c_2\,d_2\,B_2$, dessen Seiten die Tangenten an die elastische
Linie sind, aus welcher sich die Durchbiegungen in den An-
griffspunkten der ursprünglich angenommenen Zentrifugalkräfte
als Ordinaten zwischen der Seilkurve und der oberen Schlußlinie
ergeben zu

$$r_1' = 1,10 \text{ mm}$$
$$r_2' = 1,50 \text{ mm}$$
$$r_3' = 1,15 \text{ mm}.$$

Die kritische Umdrehungszahl der Welle kann nun als diejenige definiert werden, bei welcher für jede beliebige Durchbiegung der Welle die Zentrifugalkräfte mit den elastischen
Gegenkräften im Gleichgewicht sind, so daß die geringste Exzentrizität theoretisch unendlich große Durchbiegungen hervorrufen muß.

Für die kritische Umdrehungszahl müßten also die graphisch
ermittelten Durchbiegungen r' mit den angenommenen Werten r

übereinstimmen. Dies trifft zunächst nicht zu, doch läßt sich
die richtige kritische Umdrehungszahl leicht berechnen, da die
Durchbiegungen der Welle proportional mit den erzeugten Zentri-
fugalkräften und letztere wie die Quadrate der Winkelgeschwindigkeiten wachsen. Es ergibt sich somit die kritische Winkelgeschwindigkeit zu:

$$\omega_k = \omega \sqrt{\frac{r}{r'}}$$

Um die geschätzten Durchbiegungen zu erzeugen, müßten daher
die Winkelgeschwindigkeiten folgende sein: für

$$G_1 \text{ wird } \omega_k = 100 \sqrt{\frac{12}{1,10}} = 100 \sqrt{10,9} = \infty \; 330 \text{. oder } \quad n_k = 3150$$

$$G_2 \quad » \quad \omega_k = 100 \sqrt{\frac{17}{1,5}} = 100 \sqrt{11,3} = \quad 336 \quad » \quad n_k = 3210$$

$$G_3 \quad » \quad \omega_k = 100 \sqrt{\frac{14}{1,15}} = 100 \sqrt{12,2} = \quad 349 \quad » \quad n_k = 3340$$

Wäre die Form der elastischen Linie ursprünglich richtig geschätzt worden, dann würden sich auch die kritischen Winkelgeschwindigkeiten bzw. Umdrehungszahlen für die einzelnen Be-
lastungspunkte gleich groß ergeben haben. — Wollte man ein
genaueres Resultat erhalten, dann müßte man die gefundene
elastische Linie an Stelle der geschätzten setzen und die Rechnung bzw. Konstruktion wiederholen. Hierbei können die gefundenen Durchbiegungen r_1', r_2' usw. jedoch in beliebigem
Verhältnis vergrößert eingesetzt werden.

Besitzt die Welle mit Rücksicht auf Gewichtsersparnis usw.
nicht überall den gleichen Querschnitt, ist also auch das Trägheitsmoment der Welle nicht an jeder Stelle dasselbe, so läßt
sich dies bei der Konstruktion der Momenten- bzw. Belastungsfläche, Fig. 40, ebenfalls berücksichtigen.

Man legt dann einen beliebigen Querschnitt der Welle zugrunde und ändert die damit erhaltenen Ordinaten der Momentenfläche im Verhältnis der Trägheitsmomente an den betreffenden Stellen ab.

Man erhält so eine neue Belastungsfläche, welche zur Konstruktion des zweiten Seilpolygons, d. h. der elastischen Linie,
benutzt wird.

Anstatt mit den durch die Gewichte hervorgerufenen Zen-
trifugalkräften die Durchbiegung der Welle zu berechnen, kann
man diese auch angenähert in der nachstehend beschriebenen
Weise aus den Gewichten selbst bestimmen.

Ist die Kurve der Durchbiegung infolge der Zentrifugalkräfte schätzungsweise angenommen, so sind dann, da die Zentrifugalkräfte proportional den Gewichten und den Durchbiegungen
sind, die in den einzelnen Belastungspunkten wirkenden Gewichte
im Verhältnis dieser Durchbiegungen zu der größten auftretenden Durchbiegung zu reduzieren und mit diesen neuen Gewich-

ten dann die genaue elastische Linie in der angegebenen Weise zu ermitteln.

Wird in dem vorerwähnten Beispiel die größte Durchbiegung im Punkt d angenommen, in welchem das Gewicht G_2 $= 800$ kg wirkt, so müssen demnach die übrigen Belastungen im Verhältnis der ihnen zukommenden Durchbiegungen verringert werden. Es wird also:

$$G_1' = G_1 \frac{r_1}{r_2} = 500 \; \frac{12}{17} = 353 \text{ kg,}$$

$$G_2' = G_2 \frac{r_2}{r_2} = 800 \; \frac{17}{17} = 800 \text{ kg,}$$

$$G_3' = G_3 \frac{r_3}{r_2} = 400 \; \frac{14}{17} = 330 \text{ kg.}$$

Entsprechend diesen geringeren Kräften wird dann auch die Durchbiegung der Welle geringer ausfallen, und zwar im Verhältnis:

$$\frac{G \cdot \dfrac{r}{r_2}}{\dfrac{G}{g} \cdot r \cdot \omega^2} = \frac{g}{r_{max} \cdot \omega^2} = \frac{9{,}81}{0{,}017 \cdot 100^2} = \frac{1}{17{,}3}.$$

Die maximale Durchbiegung in d würde sich demnach ergeben zu:

$$f = \frac{1{,}50}{17{,}3} = 0{,}087 \text{ mm} = 0{,}0087 \text{ cm.}$$

Benützt man nun die für eine Einzellast genau geltende Formel $n_k = 300 \sqrt{\dfrac{1}{f}}$ (vgl. Seite 91), so berechnet sich daraus eine Umdrehungszahl

$$n_k = 300 \sqrt{\frac{1}{0{,}0087}} = 300 \sqrt{115} = 300 \cdot 10{,}724 = \mathbf{3220},$$

welche gut mit der oben genau ermittelten kritischen Umdrehungszahl übereinstimmt. Diese Übereinstimmung zeigt sich erfahrungsgemäß auch bei beliebigen anderen Belastungsverhältnissen von Wellen.

Mitunter wird die maximale statische Durchbiegung der Welle direkt mit den gegebenen Belastungen selbst, also ohne Berücksichtigung der Biegungspfeile in den einzelnen Belastungspunkten, festgestellt. Es ergibt sich dann eine etwas größere Durchbiegung der Welle als sich bei reduzierten Gewichten ergeben würde, so daß die aus vorstehender Formel berechnete kritische Umdrehungszahl etwas geringer ausfällt, also einen gewissen Sicherheitsgrad enthält.

III. Abschnitt.
Die Berechnung von Schiffsturbinenanlagen.
§ 61. Einleitung.

Nachdem in Abschnitt I und II die Berechnung der Beschaufelung und einzelner Elemente der Turbinen besprochen, handelt es sich jetzt darum, den Gang der Berechnung einer ganzen Schiffsturbinenanlage zu verfolgen. Zunächst soll hierbei kein Unterschied gemacht werden zwischen reinen Trommelturbinen, reinen Räderturbinen oder Turbinen gemischten Systems, da eine Reihe von Betrachtungen für alle diese Systeme gemeinsam gelten.

§ 62. Allgemeine Bemerkungen für die Auslegung von Schiffsturbinenanlagen. [1])

Man wird sich zunächst die Frage vorlegen, o b   d i e   z u   e r b a u e n d e   A n l a g e   e i n e   s o l c h e   m i t   E i n z e l - a n t r i e b   d e r   W e l l e n   o d e r   m i t   H i n t e r e i n a n - d e r s c h a l t u n g   d e r   W e l l e n   s e i n   s o l l.

Erstere Anordnung ist beinahe unumgänglich bei Torpedobooten und Torpedojägern und wird häufig verwendet bei Linienschiffen und Kreuzern; letztere wird bei Handelsschiffen beinahe ausschließlich gewählt.

Mit dieser Frage zusammenhängend ist d i e   d e r   A n - z a h l   d e r   W e l l e n.

Man wird ferner zu entscheiden haben, ob die ganze Turbine inkl. Rückwärtsturbine, welche auf einer Welle angeordnet sind, i n   e i n e m   e i n z i g e n   G e h ä u s e   untergebracht werden können oder ob die Länge des Aggregates, die Biegung der Welle oder die Lagerbelastung die Trennung in zwei Gehäuse mit dazwischen liegenden Lagern erfordert.

Es wird ferner notwendig sein zu entscheiden, w i e   d i e   R ü c k w ä r t s t u r b i n e n   a n z u o r d n e n   s i n d,   ob jede Welle reversierbar zu machen ist und wie die Rückwärtsturbinen zu schalten sind.

Man wird sich darüber klar werden müssen, wie die D r u c k - l a g e r   anzuordnen sind, ob die D a m p f e i n s t r ö m u n g   hinten oder vorn angeordnet werden soll und wo E n t - l a s t u n g s k o l b e n   vorzusehen sind.

Ferner muß von vornherein beachtet werden, bei welcher L e i s t u n g   d i e   V e r t e i l u n g   d e r s e l b e n   auf die einzelnen Wellen gleichmäßig sein und

wie groß der D a m p f v e r b r a u c h   bei den verschiedenen Belastungen der Turbinenanlage bemessen werden soll.

Über die mannigfaltigen Möglichkeiten welche sich für die Disponierung der Schiffsturbinenanlagen bieten, vgl. VIII. Teil, an welcher Stelle eine große Anzahl solcher Anlagen in schematischer Form wiedergegeben sind.

---

[1]) Hierzu vgl. auch VII. Teil über die S c h a l t u n g der Schiffsturbinen.

§ 63. Über die Wahl des Durchmessers der Turbine.

Eine der ersten Aufgaben, welche bei der Festlegung der Turbinendimensionen für eine gegebene Leistung und Umdrehungszahl zu erledigen ist, besteht in der Festlegung des größten zulässigen Durchmessers.

Namentlich bei Torpedobooten und Kreuzern wird der Durchmesser begrenzt durch die Schärfe des Schiffes und durch die für Montage- und Demontagezwecke erforderliche Höhe für das Hochheben der oberen Gehäusehälften resp. des rotierenden Teils sowie durch den Raum, der für die Turbinen und Kondensatoren — häufig auch für die Turbinen allein bei Anordnung von Mittellängsschotten — vorhanden ist. Dabei ist wohl zu beachten, daß der Kondensator im Grundriß sich nirgends mit der Turbine überschneiden darf, weil sonst ein Hochheben des Gehäuseoberteils der Turbine ausgeschlossen ist.

Bei der Beurteilung der Montagemöglichkeit ist bei Räderrotoren zu verlangen, daß die Welle so hoch gehoben werden kann, daß die Räder und Zwischenböden der unteren Gehäusehälfte frei gehen und, nachdem die obere Gehäusehälfte seitlich verfahren ist, von der Welle zwecks Revision der Zwischenstopfbüchsen abgezogen werden können, während es bei Trommelrotoren genügt, dieselben so weit heben zu können, daß die Beschaufelung des Turbinenunterteiles bequem revidiert und ersetzt werden kann.

Bei der Wahl des Durchmessers spielt natürlich auch die Umfangsgeschwindigkeit eine Rolle. Über die Festsetzung derselben und die hierauf einwirkenden Faktoren geben die nachfolgenden Kapitel über die Berechnung der Turbinen im Speziellen Aufschluß; hier seien nur einige allgemeine Bemerkungen vorangeschickt.

Die in der Praxis vorkommenden Umfangsgeschwindigkeiten, auf forcierte Fahrt bezogen, variieren zwischen 30 und 65 m/sec Unter die Grenze von 30 m/sec kann man schwer gehen, weil für eine annehmbare Dampfökonomie Stufenzahl und Gewicht zu groß werden. Über 65 m sec hinauszugehen ist gleichfalls nicht gut möglich, da einerseits die Umdrehungszahl nur verhältnismäßig niedrig genommen werden kann und andererseits das Gewicht mit dem Durchmesser unverhältnismäßig wächst.

Die erwähnte Gewichtszunahme bezieht sich hauptsächlich auf die Curtisstufen, bei denen Radscheiben- und Zwischenbodengewichte ca. mit der dritten Potenz der Durchmesser wachsen.

Unter 40 m/sec sollte man bei Verwendung von Curtisstufen auch für Kreuzer und Linienschiffe nicht gehen, da sonst die Stufenzahl, die zur Erreichung eines guten Wirkungsgrades erforderlich ist, sehr hoch wird, und man im allgemeinen dahin streben soll, die Zahl der Curtisstufen so niedrig wie möglich zu halten, weil durch die Verwendung vieler Zwischenböden die Herstellungskosten vergrößert werden.

Für Handelsschiffe lassen sich auch nicht einmal annähernd Normen für die Bemessung der Umfangsgeschwindigkeit auf-

7*

stellen, da es sich hier um ganz verschiedene Schiffstypen handelt — vom schnellen, kleinen Kanaldampfer bis zum schweren Fracht- und Passagierdampfer. Findet man bei ersterem Typ Umfangsgeschwindigkeiten von ca. 50 m, so beträgt dieselbe bei letzterem etwa 30 m pro Sekunde.

§ 64. Anfangs- und Endspannung des Dampfes.

Der Anfangs- und Endzustand des Dampfes ist gewöhnlich gegeben oder wird angenommen. Als oberste Grenze des Dampfdruckes wählt man bei Handelsschiffen etwa 16 Atm., bei großen Kriegsschiffen 17 bis 19, bei Torpedobooten 19 bis 20 Atm. a b s o l u t e n Druck. Bei der Turbinenberechnung vermeidet man, um Irrtümer auszuschließen, zweckmäßig den Begriff des Überdruckes über die Atmosphäre, da in den Rechnungen alle Drücke als a b s o l u t e Drücke einzusetzen sind.

Niedrige Dampfdrücke (ca. 10 Atm.) würden in Verbindung mit schwacher Überhitzung den Vorteil bieten, daß die Rohrleitungen und Kessel etwas leichter konstruiert werden könnten als bei den oben angegebenen hohen Betriebsdrücken, während gleichzeitig in der Turbine das gleiche Wärmegefälle nutzbar gemacht werden kann wie bei höherem Druck und Sattdampfbetrieb. Bei Betrieb mit überhitztem Dampf würde noch der Vorteil gewonnen, daß unter Zugrundelegung des gleichen verfügbaren Wärmegefälles ein besserer Turbinenwirkungsgrad erzielt wird. Über diese Gesichtspunkte siehe eingehender § 23.

Das Vakuum ist so hoch wie möglich anzustreben, keinesfalls unter 90%. Anderseits sind 94 bis 95% heute als die oberste, praktisch brauchbare Grenze anzusehen. Dem Betrieb mit höherem Vakuum steht entgegen, daß man in den Abmessungen der Strömungsquerschnitte in den letzten Stufen und im Abdampfraum meist beschränkt ist und daher das durch höheres Vakuum gewonnene Gefälle nur schlecht ausnutzen kann. Infolgedessen lohnt es sich in den meisten Fällen kaum, das für die Erreichung eines höheren Vakuums als 95% erforderliche Mehrgewicht für Kondensatoren und Pumpen aufzuwenden (vgl. Teil VI).

IV. Abschnitt.

Berechnung der reinen Trommelturbinenanlagen.

§ 65. Vorbemerkung.

Nachdem im vorstehenden eine Reihe allgemeiner Gesichtspunkte erläutert sind und in Anbetracht der geringen Variationen, welche — im Gegensatz zu Turbinen gemischten Systems — hier in Erscheinung treten können, soll der Berechnungsgang an Hand eines Beispiels gezeigt werden.

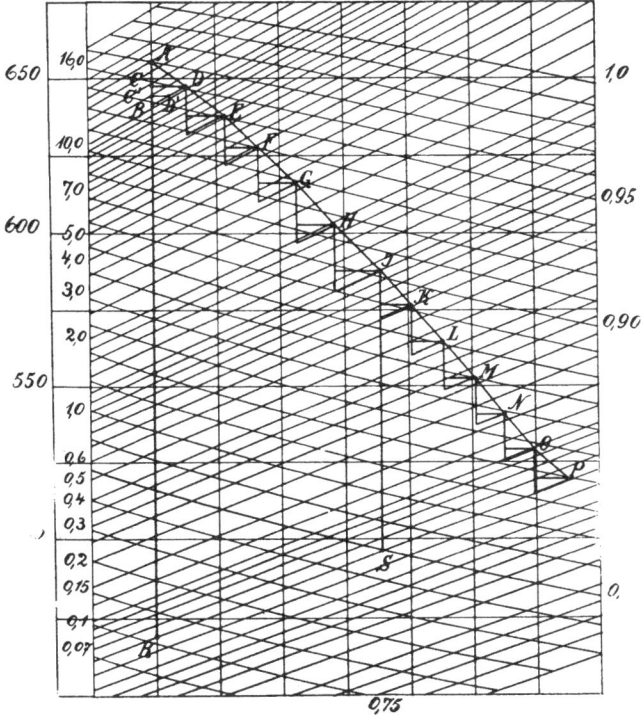

Fig. 42.

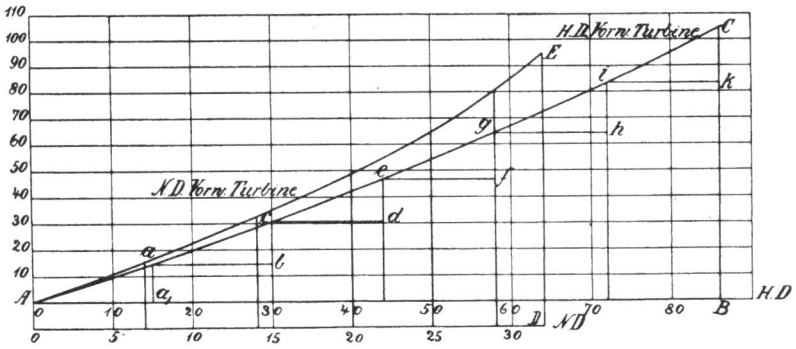

Fig. 43.

**§ 66. Beispiel für die Berechnung einer reinen Trommelturbinen-
anlage.**

Beschreibung der zu berechnenden Anlage:

Die Turbinenanlage ist bestimmt für einen Kreuzer von
28 Knoten Geschwindigkeit mit 4 Wellen. Die Gesamtleistung
bei Vollast beträgt 45 000 PSe bei 380 Umdr. pro Min. Die
Leistung soll bei Vollast gleichmäßig auf alle 4 Wellen verteilt
sein (also 11 250 PSe pro Welle). Die zwei Wellen jeder Schiffsseite sollen hintereinander geschaltet sein, und zwar soll auf
jeder Seitenwelle eine Hochdruck-, auf jeder Mittelwelle eine
Niederdruckturbine angeordnet sein. Auf jeder Seitenwelle
sitzt eine Hochdruck-Rückwärts-, auf jeder Mittelwelle eine
Niederdruck-Rückwärtsturbine, letztere in das Gehäuse der
Niederdruckvorwärtsturbine eingebaut. Die Gesamtanordnung
der zu berechnenden Anlage ist demnach die gleiche wie in
§ 98 schematisch dargestellt mit dem einzigen Unterschiede, daß
dort Marschturbinen vorgesehen sind, welche hier fehlen sollen.

Der Dampfverbrauch soll bei Vollast etwa 5,3 kg pro PSe
und Stunde betragen, wobei eine Kesselspannung von 17 Atm.
abs., eine Dampfnässe des in die Turbine eintretenden Dampfes
von ca. 3 % und ein Vakuum in der Turbine von 94 % = 0,06 Atm.
abs. zugrunde gelegt soll.

Das gesamte Dampfquantum für die Konstruktionsleistung
beträgt demnach 45 000 · 5,3 = ∿ 240 000 kg pro Stunde.

Die Rückwärtsturbinen sollen bei dem gleichen Dampfquantum wie für die Konstruktionsleistung vorwärts ca. 45 %
der Leistung der Vorwärtsturbinen, also insgesamt ∿ 20 000 PSe
entwickeln können.

Die Vorwärts- und Rückwärtsturbinen sollen Reaktionsbeschaufelung erhalten.

Berechnung der Hochdruckturbinen.

Aus Einfachheitsgründen führt man bei solchen Anlagen
die Trommel fast stets mit konstantem Durchmesser aus;
natürlich kann, wenn dies zweckmäßig ist, auch eine Abstufung
im Durchmesser angewendet werden. Im vorliegenden Falle
sei eine glatte Trommel angenommen.

Für die Wahl des Durchmessers dieser Trommel ist fast
stets die Rücksicht auf die Spaltverluste in höherem Grade
maßgebend als — natürlich innerhalb gewisser Grenzen — der
verfügbare Raum. Einen Anhaltspunkt für die Beurteilung dieser
Verluste bilden die sich aus der Rechnung ergebenden Schaufellängen. Je kleiner diese ausfallen, um so größer werden die
Dampfverluste infolge des radialen Spalts, außerdem wächst
mit der Größe des Trommeldurchmessers auch der Durchmesser des erforderlichen Ausgleichkolbens und damit der Betrag des durch die Labyrinthdichtungen fließenden Leckdampfes.
Aus diesen Gründen würde sich zunächst ein möglichst kleiner
Trommeldurchmesser am Hochdruckende empfehlen. Anderseits
darf jedoch wiederum der Durchmesser nicht zu klein gewählt
werden, weil sonst die Umfangsgeschwindigkeit zu gering und die
Stufenzahl infolgedessen zu groß ausfallen würde.

Durch wiederholtes Probieren lassen sich diese Verhältnisse bei einiger Übung rasch überblicken; im vorliegenden Falle sei als Durchmesser der glatten Trommel ca. 1800 mm angenommen.

Das Gefälle für die Hochdruckturbine bzw. der Enddruck in derselben ergibt sich aus der Forderung, daß die Hochdruck- und Niederdruckturbine je gleiche Leistung entwickeln sollen.

Der Anfangsdruck der Hochdruckturbine sei unter Annahme eines Spannungsabfalles und einer gewissen Reserve auf $17 - 3 = 14$ Atm. abs. festgesetzt. Aus diesem Anfangszustand ergibt sich dann ein adiabatisches Gesamtgefälle für die Hoch- und Niederdruckturbine von 187 WE. Beträgt nun der effektive Wirkungsgrad der Hochdruckturbine schätzungsweise 58% und derjenige der Niederdruckturbine 68%, bezogen auf das Gefälle, welches sich aus der durch den Anfangspunkt für die Hochdruckturbine gezogenen Adiabate aus dem JS-Diagramm ergibt (vgl. Fig. 42), so ergibt sich für die Hochdruckturbine ein adiabatisches Gefälle von 101 WE und für die Niederdruckturbine ein solches von 86 WE, entsprechend einem Enddruck in der Hochdruckturbine von 1,1 Atm. abs.

Die nächste Aufgabe ist die Festlegung der Stufenzahl der Hochdruckturbine und die Verteilung des Wärmegefälles auf die einzelnen Stufen. Hierfür ist natürlich der beabsichtigte Dampfverbrauch bzw. der Wirkungsgrad der Turbine maßgebend. Letzterer ist, abgesehen von den Spaltverlusten, in erster Linie von dem Verhältnis $\frac{c_0}{u}$ der Turbine abhängig (vgl. §§ 37 u. 38). Um ein bestimmtes $\frac{c_0}{u}$ zu erreichen, ist es notwendig, jeder Stufe ein bestimmtes, von der Umfangsgeschwindigkeit abhängiges Wärmegefälle zuzuteilen. Die Ermittelung dieses Gefälles mit gegebenem $\frac{c_0}{u}$ kann mit Benutzung der Kurven, Fig. 19 § 46, geschehen, während die Wirkungsgradkurven, Fig. 21, den Zusammenhang zwischen $\frac{c_0}{u}$ und dem indizierten Wirkungsgrad angeben. Der Wert $\frac{c_0}{u}$ bewegt sich für Schiffsturbinen etwa zwischen 2 und 3, je nach der verlangten Ökonomie und dem verfügbaren Raum. In unserem Beispiel sei für die Hochdruckturbine ein $\frac{c_0}{u}$ von $\backsim 2,2$ zugrunde gelegt. Wird die mittlere Schaufellänge zu 90 mm geschätzt, so ergibt sich ein mittlerer Schaufelkreisdurchmesser von 1890 mm und eine mittlere Umfangsgeschwindigkeit im Schaufelkreise von $u = 37,6$ m pro Sekunde. Der mittlere Schaufelwinkel entspreche tang $\alpha = 45\%$ ($\alpha = 24^0\,20'$). Aus den Kurven Fig. 19 ergibt sich hiermit für $\frac{c_0}{u} = 2,2$ ein Gefälle $h' = 2,14$ WE bei $u' = 50$ m pro Sekunde, was für $u = 37,6$ m pro Sekunde $h = 1,21$ WE ergibt.

Zu dem adiabatischen Wärmegefälle von 101 WE ist, entsprechend der sich aus dem JS-Diagramm ergebenden Vergrößerung der Stufengefälle mit zunehmender Entropie (Wiederverdampfung) ein Zuschlag von ca. 3,5% zu machen, so daß sich ein Gesamtgefälle von 104,5 WE ergibt. Die erforderliche Stufenzahl der Hochdrucktrommel wird demnach $z = \dfrac{104,5}{1,21}$ = 86 Stufen.

Bezüglich der Verteilung dieses Gesamtgefälles auf die einzelnen Stufen ist zu bemerken, daß zunächst grundsätzlich konstantes $\dfrac{c_0}{u}$ anzustreben wäre, so daß im vorliegenden Falle die letzten Stufen entsprechend ihrer etwas größeren Umfangsgeschwindigkeit etwas mehr Gefälle erhalten würden als die ersten.

Häufig wählt man in den ersten Stufen etwas kleineres und in den letzten etwas größeres $\dfrac{c_0}{u}$ als dem Mittelwert entspricht, um vorn nicht zu große Spaltverluste zu erhalten.

Um einen stetigen Verlauf der Gefällsverteilung zu sichern, entwirft man sich in diesem Stadium der Berechnung am besten eine Kurve, welche diese Verteilung veranschaulicht. Auf der Abszissenachse werden die Stufenzahlen in gleichen Abständen aufgetragen, während die Ordinaten das bis zu der betreffenden Stufe insgesamt verarbeitete Gefälle angeben. Der Verlauf dieser Kurve für die Hochdruckturbine unseres Beispiels ergibt sich aus Fig. 43. Die Endordinate entspricht dem durch Wiederverdampfung erhöhten Gesamtgefälle = 104,5 WE.

Entsprechend der Zunahme des Dampfvolumens mit fortschreitender Expansion müßten die Durchtrittsareale für den Dampf stetig größer werden, was eine stetige Zunahme der Schaufellänge bedingt. Da man aus praktischen Rücksichten nicht alle Schaufeln verschieden lang ausführen kann, faßt man eine größere Anzahl von Schaufeln zu Gruppen von gleicher Länge zusammen. Natürlich erhalten dann die ersten Stufen jeder Gruppe ein kleineres und die letzten Stufen ein größeres Gefälle, als im Mittel auf jede Stufe der betreffenden Gruppe treffen würde. Im vorliegenden Falle sind sechs Gruppen angenommen, von denen die ersten zwei je 15 Stufen, die folgenden je 14 Stufen erhalten. Die in dem Endpunkt jeder Gruppe errichteten Ordinaten ergeben auf der Gefällsverteilungskurve die Schnittpunkte a, c, e, g und i. Wird von jedem Schnittpunkt eine Horizontale bis zur nächsten Ordinate gezogen, so erhält man die Gefälle für die einzelnen Gruppen, welche im vorliegenden Falle betragen für die

1. Gruppe	.... 14,2 WE,		4. Gruppe	.... 17,6 WE,
2. »	.... 16,2 »		5. »	.... 19,3 »
3. »	.... 16,0 »		6. »	.... 21,2 »

Bevor auf die Durchrechnung der einzelnen Gruppen näher eingegangen wird, soll zunächst die Größe des Ausgleichkolbens

und des durch denselben entstehenden Dampfverlustes festgelegt werden.

Der Propellerschub beträgt im vorliegenden Falle

$$P = \frac{145,8 \cdot N_e}{V} \cdot \eta = \frac{145,8 \cdot 11\,250 \cdot 0,6}{28} = 35\,000 \text{ kg.}$$

Soll aus konstruktiven Gründen die nach hinten gerichtete
Drucklagerbelastung ca. 25 000 kg betragen, dann darf der nach
hinten gerichtete Dampfschub sein

$$P_D = 35\,000 + 25\,000 = \text{ca. } 60\,000 \text{ kg.}$$

Dieser Schub ergibt sich angenähert aus der Ringfläche zwischen
den Spitzendichtungen des Ausgleichkolbens und dem mittleren
Schaufelkreis (vgl. § 57) der Trommel sowie dem Unterschied
der Drücke am Anfang und Ende der Hochdruckturbine. Dieser
Druckunterschied beträgt 14 — 1,1 = 12,9 kg/qcm, die Ringfläche darf deshalb $\frac{60\,000}{12,9} = 4650$ qcm betragen; demnach wird
die Fläche des Ausgleichkolbens

$$189^2\,\frac{\pi}{4} - 4650 = 23\,350 \text{ qcm}$$

und der Durchmesser desselben ∞ 1725 mm.

Der Dampfverlust durch die Spitzendichtung ergibt sich
unter Annahme vollkommener Labyrinthwirkung aus der Beziehung[1])

$$G_L = f \cdot \sqrt{\frac{g \cdot (p_1{}^2 - p_2{}^2)}{p_1 \cdot v_1 \cdot z}}$$

in kg pro Sekunde, wobei

p_1 und p_2 den Druck vor und hinter den Kolben in kg/qm,
v_1 das spezifische Volumen vor dem Kolben in cbm pro kg,
g die Erdbeschleunigung = 9,81 m/sec²
z die Zahl der wirksamen Labyrinthe,
f den Querschnitt des ringförmigen Spalts für ein Laby-
rinth in qm

bedeutet. Im vorliegenden Falle wird bei einem Spalt von
0,5 mm

f = 0,0027 qm, ferner ist $p_1 = 14 \cdot 10^4$ kg/qm,
$p_2 = 1,1 \cdot 10^4$ kg/qm,
$v_1 = 0,97 \cdot 0,145 = 0,141$ cbm/kg,

Für die Annahme $z = 21$ Labyrinthe folgt dann:

$$G_L = 0,0027 \sqrt{\frac{9,81 \cdot 10^8 \,(196 - 1,21)}{14 \cdot 10^4 \cdot 0,141 \cdot 21}}$$

$$= 1,84 \text{ kg/sec} = 6600 \text{ kg pro Stunde.}$$

Der Verlust beträgt somit ca. 5,5% der gesamten Dampfmenge und das durch die Hochdrucktrommel strömende Dampfquantum 120 000 — 6600 = 113 400 kg pro Stunde.

---

[1]) Vgl. »Stodola, Die Dampfturbine.« IV. Aufl. S. 318.

Die weitere Berechnung der Trommel ergibt dann für die erste Gruppe (vgl. § 46):

mittleres Gefälle = 14,2 : 15 = ... 0,946 WE,
mittlerer Durchmesser geschätzt . . . . . . 1825 mm,
mittlere Umfangsgeschwindigkeit . . . . . . 36,4 m pro Sek.
mittleres Gefälle auf 50 m/sec umgerechnet $h' = 1,78$ WE,
mittlerer Schaufelwinkel entsprechend tg $\alpha = 45\%$.

Es ergibt sich ferner aus Fig. 19 ein mittleres $\dfrac{c_0}{u} = 2,0$ und aus den Wirkungsgradkurven, Fig. 21, der zugehörige Wirkungsgrad von 79,2%. Das sog. indizierte Gefälle der ersten Gruppe ist demnach $0,792 \cdot 14,2 = 11,25$ WE. Durch Eintragung in das JS-Diagramm erhält man den Zustand des Dampfes am Ende der ersten Gruppe (vgl. Fig. 42), wobei zunächst von den Spaltverlusten abgesehen wird. Der Enddruck der Gruppe wird $p_2 = 10,2$ Atm. abs. Das spezifische Dampfvolumen am Anfang der Gruppe beträgt, entsprechend einem Druck $p_1 = 14$ Atm. abs. und der spezifischen Dampfmenge $x_1 = 0,97$, $v_1 = 0,97 \cdot 0,145 = 0,141$ cbm/kg, am Ende der Gruppe, entsprechend einem Druck $p_2 = 10,2$ Atm. abs. und einer spezifischen Dampfmenge $x_2 = 0,956$, $v_2 = 0,956 \cdot 0,196 = 0,188$, das mittlere spezifische Volumen der Gruppe demnach = 0,165 cbm pro kg.

Die mittlere Dampfgeschwindigkeit folgt aus $c_1 = \varphi \cdot c_0 = \varphi \cdot \left(\dfrac{c_0}{u}\right) \cdot u = 0,92 \cdot 2,0 \cdot 36,4 = 67$ m/sec. Der erforderliche Querschnitt ergibt sich dann bei einer stündlichen Dampfmenge von 113 400 kg = 31,5 kg pro Sekunde zu $F = \dfrac{G \cdot v}{c_1}$

$= \dfrac{31,5 \cdot 0,165}{67} = 0,0776$ qm.

Um die auszuführende Schaufellänge festzustellen, wird von diesem Querschnitt der Spaltquerschnitt F_s zwischen Schaufelkranz und Trommel bzw. Gehäuse abgezogen. Es wird also angenommen, daß in dem Spalt in axialer Richtung die gleiche Geschwindigkeit herrscht wie am Schaufelaustritt in Richtung der Dampfströmung, wobei bemerkt werden soll, daß diese Annahme in Wirklichkeit etwas zu ungünstig sein dürfte. Im vorliegenden Falle wird im Mittel $F_s = D \cdot \pi \cdot s = 1,825 \cdot \pi \cdot 0,002 = 0,0115$ qm.

Für die Berechnung der Schaufellänge verbleibt ein Querschnitt von 0,0776 — 0,0115 = 0,0661 qm. Beträgt ferner noch das Verengungsverhältnis des Schaufelprofils, d. i. das Verhältnis der Kanallichtweite b am Austritt senkrecht zur Strömungsrichtung des Dampfes gemessen, zur Schaufelteilung, t, also $\dfrac{b}{t} = 0,35$ für tg $\alpha = 45\%$, so wird die für die Gruppe auszuführende Schaufellänge $l = \dfrac{0,0661}{1,825 \cdot \pi \cdot 0,35} = 0,033$ m = 33 mm, der genaue mittlere Schaufelkreisdurchmesser also 1800 + 33 + 2

= 1835 mm, somit nur wenig von der ursprünglichen Annahme abweichend.

Für die Berechnung der Leistung der betreffenden Gruppe wird angenommen, daß sowohl der durch den radialen Spalt der Leitschaufel als auch der durch denjenigen der Laufschaufel durchtretende Dampf verloren ist, so daß also der Gesamtverlust durch das Verhältnis $\dfrac{2 \cdot F_s}{F} = \dfrac{2 \cdot 0,0115}{0,0776} = 29,6\,\%$ gegeben ist; die arbeitende Dampfmenge beträgt demnach nur 79 800 kg pro Stunde. Die indizierte Leistung der ersten Gruppe einschließlich Spaltverlust ergibt sich dann zu $N_i = \dfrac{79\,800}{632} \cdot 11,25$

= 1420 PSi.

Um in der Darstellung im JS-Diagramm auch die Spaltverluste zu berücksichtigen, ist als ausgenütztes Gefälle nicht 11,25 WE, sondern nur $(1 - 0,296) \cdot 11,25 = 7,92$ WE einzutragen, wodurch sich statt des Punktes D' der Punkt D ergibt (vgl. Fig. 42).

Die Berechnung der weiteren Schaufelgruppen der Hochdruckturbine wird in gleicher Weise vorgenommen wie bei der ersten Gruppe angegeben.

Als Anfangszustand jeder Gruppe wird hierbei der Endzustand der vorhergehenden Gruppe angenommen, wie er sich aus dem JS-Diagramm ergibt (s. Fig. 42). Für die einzelnen Gruppen der Hochdruckturbine erhält man dann folgende Hauptdaten:

	Gruppe					
	1	2	3	4	5	6
Enddruck Atm. abs.	10,2	7,15	4,85	3,18	1,94	1,1
Schaufelkreisdurchmesser . . mm	1835	1845	1861	1885	1920	1983
Schaufellänge . mm	33	43	59	82	117	180
Schaufelwinkel tg α %	45	45	45	45	45	45
Radialspalt . . mm	2	2	2	2,5	2,5	2,5
Indizierte Leistung PSi	1420	1740	1850	2060	2360	2700

Die gesamte Leistung aller Gruppen ergibt sich hieraus zu 12 130 PSi.

Hiervon ist noch der sog. Austrittsverlust abzuziehen. Da nach § 44 bei Berechnung der Gefälls- und Wirkungsgradkurven angenommen worden ist, daß der Austrittsverlust der vorhergehenden Stufe jeweils gleich demjenigen der Stufe selbst sein soll und da diese Annahme hier nicht ganz zutrifft, indem am Anfang der Trommel die Geschwindigkeit = 0 vorausgesetzt. am Ende aber eine bestimmte Austrittsgeschwindigkeit c_2 vorhanden ist, wird die unter dieser Annahme berechnete Leistung zu günstig. Man berichtigt dieselbe dadurch, daß man den Wärmewert für den Austrittsverlust der letzten Stufe $= \dfrac{A \cdot c_2{}^2}{2\,g}$ multipliziert mit dem mittleren indizierten Wirkungsgrad der Trommelstufen in Abzug bringt. Bei verhältnismäßig gutem Wirkungsgrad der Trommel, wie hier, kann man dabei der Einfachheit halber den Wirkungsgrad der Trommel $\eta_m = 1$ setzen; man rechnet dann etwas zu ungünstig. Vorliegender Fall ergibt aus dem Geschwindigkeitsdreieck ungefähr $\dfrac{A \cdot c_2{}^2}{2\,g}$ $= 0,71$ WE $= 130$ PS, somit wird die tatsächliche indizierte Leistung $= 12\,000$ PSi.

Um die effektive Leistung zu erhalten, ist der Leerlauf der Hochdruck - Vorwärtsturbine und der auf der gleichen Welle angeordneten Hochdruck-Rückwärtsturbine abzuziehen. Dieser Leerlauf sei im vorliegenden Fall zu 600 PS geschätzt. Man kann denselben auch im Detail berechnen aus der Ventilationsarbeit der auf der gleichen Welle sitzenden Rückwärtsturbine sowie der Lagerreibung. Es ergibt sich somit eine effektive Leistung der Hochdruck-Vorwärtsturbine von 12 000 — 600 = 11 400 PSe.

Berechnung der Niederdruckturbinen.

Als Anfangszustand ist der Endzustand der Hochdruckturbine angenommen, d. h. es wird $p_1 = 1,1$ Atm. abs. $x = 0,902$. Dabei ist vorausgesetzt, daß die Querschnitte im Überströmrohr so reichlich dimensioniert sind, daß ein nennenswerter Spannungsabfall nicht eintritt.

Die Trommel soll einen konstanten Durchmesser erhalten. Die Größe dieses Durchmessers ist in erster Linie durch die räumlichen Verhältnisse bedingt, im vorliegenden Falle ergibt sich als größter zulässiger Wert am Dampfaustrittsende ungefähr 3600 mm über das Gehäuse gemessen, der mittlere Schaufelkreisdurchmesser ist dementsprechend zu ca· 2950 mm angenommen, der Durchmesser der glatten Trommel zu 2600 mm. Eine überschlägige Berechnung des Dampfschubes auf den Rotor ergibt

$$P_D = 295 \,\frac{2\pi}{4}\, (1,1 - 0,06) = 295 \,\frac{2\pi}{4}\cdot 1,04 = 71\,100 \text{ kg.}$$

Der Propellerschub ist, wie bei der Hochdruckturbine $P = 35\,000$ kg, die Belastung des Drucklagers ergibt sich demnach zu

$$S = 71\,100 - 35\,000 = 36\,100 \text{ kg.}$$

Diese Belastung sei noch zulässig, so daß die Anordnung eines Ausgleichkolbens nicht erforderlich ist. Die genaue Beanspruchung des Drucklagers kann nach Durchrechnung der Turbine gemäß § 55 bestimmt werden.

Die Dampfmenge, welche für die Niederdruckturbine zur Verfügung steht, ist hier gleich der Gesamtdampfmenge von 120 000 kg pro Stunde, weil der durch den Ausgleichkolben der

Hochdruckturbine strömende Dampf hier wieder Arbeit leistet. Die Verluste, welche durch die Außenstopfbüchsen entstehen, sind hier nicht berücksichtigt, da sie nur verhältnismäßig gering sind.

Das adiabatische Gefälle für die Niederdruckturbine ergibt sich aus dem JS-Diagramm Fig. 42 zu 91,7 WE. Hierzu kommt etwa 3% für Wiederverdampfung, so daß insgesamt 94,7 WE verfügbar sind.

Das mittlere $\frac{c_0}{u}$ soll 2,35 betragen; der mittlere Schaufelwinkel entspreche tg $\alpha = 55\%$. Dies ergibt nach den Kurven, Fig. 19, entsprechend der mittleren Umfangsgeschwindigkeit im Schaufelkreis von 58,6 m pro Sekunde, ein mittleres Gefälle von 2,98 WE pro Stufe, insgesamt also

$$\frac{94,7}{2,98} = 32 \text{ Stufen.}$$

Die sämtlichen Stufen sind wieder zu 6 Gruppen von gleicher Länge und gleichem Austrittswinkel zusammengefaßt, und zwar sind die Stufenzahlen derselben der Reihe nach 7—7—6—5—4—3.

Die Verteilung des gesamten Gefälles auf die einzelnen Stufen geschieht in ähnlicher Weise wie bei Berechnung der Hochdruckturbine. Die letzten Stufen müssen hierbei wesentlich mehr und die ersten Stufen entsprechend weniger Gefälle erhalten als im Mittel auf eine Stufe trifft, um am Austrittsende zu große Schaufellängen zu vermeiden. Fig. 43 zeigt die im vorliegenden Fall angenommene Gefällsverteilungskurve für die Niederdruckturbine.

Die Gefälle für die einzelnen Gruppen betragen:

1. Gruppe . . . . 15,6 WE,   4. Gruppe . . . . 16,0 WE,
2. » . . . . 17,0 »   5. » . . . . 15,8 »
3. » . . . . 15,8 »   6. » . . . . 14,5 »

Die weitere Rechnung wird nun in analoger Weise durchgeführt wie oben für die Hochdruckturbine angegeben. Als Resultat der Durchrechnung ergibt sich folgende Tabelle:

	Gruppe					
	1	2	3	4	5	6
Enddruck Atm. abs. .	0,71	0,44	0,27	0,165	0,098	0,06
Schaufelkreisdurchmesser . . . mm	2783	2863	3869	3089	3089	3089
Schaufellänge . . mm	180	260	305	485	485	485
Schaufelwinkel tg α %	45	45	45	45	65	80—100
Radialspalt mm . . .	3	3	3,5	4	4	4
Indizierte Leistung PSi	2130	2360	2240	2280	2220	1800

Zu bemerken ist hier, daß die Austrittswinkel nach dem Ende der Trommel hin größer werden, da sonst die letzten

Schaufeln eine zu große Länge erhalten würden. Außerdem sind die letzten 3 Stufengruppen mit der gleichen Schaufellänge ausgeführt.

Aus vorstehender Tabelle ergibt sich die gesamte indizierte Leistung aller Gruppen zu $N_i = 13\,030$ PS$_i$. Der Austrittsverlust der letzten Stufe ergibt sich aus dem Geschwindigkeitsdreieck zu

$$\frac{A \cdot c_2{}^2}{2\,g} = 4{,}1 \text{ WE entsprechend 780 PS.}$$

Für die Leerlaufarbeit sind schätzungsweise 750 PS abzuziehen, so daß die effektive Leistung der Niederdruckturbine $N_e = 11\,500$ PS$_e$ beträgt.

Die Gesamtleistung eines Satzes bestehend aus einer Hochdruck- und einer Niederdruckturbine, ist somit $N_e = 11\,400 + 11\,500 = 22\,900$ PS$_e$ und der berechnete Dampfverbrauch

$$D^e = 120\,000 : 22\,900 = 5{,}24 \text{ kg pro PS}_e \text{ und Stunde.}$$

Nach der Durchrechnung der Turbine kann es sich ergeben, daß der Dampfverbrauch pro PS$_e$ und Stunde von dem angenommenen sehr verschieden ist, d. h. also, daß die Turbine, wie sie ausgelegt und der Berechnung zugrunde gelegt ist, nicht den Dampfverbrauch ergibt, welcher verlangt und bei der Berechnung vorausgesetzt wurde.

Die Turbine muß dann etwas anders ausgelegt und nochmals berechnet werden.

Die S t ä r k e n der Schaufelprofile können nunmehr unter Beachtung der für die Festigkeit in Frage kommenden Gesichtspunkte, vgl. § 52 bis § 54, festgelegt werden; desgleichen die axialen Schaufelspiele nach § 92. Hieraus ergibt sich die Längenausdehnung der Turbinen.

Falls vom Besteller eine besondere Vorschrift für den Dampfverbrauch bei kleinerer Geschwindigkeit gemacht ist, muß die Turbine auch für die betreffende Leistung und Tourenzahl nachgerechnet werden, was in genau der gleichen Weise erfolgt wie für die Fahrt mit Vollast, wobei jedoch die Austrittsquerschnitte der Beschaufelung und damit die Drücke in den einzelnen Stufen, welche sich angenähert proportional der Dampfmenge einstellen, bereits gegeben sind. Ergibt es sich, daß die Turbine für die betreffende kleinere Leistung den vorgeschriebenen Dampfverbrauch übersteigt, so muß sie ökonomischer, d. h. also mit einer größeren Stufenzahl eventuell unter gleichzeitiger Vergrößerung des Durchmessers an der einen oder anderen Stelle ausgelegt werden.

Berechnung der Rückwärtsturbinen.

Gegeben · ist das gesamte Dampfquantum, d. h. dasselbe wie für die Vorwärtsfahrt = 120 000 kg pro Stunde, ferner die Leistung, welche ca. 45 % der Vorwärtsleistung betragen soll. Die Umdrehungszahl für diese Rückwärtsleistung von $0{,}45 \cdot 11\,250$

∞ 5000 PS$_e$ pro Welle ergibt sich aus folgender auf Grund von Probefahrtsergebnissen gewonnenen Beziehung

$$n \text{ rückw.} = 0{,}95 \cdot n \text{ vorw.} \sqrt[3]{\frac{N_e \text{ rückw.}}{N_e \text{ vorw.}}};$$

Im vorliegenden Beispiel wird somit

$$n \text{ rückw.} = 0{,}95 \cdot 380 \sqrt{\frac{5000}{11\,250}} = 276 \text{ pro Minute.}$$

Der Durchmesser der *HD*-Rückwärtsturbine, welche in besonderem Gehäuse auf der Außenwelle sitzt, bestimmt sich wie bei der *HD*-Vorwärtsturbine ausgeführt, aus den räumlichen Verhältnissen und aus der Notwendigkeit, keine zu kurzen Schaufeln zu erhalten; beide Gesichtspunkte wirken darauf hin, daß der äußere Durchmesser dieser Turbine etwa gleich 1750 mm wird.

Der Durchmesser der *ND*-Rückwärtsturbine, welche in die *ND*-Vorwärtsturbine e i n g e b a u t ist, hängt nur von konstruktiven Gesichtspunkten ab, hier sei als Durchmesser der glatten Trommel ca. 1850 mm angenommen. Es ist ferner auf den Austritt des Dampfes aus den Schaufeln der Vorwärtsturbinen und den Übertritt desselben in den Abdampfbogen zu achten, damit überall der genügende Querschnitt vorhanden ist.

Würde sich beim Aufzeichnen der *ND*-Turbine ergeben, daß ihre Gesamtlänge aus konstruktiven oder anderen Gründen zu lang wird, dann müßte die *ND*-Rückwärtsturbine ebenso wie die *HD*-Rückwärtsturbine in einem besonderen Gehäuse untergebracht werden.

Die Berechnung der Rückwärtsturbine wird in derselben Weise wie jene der Vorwärtsturbine durchgeführt.

Da der Dampfverbrauch pro PSe und Stunde jedoch im Verhältnis der Leistungen der Vor- zur Rückwärtsturbine größer ist, kann die Stufenzahl bedeutend geringer bzw. der Wert c_0/u größer genommen werden als bei den Vorwärtsturbinen. Im vorliegenden Falle sind 30 Stufen in der *HD*-Rückwärts- und 13 Stufen in der *ND*-Rückwärtsturbine gewählt worden. Die *HD*-Rückwärtsturbine erhält einen Ausgleichskolben von ca. 1300 mm Durchmesser.

Ferner wird der Anfangsdruck vor den *HD*-Rückwärtsturbinen meist geringer als bei der Vorwärtsturbine angenommen, hier zu 12,0 Atm. abs., um noch eine gewisse Reserve zu haben. Das Vacuum betrage 0,09 Atm. abs.

Die axialen und radialen Spielräume der Schaufeln werden in der Regel etwas größer genommen als bei den Vorwärtsturbinen, einesteils um eine größere Sicherheit bei Dehnungsdifferenzen des Gehäuses und des Rotors zu erzielen, und da es anderseits nicht so sehr auf einen guten Dampfverbrauch ankommt.

Im vorliegenden Falle ergibt die Berechnung:

	Hochdruck-Rückwärts-Turbine	Niederdruck-Rückwärts-Turbine
Druck vor der Trommel Atm. abs.	12	1.0
Gruppen	5	4
Mittlerer Schaufelkreisdurchmesser mm	1450	2100
Schaufelwinkel tg α . . . . %	45	45—90
Länge der Schaufeln in mm . ca.	18—100	130—350
Gesamtleistung der Gruppen PS_i ca.	6300	7500
Austrittsverlust $\left(0.5\,\dfrac{Ac_2^2}{2g}\cdot\dfrac{G}{632}\right)$ Ps ca.	500	1200
Leerlaufarbeit . . . . PS ca.	700	1300
Effektive Leistung . . . PS_e ca.	5100	5000

Es berechnet sich daher die gesamte Rückwärtsleistung der *HD*- und *ND*-Rückwärtsturbine zu

$$N_e\text{rückw.} = 5100 + 5000 = 10100\ PS_e.$$

Wäre die Rückwärtsleistung geringer ausgefallen als verlangt war, dann hätten die Rückwärtsturbinen günstiger ausgelegt und nochmals durchgerechnet werden müßen.

V. Abschnitt.
Berechnung von Turbinenanlagen gemischten Systems.

§ 67. Vorbemerkung.

Die nachstehend angegebenen Erläuterungen beziehen sich hauptsächlich auf Turbinen mit m e h r e r e n Rädern im Hochdruckteil; für Turbinen gemischten Systems mit einem einzigen Rad lassen sich aus der Berechnung der Trommelturbinen (Abschnitt IV) und dem Folgenden leicht die nötigen Angaben entnehmen. Bevor zur Durchrechnung eines Beispieles übergegangen wird, seien noch einige allgemein gültige Punkte besprochen.

§ 68. Druck vor den Hochdruckdüsen.

Der für die Berechnung maßgebende Anfangsdruck vor den *HD*-Düsen der Turbine wird wie bei den reinen Trommelturbinen so bestimmt, daß zunächst für Druckverluste zwischen

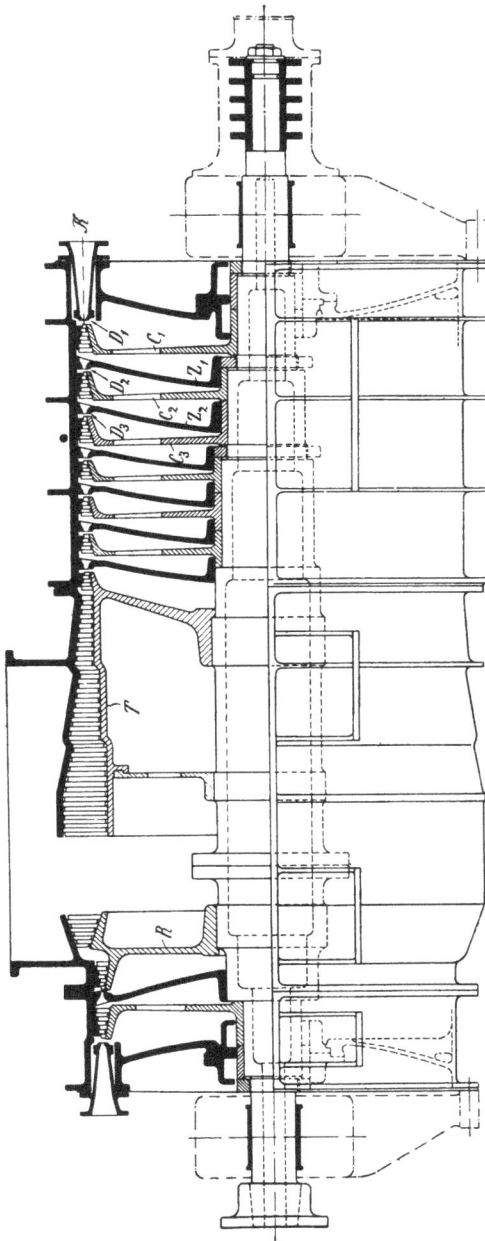

Fig. 44.

Kessel und Turbine ein Abzug von 1,5 bis 2 kg pro qcm gemacht wird. Stellt sich später im Betrieb heraus, daß der so bestimmte Düsenquerschnitt für die verfügbare Dampfmenge nicht ausreicht, so kann man sich durch Zuschaltung eines für sich absperrbaren Düsensatzes helfen, den man beim Entwurf der Turbine vorsieht.

Dabei ist zu beachten, daß bei gleichem Druck vor den Düsen die Dampfdrücke in allen Stufen ungefähr im Verhältnis der Eintrittsdüsenquerschnitte steigen.

§ 69. Bestimmung des Trommeldruckes.

1. Bei denjenigen Turbinen gemischten Systems, bei welchen man mit der Wahl der Räderzahl freies Spiel hat — und nicht z. B. durch Wünsche des Bestellers oder andere Rücksichten gehalten ist die Anzahl der Räder — vielleicht nur auf ein Rad — zu beschränken, wählt man die Anzahl der Curtisräder so, daß ohne Anwendung von Entlastungskolben derjenige Dampfdruck auf den Trommelboden entsteht, welchen man mit Berücksichtigung des Propellerschubes zu erhalten wünscht. Bei solchen Turbinen ist somit der Trommeldruck bestimmend für die Anzahl der Räder und das in denselben verarbeitete Druck- und Wärmegefälle, kurz für den ganzen Aufbau der Turbine.

2. Anders liegt die Sache bei Turbinenanlagen mit aus anderen Gründen beschränkter Anzahl der Curtisräder. Hier muß man den Trommeldruck hinnehmen, wie er sich aus dem Dampfzustand hinter dem oder den Curtisrädern ergibt und durch Anordnung von Entlastungskolben, vgl. § 56, denselben soweit reduzieren, daß er mit dem Propellerschub in richtiges Verhältnis kommt.

Zu 1. B e s t i m m u n g   d e s   T r o m m e l d r u c k e s   f ü r   T u r b i n e n   g e m i s c h t e n   S y s t e m s   m i t   b e l i e b i g   w ä h l b a r e r   R ä d e r z a h l .

Eine derartige Turbine ist in Fig. 44 schematisch dargestellt. Der Arbeitsvorgang in derselben ist der folgende:

Aus einem oder mehreren Düsenkasten K strömt der Frischdampf durch die einzelnen Düsen D_1 zuerst auf ein vierkränziges Curtisrad C_1 (Beschreibung s. § 70). Nachdem er dieses durchströmt hat, sammelt er sich in der Kammer vor dem Zwischenboden Z_1. Am Umfang desselben befinden sich wieder Düsen D_2 (von größerem Gesamtquerschnitt als der von D_1), aus welchen dann der Dampf dem zweiten (drei- oder vierkränzigen) Curtisrad C_2 zuströmt. Nach dem Austritt aus dem Rade C_2 sammelt sich der Dampf wieder in der Kammer zwischen Z_1 und Z_2, wird durch die Düsen D_3 im Umfang von Z_2 wieder einem Curtisrad C_3 zugeführt usw. Es ist immer wenigstens e i n vierkränziges Curtisrad, manchmal auch deren mehrere und eine größere Anzahl dreikränziger Curtisräder, seltener auch noch zweikränzige Curtisräder nach diesen vorgesehen. Die Düsen in den Umfängen der Zwischenböden Z_1, Z_2 usw. erhalten der Ausdehnung des Dampfes entsprechend immer größeren Querschnitt, so daß sie einen immer größeren Teil des Umfanges einnehmen und die Beaufschlagung der Räder immer weniger partiell wird. Das letzte Curtisrad ist v o l l beaufschlagt. Aus diesem Rad wird der Dampf einer Trommel T zugeführt, welche mit einkränzigen Schaufelreihen in der Art der reinen Trommelturbine besetzt ist, welche aber häufig zum größten Teil nach dem Aktionsprinzip beschaufelt ist (vgl. § 37). Die Trommel ist mittels Radscheiben oder angegossener Scheiben auf der Welle befestigt, die vordere Radscheibe (auch Trommelboden genannt) ist eine volle Scheibe ohne Löcher. Aus der Trommel tritt der Dampf durch den Abdampfbogen in den Kondensator aus. Im ND-Teil des Gehäuses ist in diesem Fall auch die Rückwärtsturbine R angeordnet, welche ebenfalls aus einem oder einigen Curtisrädern und einer kurzen Trommel besteht.

Zunächst ist der D r u c k a u f d i e ND - T r o m m e l zu bestimmen, und zwar nach dem Grundsatz, daß die aus der Summe der Dampfschübe auf Trommel und Stopfbüchsen minus Propellerschub resultierende Drucklagerbelastung etwas kleiner wird als der Propellerschub. In der Regel wird bei forcierter Fahrt der Gesamtdampfschub zu ca. 180 % vom Propellerschub angenommen, so daß die verbleibende Drucklagerbelastung ca. 80 % des Propellerschubes beträgt und nach h i n t e n gerichtet ist. Die Drucklagerbelastung beansprucht also die Welle zwischen Trommel und Drucklager auf Zug. Eine genaue Ermittlung des Verlaufes der Axialschübe in Abhängigkeit von der Schiffsgeschwindigkeit ergibt dann in manchen Fällen, daß bei abnehmender Geschwindigkeit der Dampfschub schneller abnimmt als der Propellerschub. Die Drucklagerbelastung kann dabei durch 0 gehen und wirkt dann bei den geringeren Geschwindigkeiten im Sinne des Propellerschubes, jedoch nur mit sehr geringen Drücken. Der Propellerschub wird dabei angenommen zu

$$P = \frac{N_e \cdot 75 \cdot \eta_P}{0,515 \cdot V} \text{ in kg.}$$

$\eta_P =$ Propellerwirkungsgrad wird zu ca. 60 % angenommen.

$V =$ Schiffsgeschwindigkeit in Seemeilen in der Stunde, vgl. § 55.

Fig. 45 zeigt als Beispiel die Drucklagerbelastung, wie sie für ein Torpedoboot bei Vorwärtsfahrt von 10 bis 30 Seemeilen vorausberechnet wurde. Die eingezeichnete Propellerschubkurve ist aus den Schleppversuchen entnommen, die Dampfschubkurve hingegen aus den vorausberechneten Turbinenleistungen und den Druckmessungen im Prüffeld der AEG ermittelt. Zu beachten ist hierbei, daß der Dampfschub auf die Vorderseite der Trommel wirkt und nach hinten gerichtet ist, also negativ genommen werden muß, während der Propellerschub von hinten nach vorn wirkend, als positive Kraft zugrunde gelegt wurde.

In Fig. 44 ist daher die Drucklagerbelastung für irgendeine Geschwindigkeit gleich der Länge der Ordinate zwischen der Kurve des Dampfschubes und derjenigen des Propellerschubes.

8*

Mit den Längen dieser Ordinaten ist dann die Kurve der
Drucklagerbelastung gezeichnet worden. Es ergibt sich daraus,
daß für eine Geschwindigkeit von 30 Seemeilen der Dampfschub
auf jede Welle ca. — 18 100 kg und der Propellerschub ca.
+ 9400 kg beträgt. Die Drucklagerbelastung ist daher — 8700 kg,

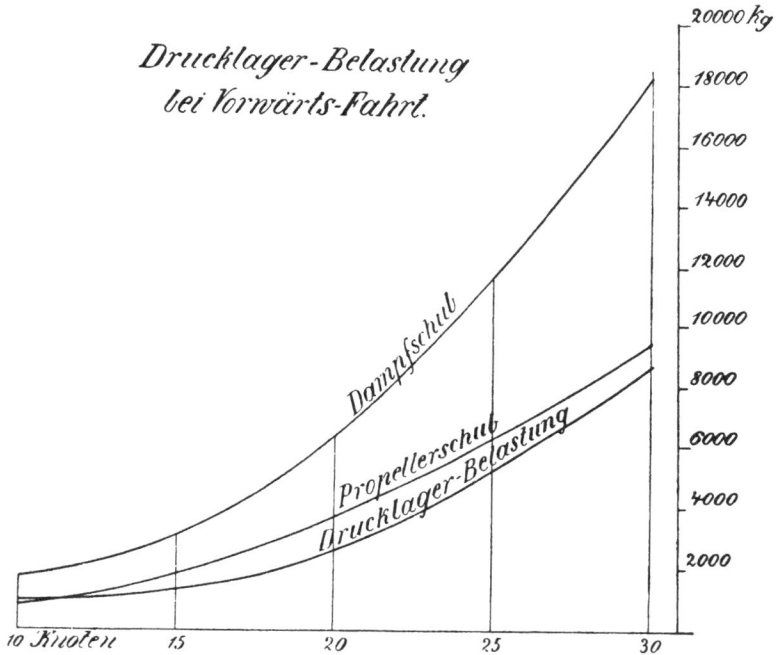

Fig. 45.

d. h. nach hinten gerichtet und beträgt ca. 94% des Propellerschubes.

Wie aus dem Verlauf der Kurven hervorgeht, steigt bei
Geschwindigkeiten über 20 Seemeilen die Drucklagerbelastung
ungefähr proportional zum Propellerschub.

Aus der Kurve ist ferner zu erkennen, daß die Drucklagerbelastung sehr schnell abnimmt und bei 20 Seemeilen nur noch
etwa — 2800 kg beträgt, entsprechend 73% vom zugehörigen
Propellerschub. Unterhalb von 20 bis 10 Knoten Geschwindigkeit ist die Abnahme der Drucklagerbelastung sehr gering. Bei
etwa 11,5 Knoten ist die Drucklagerbelastung gleich dem zugehörigen Propellerschub, und unter dieser Geschwindigkeit überwiegt sie ihn, was jedoch ohne Bedeutung ist, da der absolute
Wert sehr klein und die Tourenzahl niedrig ist.

Der mittlere Schaufelkreisdurchmesser der ersten Trommelstufen kann für die erste Berechnung gleich groß wie derjenige der C - Stufen genommen werden. Die Trommelanfangsstufen variieren, unter der Voraussetzung daß der Trommelanfangsdruck wie vorerwähnt bestimmt wird, in der Schaufellänge zwischen 50 und 100 mm. Hiernach kann zunächst der vordere Trommeldurchmesser geschätzt werden. Der Dampfschub, dividiert durch die vordere Trommelfläche, ergibt die Druckdifferenz vor und hinter der Trommel und diese Differenz, plus dem absoluten Gegendruck der Turbine, den Trommelanfangsdruck.

Wenn die Turbine nicht in einem Gehäuse untergebracht ist, sondern in Hochdruck- und Niederdruckturbine in getrennten Gehäusen geteilt ist, kann entweder die HD-Turbine n u r Räder enthalten, dann tritt in derselben kein nennenswerter Axialschub auf und es erscheint ein solcher n u r in der Niederdruckturbine, oder es erhält auch die HD-Turbine hinter den Rädern eine kurze Trommel, dann entsteht auch bei dieser ein Trommelschub. Man wird sich in diesen Fällen immer sinngemäß, wie im vorstehenden beschrieben, verhalten können.

Zu 2. T r o m m e l d r u c k   b e i   T u r b i n e n   g e - m i s c h t e n   S y s t e m s   m i t   e i n e m   C u r t i s r a d   o d e r   r e d u z i e r t e r   A n z a h l   v o n   C u r t i s - r ä d e r n.

Wird nur eine beschränkte Zahl von Curtisrädern zugelassen, dann kann der Anfangsdruck vor der Trommel nicht mehr, wie vorstehend angegeben, bestimmt werden, er ergibt sich vielmehr aus der Anzahl der Curtisstufen, bzw. aus dem Gefälle, welches diese Stufen bei dem angenommenen Wert $\frac{c_0}{u}$ verarbeiten können. Um dann den Dampfschub und die Drucklagerbelastung in zulässigen Grenzen zu halten, muß der Trommeldurchmesser entsprechend kleiner gewählt oder ein Ausgleichkolben vorgesehen werden (vgl. § 56). Letztere Maßnahme ist fast stets notwendig, wenn nur ein Curtisrad ausgeführt werden soll. Natürlich fallen bei Turbinen gemischten Systems die Durchmesser der Ausgleichkolben und die Verluste in denselben stets kleiner aus als bei reinen Trommelturbinen, da wesentlich niedrigere Anfangsspannungen in Frage kommen.

§ 70. Verteilung des Wärmegefälles auf die Curtisstufen und deren Berechnung.

Nachdem der Druck vor den Düsen und der Trommelanfangsdruck bestimmt sind, ergibt sich unter Berücksichtigung der Überhitzung oder der spezifischen Dampfmenge x, die bei Sattdampfbetrieb zu 0,97 bis 0,98 angenommen werden kann, aus dem Molliediagramm das für die C-Stufen verfügbare adiabatische Wärmegefälle.

Als erste Stufe wird fast stets eine vierkränzige verwendet, weil bei den üblichen hohen Kesseldrücken in dieser Stufe zu viel Wärmegefälle konsumiert werden muß, als daß sich, besonders im Hinblick auf den Wirkungsgrad bei Marschfahrt, eine drei-

kränzige Stufe zweckmäßig verwenden ließe. Das Wärmegefälle h der ersten Stufe ist bedingt durch den darin zulässigen
Dampfdruck, der bei leichten Ausführungen nicht über 8 Atm.
absolut, bei schweren Ausführungen nicht über 10 Atm. absolut
gesteigert werden sollte, auch aus dem Grund, weil bereits bei
diesen Drücken die Außenstopfbüchsen schwer dicht zu halten
sind.

Das Nutzgefälle ergibt sich aus:

$$h_i = h \cdot \eta_i,$$

wobei η_i der Wirkungsgrad des Dampfes am Radumfang, d. h.
die an die Schaufeln nutzbar abgegebene Arbeit dividiert durch
die zugehörige theoretische Arbeit, aus Wirkungsgradkurven gefunden werden kann. Über die theoretische Festlegung der
Wirkungsgradkurven vgl. II. Abschnitt § 47. Diese theoretisch ermittelten Wirkungsgradkurven können der Berechnung
zugrunde gelegt werden, nur muß die Wahl der in denselben
enthaltenen Koeffizienten ψ und φ den Versuchsresultaten der
Praxis entsprechen.

Das zwischen dem Endzustand der ersten Stufe und dem Anfangszustand der Trommel verbleibende Gefälle wird meist
gleichmäßig auf dreikränzige Stufen verteilt, und zwar ist die
Stufenzahl so zu wählen, daß der Quotient $\dfrac{c_o}{u}$ möglichst dem
Maximalwert der Wirkungsgradkurve entspricht.

Für die Einteilung der Einzelgefälle ist auf das adiabatische
Gesamtgefälle der 3-kränzigen C-Stufen für Wiederverdampfung
ein Zuschlag von 3—4 % zu machen.

Der Maximalwert des Wirkungsgrades am Radumfang liegt
etwa zwischen $\dfrac{c_o}{u} = 5$ bis 6, kann aber nur bei höheren Umfangsgeschwindigkeiten erreicht werden, da sonst die Stufenzahl und das pro Stufe ausnützbare Gefälle zu klein werden.
Die Erfahrungen mit dreikränzigen Stufen, die weniger als
10 Kalorien konsumieren, sind außerdem zu unsicher, als daß
sich über die damit erzielbaren Wirkungsgrade Bestimmtes
sagen läßt.

Die Kurven Fig. 23 u. 24 gelten für trocken gesättigten Dampf
($x = 1$) und unter der Bedingung, daß die Beschaufelung für Voll-
last konstruiert ist; sie enthalten für diese Voraussetzung eine
ziemliche Sicherheit. Falls für eine Turbine die Wirkungsgrade bei
Marschfahrt zu bestimmen sind, wobei mit abnehmender Schiffsgeschwindigkeit der Wert $\dfrac{c_o}{u}$ stetig wächst, können die Wirkungsgrade mit genügender Genauigkeit ebenfalls auf den theoretischen Kurven liegend angenommen werden, obgleich eine
für ein großes $\dfrac{c_o}{u}$ ausgelegte Stufe, wie z. B. eine Marsch-
stufe vgl. VII. Teil § 152 in bezug auf Winkel und Schaufellängen

wesentlich verschieden von der für volle Fahrt $\left(\dfrac{c_0}{u}\text{ klein}\right)$ aus-

gelegten ausfällt. Eine für g r o ß e s $\dfrac{c_0}{u}$ ausgelegte Beschaufe-

lung würde hingegen bei kleinem $\dfrac{c_0}{u}$ einen niedrigeren Wirkungsgrad ergeben, weil dann erhebliche Dampfstöße auf der Rück-
seite der Schaufeln auftreten. Umgekehrt entstehen bei einer

Beschaufelung, die für das $\dfrac{c_0}{u}$ der vollen Fahrt ausgelegt ist,

erhöhte Stöße auf die vordere oder Arbeitsfläche der Schaufeln,

sobald man mit größerem $\dfrac{c_0}{u}$ (Marschfahrt) arbeitet. Dadurch

wird der Wirkungsgrad jedoch weit weniger beeinflußt als im
ersteren Fall.

Ist der Dampf vor den Düsen nicht trocken, sondern naß,
d. h. $x < 1$, so resultiert daraus eine geringere Leistung:

1. weil dann das pro kg Dampf verfügbare Wärmegefälle geringer wird und
2. weil der Wirkungsgrad wegen der durch den großen Wassergehalt des Dampfes vermehrten Reibung an Düsen und
Schaufeln sinkt.

Für Überschlagsrechnungen genügt es, mit den aus dem
Mollierdiagramm festgestellten Resultaten des Gefälles und dem
Wirkungsgrad, welchen die Kurven Fig. 23 und 24 angeben, zu
rechnen und die Verschlechterung des Wirkungsgrades durch
einen Zuschlag zum Dampfverbrauch etwa in Höhe des gegebenen Feuchtigkeitsgehaltes des Dampfes zu berücksichtigen.

Ist der Dampf überhitzt, so ändert sich der Dampfverbrauch
gegenüber $x < 1$ ebenfalls aus zwei Gründen:

1. weil das pro kg Dampf verfügbare Wärmegefälle zunimmt,
was ebenfalls durch das Mollierdiagramm ermittelt werden
kann,
2. weil sich der Wirkungsgrad wegen verminderter Düsen- und
Schaufelreibung verbessert.

Die Berechnung der Schaufellängen für die Curtisstufen
erfolgt auf Grund der Kontinuitätsgleichung analog wie in § 66
für die Trommelschaufeln angegeben, wobei natürlich die Größe
des mit Düsen beaufschlagten Bogens zu berücksichtigen ist.
Die letzten Schaufelkränze können meist nicht mit der Erweiterung ausgeführt werden, welche sich für die volle Fahrt ergibt.
Am besten hält man sich bei Bemessung der Schaufellängen
an praktisch erprobte Ausführungen (vgl. die Beispiele in § 96),
welche auch den Verhältnissen bei Marschgeschwindigkeiten

Rechnung tragen, wofür wegen des größeren Wertes von $\dfrac{c_0}{u}$

theoretisch eine geringere Erweiterung erforderlich ist als bei
voller Fahrt.

§ 71. Stopfbüchsenverluste.

Bevor die Leistungen der C-Stufen berechnet werden, sind die Stopfbüchsenverluste der Außen- und Zwischenstopfbüchsen zu ermitteln, damit die für die indizierte Leistung in Betracht kommenden Dampfmengen, die sich aus der Differenz zwischen Gesamtdampfmenge und Stopfbüchsenverlust ergeben, bestimmt werden können.

§ 72. Verluste in den Außenstopfbüchsen.

Die Außenstopfbüchsen werden in der Regel so konstruiert, daß ihre Dichtungsflächen auf der Welle aufliegen, theoretisch also kein Dampfverlust entsteht. Da eine Stopfbüchsenkonstruktion für Turbinenwellen, welche diese Bedingungen vollkommen erfüllt, bis jetzt noch nicht existiert, ist trotzdem mit einem Dampfverlust zu rechnen. Es wird angenommen, daß dieser Verlust einer Dampfmenge entspricht, die sich aus einem radialen Spalt von einer bestimmten Weite, etwa 0,1 bis 0,3 mm, am Wellendurchmesser ergibt. Solange der Druck in der ersten Stufe höher als 1,8 Atm. ist, kommt als Stopfbüchsenverlust stets die beim kritischen Druckverhältnis durch den angegebenen Spalt durchfließende Dampfmenge, die sich aus dem Stufendruck als Anfangsdruck ergibt, in Frage. Dieselbe ist, vgl. § 29

$$G = 0,72\,F\,\sqrt{\frac{p_1}{v_1}}, \text{ in kg/Std., wobei}$$

p_1 in kg/cm² = abs. Dampfdruck in der ersten Stufe,
v_1 in m³/kg = zugehöriges Volumen,
F in mm² = freier Querschnitt einzusetzen ist.

Die Bestimmung der Durchgangsmenge pro qmm kann auch nach Kurven geschehen, welche für diesen Zweck besonders angefertigt sind.

Reibungsverluste der Dampfströmung werden nicht in Rechnung gesetzt, da dies wegen der Unsicherheit der wirklichen Spaltgröße eine unnötige Komplikation sein würde. Infolgedessen können die Spalten, je nach der Art der Stopfbüchsen, 20 bis 40% größer werden, ehe die nach vorstehendem berechneten Verluste wirklich eintreten.

In der ersten Stufe arbeitet der gesamte, in die Turbine gelangende Dampf. Der Außenstopfbüchsenverlust der ersten Stufe wird abgezogen von der in der zweiten und den folgenden Stufen arbeitenden Dampfmenge, bis zu der Stufe, in welche der Leckdampf der Stopfbüchse ganz oder teilweise zurückgeleitet wird.

· Die HD-Stopfbüchse erhält entweder zwei Absaugeleitungen, von denen die erste innenliegende nach einer Curtisstufe geleitet wird, deren Betriebsdruck etwas niedriger ist als der dem Druck in der ersten Stufe entsprechende kritische Druck. Die zweite Absaugeleitung wird dort in die Trommel geführt, wo bei Vollastbetrieb ein Druck von ca. 0,5 Atm. abs. herrscht. Dementsprechend werden hinter der ersten Einführung nur ca. 50% des HD-Stopfbüchsenverlustes von der Gesamtdampfmenge abgezogen. Hinter der zweiten Einführung wird gerechnet, daß der gesamte, aus der *HD*-Stopfbüchse ausgetretene Dampf wieder mitarbeitet (vgl. § 111).

Mitunter wird die Einrichtung auch so getroffen, daß nur eine Absaugeleitung vorgesehen wird. Es wird dann der aus der Hochdruckstopfbüchse austretende Dampf als Sperrdampf der Niederdruckstopfbüchse, welche unter Vakuum steht, zugeführt. Etwaiger Überschuß wird dann in den Kondensator abgeleitet.

§ 73. Verluste in den Zwischenstopfbüchsen.

Konstruktion siehe § 101. Diese Stopfbüchsen werden mit genügend radialem Spiel zwischen Welle und Stopfbüchse ausgeführt, so daß eine Berührung beider Teile nicht eintritt und dadurch jede Bedienung während des Betriebes sich erübrigt. Für Turbinen, bei denen *HD*- und *ND*-Stufen in einem Gehäuse untergebracht sind, wo also die erste *C*-Stufe in der Nähe des vorderen Lagers, die letzte Stufe ca. in der Mitte des Turbinengehäuses liegt, wählt man das Spiel entsprechend der nach der Mitte zunehmenden Wellendurchfederung von Stufe zu Stufe etwas größer, in der ersten Stufe beginnend mit ca. 0,2 bis 0,4 mm radialem Spalt, ansteigend bis ca. 0,6 bis 1 mm in der letzten Stufe.

Bei Turbinen, die für *HD* und *ND* getrennte Gehäuse haben, beginnt man in der ersten Stufe mit dem gleichen Spalt, läßt ihn bis zur Mitte auf 0,4 bis 0,8 mm ansteigen und behält dieses Maß bis zum Ende der Turbine bei. Da das spezifische Dampfvolumen in den letzten Stufen groß ist, so hat es keinen Zweck, am hinteren Ende der Turbine die Spalten wieder kleiner zu machen.

Die Stopfbüchsenverluste erhält man aus dem Spaltquerschnitt und der Beziehung $G = 0{,}72\, F \sqrt{\dfrac{p_1}{v_1}}$, wenn das Druckverhältnis $p_1 : p_2$ der Stopfbüchse größer ist als das kritische, andernfalls mit Hilfe der Kontinuitätsgleichung:

$$F \cdot c = G \cdot v,$$

wobei die theoretische Dampfgeschwindigkeit c sich aus dem Gefälle, welches von den Düsen des zugehörigen Zwischenbodens umgesetzt wird, und v, bezogen auf den Gegendruck der Stopfbüchse, sich aus der Dampftabelle ergibt.

§ 74. Leistung der Curtisstufen.

Aus den für jede Stufe unter Abzug der zugehörigen Stopfbüchsenverluste gefundenen Nutzdampfmengen G_n ergibt sich die sog. i n d i z i e r t e L e i s t u n g pro Stufe

$$N_i = \frac{G_n \cdot h_i}{632{,}3}.$$

Der prozentuale Leistungsverlust infolge der Undichtheit der Stopfbüchsen ergibt sich aus dem Verhältnis der Verlustdampfmenge G_{sto} zu dem gesamten Dampfquantum G der Turbine, also zu $100 \times \dfrac{G_{sto}}{G}$ in %.

§ 75. Berechnung der Niederdrucktrommel.

Allgemeines.[1])

Um die Trommel mit dem größten zulässigen Durchmesser ausführen zu können und dadurch mit einer möglichst niedrigen Stufenzahl auszukommen, sowie um gleichzeitig trotz reichlicher Bemessung der radialen Schaufelspalten nicht zu große Spaltverluste zu erhalten, werden häufig für den größeren Teil der *ND*-Turbine einkränzige Aktionsstufen ausgeführt und nur am hinteren Trommelende, wo die Spaltgröße weniger in Betracht kommt, werden Stufen mit ca. 50% Reaktion verwendet. Es sei hierbei erwähnt, daß man bei praktischen Ausführungen bisweilen auch in den Laufschaufeln der Aktionsstufen eine geringe Reaktionswirkung zuläßt. Mitunter werden auch für die g e s a m t e Trommelbeschaufelung Reaktionsstufen ausgeführt.

§ 76. Stufenzahl der Trommel.

Im übrigen geht man bei der Berechnung der Trommel grundsätzlich genau so vor, wie bei den reinen Trommelturbinen in § 66 eingehend erläutert. Falls ein Teil der Trommel mit Aktionsstufen besetzt ist, ändert dies nichts an diesem Rechnungsgang, nur daß statt der Gefälls- und Wirkungsgradkurven für Reaktions- jene für Aktionsstufen benützt werden.

§ 77. Beispiel für die Berechnung einer Turbine gemischten Systems.

Es sei die Turbine eines Torpedokreuzers mit drei voneinander unabhängigen Wellen zu berechnen, und zwar sei die Anzahl der Räder freigegeben. Die Schiffsgeschwindigkeit betrage 36 Knoten. Die Leistung jeder Turbine betrage 10 000 PSe bei 650 Umdr. pro Min. Die gesamte Turbine inkl. Rückwärtsturbine sei in einem gemeinsamen Gehäuse untergebracht.

Der Dampfdruck im Kessel betrage 17 Atm. abs. Das Vakuum in den Turbinen sei 90% = 0,1 Atm. abs. Der Dampfverbrauch sei zu 6,1 kg pro PSe und Stunde geschätzt, also die Gesamtdampfmenge pro Turbine 6,1 · 10 000 = 61 000 kg pro Stunde.

Als Außendurchmesser des Gehäuses ergibt sich aus räumlichen Verhältnissen ca. 2200 mm. Die Durchmesser der Beschaufelung können demnach wie folgt gewählt werden:

Erstes Curtisrad: 1900 mm Schaufelkreisdurchmesser, die anderen Räder 1940 mm Schaufelkreisdurchmesser, der Schaufelkreisdurchmesser der Trommel am Austrittsende wird ca. 1860 mm.

Der vordere Durchmesser der Trommel sei gemäß § 69 zu ca. 1830 mm geschätzt. Die Vorwärtstrommel erhält mehrere Absätze, ähnlich wie in Fig. 61.

---

[1]) Vergleiche hierzu und zu den folgenden Paragraphen die Berechnung der reinen Trommelturbinen § 66.

Zunächst wird nun der Trommeldruck festgelegt, vgl. § 69. Der Propellerschub ergibt sich (vgl. § 55) zu

$$P = \frac{N_e \cdot 75 \cdot \eta_p}{0,515 \cdot V} = \frac{10\,000 \cdot 75 \cdot 0,60}{0,515 \cdot 36} = 24\,270 \text{ kg.}$$

Der Dampfschub wird nach § 69 zu 1,8 P = 43 700 kg angenommen. Hieraus erhält man den Anfangsdruck der Trommel durch angenäherte Rechnung nach § 69. Es ist

$$43\,700 = 183,0^2\,\frac{\pi}{4} \cdot (p_t - 0,1)$$

woraus sich ergibt

$$p_t = 1,67 + 0,1 = 1,77 \text{ Atm. abs.}$$

Dieser Druck p_t ist zugleich der Ausströmdruck für die Düsen des letzten Curtisrades.

Berechnung der Curtisstufen.

1. **B e r e c h n u n g   d e s   e r s t e n   v i e r k r ä n z i g e n   C u r t i s r a d e s.**

Der Druck vor den Düsen betrage 17 − 2 = 15 Atm. abs., die spezifische Dampfmenge $x = 0,97$. Der Enddruck in der ersten Stufe wird aus Festigkeitsrücksichten zu 7,5 Atm. abs. angenommen.

Das Wärmegefälle für die erste Stufe ergibt sich dann aus dem JS-Diagramm (vgl. Fig. 46) zu $h = 30,8$ WE.

Die theoretische Austrittsgeschwindigkeit aus den Düsen wird somit

$$c_o = 91,5\,\sqrt{h} = 91,5\,\sqrt{30,8} = 508 \text{ m/sec.}$$

Als Umfangsgeschwindigkeit im Schaufelkreis erhält man ferner:

$$u = \frac{1,9 \cdot \pi \cdot 650}{60} = 64,7 \text{ m/sec}$$

also

$$\frac{c_o}{u} = 7,85$$

hieraus folgt (siehe Wirkungsgradkurve für das vierkränzige Rad Fig. 23) der Wirkungsgrad

$$\eta_i = 51\,^0/_0$$

und das nutzbar umgesetzte Wärmegefälle

$$h_i = 30,8 \cdot \eta_i = 15,7 \text{ WE.}$$

Durch Eintragung von h_i in das JS-Diagramm erhält man den Endzustand des Dampfes in der ersten Stufe, vgl. Punkt C in Fig. 46, mit $x = 0,955$.

Die Leistung des ersten Rades ergibt sich zu

$$N_i = \frac{G \cdot h_i}{632} = \frac{61\,000 \cdot 15,7}{632} = 1510 \text{ PS}_i.$$

2. Berechnung der dreikränzigen Curtisräder.

Aus dem JS-Diagramm (vgl. Fig. 46) erhält man hierfür ein adiabatisches Gesamtgefälle von 59 WE, zu welchem nach § 70 für Wiederverdampfung ca. 3% zuzuschlagen sind, so daß

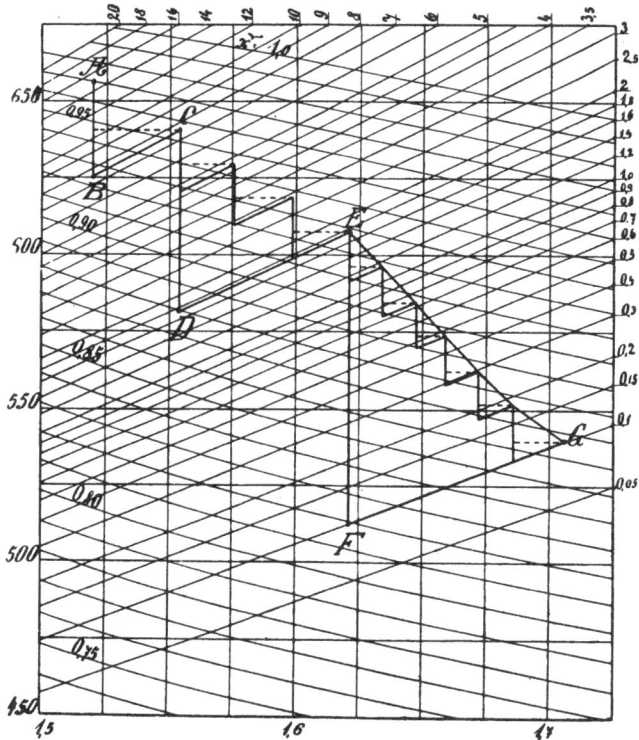

Fig. 46.

tatsächlich 60,8 WE verfügbar sind. Die Anzahl der auszuführenden dreikränzigen Stufen bestimmt sich aus dem beabsichtigten Wert von $\frac{c_0}{u}$, der hier zu etwa 6 angenommen sei. Da die Umfangsgeschwindigkeit im mittleren Schaufelkreis $u = 1,94 \, \pi \cdot \dfrac{650}{60} = 66$ m/sec beträgt, so müßte $c_0 = 6 \cdot 66$ $= 396$ m/sec und das Gefälle jeder der Stufen $h = \dfrac{A c_0{}^2}{2 \, g} = 18,7$ WE sein. Es sind also insgesamt $\dfrac{60,8}{18,7} = 3,25$ Stufen anzuwenden; für die Ausführung werden 3 dreikränzige Räder gewählt.

Es ergibt sich dann das Stufengefälle $h = 20,27$ WE, woraus $c_0 = 412,5$ m/sec und $\dfrac{c_0}{u} = 6,25$.

Der zugehörige Wirkungsgrad folgt aus der Kurve Fig. 24 zu $\eta_i = 55,5\,\%$, das indizierte Wärmegefälle pro Stufe wird somit $h_i = 0,555 \cdot 20,27 = 11,25$ WE.

Die Dampfdrücke in den einzelnen Stufen ergeben sich aus dem JS-Diagramm zu 4,67, bzw. 2,87 bzw. 1,77 Atm. abs. Als Endzustand der letzten Stufe erhält man Punkt E in Fig. 46.

Bei der Leistungsberechnung müssen die Dampfverluste in der Außenstopfbüchse und in den Zwischenstopfbüchsen berücksichtigt werden. Die durch die Außenstopfbüchse austretende Dampfmenge sei im vorliegenden Falle für die weitere Arbeitsleistung ganz verloren, da der Leckdampf der ND-Stopfbüchse zugeführt werde.

Es sei nun der Wellendurchmesser in den Außenstopfbüchsen zu 420 mm angenommen, der Spalt zu $s = 0,2$ mm radialer Weite. Der Verlust durch die Außenstopfbüchse ist also gemäß § 72 mit $p_1 = 7,5$ Atm. abs. und $v_1 = 0,955 \cdot 0,261 = 0,249$ cbm/kg.

$$G_a = 0,72 \cdot 420 \cdot \pi \cdot 0,2 \sqrt{\dfrac{7,5}{0,249}} = 1040 \text{ kg pro Stunde.}$$

Der Verlust, welcher sich infolge des Vorhandenseins der Zwischenstopfbüchsen ergibt, ist bei den verschiedenen Stufen verschieden groß und zwar ist derselbe abhängig von der Größe des Spaltquerschnittes, sowie von der Dampfgeschwindigkeit und dem spezifischen Dampfvolumen beim Austritt aus dem Spalt.

Der Spalt ist bei den ersten Zwischenstopfbüchsen kleiner als bei den darauffolgenden, weil die Spielräume wegen der Durchbiegung der Welle gegen die Mitte zu vergrößert werden müssen. Das spezifische Dampfvolumen nimmt bei den weiteren Stufen gegen die Trommel hin zu, so daß dort die Verluste in den Zwischenstopfbüchsen weniger ins Gewicht fallen. Die Berechnung des Spaltverlustes sei hier nicht für jede Stufe detailliert durchgeführt, sondern es sei mit einem Mittelwert gerechnet, welcher sich wie folgt ergibt:

Mittlere Größe des Spalts . . . . 0,35 mm
Durchmesser der Welle . . . . 465 »

somit Größe des Ringspalts:

$$F = 465 \cdot \pi \cdot 0,35 = 510 \text{ qmm.}$$

Mittlere Durchflußgeschwindigkeit $c = c_0 = 412,5$ m pro Sekunde, somit mittlere, durch die Zwischenstopfbüchsen entweichende Dampfmenge:

$$G_z = \dfrac{F \cdot c_0}{v} \cdot 3600 \text{ kg pro Stunde,}$$

wobei v der Mittelwert des Dampfvolumens in den drei in Frage
kommenden Stufen ist. v ergibt sich zu ungefähr 0,54 cbm/kg,
woraus also G_z sich bestimmt zu

$$G_z = \frac{0,00051 \cdot 412,5 \cdot 3600}{0,54} = 1400 \text{ kg pro Stunde.}$$

Die nutzbare Dampfmenge für die dreikränzigen Stufen
beträgt also im Mittel

$$G_n = 61\,000 - 1040 - 1400 = 58560 \text{ kg/St.}$$

Die indizierte Leistung der dreikränzigen Curtisstufen wird
somit

$$N_i = 3 \times \frac{11,25 \cdot 58560}{632} = 3110 \text{ PSi.}$$

Die indizierte Gesamtleistung aller vier Curtisräder ergibt
sich dann zu

$$N_i = 1510 + 3110 = 4620 \text{ PSi.}$$

Ein Abzug wegen Dampfnässe, wie in § 70 erwähnt, ist hier
nicht gemacht worden, da die Wirkungsgradkurven Fig. 23
und 24 bereits eine große Sicherheit enthalten.

Berechnung der Vorwärts-Trommel.

Der Vorgang bei Berechnung der Trommelbeschaufelung
ist genau derselbe wie bei der reinen Trommelturbine (vgl.
§ 67). Das gesamte adiabatische Gefälle, bezogen auf den Anfangszustand vor den Düsen, ergibt sich aus dem JS-Dia-
gramm, Fig. 46, zu $H = 95,2$ WE.

Hierzu kommen noch ca. 3% Zuschlag für Wiederverdampfung; also sind insgesamt 98 WE verfügbar.

Es wird ferner festgesetzt, daß das erste Drittel dieses Gefälles in Aktionsstufen, der Rest in Reaktionsstufen ausgenutzt
werden soll.

Auf die Aktionsstufen treffen also 32,7, auf die Reaktionsstufen 65,3 WE.

Für die Aktionsstufen sei ein mittleres $c_0/u = 2,35$
gewählt; der mittlere Winkel der Leitschaufeln entspreche
tg $\alpha = 33$%, der mittlere Durchmesser des Schaufelkreises sei
ca. 1890 mm; die mittlere Umfangsgeschwindigkeit wird also
64 m/sec. Unter Benutzung der Gefällskurven Fig. 18 erhält
man dann für $u' = 50$ m/sec ein Gefälle $h' = 1,55$ WE, was
für $u = 64$ m/sec ein Gefälle $h = 2,54$ WE pro Stufe ergibt.
Die Anzahl der Aktionsstufen berechnet sich somit zu

$$\frac{32,7}{2,54} = \infty\, 13.$$

Das mittlere $\frac{c_0}{u}$ für die Reaktionsstufen sei ferner $= 2,55$,
der mittlere Schaufelwinkel entspreche tg $\alpha = 65$%, der mittlere
Schaufelkreisdurchmesser $= 1880$ mm und die mittlere Umfangsgeschwindigkeit daher $u = 64$ m/sec. Aus den Gefällskurven Fig. 19 folgt dann zunächst für $u' = 50$ m/sec ein Ge-

fälle $h' = 2{,}35$ WE, was auf $u = 64$ m/sec umgerechnet ein Gefälle $h = 3{,}84$ WE ergibt. Die Anzahl der Reaktionsstufen bestimmt sich demnach zu

$$\frac{65{,}3}{3{,}85} = \backsim 17.$$

Die Niederdrucktrommel erhält also $13 + 17 = 30$ Stufen.

Die Gefällsverteilungskurve ist in Fig. 47 dargestellt.

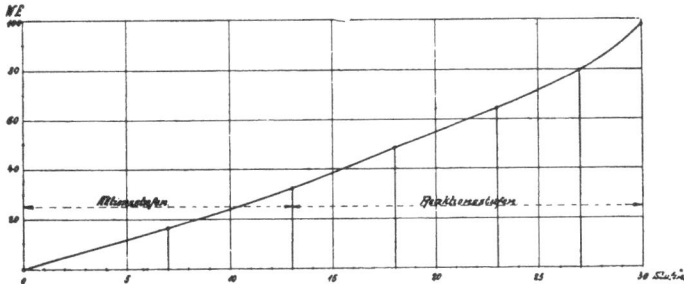

Fig. 47.

Es werden sechs Schaufelgruppen angenommen. Die Verteilung der Stufen auf diese Gruppen ist in nachstehender Weise festgesetzt:

Gruppe	1	7 Aktionsstufen
»	2	6 »
»	3	5 Reaktionsstufen
»	4	5 »
»	5	4 »
»	6	3 »

Aus dieser Gruppeneinteilung und der Gefällsverteilungskurve Fig. 47 ergeben sich nun die adiabatischen Einzelgefälle der Gruppen.

Gruppe	1	zu	16,1 WE
»	2	»	16,6 »
»	3	»	15,6 »
»	4	»	16,4 »
»	5	»	15,9 »
»	6	»	18,3 »

Die Berechnung der einzelnen Trommelgruppen wird nun in genau der gleichen Weise vorgenommen, wie dies im § 66 näher angegeben worden ist.

Der einzige Unterschied wird im vorliegenden Falle dadurch bedingt, daß die ersten beiden Schaufelgruppen Aktionsbeschaufelung erhalten. Es sind daher bei der Berechnung die Kurven, Fig. 18 und Fig. 20, welche für Aktionsbeschaufelung Gültigkeit haben, zugrunde zu legen.

Ferner braucht bei der Berechnung der Leistung dieser beiden Gruppen als Spaltquerschnitt nur der Ringraum zwischen Trommel und Spitze der Leitschaufeln gerechnet werden; der Spaltverlust ist daher nur etwa halb so groß wie bei Reaktionsbeschaufelung.

Als stündliche Dampfmenge, welche durch die Beschaufelung strömt, wird die Gesamt-Dampfmenge von 61 000 kg abzüglich des Verlustes von 1040 kg durch die vordere Stopfbüchse, also 59 960 kg in Rechnung gestellt.

Die Durchrechnung der Trommel ergibt nun folgende Hauptdaten:

Gruppe	1	2	3	4	5	6
Art der Beschaufelung . .	A	A	R	R	R	R
Enddruck at abs.	1,14	0,73	0,475	0,295	0,183	0,10
Schaufelkreisdurchmesser.	1890	1870	1900	1870	1910	1855
Schaufelwinkel $tg\,\alpha$. $^0/_0$	30	35	50	60	70	70−80
Schaufellänge . . . . mm	105	125	155	185	225	280
Leistung der Gruppen PS_i	1080	1120	1050	1110	990	1130

Die Gesamtleistung der Trommelgruppen ist demnach:
$$N = 6480\ \text{PS}_i.$$

Der Austrittsverlust aus der letzten Laufschaufel der Trommel beträgt (Austrittsgeschwindigkeit $c_2 = $ ca. 194 m) etwa 4,5 WE oder 430 PS. Die tatsächliche Leistung der ND-Turbine ist also:
$$6480 - 430 = 6050\ \text{PS}_i.$$

Die gesamte indizierte Leistung der Turbine ist daher:
$$6050 + 4620 = 10\,670\ \text{PS}_i.$$

Ferner sei die Leerlaufsarbeit zu ca. 4,7 % der indizierten Leistung, also zu 500 PSe angenommen. Es ergibt sich somit eine effektive Leistung der Turbine von
$$N_e = 10\,670 - 500 = 10\,170\ \text{PSe}.$$

Der berechnete Dampfverbrauch wird daher

$$D_e = \frac{61\,000}{10\,170} = 6,00\ \text{kg/PS}_e/\text{St},$$

was mit der Annahme $D_e = 6,1$ kg nahezu übereinstimmt.

Berechnung der Rückwärtsturbine.

Gegeben ist hier wieder die gesamte für die Vorwärtsfahrt zur Verfügung stehende Dampfmenge von 61 000 kg/St. Es sei eine Rückwärtsleistung von 4000 PSe gefordert; die Umdrehungszahl ergibt sich in gleicher Weise wie bei § 66 zu ca. 455 i. d. Minute. Der mittlere Schaufelkreisdurchmesser der ganzen Rückwärtsturbine sei zu 1740 mm angenommen. Die Rückwärtsturbine erhält (ähnlich Fig. 61) nur eine Trommel, welche

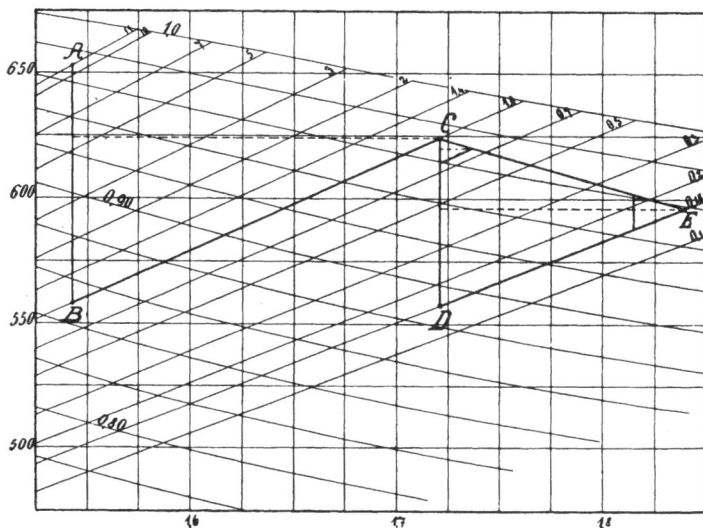

Fig. 48.

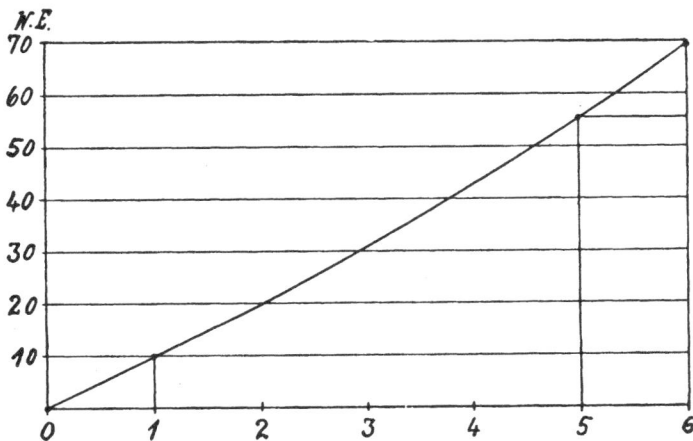

Fig. 49.

Bauer u. Lasche, Schiffsturbinen. 9

am Anfang die Beschaufelung eines vierkränzigen Curtisrades und dann noch sechs Reaktionsstufen trägt. Der Druck vor den Düsen wird, wegen der verhältnismäßig engeren Zudampfrohre und um eine gewisse Sicherheit zu schaffen, zu 11,0 Atm. abs. angenommen, die spez. Dampfmenge sei $x = 0,97$.

Der Druck vor der Rückwärtstrommel ergibt sich mit Rücksicht auf den Propellerzug bei Rückwärtsfahrt zu 1,0 Atm. abs. und wird in ähnlicher Weise wie dieses bei Bestimmung des Trommeldruckes der Vorwärtsturbine näher ausgeführt worden ist, berechnet. Aus der Tatsache, daß der Trommeldruck 1,0 Atm. beträgt, ergibt sich, daß mit einem Stopfbüchsenverlust in diesem Falle nicht gerechnet zu werden braucht, da der Dampf keine Tendenz hat, zu entweichen.

Das Wärmegefälle des Curtisrades beträgt hiernach (vgl. Fig. 48)
$$AB = 95 \text{ WE},$$
woraus sich eine theoretische Austrittsgeschwindigkeit aus den Rückwärtsdüsen von $c_0 = 892$ m ergibt. Die Umfangsgeschwindigkeit ist ferner gleich 41,5 m, so daß $\dfrac{c_0}{u} = 21,5$ beträgt. Der Wirkungsgrad ergibt sich aus den Kurven Fig. 23 zu $\eta_i = 30\%$ und das in Arbeit umgesetzte Wärmegefälle zu $95 \cdot 0,30 = 28,5$ WE. Die indizierte Leistung des Curtisrades auf der Trommel beträgt somit
$$\frac{61\,000 \cdot 28,5}{632} = 2750 \text{ PS}_e.$$

Als Dampfzustand vor der Rückwärtstrommel ergibt sich in Fig. 48 der Punkt C.

Das Vakuum bei Rückwärtsfahrt sei zu 85%, der Gegendruck zu 0,15 Atm. abs. angenommen; das auf die Trommel entfallende Wärmegefälle ist daher mit Bezug auf Fig. 48
$$CD = 66,6 \text{ WE}.$$

Um der Wiederverdampfung Rechnung zu tragen, können zu diesem Wärmegefälle 4,5% hinzugerechnet werden, so daß das zu verarbeitende Gefälle ungefähr 69 WE beträgt. Nach der Gefällverteilungskurve, Fig. 49, wird nun das Gefälle der ersten Stufe 9,5 WE, das der letzten Stufe 14 WE.

Die weitere Rechnung kann nun in einfachster Weise derart durchgeführt werden, daß als mittlerer Wirkungsgrad der ganzen Trommel das Mittel aus den Wirkungsgraden der ersten und letzten Stufe angenommen wird.

Es ergeben sich dann folgende Hauptwerte für die Rückwärtstrommel:

Mittlerer indizierter Wirkungsgrad ohne Spaltverlust 48.2 %
Schaufelwinkel α . . . . 40—60%
Schaufellängen . . . . ca. 60—170 mm
Indizierte Leistung der Trommel (nach Abzug von
20% Spaltverlust) . . . . 2600 PS

Abs. Austrittsgeschwindigkeit aus der letzten Stufe
$$c_2 = \text{ca. } 355 \text{ m/sec.}$$
somit Austrittsverlust $\dfrac{A\,c_2^{\,2}}{2\,g} = 15{,}1 \text{ WE.}$

Von dem aus den Wirkungsgradskurven berechneten indizierten Wärmegefälle genügt es im Hinblick auf den schlechten Wirkungsgrad der Trommel einen Abzug von

$$\text{ca. } 0{,}5 \times \frac{A\,c_2^{\,2}}{2\,g} = 7{,}55 \text{ WE} = 730 \text{ PS}_e$$

zu machen, um die tatsächliche indizierte Leistung der Trommel zu erhalten.

Dieselbe ist also
$$2600 - 730 = 1870 \text{ PS.}$$
Die indizierte Gesamtleistung der Rückwärtsturbine ist also
$$2750 \times 1870 = 4620 \text{ PS}_l$$

Leerlauf geschützt $\qquad\qquad\quad 500$

Also effekt. Rückwärtsleistung: $\overline{4120 \text{ PS}_e.}$

Die Rückwärtsturbine ist also für die verlangte Leistung von 4000 PS_e völlig ausreichend.

§ 78. Angenäherte Leistungsberechnung von Turbinen.

Wenn eine Turbine derartig konstruiert wäre, daß, wie in Fig. 50 dargestellt,

1. der mittlere Schaufelkreisdurchmesser konstant,
2. die Art der Beschaufelung durchgehends gleich,
3. die Verteilung des Wärmegefälles auf die einzelnen Stufen völlig gleichmäßig

ist, so könnte man mit großer Annäherung die Leistung der Turbine berechnen aus der Gleichung

$$N_e = \frac{G \cdot H \cdot \eta_m}{632} \text{ PS}_e.$$

Hierin bedeutet:

G die gesamte in der Turbine arbeitende Dampfmenge in kg/Std.,

H das gesamte in Betracht kommende Wärmegefälle
$\quad (= z \cdot h$, wenn h das Einzelgefälle pro Stufe)

und η_m einen Wirkungsgrad bedeutet, welcher a l l e Verluste, die in der Turbine auftreten, einschließt und das Verhältnis der effektiven Leistung zu der, dem Wärmegefälle H entsprechenden theoretischen Leistung des Dampfes darstellt. Dieser Wirkungsgrad wird naturgemäß mit dem für die betreffende Turbine in Frage kommenden Verhältnis der mittleren Dampfgeschwindigkeit pro Stufe co_m und der mittleren Umfangsgeschwindigkeit u_m variieren. Für verschiedene $\dfrac{co_m}{u_m}$ ließe sich der Wirkungsgrad η_m also nach erprobten Ausführungen in einer Kurve auftragen und somit die Leistungsberechnung der Turbine überschlagsweise in wenigen Minuten vornehmen.

In der Regel setzen sich nun die Schiffsturbinen zusammen aus Schaufelkränzen von verschiedenem Durchmesser und

sehr häufig sowohl aus G e s c h w i n d i g k e i t s - als auch
aus D r u c k stufen. Man muß in solchen Fällen die Turbine
zunächst gewissermaßen auf eine Turbine der vorbeschriebenen
e i n f a c h s t e n Konstruktion reduzieren.

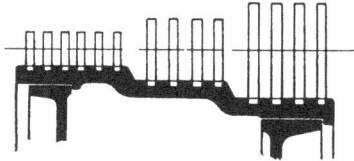

Fig. 50.

Zu diesem Zweck muß man (vgl. § 4) die Geschwindigkeitsstufen mit dem Q u a d r a t ihrer Anzahl von Laufschaufelkränzen bei Festsetzung der Gesamtanzahl der Stufen in Anrechnung bringen.

Ein 2-kr. *C*-Rad entspricht demnach $2^2 = 4$ Einzelstufen
» 3 »   »   »   » $3^2 = 9$ »
» 4 »   »   »   » $4^2 = 16$ »

Zu den hiernach auf Einzelstufen umgerechneten Curtisrädern kommt noch die Anzahl der einkränzigen Trommelstufen hinzu.   Die so erhaltene Gesamtstufenzahl sei mit
z bezeichnet.

Das mittlere Wärmegefälle einer solchen Stufe ist dann:

$$h_m = \frac{H}{z} \text{ und die Austrittsgeschw. } co_m = 91,5 \sqrt{\frac{H}{z}}.$$

Der mittlere Durchmesser der Schaufelkränze und daraus
die mittlere Umfangsgeschwindigkeit u_m ist in der Weise fest-

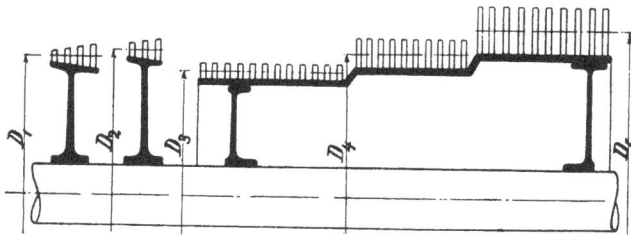

Fig. 51.

zusetzen, daß für jeden vorkommenden Durchmesser die Anzahl
der umgerechneten Schaufelkränze der Curtisräder bzw. die
wirkliche Anzahl der Schaufelkränze der Trommel in Anrechnung
kommt.

Aus Fig. 51, welche eine AEG-Turbine darstellt, würde sich beispielsweise ergeben:

Gesamtstufenzahl
$$z = 4^2 + 3^2 + 12 + 10 + 10 = 57$$

Mittlerer Durchmesser
$$D_m = \frac{16\,D_1 + 9\,D_2 + 12\,D_3 + 10\,D_4 + 10\,D_5}{57}.$$

Wäre beispielsweise:
$$D_1 = 100 \text{ cm}$$
$$D_2 = 110 \text{ »}$$
$$D_3 = 80 \text{ »}$$
$$D_4 = 90 \text{ »}$$
$$D_5 = 100 \text{ »}$$

dann ist
$$D_m = \frac{1600 + 990 + 960 + 900 + 1000}{57}$$
$$= \frac{5450}{57} = 95{,}5 \text{ cm.}$$

Ist das ganze Wärmegefälle $H = 184$ Kal., so ist
$$h_m = \frac{H}{z} = \frac{184}{57} = 3{,}23 \text{ Kal. und } \quad co_m = 91{,}5\,\sqrt{3{,}23}$$
$$= 164{,}5 \text{ m/sec.}$$

Sei die Tourenzahl $n = 900$, dann ergibt sich
$$u_m = \frac{D_m \cdot r \cdot n}{60} = \frac{95{,}5 \cdot 3{,}14 \cdot 900}{60} \sim 45{,}0 \text{ m,}$$

also
$$\frac{co_m}{u_m} = \frac{164{,}5}{45{,}0} = 3{,}66.$$

Angenommen, es ergebe sich aus ähnlichen Ausführungen in gleicher Weise berechnet für dieses $\frac{co_m}{u_m}$ ein $\eta_m = 0{,}54$, dann wäre die Leistung der Turbine für $G = 20\,000$ kg pro Stunde.
$$N_e = \frac{G \cdot H \cdot \eta_m}{632} = \frac{20\,000 \cdot 184 \cdot 0{,}54}{632} = 3140 \text{ PS}_e.$$

Diese Rechnungsmethode setzt voraus, daß man ein reichliches Erfahrungsmaterial von ausgeführten Turbinen zur Verfügung hat, aus dem man das η_m, abhängig von dem mittleren $\frac{co_m}{u_m}$, berechnen und als Kurve auftragen kann.

Ferner ist es notwendig, sich für die verschiedenen Turbinensysteme — reine Trommelturbinen, Turbinen mit Geschwindigkeits- und Druckstufen, Rückwärtsturbinen usw. — besondere Kurven des Gesamtwirkungsgrades η_m über den Werten $\frac{co_m}{u_m}$ aus erhaltenen Probefahrtsresultaten aufzutragen. Die Werte von η_m stellen natürlich ein wertvolles Erfahrungsmaterial der einzelnen Fabriken dar; sie schwanken bei den normalen

Turbinenkonstruktionen für Kriegsschiffe bei $\dfrac{co_m}{u_m} = 2$ etwa

zwischen $\eta_m = 60\,\%$ und $\eta_m = 55\,\%$, bei $\dfrac{co_m}{u_m} = 3$ zwischen $\eta_m = 56\,\%$ und $\eta_m = 51\,\%$.

§ 79. Größenabmessungen von Schiffsturbinen.

Nachdem die Berechnung der Turbinen im Vorstehenden eingehend behandelt, sollen noch einige Bemerkungen allgemeiner Art über die Größenverhältnisse von Schiffsturbinen hier Platz finden.

Die Dimensionen der Schiffsturbinen sind abhängig von
1. der gewählten Bauart,
2. ihrer Leistung,
3. ihrer Tourenzahl,
4. von dem erstrebten Dampfverbrauch.

ad 1. Reine Trommelturbinen bauen am längsten, während ihr Durchmesser im Hochdruckteil sehr gering ist. Reine Räderturbinen bauen am kürzesten und besitzen gleichbleibenden Durchmesser über ihre ganze Länge.

Turbinen gemischten Systems liegen in ihrer Längenausdehnung zwischen den beiden erstgenannten Systemen und werden bei Schiffsturbinen meistens derartig ausgeführt, daß die Durchmesser keine sehr erheblichen Verschiedenheiten im Hochdruck- und Niederdruckteil aufweisen.

ad 2. Die Leistung an sich übt, falls die übrigen drei Faktoren sich nicht ändern, einen sehr unerheblichen Einfluß auf die Größenverhältnisse der Turbinen aus. Die Größe wächst mit zunehmender Leistung lediglich dadurch, daß sämtliche Areale, durch welche der Dampf zu strömen hat, im Verhältnis der durchgesandten Dampfmenge sich vergrößern. Es wird also lediglich die Schaufellänge sich derart verändern, daß das Durchtrittsareal durch die Schaufeln bei gleichbleibender Dampfgeschwindigkeit für die vergrößerte Dampfmenge genügt und eine einfache Überlegung zeigt, daß diese Verlängerung der Schaufeln auch bei sehr erheblichen Leistungsänderungen nur eine ganz geringe Vergrößerung des Turbinendurchmessers bedingt.

ad 3. Die Umdrehungszahl übt auf die Größenverhältnisse der Turbinen den größten Einfluß aus. Falls alle übrigen drei Faktoren ungeändert bleiben, vermindert sich der Durchmesser einer Turbine im linearen Verhältnis der Tourenzahl. Es ist dies darin begründet, daß der Wirkungsgrad der Dampfausnutzung bei der Turbine von dem Verhältnis Dampfgeschwindigkeit zu Umfangsgeschwindigkeit abhängig ist. Je höher die Tourenzahl, desto kleiner dürfen also die Durchmesser werden, ohne daß vorgenanntes Verhältnis sich ändert. Will man anderseits den Durchmesser trotz Erhöhung der Tourenzahl groß beibehalten, so kann man infolge der

Erhöhung der Tourenzahl die Länge der Turbine verkürzen, weil bei Erhöhung der Umfangsgeschwindigkeit die Dampfgeschwindigkeit und also das Wärmegefälle für jede Stufe erhöht werden kann, ohne daß sich obengenanntes Verhältnis zwischen Dampfgeschwindigkeit und Umfangsgeschwindigkeit verschiebt. Wenn aber das Wärmegefälle pro Stufe vergrößert werden kann, so sind für die Wärmeausnutzung des zur Verfügung stehenden Gesamtgefälles weniger Stufen, d. h. also eine kleinere Anzahl von Schaufelkränzen und eine kleinere Länge der Turbine erforderlich.

ad 4. Der Dampfverbrauch der Turbine wirkt auf deren Größenverhältnisse mit dem gleichen Einfluß, wie die Änderung der Tourenzahl, weil derselbe, wie vorher ausgeführt, von dem Verhältnis Dampfgeschwindigkeit zu Umfangsgeschwindigkeit abhängig ist. Da jedoch der Dampfverbrauch im allgemeinen bei Schiffsturbinen eine ziemlich konstante Größe ist, und stets so ziemlich die gleichen Dampfverbrauchsziffern angestrebt werden, übt derselbe auf die Mannigfaltigkeit der Gestaltung der Schiffsturbinen keinen sehr erheblichen Einfluß aus.

Instruktiv für vorstehendes sind die Fig. 52 bis Fig. 54.

Fig. 52 zeigt die Umrisse einer Torpedobootsturbine von 10 000 PS und einem Dampfverbrauch von 6 kg pro PSe

    a) bei einer Umdrehungszahl von 500 pro Min.
    b) » » » » 700 » »
    c) » » » » 900 » »

Fig. 53 zeigt die Abmessungen einer Torpedobootsturbine von 6 kg Dampferverbrauch und 700 Touren pro Minute, wenn dieselbe

    a) 7 000 PS,
    b) 10 000 »
    c) 13 000 »

entwickelt.

Fig. 54 zeigt die Turbine eines Torpedobootes von 10 000 PSe und 700 Umdr. pro Min., wenn dieselbe einen Dampfverbrauch von

    a) 5,5 kg,
    b) 6 »
    c) 7 »

pro Pferdestärke und Stunde besitzt.

Alle diese Beispiele basieren auf der Konstruktion der Turbine nach gemischtem System und sind gerechnet für eine Anfangsspannung vor den Düsen von 16 Atm. abs. und einem Vakuum von 92 %.

Die Turbine ist gezeichnet für gemischtes System (drei Räder, Rest Trommel), Rückwärtsturbine in das Gehäuse miteingebaut von 33 % der Leistung bei Vorwärtsgang. Gewichte der Turbinen siehe die Figuren.

Die absoluten Größenverhältnisse der Turbinen sind, wie aus dem Vorstehenden zu entnehmen ist, je nach dem Verwendungszweck, d. h. nach dem in Frage kommenden Schiffstyp, welcher für die Tourenzahl bestimmend ist, sehr verschieden.

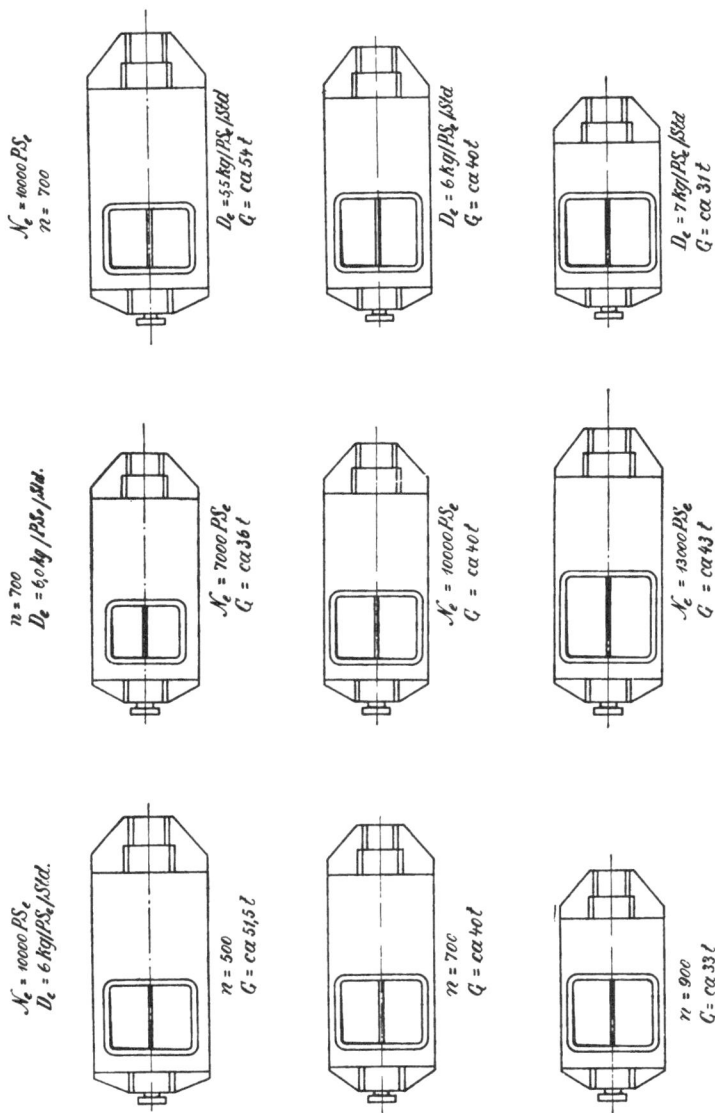

$N_e = 10000\,PS_e$
$n = 700$

$D_e = 5,5\,kg/PS_e/Std$
$G = ca\,54\,t$

$D_e = 6\,kg/PS_e/Std$
$G = ca\,40\,t$

$D_e = 7\,kg/PS_e/Std$
$G = ca\,31\,t$

Fig. 54.

$n = 700$
$D_e = 6,0\,kg/PS_e/Std.$

$N_e = 7000\,PS_e$
$G = ca\,36\,t$

$N_e = 10000\,PS_e$
$G = ca\,40\,t$

$N_e = 13000\,PS_e$
$G = ca\,43\,t$

Fig. 53.

$N_e = 10000\,PS_e$
$D_e = 6\,kg/PS_e/Std.$

$n = 500$
$G = ca\,54,5\,t$

$n = 700$
$G = ca\,40\,t$

$n = 900$
$G = ca\,33\,t$

Fig. 52.

Aus Fig. 52 bis Fig. 54 gehen die Abmessungen gebräuchlicher Typen von Torpedobootsturbinen hervor, wozu zu bemerken ist, daß die Außendurchmesser dieser Turbinen 1900 bis 2200 mm betragen. Turbinen für Linienschiffe und Kreuzer werden, entsprechend ihren Leistungen und verminderten Tourenzahlen, größer, und die gewaltigsten Abmessungen erhalten die Turbinen für große transatlantische Dampfer, bei welchen

die geringere Umdrehungszahl (bedingt durch die nicht sehr erhebliche Geschwindigkeit und große Leistung),

die große Leistung an sich,

der auf das Mindestmaß beschränkte Dampfverbrauch und die Reichlichkeit der Dimensionierung, welche durch die absolute Betriebssicherheit derartiger Anlagen bedingt ist, zusammenwirken, um größte Abmessungen notwendig zu machen.

Trotzdem bei den größten transatlantischen Dampfern das Prinzip der Hintereinanderschaltung in vollstem Maße angewandt wird und die Leistung der Niederdruckturbinen auf zwei Wellen verteilt ist, kommen dort Niederdruckturbinen vor, bei welchen

der Durchmesser der beschaufelten Trommel bis auf . . . . annähernd 5 m

der Außendurchmesser des Gehäuses über die Bekleidung bis auf . . . . 5½ »

die Länge des Turbinengehäuses bis auf . ca. 7½ »

» » zwischen den Lagermitten bis auf ca. 9½ »

» größte Schaufellänge bis auf. . . . . ca. 600 mm

» » Schaufelbreite bis auf . beinahe 50 »

das Gesamtgewicht einer kompletten Turbine bis auf . » . . . . ca. 400 000 kg

das Gesamtgewicht eines Rotors allein bis auf ca. 130 000 »

steigt.

IV. Teil.

Die Konstruktion der Turbinen.

§ 80. Vorbemerkung.

Da die Konstruktionsdetails der Turbinen bei allen Systemen stets wiederkehren, empfiehlt es sich, dieses Kapitel nicht nach den einzelnen Turbinensystemen, sondern nach den Hauptdetails der Schiffsturbinen zu gliedern. Es sollen also im folgenden behandelt werden:

I. die Beschaufelung,
II. die Rotoren,
III. Leitapparate, Düsen und Zwischenböden,
IV. die Gehäuse,
V. die Stopfbüchsen und Entlastungskolben,
VI. die Trag- und Drucklager.

I. Abschnitt.

Die Beschaufelung.

§ 81. Beschaufelung, Allgemeines.

Über die Bemessung der Schaufeln geben verschiedene Paragraphen des voraufgegangenen Textes Aufschluß. Stärke und Beanspruchung der Profile siehe § 52, Schaufelwinkel siehe § 54, 66 etc. —

§ 82. Die Form der Profile.

Hierüber sind bereits in Paragraph Nr. 33 einige Angaben gemacht worden. In demselben war von den wesentlichen Merkmalen der Aktions- und Reaktionsschaufeln die Rede.

Nachstehend seien einige weitere Grundsätze behandelt, die bei der Formgebung der Profile zu beachten sind.

Wahl der Schaufelwinkel. Über die Wahl der Austrittswinkel siehe die oben angeführten Paragraphen.

Bezüglich der Eintrittswinkel der Profile ist allgemein zu bemerken, daß es bei Schiffsturbinen grundsätzlich nicht möglich ist, bei allen Betriebsverhältnissen sog. stoßfreien Eintritt zu erzielen, da die theoretisch erforderlichen Eintrittswinkel von dem jeweiligen Verhältnis $\frac{c_0}{u}$ abhängig sind und sich demnach bei einer Änderung der Turbinendrehzahl ebenfalls ändern müßten. Im allgemeinen wird man bestrebt sein, bei der Konstruktionsleistung annähernd richtige Eintrittsverhältnisse zu erzielen und demnach die Eintrittswinkel der normalen Profile so wählen, daß sie bei den für die Normalleistung üblichen $\frac{c_0}{u}$ Werten ungefähr passen, welch letztere bei den verschiedenen Turbinen meist keine großen Abweichungen zeigen. Bei Marschfahrt mit entsprechend kleineren Umfangsgeschwindigkeiten ergibt sich also im allgemeinen ein Eintrittsstoß auf die konkave Seite, ein sog. »Bauchstoß«.

Es sei bereits hier bemerkt, daß im allgemeinen ein genau definierter Eintrittswinkel an dem Profil nicht vorhanden ist, da meist mit Rücksicht auf eine kräftige Form der Profile Rücken- und Bauchkontur verschiedene Winkel gegen die tangentiale Richtung bilden.

Wahl der tangentialen Schaufelteilung.

Die tangentiale Schaufelteilung ergibt sich mit Rücksicht auf die Anforderungen, die an die Kanalform gestellt werden müssen. Wie leicht einzusehen ist, existiert für jeden Schaufelkanal eine bestimmte günstigste Teilung, d. h. ein bestimmtes günstigstes Verhältnis zwischen der Dicke des Dampfbandes und den Profildimensionen. Man wird im allgemeinen bestrebt sein, diese günstigste Teilung, die außer von der Schaufelbreite auch vom Austrittswinkel der Schaufel abhängt, ungefähr einzuhalten.

Zu den einzelnen Arten von Profilen sei noch folgendes bemerkt:

1. Aktionsprofile. Die typische Form der Aktionsschaufeln zeigt Fig. 55. Da in der Schaufel im wesentlichen eine Ablenkung ohne Änderung der Relativgeschwindigkeit stattfinden soll, so ergibt sich für den zwischen zwei Profilen liegenden Schaufelkanal die in Fig. 55 dargestellte Form mit angenähert durchweg konstanter Kanalbreite. Die Dicke der Profile im Verhältnis zu ihrer Breite ist somit im wesentlichen durch die Aus- und Eintrittswinkel festgelegt. Am Austritt der Schaufeln laufen im allgemeinen die Rücken- und Bauchkonturen auf kurze Strecken parallel, wodurch die richtige Führung des Dampfstrahls erreicht werden soll. Die Vorderkante des Schaufelaustrittes zeigt im allgemeinen gegenüber der Vorderkante am Eintritt eine kleine tangentiale Voreilung in der Richtung des Dampfes.

Die Form der Füllstücke ergibt sich ohne weiteres aus der durch die Profile und die Schaufelteilung bestimmten Kanalform.

Es sei hier noch bemerkt, daß man bisweilen im Interesse des geringen Gewichts der Beschaufelung bei den Aktionsprofilen die Schaufelrücken schwächer hält als für die Einhaltung einer konstanten Kanalweite erforderlich wäre, d. h. der Schaufelkanal erhält in der Mitte eine Erweiterung mit nachfolgender Verengung, wodurch Wirbelungen verursacht werden dürften; ob die dadurch bewirkten Verluste erheblich sind oder nicht, ist bis jetzt nicht genau geklärt. Jedenfalls empfiehlt sich bei den Profilen von Curtisstufen, wo große Dampfgeschwindigkeiten und starke Ablenkungen in Frage kommen, eine solche Erweiterung nicht.

2. Reaktionsprofile. Beispiele der üblichen Reaktionsprofile zeigen die Fig 56 u. 57. Der Unterschied zwischen den beiden Profilen besteht darin, daß bei dem in Fig. 57 dargestellten Profil eine sog. Parallelführung erstrebt ist, d. h. daß die Schaufelenden sowohl als auch der Dampfkanal am Austritt ein paralleles Stück aufweisen, welches dem Dampf die richtige Führung geben soll. Bei dem Profil der Fig. 56 dagegen ist am Schaufelaustritt die Rücken- und Bauchkontur gekrümmt und auf die Parallelführung kein besonderer Wert gelegt. Ob die eine oder andere Profilform die bessere ist, ist bis jetzt einwandfrei noch nicht nachgewiesen worden. Die Form der Fig. 57 ist aus dem Bestreben entstanden, einen genau bestimmbaren Austrittsquerschnitt der Schaufelkränze zu erhalten, so daß die Vorausberechnung der Druckverteilung zuverlässiger erfolgen kann. In Wirklichkeit wird es jedoch nie möglich sein, die Schaufel- und Füllstückprofile so genau herzustellen und in die Turbine einzubauen, daß der aus der Profilzeichnung ersichtliche Austrittswinkel auch in Wirklichkeit vorhanden ist, so daß also aus diesem Grunde die Profile Fig. 57 dem in Fig. 56 dargestellten nicht vorzuziehen sind, vielmehr wird an Hand von Erfahrungskoeffizienten für die Querschnitte die Vorausberechnung für beide Profilformen gleich sicher sein.

Im übrigen ergibt sich die Form der Reaktionsprofile aus der Forderung, daß in dem Kanal der Dampf von niedriger Eintrittsgeschwindigkeit sich unter Aufwendung von Wärmegefälle beschleunigt, so daß sich die Querschnitte gegen den Austritt zu stetig verengen müssen, solange nicht die kritische Geschwindigkeit überschritten ist, was bei normalen Trommelschaufeln selten vorkommt. Man ist natürlich ähnlich wie bei der Konstruktion von Düsen bestrebt, diejenigen Teile des Kanals, in denen große Geschwindigkeiten herrschen, möglichst kurz zu bemessen, um die Dampfreibung klein zu halten. Bei größeren Schaufelaustrittswinkeln, wie in Fig. 58, ist diese Forderung nicht leicht zu erfüllen mit Rücksicht auf die notwendige Festigkeit der Profile.

Die Form der Füllstückprofile ist ebenfalls aus den Fig. 56 bis 58 ersichtlich. Meist sind zu jedem Schaufelprofil zwei Füllstückprofile vorhanden, von denen dasjenige mit kleinerer Teilung für die Laufschaufeln, dasjenige mit der größeren Teilung für die Leitschaufeln verwendet wird.

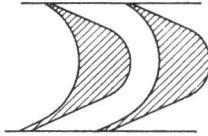

Fig. 55.

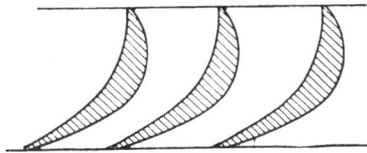

Fig. 56.

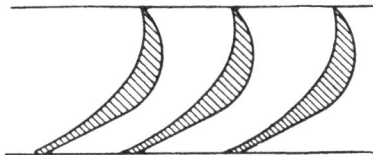

Fig. 57.

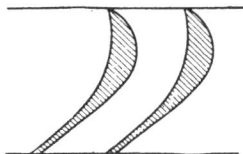

Fig. 58.

§ 83. Material der Turbinenschaufeln.

1. Legierungen aus Kupfer mit Zink und anderen Metallen. Neuerdings werden für Schiffsturbinen fast ausschließlich solche Legierungen verwendet, und zwar kommen hauptsächlich in Betracht:

a) 67% Kupfer, 33% Zink, welche Legierung in England für fast sämtliche Handelsdampfer und Kriegsschiffe verwendet worden ist.

Festigkeit ca. 35 bis 45 kg/qcm.

Dehnung ca. 20 bis 30% auf 200 mm Länge des Probestabes.

Elastizitätsgrenze ca. 20 bis 30 kg/qcm.

b) 72% Kupfer, 28% Zink. Diese Legierung wird in Deutschland sehr viel für Schiffsturbinen angewandt.

Festigkeit, Dehnung und Elastizitätsgrenze wie bei a).

c) Neben diesen beiden Legierungen, welche an erster Stelle genannt werden müssen, kommen noch in Betracht 75% Kupfer, 25% Zink und Rübelbronze mit ca. 55% Kupfer- und ca. 40% Zinkgehalt und ca. 5% patentiertem Zusatzmateriales.

Die Legierungen ad a) und b) haben sich zweifellos sehr gut bewährt, und es liegen namentlich für die Legierung a) schon Betriebserfahrungen von mehrjähriger Dauer vor.

2. Legierungen aus Eisen und Stahl.

Hierfür kommt eigentlich nur der nicht oder sehr wenig rostende Nickelstahl in Frage. Ein gewisser h o c h p r o z e n - t i g e r Nickelstahl, welcher zwar wenig rostet, hat sich aber infolge von eigenartigen Zersetzungserscheinungen, welche sein ganzes Gefüge zerstörten, schlecht bewährt. Hingegen liegen heute bereits mehrjährige gute Erfahrungen mit Turbinenschaufeln aus niedrigprozentigem Nickelstahl vor. Eine Notwendigkeit, diesen anzuwenden, besteht hingegen bei Schiffsturbinen nur ausnahmsweise; er ist anzuwenden bei Temperaturen über 250° und für sehr hohe mechanische Beanspruchungen, d. h. bei hohen Umlaufsgeschwindigkeiten und sehr langen Schaufeln.

§ 84. Material der Füllstücke.

Als solches verwendet man entweder das gleiche Material wie für die Schaufeln selbst, oder man benutzt eine etwas billigere Kupfer-Zink-Legierung, z. B. 58% Kupfer, 42% Zink o. dgl.

Für diejenigen Teile der Turbine, welche mit dem heißesten Dampf in Berührung kommen und sich demgemäß am stärksten erwärmen, hat man auch Füllstücke von weichem Flußeisen verwendet in der Absicht, dadurch die Differenz zwischen den Wärmedehnungen des Schaufelkranzes und des denselben umgebenden Stahlkörpers (Rad, Trommel) zu verringern und so einem Losewerden der Beschaufelung vorzubeugen. Die Notwendigkeit einer solchen Maßnahme ist fraglich.

§ 85. Herstellung der Turbinenschaufeln.

Die Turbinenschaufeln werden aus einem geeigneten Material durch Ziehen oder Walzen hergestellt, und zwar werden

häufig beide Prozesse kombiniert, wobei das W a l z e n dann den
Vorprozeß bildet.

Aus diesen Profilstangen werden dann durch Stanzen oder
Fräsen, die Schaufeln mit den notwendigen Fußformen und
Kopfformen hergestellt.

Die Kontrolle der Profile erfolgt durch äußerst genau
herzustellende zweiteilige Profillehren.

§ 86. Prüfung der Turbinenschaufeln.

Allgemeine Bedingungen für die Güte von Schaufelmaterial
lassen sich sehr schwer aufstellen, da das Verhalten im Dampfstrahl auf die Dauer sich von vornherein nicht übersehen läßt,
so daß man eigentlich nur auf Erfahrungszahlen, welche in
langjährigem Betrieb gewonnen sind, basieren kann. Man muß
sich also beim Prüfen der Schaufeln auf folgende Maßnahmen beschränken:

1. Prüfung der Festigkeit und Dehnung durch Zerreißver-
suche.

2. Eine gute Methode, Schaufelmaterial auf das Verhalten im
Dampfstrahl zu prüfen, sind die sog. B l a s v e r s u c h e. Man
läßt einen Dampfstrahl viele Tage und Monate lang auf die
Schaufelkante strömen und beobachtet die Abnutzung der
Schaufel.

3. Man hat zur Untersuchung von Schaufelmaterial auch
Hin- und Herbiegeproben und Härteproben herangezogen.

4. Eine V e r f o l g u n g d e s H e r s t e l l u n g s p r o -
z e s s e s und ganz g e n a u e B e s i c h t i g u n g des Materials durch aufmerksame und gut geschulte Arbeiter ist un-
erläßlich, um alle bei der Fabrikation entstehenden Fehler
(Längsrisse, Kanten-Querrisse, Oberflächenabblätterungen, doppelte Stellen) zu vermeiden bzw. zu finden. Große Vorsicht
muß beim Ziehen und Walzen der Profile angewendet werden,
um zu verhindern, daß entweder im Material enthaltene Poren
sich durch das Auswalzen zu doppelten Stellen erweitern oder
daß durch zu rasches Walzen oder Anwendung von zu wenigen
Zügen derartige Schäden in den Profilstangen auftreten. —

Sehr häufig bildet das Anfangsstadium für die Herstellung
des Schaufelmaterials die Fabrikation kräftiger Bleche (mehrere
Millimeter dick), welche in lange Streifen geschnitten werden.
Von diesen Blechstreifen wird der Grat entfernt und werden dieselben einem Walzprozeß zwischen profilierten Walzen unter-
zogen, welche in einer mehr oder minder großen Anzahl von
Walzprozessen die richtige Schaufelform ergeben.

Falls bei dieser Art der Fabrikation die Beseitigung der
Ecken, welche vom Zerschneiden der Bleche in Streifen her-
rühren, nicht sehr sorgfältig erfolgt, kann es vorkommen, daß
diese Ecken beim Walzen in die Oberfläche eingedrückt werden,
wodurch dieselbe zum Abblättern neigt. Derartige Schaufeln
sind selbstverständlich fehlerhaft und können meistens nicht verwendet werden.

§ 87. Schaufelbefestigung.

Die Schaufelbefestigung der Schiffsturbinen ist heute nicht mehr für jedes bestimmte Turbinensystem eine besondere, jeder Turbinenkonstrukteur benutzt vielmehr je nach Bedarf und je nach Meinung irgendeine der vielen jetzt vorhandenen und erprobten Konstruktionen. Die Schaufelbefestigungen sind charakterisiert:

1. durch die Befestigung der Schaufelfüße in den Rotoren,
2. durch die Befestigung der Schaufelenden untereinander durch Drähte oder Bandagen.

§ 88. Schaufelfüße.

Dieselben werden bei den in Frage kommenden geringen Umfangsgeschwindigkeiten vielfach (ursprüngliche Konstruktion von Parsons) o h n e S c h w a l b e n s c h w a n z ausgeführt und hat dann die zur Aufnahme der Schaufeln bestimmte Nut in Rotor und Gehäuse einfach die Form eines schwach konischen Rechteckes mit einigen in die Seiten eingedrehten Rillen, vgl. Fig. 59. Um den Schaufeln einen gewissen Halt zu geben, werden Einbeulungen in die Fläche derselben eingepreßt, in welche beim radialen Verstemmen der Füllstücke letztere bis zu einem gewissen Grade eingepreßt werden, während die Füllstücke selbst durch das radiale Verstemmen in die konische Nut und in die Rillen eingedrückt werden. Hierdurch haftet der ganze Schaufelkranz fest aneinander, und es hat sich gezeigt, daß bei Schaufelhavarien die Schaufeln eher abrasiert werden, als daß sie sich aus dem Kranz herausziehen. Ein Nachteil dieser Konstruktion ist die Notwendigkeit des r a d i a l e n Verstemmens, durch welches unkontrollierbare Kräfte auf die Trommeln und Gehäuse ausgeübt werden, wodurch sich diese Teile verziehen, ja sogar Sprünge erhalten können.

Meistens jedoch wird der Schaufelfuß als S c h w a l b e n - s c h w a n z ausgebildet, und zwar findet man sehr verschiedene Formen (vgl. Fig. 29 bis 31). Selbstverständlich sind diejenigen Schaufelfüße die solidesten, bei welchen — wie in Fig. 30 und 31 — die schärfste Einkerbung und daher schwächste Stelle des Fußes etwas unterhalb der Austrittsstelle des Fußes aus dem Rotor bezw. der Gehäusewandung und der Endkante der Füllstücke liegt, so daß der gefährliche Querschnitt gegen Biegung auf eine gewisse Länge der Schaufel verteilt wird.

Die F ü l l s t ü c k e läßt man entweder mit Oberkante der Nut für den Schaufelfuß abschneiden oder — was besser ist — man läßt dieselben etwas über die Nut herausragen. Die Füllstücke stützen dann die Schaufel besser und gleichzeitig wird der Dampf richtig in die nächste Schaufel eingeführt, so daß die Eindrehungen zwischen je zwei Schaufeln, wie in Fig. 60 fortfallen (im Gegensatz zu Fig. 74).

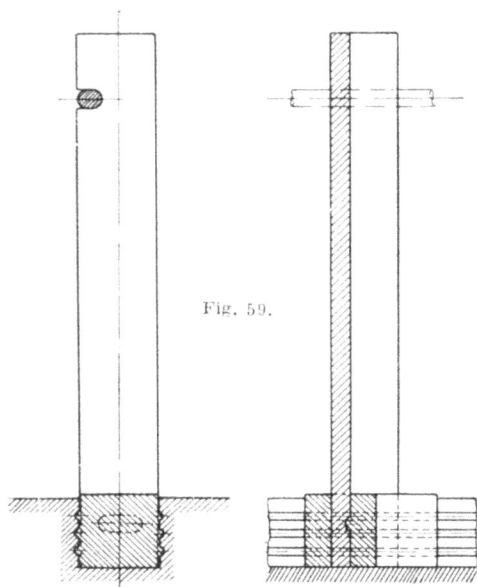

Fig. 59.

Fig. 60.

Fig. 61.

Fig. 62.

Die T i e f e der Schaufelnut ist verschieden; das Verhältnis $\frac{t}{b}$ schwankt zwischen 0,6 und 0,8, wobei t die Tiefe der Nut und b die Breite des Profils, gemessen über die Kanten, ist.

§ 89. Abstützung der Schaufelenden.

Die Schaufelköpfe werden — wie dies bei den Curtisrädern stets üblich — häufig durch aufgenietete Bandagen verbunden. Dies ist besonders zweckmäßig bei kurzen und kräftigen Schaufeln, dagegen schwieriger bei sehr langen Schaufeln. Photographie bandagierter Schaufeln siehe Fig. 62.

Eine der verbreitetsten Methoden der Abstützung der Schaufeln gegeneinander ist das Durchziehen und Einlöten von Drähten. Entweder werden die Drähte durch Löcher in den Schaufeln durchgezogen (Fig. 60 u. 61), oder sie werden in seitliche Schlitze gelegt und mittels dünner Bindedrähte mit den Schaufeln verbunden (Fig. 59). Die Lötung erfolgt durch Silberlot. Die Drähte werden in Längen von 400 bis 600 mm abgeschnitten, um durch ihre Wärmedehnung nicht zu schaden. Die Drähte werden aus Messing- oder Bimetalldraht (Eisendraht mit Kupfermantel) hergestellt.

Längere Schaufeln werden in der Mitte noch einmal, ganz lange Schaufeln außer am Ende noch zweimal gebunden.

Vielfach werden die Schaufelenden am Ende noch abgeschärft, damit dieselben bei einem event. Anstreifen in radialer Richtung sich eher an den Spitzen abbiegen oder abschleifen als ganz zerstört werden. Fig. 60 und 61.

Das Einsetzen der Schaufeln geschieht von Hand, wobei meistens mittels maschineller Vorrichtungen das Zusammenschieben und Zusammenpressen der eingesetzten Schaufeln und Füllstücke erfolgt.

Die eingesetzten Schaufeln werden vor dem Bandagieren oder Verlöten der Verbindungsdrähte genau ausgerichtet.

§ 90. Schaufel-Spielräume.

Die Bemessung der Schaufelspielräume zwischen dem feststehenden und dem umlaufenden Teil gehört zu den wichtigsten Konstruktionsarbeiten an Turbinen, da von derselben die Betriebssicherheit in hohem Grade abhängig ist.

Man ist daher selbstverständlich bestrebt, sowohl die axialen als auch die radialen Schaufelspielräume möglichst groß zu wählen, um auf alle Fälle davor sicher zu sein, daß die Schaufeln aus einem der unten angegebenen Gründe nicht zum Anstreifen kommen. Anderseits aber bildet eine obere Grenze für die Bemessung der Schaufelspielräume

1. bei den radialen Schaufelspielräumen die Rücksicht auf den Wirkungsgrad, welcher durch zu große Schaufelspielräume sehr ungünstig beeinflußt wird,

2. bei den axialen Spielräumen die Rücksicht auf den Wirkungsgrad, welcher abnimmt, wenn die Größe der axialen Spalten ein gewisses Maß überschreitet, ferner, wenn auch nur in geringerem Maße, die Rücksicht auf die Baulänge der Turbine und damit auf Platzbedarf und Gewicht.

§ 91. Bemessung der radialen Schaufelspielräume.

Die Größe der radialen Schaufel-Spielräume hängt im wesentlichen ab von dem Durchmesser des Rotors. Je größer derselbe ist, desto schwerer ist es, bei der Konstruktion desselben sowie des zugehörigen Gehäuses genaues Maß einzuhalten, desto größer werden die Deformationen des Gehäuses durch die Wirkung des Gewichts, durch Spannung in demselben und durch Wärmedehnung.

Man wird ungefähr das Richtige treffen, wenn man die radialen Spielräume bemißt nach der Beziehung:

radiales Spiel in mm $= 1 + 0,8\ D$,

wobei D gleich dem Außendurchmesser des Rotors an der betreffenden Stelle in Metern zu setzen ist. Es würde sich also hieraus ein radialer Schaufelspielraum ergeben von

1,8 mm bei einem Rotor von 1 m äußerem Durchmesser,
2,6 mm bei einem Rotor von 2 m äußerem Durchmesser,
4,2 mm bei einem Rotor von 4 m äußerem Durchmesser.

Diese Verhältnisse decken sich mit praktischen Ausführungen.

§ 92. Bemessung der axialen Spielräume.

Die Größe der axialen Schaufelspielräume hängt ab von der Länge der Schaufeln, da es um so schwieriger ist, die Schaufeln gerade auszurichten, je länger sie sind. Ferner ist es notwendig, die Schaufelspielräume um so größer zu bemessen, je weiter der betreffende Schaufelkranz von derjenigen Stelle entfernt ist, welche durch das Drucklager fixiert ist (wegen der meist verschiedenen Wärmedehnung von Gehäuse und Rotor).

Da die Breite der Schaufeln und deren Länge in einer gewissen Proportion zu dem axialen Spiel stehen, kann man eine Formel aufstellen, welche letzteres als Funktion der Schaufelbreite (hierunter ist verstanden die Projektion der Schaufel auf eine durch die Turbinenachse gelegte Ebene, mit anderen Worten: die größte Breite der Schaufelnute) und Schaufellänge angibt. Ist diese Schaufelbreite gleich a, die Schaufellänge $= l$ in mm, so kann das axiale Spiel s zu jeder Seite der Schaufel etwa bemessen werden auf:

$$s = 0,4\ a + 0,01\ l.$$

Bei Turbinen von kleinem Durchmesser, sowie bei Schaufelkränzen, welche nahe am Drucklager sitzen, wird man einen etwas kleineren Wert wählen können als denjenigen, welcher aus dieser Formel hervorgeht. — Bei Schaufeln, welche weiter vom Drucklager entfernt sind, sowie bei Curtisrädern sehr großen Durchmessers wird man unter diesen Wert nicht herabgehen dürfen.

Bei diesen Werten für die Schaufelspielräume wird natürlich die absolut exakte Ausführung vorausgesetzt, ohne welche die Herstellung einer betriebssicheren und ökonomischen Turbine überhaupt nicht möglich ist.

II. Abschnitt.

Die Rotoren.

§ 93. Aufbau der Rotoren. Allgemeines.

Die Rotoren bestehen entweder aus einer Trommel oder aus einer Anzahl von Rädern mit gemeinsamer Welle oder aus einer Vereinigung eines oder mehrerer Räder mit einer oder mehreren Trommeln. Man unterscheidet Rotoren mit durchgehender Welle und solche mit eingesetzten Wellenzapfen; letztere werden fast nur bei reinen Trommelrotoren verwendet. Die Konstruktion der Rotoren erfordert, namentlich bei sehr großen Turbinen, die größte Sorgfalt nicht nur wegen der zu beherrschenden Gewichte, sondern auch wegen der auftretenden Wärmedehnungen.

§ 94. Rotoren mit durchgehender Welle.

Zunächst sei an Hand einiger Figuren der typische Aufbau der häufigsten Ausführungen besprochen. Rotoren mit durchgehender Welle finden sich beispielsweise fast stets bei Torpedobootsturbinen.

Eine Konstruktion dieser Art zeigt Fig. 63. Die Trommel ist auf der einen Seite durch eine sehr feste konische Scheibe gestützt, welche auch den Trommelschub (vgl. § 55) aufzunehmen hat. Am anderen Ende wird die Trommel nur durch eine schwächere Scheibe getragen, welche absichtlich in ihren Dimensionen so nachgiebig konstruiert ist, daß eine leichte Durchbiegung derselben die Differenz der Dehnung der Welle und der Trommel ausgleichen kann. Diese Scheibe ist mit Erleichterungslöchern versehen, ein Schub auf dieselbe ist nicht vorhanden. Die Befestigung der beiden Trommelscheiben auf der Welle erfolgt durch auf die Nabe gezogene Schrumpfringe oder durch Warmaufziehen.

Vor der Trommel sind fünf dreikränzige Curtisräder angeordnet, welche fest auf die Welle aufgezogen und dann durch eine kurze Mutter in ihrer Lage gesichert sind; vor den dreikränzigen Rädern befindet sich noch ein vierkränziges

10*

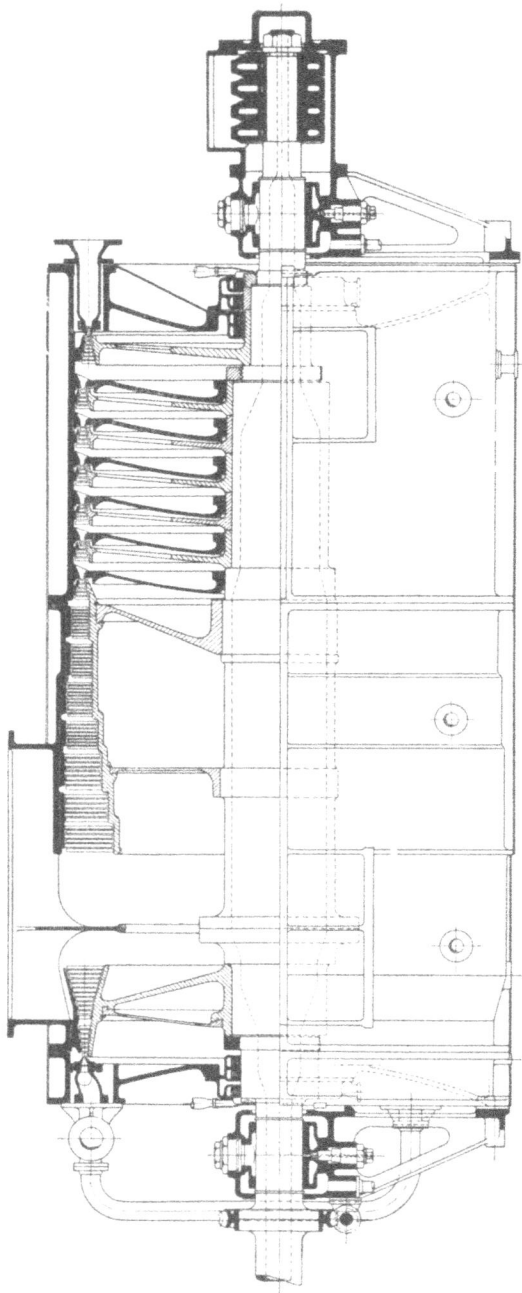

Fig. 64.

Fig. 65.

Curtisrad. Auf dem andern Ende der Welle ist die Rückwärtstrommel befestigt, der dieselbe tragenden Scheibe ist durch
eine zweite dünnere Scheibe, welche schräg von hinten nach
vorn geneigt ist, größere Steifigkeit verliehen.

Den Rotor einer solchen ausgeführten Torpedobootsturbine
zeigt die Photographie Fig. 64.

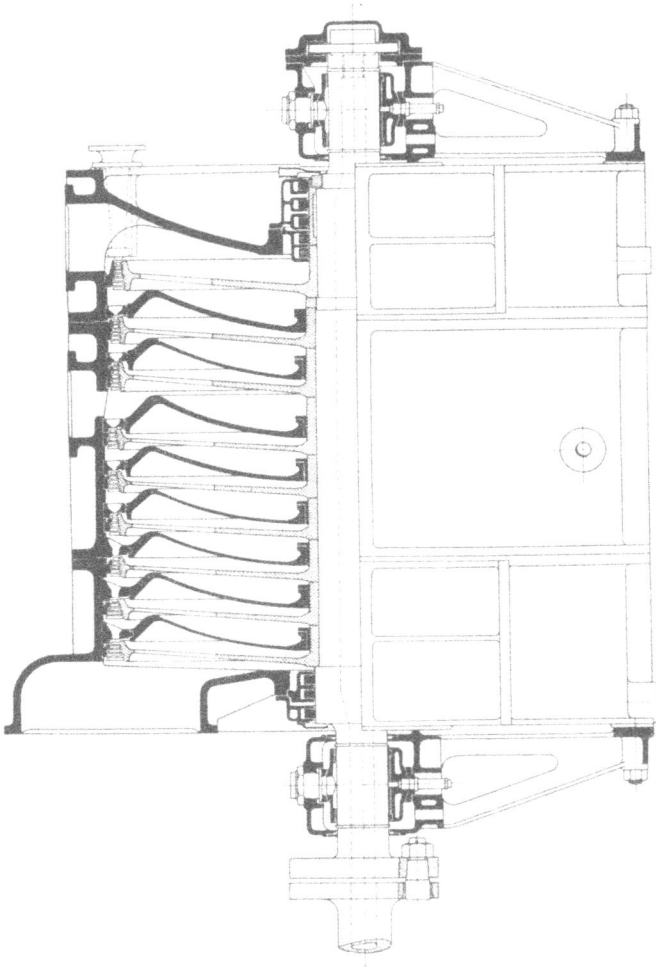

Fig. 66.

Man erkennt deutlich vorn die Drucklagerringe (vgl. § 116),
dann die Räder mit dazwischen liegenden Zwischenböden, die
Vorwärtstrommel, die Verbindung der beiden Wellenstücke
durch Flanschenkupplung (vgl. § 97), endlich die Rückwärtstrommel mit vorgelegtem vierkränzigen Curtisrad, auf der
Trommel angeordnet, den Stopfbüchsenlaufring (vgl. § 97), die
hintere Lagerstelle, dann den Spritzring und den hinteren
Kupplungsflansch.

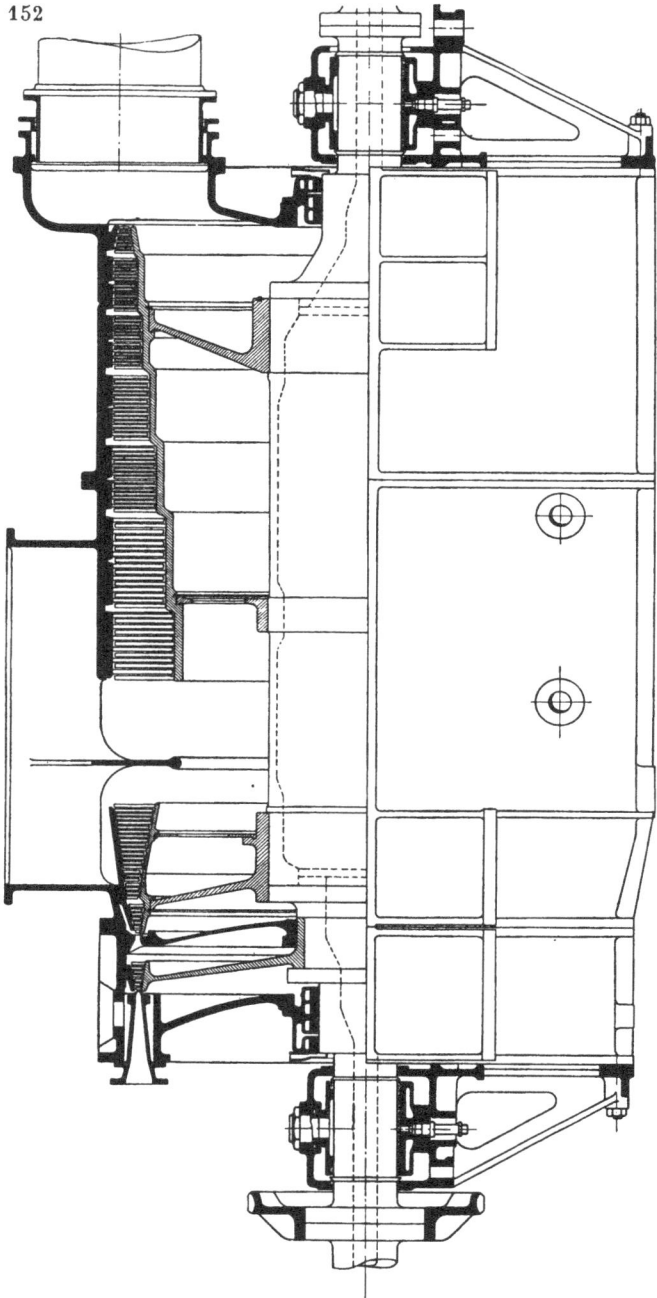

Fig. 67.

Fig. 66 u. Fig. 67 zeigen Hochdruck- bzw. Niederdruckturbine (letztere mit eingebauter Rückwärtsturbine) eines

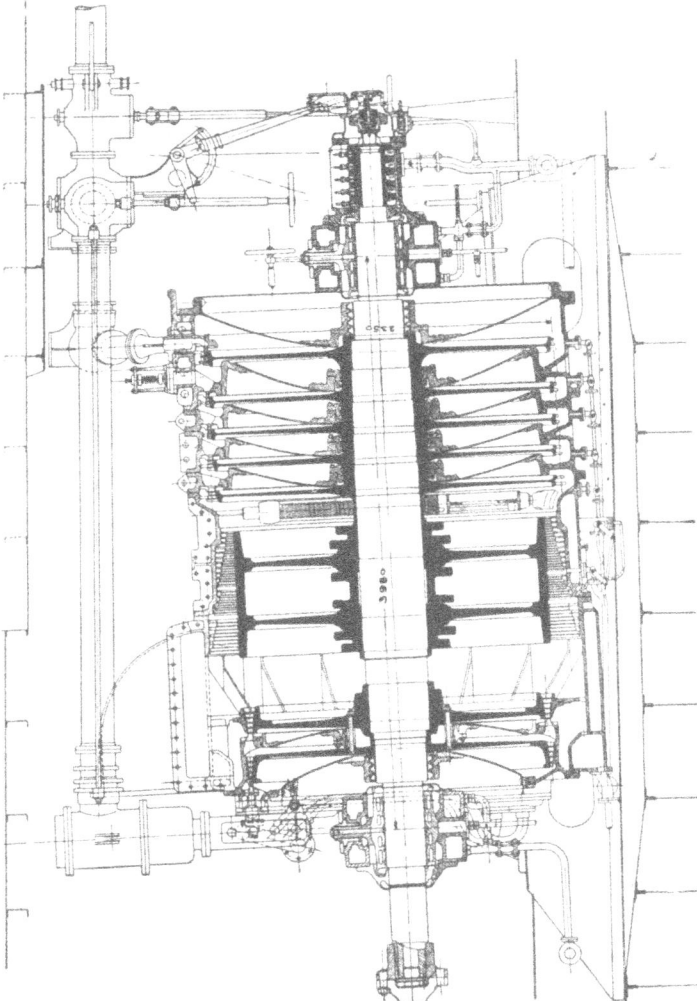

Kreuzers. Beide Turbinen sind auf einer Welle angeordnet;
zwischen beiden befindet sich das Drucklager der Niederdruckturbine. Auf den *HD*-Rotor wirkt bei der hier vorliegenden

reinen Räderturbine ein Dampfschub nur infolge etwa vorhandener Unterschiede in den Dichtungsdurchmessern der Außen- und Zwischenstopfbüchsen. Dieser Schub ist meist sehr gering, so daß zu dessen Aufnahme ein am vorderen Ende angeordneter Druckring genügt, der an sich schon zur axialen Fixierung des Rotors notwendig ist.

Die Hochdruckturbine Fig. 66 besteht aus drei vierkränzigen und sechs dreikränzigen Curtisrädern; von den ersteren sind zwei nur für Marschfahrt in Betrieb. Die Niederdruckturbine besteht aus einer einzigen Trommel, welche mit einer vollbeaufschlagten Curtisstufe beginnt.

Die Rückwärtsturbine besteht aus einem vierkränzigen und einem dreikränzigen Curtisrad.

Ein Satz der in Fig. 66 und Fig. 67 dargestellten Turbinen, bestehend aus einer *HD*- und einer *ND*-Turbine leistet bei ca. 300 Umdrehungen 15 000 effektive Pferdestärken, wobei der Durchmesser des vierkränzigen Curtisrades ca. 2400 mm beträgt.

Fig. 65 gibt die photographische Ansicht eines Niederdruckrotors ähnlicher Bauart.

In Fig. 68 ist eine der beiden Turbinen des Passagierdampfers »Kaiser« der Hamburg-Amerika-Linie dargestellt, welche schon dadurch Interesse bietet, daß sie die erste für die deutsche Handelsmarine erbaute Dampfturbine ist und trotzdem seit der Inbetriebsetzung stets ohne Störung zu voller Zufriedenheit gearbeitet hat. Die von der AEG, Berlin, erbaute Turbine ist gemischten Systems; vor der Vorwärtstrommel sind ein dreikränziges und vier zweikränzige Curtisräder angeordnet, während die Rückwärtsturbine aus zwei vierkränzigen Curtisrädern besteht. Die Gesamtleistung der beiden Vorwärtsturbinen des Schiffes beträgt ca. 6000 PSe bei ca. 600 Umdrehungen pro Minute.

Fig. 35 (siehe § 55) zeigt schematisch die Hochdruckvorwärts-Turbine gemischten Systems eines großen Passagierdampfers. Dieselbe besitzt nur ein einziges dreikränziges Curtisrad, welches gleichzeitig die vordere Trommelscheibe bildet und daher außerordentlich kräftig ausgebildet ist. Die Trommel wird am hinteren Ende durch eine elastische Radscheibe getragen, welche imstande ist, die geringe Deformation aufzunehmen, welche durch die verschiedene Längendehnung der Welle und der Trommel bedingt ist.

Die photographische Abbildung Fig 69 zeigt einen solchen Rotor auf der Drehbank.

Die Wirkungsweise dieser Turbine ist die gleiche, wie in § 55 beschrieben; zur Verringerung des Dampfschubes auf den vorderen Trommelboden ist ein Entlastungskolben angebracht, welcher in Fig. 35 nicht gezeichnet ist.

§ 95. Wellen.

Die Wellen der Schiffsturbinen werden zumeist aus weichem Siemens-Martinstahl hergestellt. Bisweilen kommen auch Wellen aus niedrigprozentigem Nickelstahl zur Verwendung.

Das Material aus Siemens-Martinstahl besitzt meist eine Festigkeit von 45 bis 50 kg pro qmm bei 20% Dehnung, gemessen auf 200 mm Probestablänge und 20 mm Durchmesser.

Fig. 71 stellt eine Welle dar, welche nur mit einer glatten Bohrung versehen ist, um den gesunden Zustand des Welleninnern feststellen zu können.

Fig. 72 zeigt eine zweiteilige Welle mit verhältnismäßig geringer Wandstärke und großem Durchmesser, wodurch bei geringstem Gewicht eine sehr große Steifigkeit der Welle erzielt wird. Die beiden Wellenstücke werden nach dem Ausbohren durch 8 bis 10 kräftige Kupplungsbolzen miteinander verbunden. Die Schrauben dieser Flanschenverbindung sind möglichst kräftig zu wählen, und zwar sollten zwei diametral gegenüberliegende Schrauben genügen, um bei vierfacher Sicherheit das Eigengewicht der Welle nebst aufgesetzten Rädern und Trommeln zu tragen.

Da manchen Bestellern die im Innern der Turbine liegende Flansch- bzw. Schraubenverbindung, weil sie ein Losewerden der Muttern befürchten (was übrigens durch entsprechende Sicherung der Muttern leicht verhütet werden kann), unsympathisch ist, findet man häufig ungeteilte Wellen (vgl. Fig. 66). Derartige Wellen werden erst an einem Ende fertiggestellt und an dem andern zunächst mit großer Bohrung ausgeführt, so daß das Innere der Welle die gewünschte Bearbeitung erfahren kann. Dann erst wird das zweite Ende zusammengestaucht, so daß die Bohrung an dieser Stelle das gewünschte kleinere Maß annimmt, und erst dann wird die Welle auch an diesem Ende auf Maß gebohrt und fertiggedreht.

Fig. 73 zeigt ebenfalls eine hohle Welle zum Tragen der Trommel, bzw. die Wellenstummel, welche an die Hohlwelle angesetzt werden.

Maßgebend für die Dimensionierung der Wellen ist die wegen der Einhaltung der Stopfbüchsen- und Schaufelspalten maximal zulässige Durchbiegung, die sich mit Rücksicht auf das Gewicht der gesamten rotierenden Masse ergibt. Diese maximale Durchbiegung wird in den Grenzen von 0,3 bis 0,5 mm gehalten.

Schiffsturbinenwellen, die auf dieser Basis bemessen sind, laufen selbst bei ihrer höchsten Betriebsumlaufzahl noch erheblich unter ihrer kritischen Geschwindigkeit.

Wenngleich aus diesem Grund das Ausbalancieren der rotierenden Massen bei Schiffsturbinen erheblich weniger Schwierigkeiten macht als bei schnellaufenden Landturbinen, so daß in den meisten Fällen, namentlich bei Turbinen mit verhältnismäßig geringer Umdrehungszahl, das statische Balancieren der Einzelteile und zum Schluß des gesamten Rotors zur Erzielung eines vibrationsfreien Ganges ausreicht, so bietet doch auch bei Schiffsturbinen die dynamische Balancierung, wie sie durch Fig. 70 veranschaulicht wird, ein vorzügliches Mittel für die Erzielung eines vibrationsfreien Laufes der Turbinen.

Fig. 69.

Die in Fig. 70 dargestellte Vorrichtung zum dynamischen Ausbalancieren der Rotoren besteht im wesentlichen darin, daß man den Rotor in elastisch beweglichen Lagerschalen auf eine bestimmte Tourenzahl bringt. Bei vorhandener Unbalance tritt ein Schlagen der Lager ein, aus welcher Erscheinung durch Erwägungen, deren Erörterung hier zu weit führen würde,

Fig. 70.

Lage und Größe der anzubringenden Ausgleichmassen bestimmt wird.

Der äußere Durchmesser der Welle von Turbinen gemischten Systems wird für die Befestigung der Laufräder stufenförmig abgesetzt, um diese bequem hintereinander aufsetzen zu können. Ebenso werden für die Befestigung der Trommelscheiben besondere Arbeitsflächen vorgesehen. Ferner erhält die Welle an

jedem Ende ein glattes Stück für die Unterbringung der Stopfbüchse; häufig werden auch an dieser Stelle besondere Stopf-
büchsenlaufringe aufgezogen. Über die Eindrehungen bei
Stopfbüchsen mit Spitzendichtung vgl. § 112. Am vorderen
Ende der in Fig. 71 und 72 dargestellten Wellen ist noch ein
über das Traglager hinausragender Zapfen *b* vorgesehen, welcher
zur Aufnahme der Druckringe dient, während das andere Ende
bei der Welle Fig. 71 einen angeschmiedeten, bei Fig. 72 einen
besonders aufgesetzten Kupplungsflansch für den Anschluß der
Wellenleitung besitzt.

Um eine Drehung der Räder auf der Welle zu verhindern,
werden Federn vorgesehen, während das Festhalten der Laufräder in der Längsrichtung meistens durch eine am vorderen
Ende vorgesetzte bronzene oder schmiedeeiserne Mutter bewerkstelligt wird (vgl. Fig. 63 u. 66).

Über Durchmesser und Länge der L a g e r z a p f e n vgl. § 113
(Traglager).

Die Lagerzapfen werden an jedem Ende durch Spritzringe
begrenzt, um zu verhindern, daß das aus der Lagerschale ausgetretene Öl sich weiter über die Welle verbreitet und ev. in
die Stopfbüchsen gelangt. Am vorderen Ende der Welle wird
gewöhnlich noch ein sog. Notregulator sowie ein Umdrehungs-
anzeiger angebracht. Auf dem hinteren Kupplungsflansch wird
ferner ein zweiteiliges Schneckenrad befestigt, um mittels ein-
rückbarer Schnecke die Welle drehen zu können.

Werden die Dimensionen einer Turbine so groß, daß sie
in zwei in einer Achse hintereinander liegende Gehäuse zerlegt
werden muß, dann wird das Drucklager nicht am vorderen
Ende der Hochdruckturbine, sondern am vorderen Ende der
Niederdruckturbine angebracht. Zwischen beiden Turbinenwellen wird dann gewöhnlich eine besondere Druckwelle, wie
bei Kolbenschiffsmaschinen üblich, eingeschaltet und mit der
Niederdruckwelle durch eine Flanschenkupplung fest verbunden. Das vordere Ende der Druckwelle wird dagegen mit dem
hinteren Ende der Hochdruckturbinenwelle nicht fest, sondern
durch eine axial bewegliche Flanschenupplung verbunden, damit sich die Hochdruckwelle unabhängig von der Niederdruckwelle ausdehnen und die axiale Einstellung der beiden Rotoren
unabhängig voneinander erfolgen kann. In diesem Fall erhält
die Hochdruckturbinenwelle (vgl. § 66) am vorderen Ende nur
einen aufgesetzten Druckring, welcher den Zweck hat, die Hochdruckwelle in der Längsrichtung in ihrer richtigen Lage festzuhalten.

§ 96. Die Räder (Laufräder) der Turbinen gemischten Systems.

Als Material hierfür wird Stahlguß oder für sehr hohe
Umdrehungszahlen auch geschmiedeter Stahl verwendet. Die
L a u f r ä d e r (Radscheiben) werden entweder eben oder, um
eine größere Steifigkeit zu erzielen, etwas konisch gemacht. Hierdurch ist auch die Möglichkeit gegeben, den Zwischenböden bei
gleichbleibender Baulänge der einzelnen Stufen eine größere

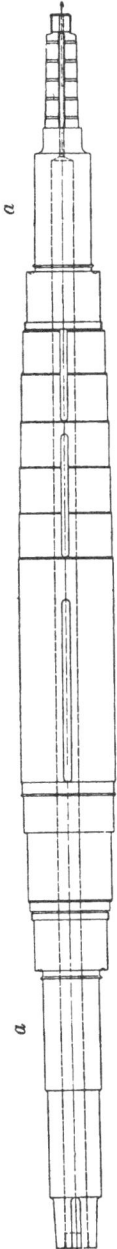

Fig. 71.

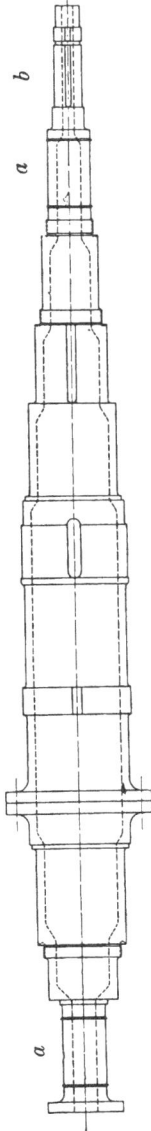

Fig. 72.

Wölbung zu geben, welche von großem Vorteil für deren Festigkeit und Steifigkeit ist.

Die Dicke der Radscheibe wird an der Nabe etwa zwei- bis dreimal so groß gemacht als am Umfang[1]). Um den Druckausgleich vor und hinter der Scheibe mit Sicherheit erreichen zu können, werden die Radscheiben gegen den äußeren Umfang hin mit 6 bis 8 großen Löchern versehen, deren Kanten entweder gut abgerundet oder auch zugeschärft werden, um die Ventilationsarbeit möglichst zu verringern.

Der äußere Kranz für die Aufnahme der Schaufel erhält bei Turbinen für Torpedoboote und kleine Kreuzer etwa 20 bis 25 mm Stärke und ist mit den für die Aufnahme der Schaufeln und Zwischenstücke erforderlichen Nuten (s. Fig. 74—76) versehen. Der Kranz kann entweder symmetrisch zur Radscheibe sitzen (Fig. 75 u. 76) oder einseitig anschließen (vgl. Fig. 74). Vgl. auch Fig. 78 und Fig. 79 mit anderer Schaufelbefestigung. Die Nabe erhält bei Turbinen für Torpedoboote und kleine Kreuzer gewöhnlich nur eine Wandstärke von 25 bis 50 mm, um ihren äußeren Durchmesser möglichst klein und hierdurch die Verluste durch die Zwischenstopfbüchsen möglichst gering zu halten.

Gegen Drehung werden die Laufräder, wie bereits im § 95 erwähnt, durch eine flache Feder auf der Welle gesichert. Da die Laufräder sowohl genau zentrisch zur Welle als auch senkrecht zur Drehachse stehen müssen, ist es erforder-

---

[1]) Genaue Berechnung von Scheiben s. Stodola, »Dampfturbinen«, IV. Aufl.

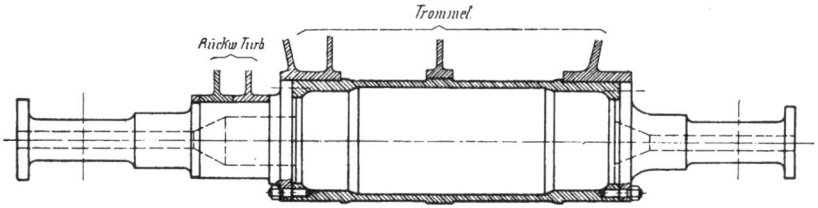

Fig. 73.

Fig. 74.

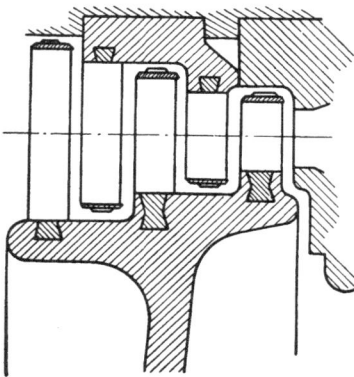

Fig. 75.

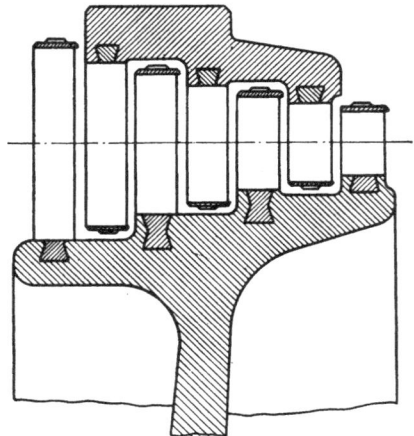

Fig. 76.

lich, daß sie genau auf die Welle passen und die Endflächen
der Scheiben, mit denen diese gegenseitig fest aneinander anliegen, ebenfalls genau eben und senkrecht zur Drehachse hergestellt werden. Um die Räder behufs Besichtigung der Zwischenstopfbüchsen von der Welle abziehen zu können, was ohne
Schwierigkeiten möglich ist, werden in der Nähe der Nabe zwei

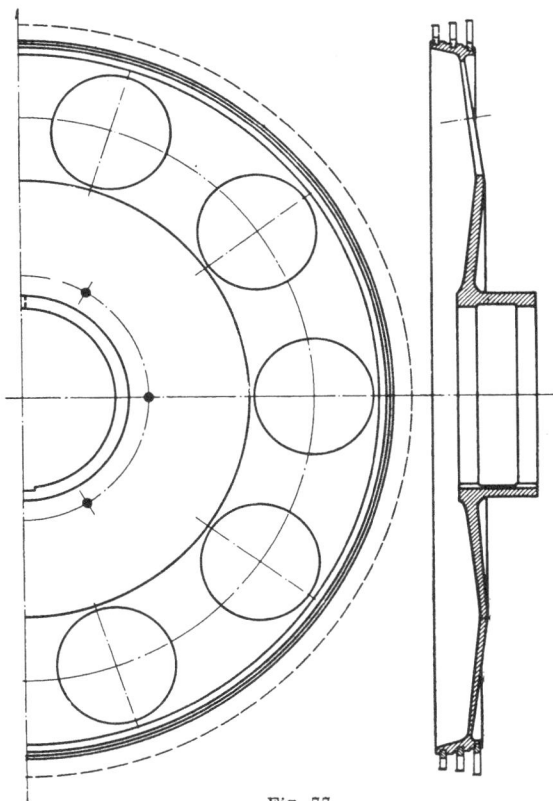

Fig. 77.

oder mehr Gewindelöcher in der Radscheibe vorgesehen, in
welche die Abzugsschrauben eingeschraubt werden können.

Es ist auch vorteilhaft, die Tragfläche der Nabe etwas auszu-
sparen, um vor dem Abziehen durch ein hierzu vorgesehenes Loch
Fett einpressen und hierdurch die Scheibe lockern zu können.

Flache und kegelige Radscheiben haben, wenn sie im Verhältnis zum Schaufelkranz sehr dünn sind, die Neigung, sich

im Betrieb zu werfen, wenn beim Manövrieren Radkranz und
Scheibe sich ungleich erwärmen, was allerdings nur bei unge-
schickter Bedienung mangels richtigen Anwärmens erfolgen kann.
Ebene Räder werfen sich unter solchen Umständen unregelmäßig;
bei Rädern mit konischen Radscheiben wird der Kegel der Radscheibe flacher, wenn der Radkranz sich mehr als die Scheibe
erwärmt und umgekehrt, d. h. der Radkranz verschiebt sich
unter solchen Umständen in axialer Richtung gegen die Nabe.
Wie erwähnt, verschwindet diese Erscheinung um so mehr, je
stärker die Scheibe im Verhältnis zum Kranz gemacht wird.
Da jedoch die Gewichtsfrage bei Schiffsturbinen eine große
Rolle spielt, ist man neuerdings, um die Vorteile leichten Gewichtes und steifer Radkonstruktion zu vereinigen, auf Grund

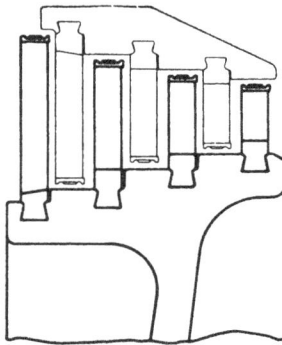 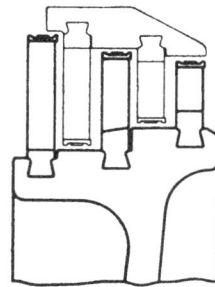

Fig. 78.   Fig. 79.

ausgedehnter Versuche dazu übergegangen, Radscheiben mit
Doppelkegel nach Fig. 77 anzuwenden. Die erwähnten Versuche
haben ergeben, daß bei solchen Rädern die Tendenz des einen
Radkegels, den Radkranz bei ungleicher Erwärmung axial aus-
weichen zu lassen, durch den entgegengesetzt gerichteten zweiten
Radscheibenkegel nahezu kompensiert wird.

Räder von sehr großem Durchmesser (über 2½ m) können
auch nach Fig. 80 aus Stahlgußnabe mit eingesetzten Armen,
kegelförmigen flußeisernen Scheiben und flußeisernem Radkranz
zusammengenietet werden. Die erforderliche Seitensteifigkeit
des Rades wird dadurch erreicht, daß infolge der großen bei
Räderturbinen pro Stufe verfügbaren Baulänge die Radscheibe
an der Nabe, ohne den Zwischenboden resp. die Zwischenstopfbüchsen zu beeinträchtigen, sehr breit gemacht werden kann.
Selbstverständlich müssen bei dieser Konstruktion alle Nietköpfe und Schraubenköpfe derart gesichert werden, daß — auch
wenn sie abspringen sollten — sie sich nicht von ihrem Platz
entfernen können.

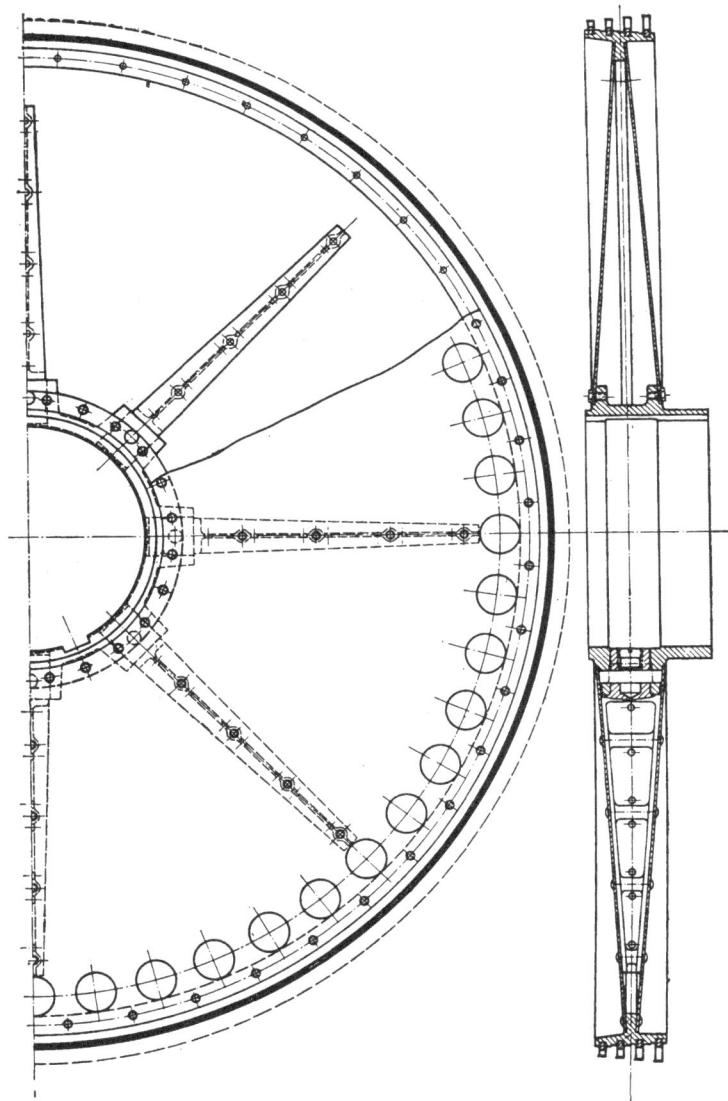

Fig. 80.

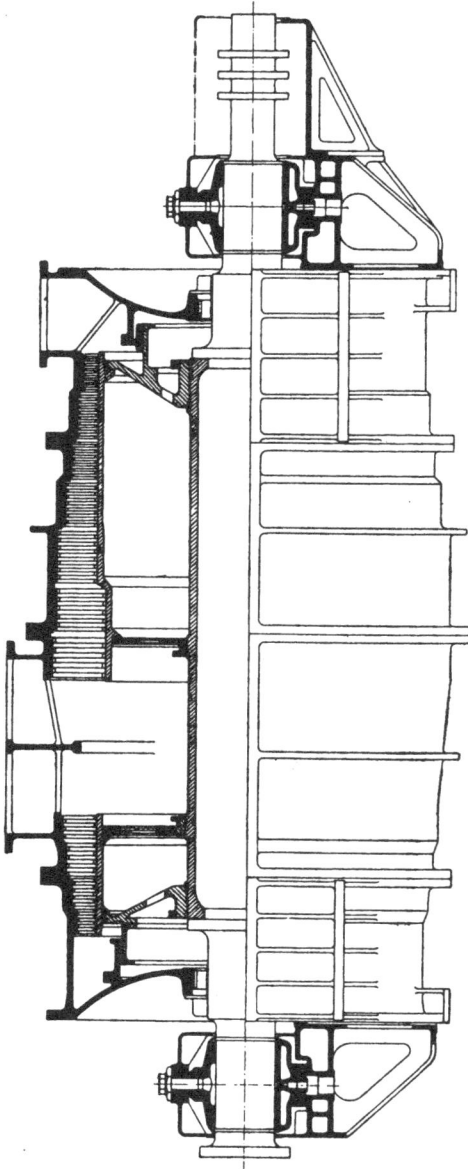

Fig. 81.

§ 97. Befestigung der Trommeln bei durchgehender Rotorwelle.

(Über die Berechnung der Trommeln siehe § 99.)

Die Vorwärtstrommel, welche zur weiteren Ausnutzung des aus den C-Stufen austretenden Dampfes vorgesehen ist, wird aus Stahlguß oder aus geschmiedetem Stahl hergestellt und an jedem Ende durch eine Scheibe gehalten. Die vordere Trommelscheibe wird, wie die Laufräder, etwas konisch und kräftig ausgebildet, um den auf die Scheibe wirkenden Dampfschub aufzunehmen und die Trommel auch in der Längsrichtung festzuhalten. Die hintere Trommelscheibe hingegen ist nur leicht ausgeführt, eben hergestellt und mit einigen Erleichterungslöchern versehen. Diese Scheibe hat nur den Zweck, die Trommel zu tragen, und muß bei der axialen Ausdehnung der Trommel durch die Wärme nachgeben können.

Die Befestigung der Trommel auf den Scheiben ist aus Fig. 63, 67 u. 81 deutlich zu ersehen. Zur Sicherung der Trommel werden nach dem Aufsetzen derselben auf die Scheiben schmiedeeiserne Ringe in die dazu vorgesehenen Ringnuten eingestemmt. Gegen Drehung werden am äußeren Umfang der vorderen Scheibe einige Dübel eingesetzt, während die Scheiben auf die Welle zylindrisch stramm aufgesetzt und gegen Drehung durch flache Federn gesichert werden.

Die Trommel für die Rückwärtsturbine wird bei kleineren Trommeln mit der konischen Radscheibe aus einem Stück hergestellt (s. Fig. 63) und durch eine zweite konische Scheibe, welche an der Nabe und der Trommel befestigt wird, gestützt. Größere Rückwärtstrommeln werden in derselben Weise ausgeführt wie die Vorwärtstrommeln (siehe Fig. 67 u. 81).

Fig. 81 zeigt die Niederdruckturbine eines größeren Kriegsschiffes und ist instruktiv für die Befestigung der Trommel auf einer durchgehenden Welle.

§ 98. Rotoren mit nicht durchgehender Welle.

Solche Rotoren werden beinahe stets bei reinen Trommelturbinen verwendet und sind typisch für dieselben. Im Prinzip beruht die Konstruktion derselben darauf, daß in beide Enden der Trommel Scheiben oder Radsterne eingesteckt werden, in welchen die Wellenzapfen befestigt sind.

Schematisch sind die einzelnen Turbinen einer reinen Trommelturbinen-Anlage in Fig. 83 bis Fig. 85 dargestellt.

Die erstere zeigt den Längsschnitt (der Rotor ist nicht geschnitten) durch den Hochdruckzylinder, die zweite durch den Niederdruckvorwärtszylinder mit eingebauter Rückwärtsturbine, die dritte durch die Marschturbine (vgl. § 161.)

Einen besseren Überblick über den Aufbau einer reinen Trommelturbinenanlage mit nicht durchgehenden Wellen gibt Fig. 86 und Fig. 87. Die erstere der beiden Figuren zeigt die

Hochdruckmarschturbine, die letztere die Niederdruckturbine eines kleinen Kreuzers; in letztere ist die Niederdruckrückwärtsturbine eingebaut.

Das Schema der betreffenden Anlage geht aus der Skizze Fig. 82 hervor. Das Schiff besitzt vier Wellen, auf jeder Außenwelle ist eine HD-Vorwärts- und eine HD-Rückwärtsturbine angeordnet. Jede Mittelwelle trägt eine Niederdruckvorwärtsturbine mit eingebauter ND-Rückwärtsturbine; außerdem ist auf der SB-Innenwelle eine HD-, auf der BB-Innenwelle eine ND-Marschturbine angeordnet, welche bei ökonomischer

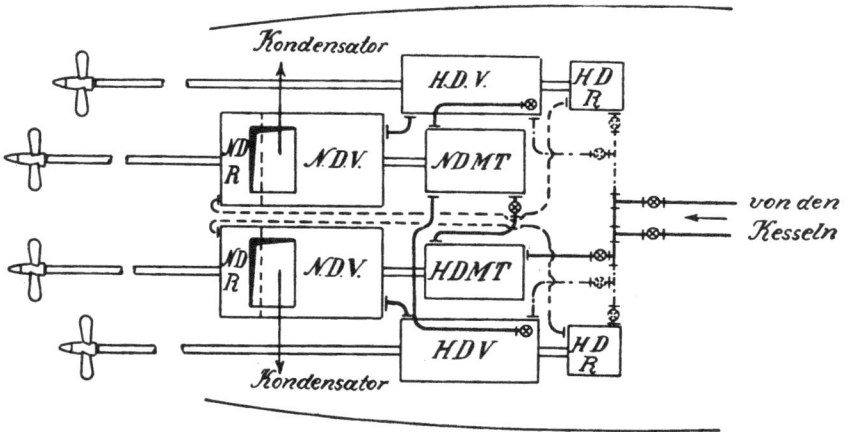

Fig. 82.

Fahrt nacheinander vom Dampf durchströmt werden, bevor der Dampf in die HD-Turbinen einströmt.

Der Aufbau der Rotoren — welcher uns hier zunächst interessiert — ist der folgende:

1. **Hochdruckrotor.** Fig. 86. In die Stahlgußtrommel sind an beiden Enden Radsterne mit starken Naben und Armen eingezogen, welche am Umfang mit einem rings umlaufenden Rand versehen sind, den die Trommel umschließt. Letztere ist warm aufgezogen und mit diesem Rand durch viele Gewindedübel fest verbunden.

Die Wellenzapfen, durchbohrt und an den Enden mit Gewindeputzen verschlossen, sind in die Naben der Radsterne eingeschrumpft.

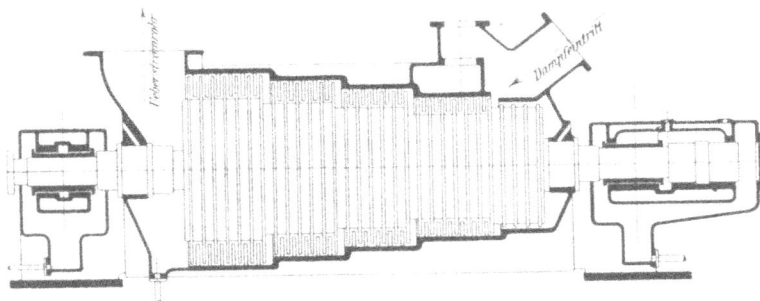

Fig. 83.

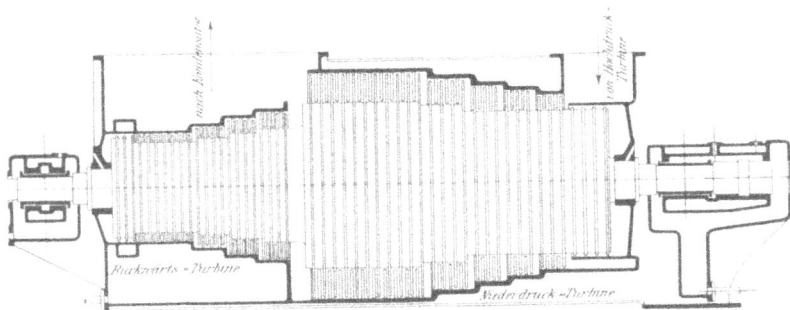

Fig. 84.

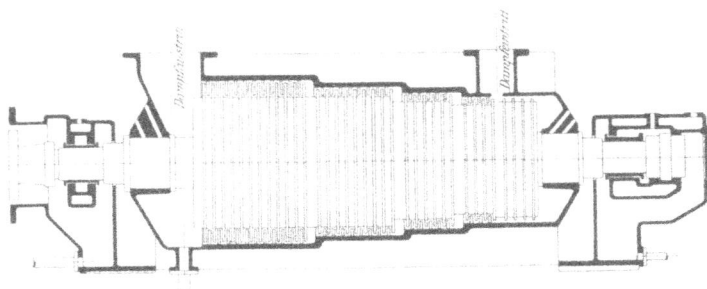

Fig. 85.

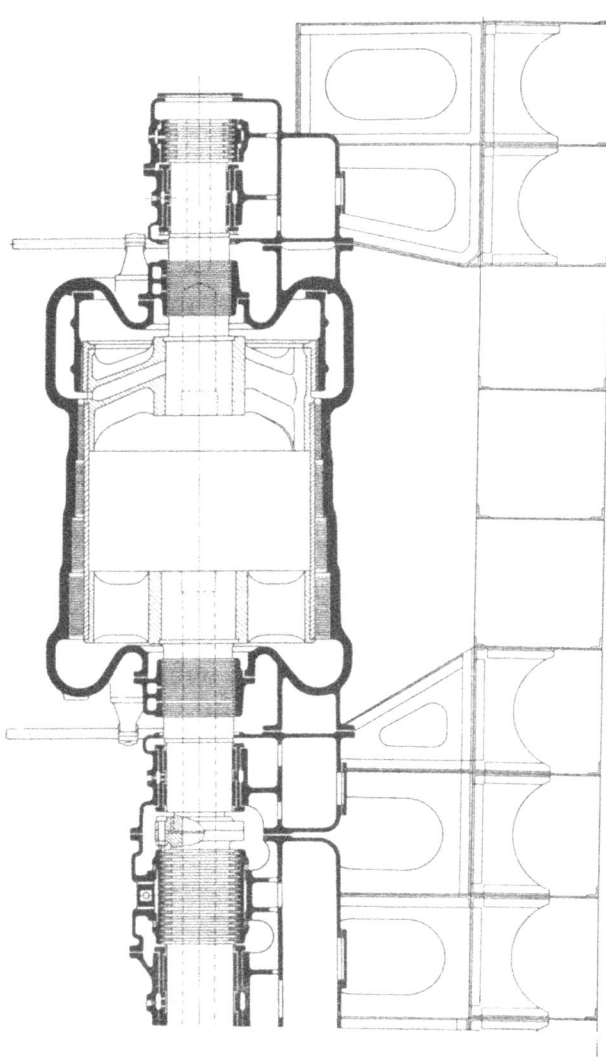

Fig. 86.

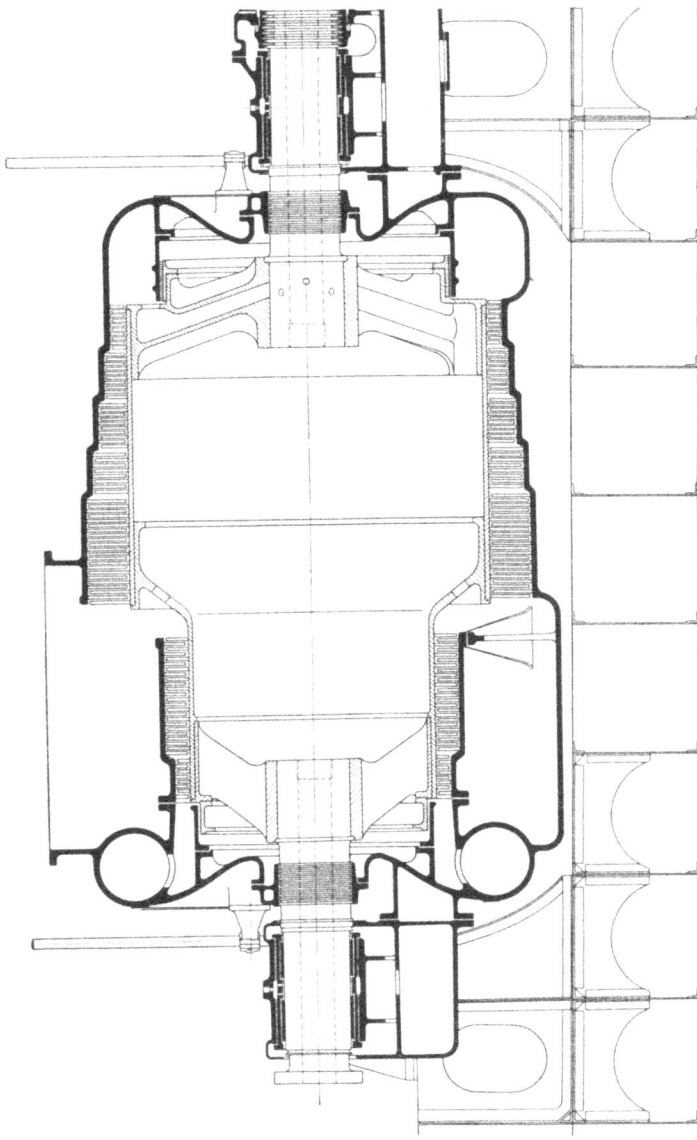

Fig. 87.

Die Arme der Radsterne am *HD*-Ende der Trommel sind
hohl, und die Hohlräume stehen mit dem hochgespannten Dampf,
welcher in die Trommel eintritt, in Verbindung. Der Zweck
dieser Einrichtung ist der folgende: Die Trommel wird außen
an diesem Ende von dem sehr heißen hochgespannten Dampf
umflossen, während sie in ihrem ganzen Inneren mit Dampf
von der Trommel-Austrittsspannung erfüllt ist (am Vorderende
ist eine Entlastungsdichtung vorgesehen). Es hat infolgedessen
die Trommel das Bestreben, sich mehr zu dehnen als die Radarme und sich daher von denselben abzuheben oder dieselben
abzureißen. Gleichzeitig wird ein Lockerwerden der Schrumpf-
verbindung des Wellenzapfens in der Nabe der Radsterne zu
befürchten sein. Dieser Übelstand wird vermieden durch den
Eintritt von hochgespanntem Dampf in die Arme der Radsterne
und zu dem Wellenzapfen.

Am hinteren Ende der Trommel ist diese Maßnahme nicht
nötig, da sowohl die Trommel als auch die Radarme mit Dampf
von Austrittsspannung umgeben sind und sich daher in gleichem
Maße ausdehnen.

2. Der Rotor der Niederdruckturbine, Fig. 87, ist
aufgebaut aus einer Trommel, bestehend aus zwei Schüssen;
einem mit größerem Durchmesser für die Vorwärts- und einem
mit kleinerem Durchmesser für die Rückwärtsturbine. Letzterer
ist nach der Mitte erweitert und trägt einen starken breiten Ring,
über welchen die Vorwärtstrommel geschoben und auf welchem
sie aufgeschrumpft und mittels durchgehender Gewindestifte
befestigt ist.

An beiden Enden der Trommel sind Entlastungen vorgesehen, um sowohl bei Vorwärts- als auch bei Rückwärtsfahrt
den Trommelschub so klein zu halten als angesichts des
Propellerschubes und der zulässigen Drucklagerbelastung nötig
erscheint.

Die Befestigung der Radsterne und der Wellenzapfen
geschieht ebenso wie bei der Hochdruckturbine beschrieben;
am vorderen Ende der Trommel sind wieder hohle Radarme
angeordnet.

Eine ähnliche Konstruktion — für eine kleinere Turbine,
etwa die eines Torpedobootes — zeigt Fig. 88. Bei dem kleinen
Durchmesser, welcher hier in Frage kommt, ist auf die Anwärmung
der Arme des Radsternes verzichtet worden. Eine Konstruktion
von größter Festigkeit für große Turbinentrommeln zeigt Fig. 36,
siehe § 50. Das Charakteristische derselben besteht darin, daß die
Trommel an beiden Enden von Doppelscheiben getragen wird.
Der Wellenzapfen sowie die Trommel sind durch Ein- bzw. Auf-
schrumpfen mit diesen Doppelscheiben verbunden; der Wellenzapfen ist außerdem durch axiale Dübel, welche halb in die
Naben der Scheiben, halb in den Wellenzapfen gebohrt sind,
gesichert, während die Trommel außer der Schrumpfung noch
durch eine Anzahl radial eingebohrter und versenkt genieteter
Dübel mit dem Kranz der Radscheiben verbunden ist.

Das Schrumpfmaß der Trommel wird so gewählt, daß bei der Wärmedehnung der Trommel im Betrieb ein Abheben derselben von den Radscheiben nicht eintreten kann, sondern

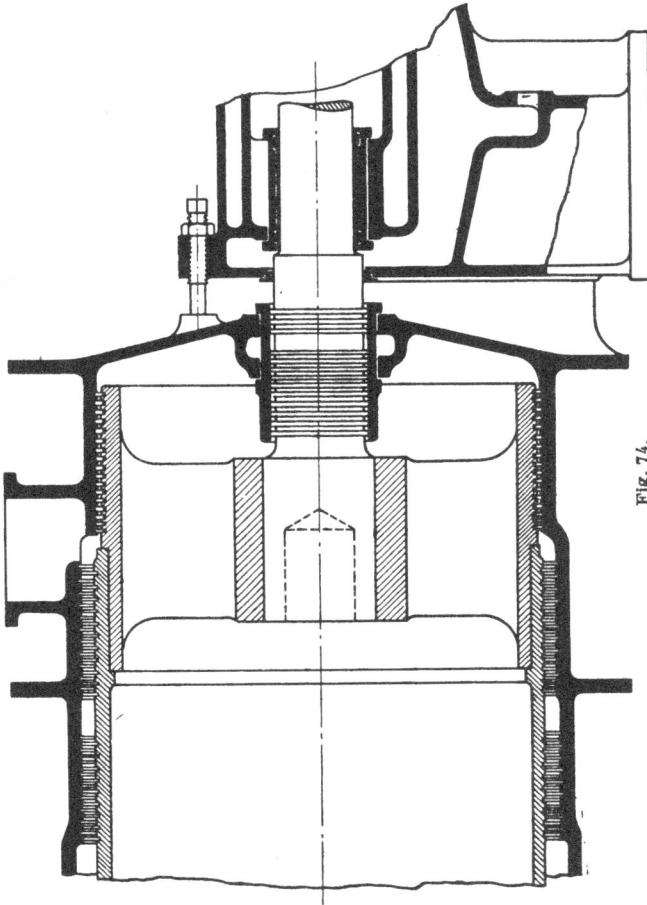

Fig. 74.

im Gegenteil noch eine gewisse Schrumpfspannung erhalten bleibt. Die beiden Doppelscheiben sind innerhalb des Kranzes miteinander durch Schraubenbolzen verbunden; wie bei allen Schrauben, welche im Inneren von Turbinen liegen, ist es auch

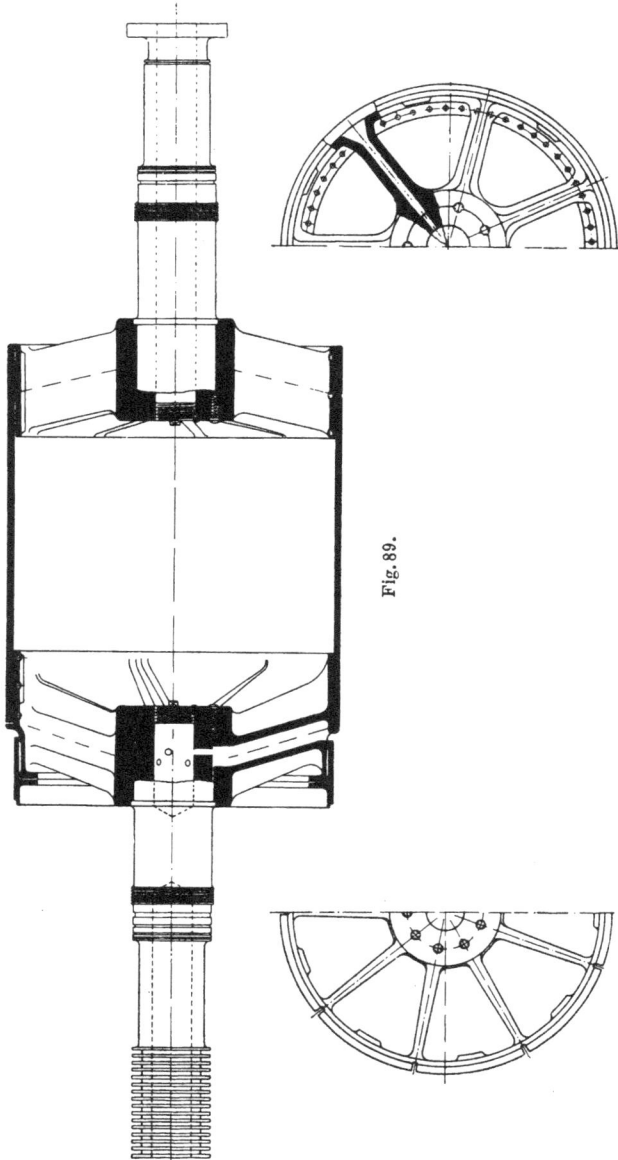

Fig. 89.

Fig. 90.

hier notwendig, die Muttern so zu sichern, daß sie sich nicht
nur nicht lösen können, sondern auch beim Bruch des Bolzens

Fig. 91.

im Gewinde nicht abfallen können. Zu diesem Zweck wird ein
an der Mutter angebrachter Rand durch Überstemmen des
Materials ringsum gesichert.   An dem einen Ende der Trommel

ist ein Entlastungskolben angebracht; die Scheiben sind durchlöchert, um den Leckdampf des Entlastungskolbens abziehen
lassen zu können.

In Fig. 90 und Fig. 91 sind solche Rotoren in verschiedenen
Stadien der Fertigstellung photographisch abgebildet.

§ 99. Über die Berechnung der Trommeln.

Wenn auch bei Schiffsturbinen im allgemeinen die Beanspruchung durch die Zentrifugalkraft nicht eine ebenso bedeutende Rolle spielt wie bei den meist mit höheren Umfangsgeschwindigkeiten arbeitenden Landturbinen, so gibt es doch
auch bei den Trommeln von Schiffsturbinen Fälle, in denen die
Beanspruchung zu beachten ist.

Die Zentrifugalkraft des Trommelmantels sowie der darauf
befestigten Schaufeln und Füllstücke wirkt, soweit die in tangentialer Richtung auftretenden Spannungen in Frage kommen,
in gleicher Weise auf das Material des Trommelmantels, wie
ein entsprechender innerer Überdruck.

Bei der nachfolgenden Berechnung ist die fast stets zutreffende Annahme gemacht, daß die Trommelwandstärke klein
ist im Verhältnis zum Durchmesser. Außerdem ist die Trommel
als freier Ring angenommen, d. h. es ist der Einfluß der die
Trommel tragenden Scheiben oder Armsterne vernachlässigt,
die in Wirklichkeit der Trommel nicht gestatten, sich als freier
Ring zu dehnen.

Wird der ideelle Überdruck pro qcm der Mantelfläche
mit s bezeichnet, der mittlere Durchmesser des Trommelmantels mit D, der beanspruchte Querschnitt bezogen auf
eine Teilung a in axialer Richtung (siehe Fig. 92) mit F, so ist
die Beanspruchung des Trommelmantels

$$k = \frac{D \cdot a \cdot p_x}{2 \cdot F}.$$

Es ist nun p_x diejenige gesamte Zentrifugalkraft, welche
im Mittel auf 1 qcm des Trommelmantels vom Durchmesser D
entfällt; diese Zentrifugalkraft setzt sich zusammen aus:

1. der Zentrifugalkraft des Mantels selbst, welche gleichmäßig über die Länge a verteilt ist;
2. der Zentrifugalkraft der Beschaufelung inkl. Füllstücke,
   Bandagen oder Drähte.

welche im Schaufelfuß angreift und für die Berechnung ebenfalls
gleichmäßig verteilt angenommen wird.

ad 1. Ist nun ω die Winkelgeschwindigkeit und G_T das
Gewicht des Trommelmantels für eine Teilung $= a$, so ist: die
Zentrifugalkraft der T r o m m e l pro 1 qcm Umfang .

$$p_x' = \frac{G_T}{g} \cdot \frac{D}{2} \cdot \frac{\omega^2}{D \cdot \pi \cdot a},$$

wobei g = Beschleunigung der Schwerkraft.

ad 2. Wird das Gesamtgewicht der Beschaufelung eines Kranzes mit G_s, der mittlere Durchmesser des Schaufelkreises, an welchem dieses Gewicht vereinigt gedacht ist, mit D_m bezeichnet, so ist die Zentrifugalkraft des ganzen Schaufelkranzes

$$C_s = \frac{G_s}{g} \cdot \frac{D_m}{2} \cdot \omega^2.$$

Das Gewicht der Bandagen oder Versteifungsdrähte ist in G_s durch einen entsprechenden Zuschlag zum Schaufel- und Füllstückgewicht berücksichtigt.

Auf 1 cm² Trommelumfang entfällt daher die Zentrifugalkraft

$$p_x'' = \frac{G_s}{g} \cdot \frac{D_m}{2} \cdot \frac{\omega^2}{D \cdot \pi \cdot a}.$$

Es ist mithin

$$p_x = p_x' + p_x'' = \frac{G_T}{g} \cdot \frac{D}{2} \cdot \frac{\omega^2}{D \cdot \pi \cdot a} + \frac{G_s}{g} \cdot \frac{D_m}{2} \cdot \frac{\omega^2}{D \cdot \pi \cdot a}$$

$$p_x = \frac{\omega^2}{2\,g \cdot D \cdot \pi \cdot a}(G_T D + G_s \cdot D_m).$$

Hierin sind a, D und D_m in cm, die Gewichte in kg einzusetzen; p_x ergibt sich dann in kg/qcm.

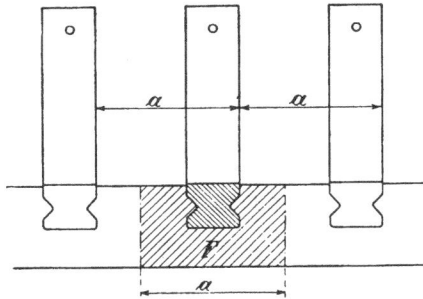

Fig. 92.

Wird der hiernach bestimmte Wert von p_x in die Gleichung für k eingesetzt, so erhält man die tangentiale Zugbeanspruchung des Trommelmantels

$$k = \frac{D \cdot a}{2\,F} \cdot \frac{\omega^2}{2\,g\,D\,\pi\,a}(G_T D + G_s D_m).$$

$$k = \frac{\omega^2}{4\,F\,g\,\pi}(G_T D + G_s D_m).$$

B e i s p i e l : Es sei $n = 500$ pro Minute, $D = 200$ cm, $F = 20$ cm², $G_T = 100$ kg. Das Gewicht der Beschaufelung eines Schaufelkranzes betrage $G_s = 90$ kg (inkl. Füllstücke, die Länge der Schaufeln $= 300$ mm. Es ist dann

$$\omega = \frac{2\,\pi\,n}{60} = 0,105 \cdot n = 52,4 \cdot \frac{1}{\text{sec}}$$

und
$$D_m \backsim 200 + 30 = 230 \text{ cm}.$$

$$k = \frac{52,4^2}{4 \cdot 20 \cdot 981 \cdot \pi}\,(100 \cdot 200 + 90 \cdot 230)$$

$$k = \frac{52,4^2}{4 \cdot 20 \cdot 981 \cdot \pi} \cdot 40\,700 = 454 \text{ kg/cm}^2.$$

III. Abschnitt.
Leitapparate, Düsen und Zwischenböden.

§ 100. Einströmungs- und Verteilungsdüsen bei Turbinen gemischten Systems.

Wie bereits unter § 96 und 98 erwähnt, erhalten die Curtisstufen Laufräder mit 2 bis 4 Geschwindigkeitsstufen. Das erste

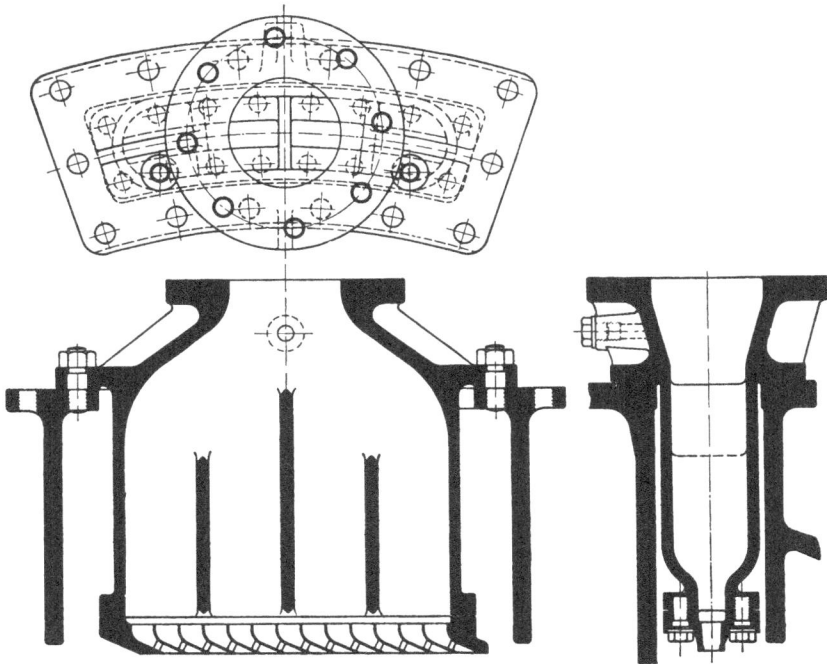

Fig. 93.

Rad wird durch die Einströmungsdüsen fast immer nur teilweise beaufschlagt; die Beaufschlagung wächst nach hinten zu
immer mehr, so daß die letzten Räder entsprechend der Zunahme des Dampfvolumens am größten Teil des Umfanges be-

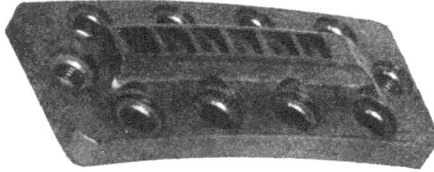

Fig. 94.

aufschlagt werden. Das letzte voll beaufschlagte Curtisrad
wird gewöhnlich am vorderen Ende der Trommel untergebracht, um eine Radscheibe zu sparen (vgl. Fig. 63 und 67).

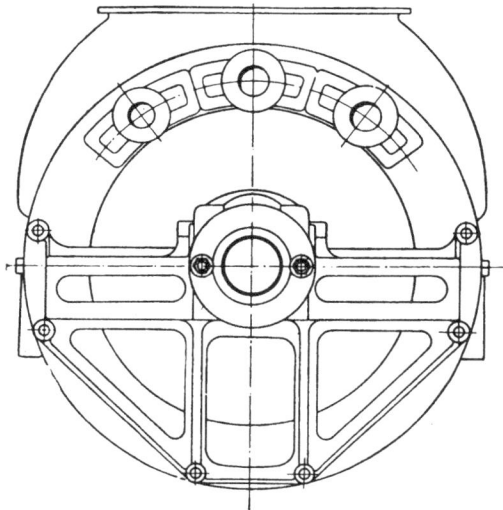

Fig. 95.

Fig. 93 zeigt e i n e n D ü s e n k a s t e n, durch dessen Leitschaufeln (Berechnung vgl. § 26 – 30), der Kesseldampf dem ersten
Laufrad zugeführt wird. Die Kasten selbst sind aus Stahlguß
oder Bronze und werden durch den vorderen Boden oder auch
von der Seite her ins Gehäuse eingesetzt. Die Leitschaufeln
befinden sich in einer besonderen Düsenplatte aus Bronze,

welche mittels Kopfschrauben mit dem Düsenkasten verbunden ist. Die Schaufeln in den Düsenplatten selbst sind
aus Nickelstahlblech oder Messingblech gefertigt und lassen
den Dampfstrahl unter spitzem Winkel austreten. Ist der
Druck in der 1. Stufe niedriger, als dem kritischen Druck entspricht, dann wird, da die Düsen in diesem Falle konisch erweitert sein müssen (vgl. § 30), die Düsenplatte meist mit eingegossenen Düsen ganz aus Bronze hergestellt (siehe Fig. 94),
die sich in radialer und axialer Richtung erweitern.

An Stelle der eingegossenen Rippen können zur Versteifung
der flachen Wände in den Düsenkasten mit Vorteil S t e h -
b o l z e n Verwendung finden.

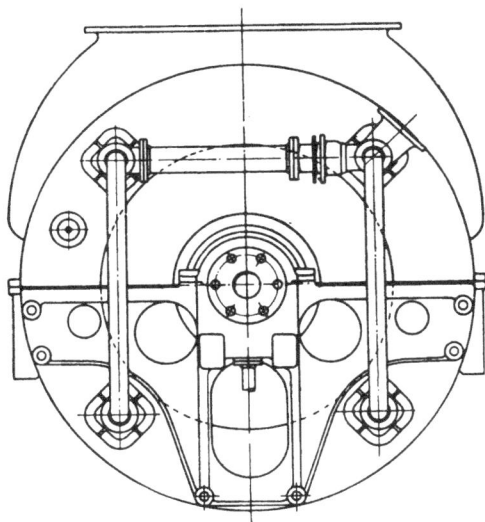

Fig. 96.

Fig. 95 zeigt die Anordnung solcher Düsenkasten bei einer
Torpedobootsturbine und zwar auf der Vorwärtseinströmungs-
seite. Die Dampfzufuhr für die Rückwärtsturbine erfolgt hier
durch von innen eingesetzte Düsenkästen; dies ist nötig, da
hier die Beaufschlagung sich fast auf den ganzen Umfang erstreckt.

Den Dampfzufluß zu den einzelnen Düsen der Rückwärtsturbine einer Torpedobootsturbine zeigt Fig. 96.

Der Dampf wird den Düsen hier nicht durch einen gemeinsamen starren Düsenkasten zugeführt, sondern es sind eine
Anzahl voneinander gänzlich unabhängiger Düsenkasten angeordnet, die durch stark gebogene Rohre mit dem Zudampfrohr
verbunden sind; diese sollen bei plötzlichen Temperaturände-
rungen ungehinderte Ausdehnungen gestatten. Zudampfrohre,

12*

die aus räumlichen Gründen nicht weit gebogen werden können,
erhalten Kompensationsstopfbüchsen.

§ 101. Zwischenböden und Düsen in denselben bei Turbinen gemischten Systems.

Die Z w i s c h e n b ö d e n werden der größeren Festigkeit
und Steifigkeit wegen mit möglichst großer Pfeilhöhe gewölbt

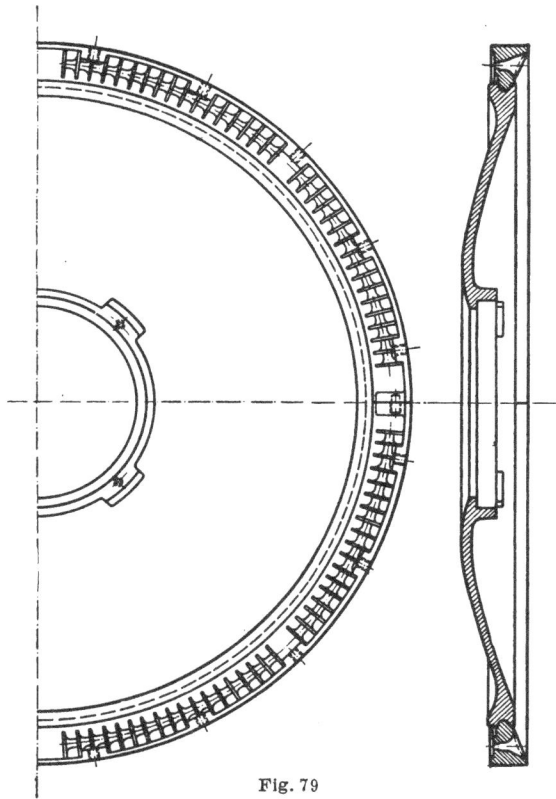

Fig. 79

hergestellt und stützen sich mit ihrem äußeren Umfang auf die
i n d a s G e h ä u s e eingesetzten D ü s e n r i n g e (Fig. 63).
Einen Zwischenboden der Anordnung Fig. 63 zeigt die Fig. 97,
den dazugehörigen Düsenring Fig. 98.   Die Düsenringe Fig. 98
werden dadurch hergestellt, daß in der bekannten Weise Stahl-
bleche gebogen (Fig. 99) und in die gußeisernen Düsenringe
direkt eingegossen werden.   Das Düsenblech Fig. 99 gehört
zur Düse Fig. 101 und 102.

Bei größeren Durchmessern (Fig. 100) und für Stufen mit höherem Druck, bei denen die gußeisernen Düsenringe auf Ausführungsschwierigkeiten stoßen, werden die Düsen in Segmenten hergestellt und in fensterartige Aussparungen der Zwischenböden eingesetzt. Die Aussparungen für die Düsensegmente werden ausgefräst und zur Erzielung einer guten Abdichtung verstemmt. Fig. 101 u. 102 zeigen die Details. Die

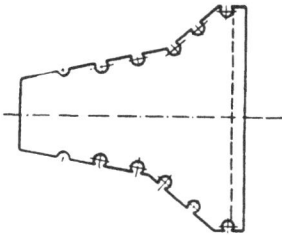

Fig. 99.

Düsensegmente werden gleichfalls aus Gußeisen mit eingegossenen Stahlblech-Leitschaufeln hergestellt. Die Zwischenböden stützen sich mit ihrem Umfang, soweit sie nicht mit Düsen besetzt sind, direkt auf das Gehäuse . Die Auflagestege des Zwischenbodens (Fig. 100) müssen so kräftig ausgeführt werden, daß sie mit genügender Sicherheit den auf den ganzen Boden wirkenden Dampfüberdruck auf das Gehäuse übertragen können, was rechnungsmäßig leicht zu kontrollieren ist. Die Zwischenböden werden der größeren Festigkeit wegen und um an Baulänge zu sparen, gewöhnlich nicht zweiteilig hergestellt und bleiben daher beim Aufnehmen der oberen Gehäusehälfte auf der Welle sitzen. Um beim Öffnen der Turbinen ein leichtes Lösen der Falze zwischen Zwischenböden und Gehäuse zu ermöglichen, werden die Falze entweder wulstförmig (Fig. 98) oder kegelförmig (Fig. 100) ausgebildet.

Zweiteilige Zwischenböden werden nur bei großen Ausführungen angewandt. Wegen der hohen Belastung, der solche Böden ausgesetzt sind, wird es erforderlich, diese auf ihrem ganzen Umfang im Gehäuse zu lagern. Das läßt sich leicht erreichen, da die verfügbare axiale Baulänge gestattet, die Düsen als besonderen Konstruktionsteil auf der Dampfaustrittsseite an die Böden anzusetzen (Fig. 103).

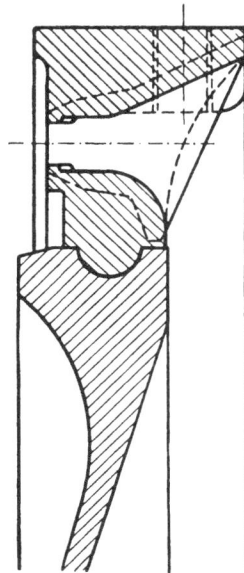

Fig. 98.

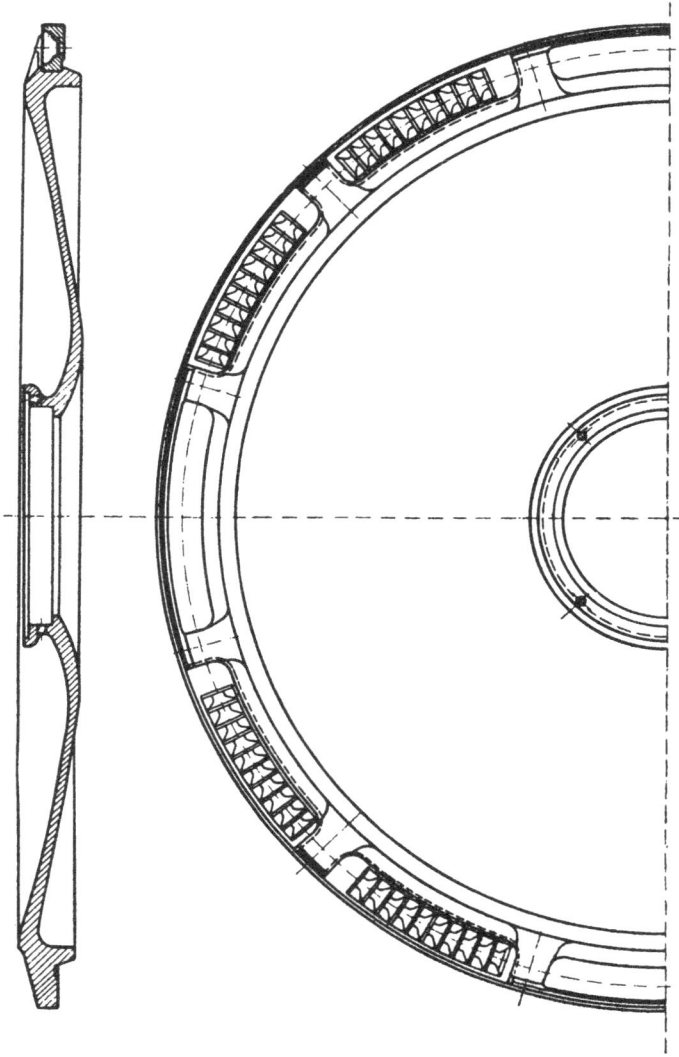

Fig. 100.

Eine vorteilhafte Konstruktion der Düsen in den Zwischenböden zeigen Fig. 104 bis Fig. 107. Der Zwischenboden ist zur
Aufnahme der Düsen mit einer ununterbrochenen Ringnut
versehen, in welche die Düsensegmente in verhältnismäßig
kurzen Stücken von der Teilfuge der Turbine aus eingebracht
werden. Um die Zuströmung des Dampfes zu den Düsenseg-
menten zu ermöglichen, ist der Zwischenboden hinter der Ringnut durchbrochen und, wie aus der Zeichnung zu ersehen,

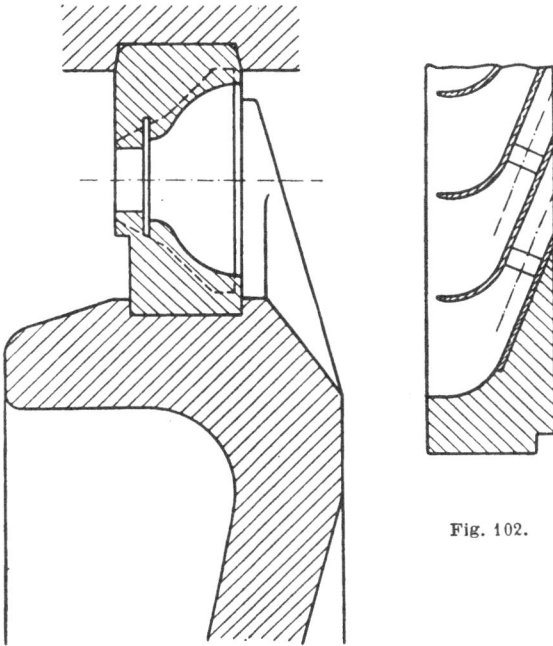

Fig. 102.

Fig. 101.

zwischen dem inneren Teil des Zwischenbodens und dem rings-
umlaufenden Rand eine Anzahl von Rippen angeordnet, welche
mit großer Sicherheit den auf den Zwischenboden wirkenden
Druck auf den Umfang desselben und damit auf das Turbinengehäuse übertragen.

Die Düsensegmente selbst werden in der Weise hergestellt,
daß zunächst in die aus Bronze bestehenden Segmente Hilfs-
schaufeln eingegossen werden, welche nach dem Guß herausgenommen und durch die eigentlichen Schaufeln (aus Messing
oder Nickelstahl) ersetzt werden.

Die Konstruktion hat den Vorteil, daß
   1. eine sichere Übertragung des auf die Zwischenböden
      wirkenden Dampfdruckes auf das Gehäuse erfolgt,
   2. daß eine Auswechselbarkeit der Düsen gewährleistet
      ist, ohne daß der rotierende Teil der Turbine hoch-
      gehoben werden muß. Es genügt vielmehr zum Aus-
      wechseln der Düsen das Aufheben des Turbinendeckels.

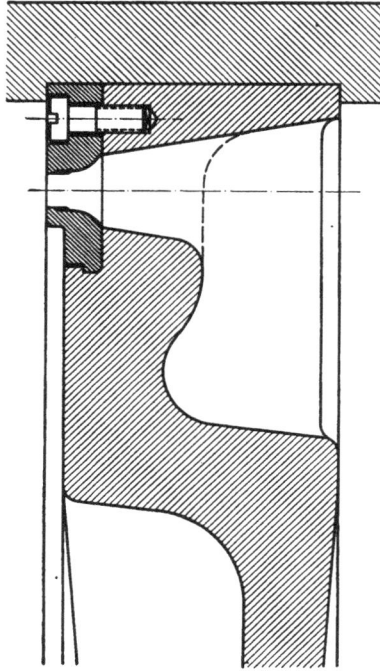

Fig. 103.

   3. daß die aus zwei ringförmigen Teilen bestehenden
      Düsensegmente ganz durch Drehen bearbeitet werden
      können.

Selbstverständlich kann diese Konstruktion auch nach
Fig. 106 derartig ausgeführt werden, daß ein besonderer Ring
angeordnet wird (am besten aus Stahlguß), welcher zur Aufnahme der Düsen, wie vorher beschrieben, eine ringförmige Nut
enthält, und welcher durch einen halbrunden Ansatz der
Zwischenbodenscheibe den nötigen Halt gewährt.

Diese Düsenringe sind zweiteilig und werden mit dem Gehäuse durch Schrauben mit außen liegendem Kopf verbunden. Diese Schrauben werden auf Zug beansprucht, da sie ein Kanten des Düsenringes infolge des am inneren Umfang angreifenden Auflagedruckes des Zwischenbodens sowie des Dampfübrdruckes auf den Ring selbst verhindern sollen. Zur Sicherheit sieht man bei der Berechnung der in diesen Schrauben auftretenden Zugkräfte von der halbkreisförmigen Gestalt der Düsenringe ab, welche die tatsächliche Beanspruchung der Schrauben günstiger als die Rechnung gestaltet.

Es sei hier noch darauf hingewiesen, daß bei der in Fig. 98 gezeichneten Düsenringkonstruktion der auf den Zwischenboden wirkende Dampfdruck teilweise durch die eingegossenen Düsenbleche aufgenommen werden muß, insbesondere bei nahezu voll beaufschlagten Stufen, wo wenige oder keine Verbindungsstege zwischen dem äußeren und inneren Ring vorhanden sind. Man muß sich in diesem Fall also durch Nachrechnung überzeugen, daß eine unzulässige Biegungsbeanspruchung der Düsenbleche oder ein Herausziehen derselben aus dem äußeren Gußeisenring nicht zu befürchten ist.

Als Material der Zwischenböden wird gewöhnlich Stahlguß verwendet (Fig. 97); mitunter wird jedoch der Gewichtsersparnis wegen nur der äußere und innere Ringteil aus Stahlguß oder Schmiedeeisen, der gewölbte Boden jedoch aus gepreßtem Stahlblech hergestellt und mit den Ringen vernietet, wie Fig. 108 zeigt.

Die Bohrung in der Mitte des Zwischenbodens erhält für den Durchtritt der Welle keine eigentliche Stopfbüchse, sondern nur eine eingesetzte Bronzebüchse, welche mitunter mit Weißmetall ausgegossen ist (Fig. 109) und mit eingedrehten Rillen als Labyrinthdichtung versehen ist. Man dimensioniert die Büchsen so, daß ein radialer Spalt von 0,2 bis 1 mm zwischen Welle und Büchse bestehen bleibt (s. § 74). Die kleinsten Spalten sind in der Nähe der Lager, wo die Durchbiegung der Welle am geringsten ist, zulässig. Durch den radialen Spalt soll verhindert werden, daß die durch ihr Eigengewicht bzw. die darauf befindlichen Laufräder durchgebogene Welle den eingesetzten Bronzering berührt. Die Bohrungen der Zwischenböden werden auch, der Durchbiegung der Welle entsprechend, exzentrisch hergestellt. Die Befestigung der bronzenen Büchse an der Nabe des Zwischenbodens geschieht durch 4 bis 8 gut gesicherte stählerne Kopfschrauben. Zu diesem Zweck erhält die Büchse entweder einen ringsum laufenden Flansch oder auch nur einige Lappen für die Befestigungsschrauben.

Eine neuere Konstruktion der Zwischenstopfbüchse zeigt die Fig. 110. Das besondere Merkmal ist, daß der dichtende Ring mit Innenschulter auf den Zwischenboden aufgesetzt ist, sich bei Erwärmung frei ausdehnen kann und daß der Ring beim Anheben des Zwischenbodens durch die Welle so weit ausweichen kann, bis der Zwischenboden direkt auf der Welle zur Auflage kommt. Damit wird erreicht, daß die gewindeartig ausgedrehte Innenfläche des Stopfbüchsenringes beim

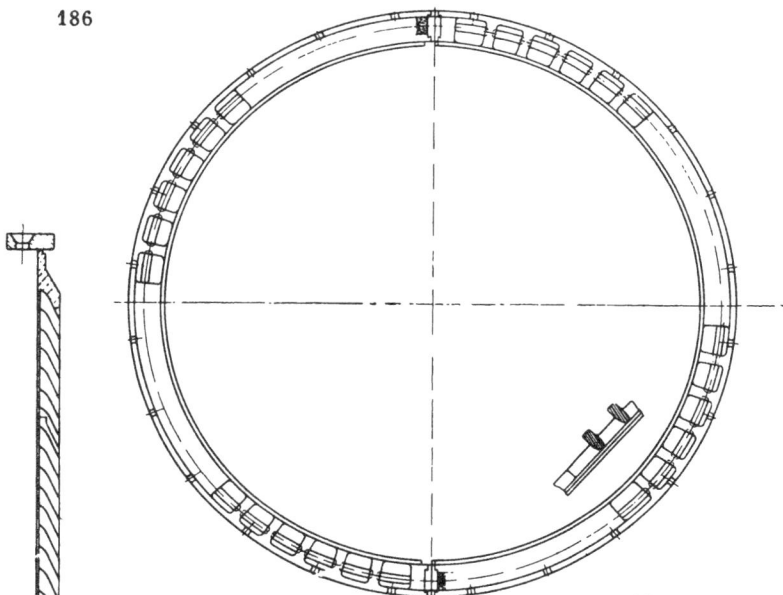

Fig. 104.

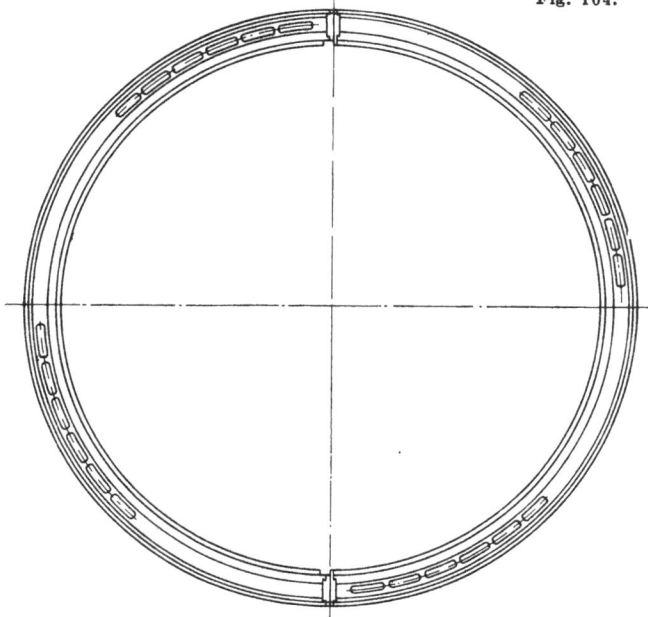

Fig. 105.

Transportieren des ausgebauten, umlaufenden Teiles nicht das Zwischenbodengewicht zu übertragen hat, wodurch sonst das verhältnismäßig weiche Stopfbüchsenmetall leicht beschädigt wird.

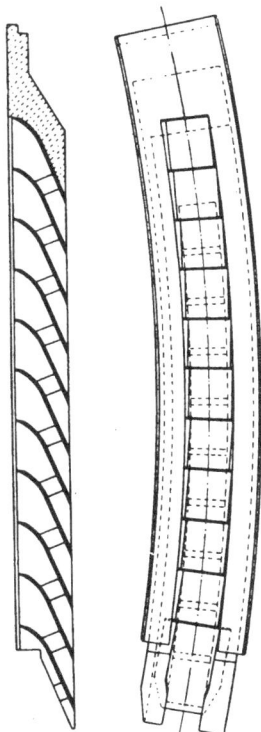

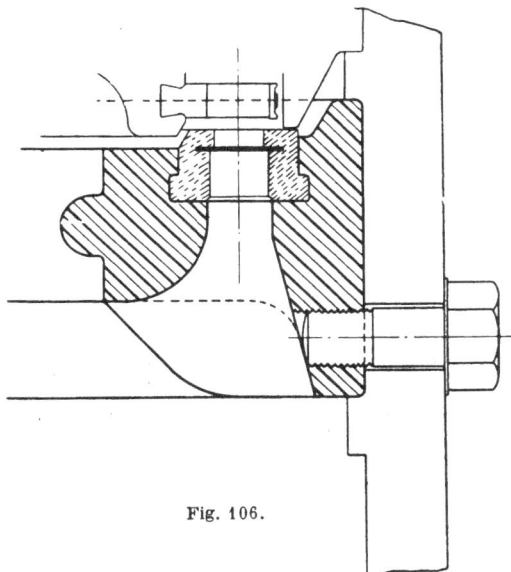

Fig. 106.

Fig. 107.

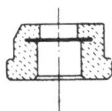

§ 102. Die Leitschaufelsegmente.

Die Befestigung der Leitschaufeln kann entweder direkt im Gehäuse oder aber in besonderen in das Gehäuse eingesetzten Segmenten oder Ringen erfolgen.

1. Umkehrschaufelsegmente der Curtisstufen. Die hier fast stets zur Verwendung gelangenden besonderen Segmente sind bereits in den Fig. 74 bis 76 und 78 bis 79 bei Beschreibung der Laufräder dargestellt.

Die Länge der einzelnen Segmente richtet sich natürlich nach der Größe des mit Düsen beaufschlagten Bogens, wobei man, um der Streuung des Dampfbandes in tangentialer Richtung Rechnung zu tragen, den mit Umkehrschaufeln besetzten Bogen in Richtung der Dampfströmung um etwa 100—150 mm, nach der andern Seite hin etwa 50—100 mm größer wählt als das

zugehörige Düsensegment.   Die Befestigung der Umkehrseg-
mente erfolgt durch von außen eingesetzte Kopfschrauben.

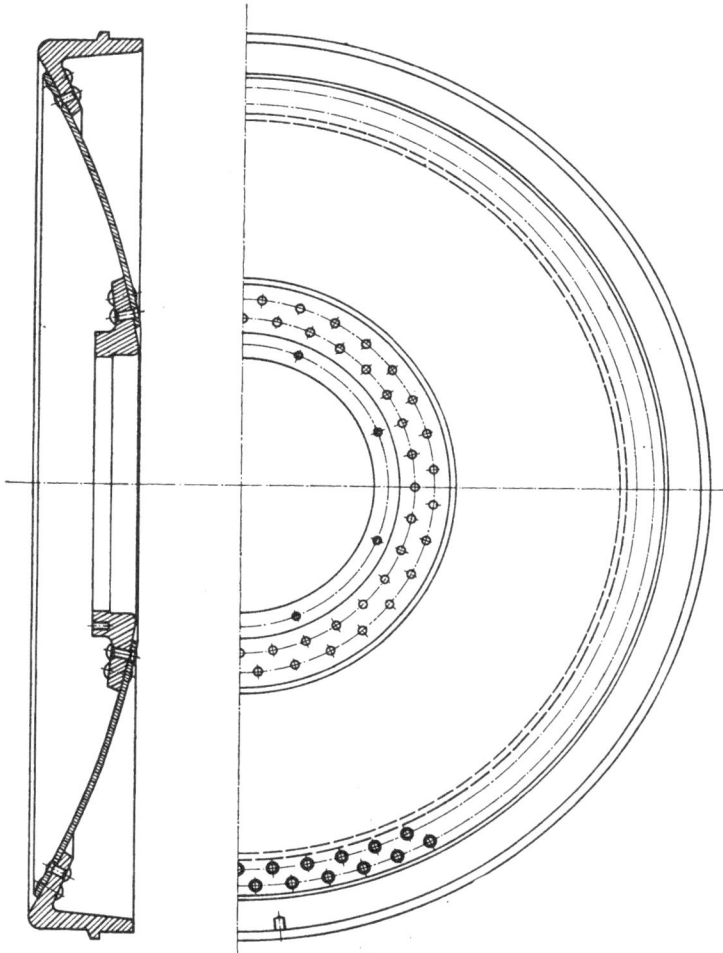

Fig. 108.

Die Schaufeln werden wie bei den Laufrädern in Nuten
eingesetzt.

Um bei sehr großen Turbinen die Umkehrschaufelsegmente
leicht besichtigen zu können, ohne das Gehäuse hochzunehmen,

kann man dieselben auch herausklappbar am Gehäuse befestigen.

2. L e i t s c h a u f e l r i n g e d e r T r o m m e l n. Die Leitschaufeln der Trommelturbinen werden häufig nicht direkt ins Gehäuse, sondern ebenfalls in besondere Ringe eingesetzt, die je nach ihrer Größe zwei oder vierteilig sind und mit dem Gehäuse durch Schrauben mit außen liegendem Kopf verbunden werden (s. Fig. 60 u. 67).

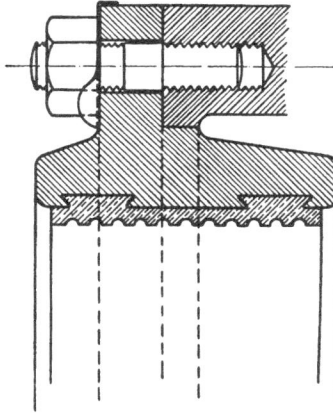

Fig. 109.

Diese Konstruktion hat den Vorzug, daß die Beschaufelung der Gehäuse rascher ausgeführt werden kann als bei direkt eingesetzten Schaufeln, da die einzelnen Ringe gleichzeitig fertig beschaufelt und dann leicht in die Gehäuse eingebaut werden können. Allerdings bedingt diese Anordnung einen gewissen Mehraufwand an Gewicht.

IV. Abschnitt.
Die Gehäuse der Turbinen.

§ 103. Vorbemerkung.

Wenn auch die Hauptgesichtspunkte für die Konstruktion der Turbinengehäuse stets die gleichen sind, soll die Konstruktion derselben hier doch nach den verschiedenen Typen getrennt besprochen werden auf die Gefahr hin, daß sich hierdurch Wiederholungen ergeben.

§ 104. Gehäuse für kleinere Turbinen gemischten Systems (Torpedoboote, kleinere Kreuzer und kleinere Linienschiffe).

Bei kleineren Turbinen gemischten Systems werden Curtisräder, Trommel und Rückwärtsturbine in einem Gehäuse untergebracht, vgl. Fig. 63, während größere Turbinen so geteilt werden, daß die Curtisräder oder die Hochdruckturbine in einem

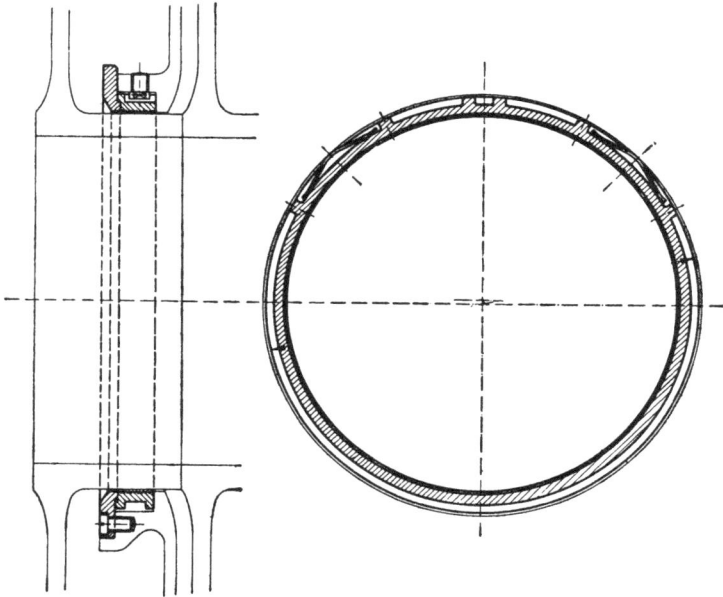

Fig. 110.

Gehäuse, die Trommel oder Niederdruckturbine mit der Rückwärtsturbine in einem zweiten Gehäuse untergebracht werden. Manchmal wird das letzte Curtisrad mit der Trommel zusammen im *ND*-Gehäuse untergebracht. Beide Gehäuse stehen bei Einzelwellenantrieb hintereinander, wobei deren Wellen durch eine axial verschiebbare Kupplung miteinander verbunden sind (s. Fig. 66 u. 67); bei Hintereinanderschaltung ist jedes Gehäuse auf einer besonderen Welle angeordnet.

Das Hochdruckgehäuse wird in seinem vorderen Teil, in welchem noch verhältnismäßig hohe Drücke herrschen, gewöhnlich aus Stahlguß, im übrigen jedoch aus Gußeisen hergestellt. Die Wandstärken sind im vorderen Teil so bemessen, daß die Beanspruchungen bei dem höchsten auftretenden Betriebsdruck bei Gußeisen etwa 200 kg/qcm, bei Stahlguß etwa 350 kg/qcm betragen. Die Wandstärken der übrigen Gehäuseteile werden mit Rücksicht auf Herstellung und Bearbeitung dimensioniert.

Das Gehäuse ist in der horizontalen Ebene geteilt und die beiden Hälften sind durch kräftige Schrauben aus Stahl miteinander verbunden. Die Verbindungsbolzen werden so nahe als möglich an die Wand gerückt, um die Biegungsbeanspruchung der Flanschen möglichst gering zu halten. Fig. 113 gibt ein Detail der hierfür angewandten Flanschenkonstruktion.

Die Gehäuse werden auch in der Querebene geteilt, um sie bequem herstellen und bearbeiten zu können; die einzelnen Teile werden dann ebenfalls durch Flanschen und Schrauben verbunden. Alle Flanschen werden genau zusammengepaßt und aufgeschabt, so daß sie auch ohne besondere Dichtungsmittel vollständig dampfdicht sind. Um in den Ecken an der Kreuzungsstelle einer vertikalen mit einer horizontalen Flanschverbindung die Schrauben möglichst nahe aneinanderrücken zu können, werden an diesen Stellen auch Schrauben mit versenkten Köpfen verwendet (vgl. Detailskizze Fig. 113). Der Abdampfstutzen wird ungefähr symmetrisch zu dem zwischen der Niederdrucktrommel und der Rückwärtsturbine verbleibenden Dampfaustrittsspalt gesetzt und so groß gemacht, daß die Dampfgeschwindigkeit darin etwa 100 bis 150 m beträgt. Wenn irgend angängig, empfiehlt es sich, möglichst kleine Dampfgeschwindigkeiten in allen Abdampfquerschnitten zu wählen, da erfahrungsgemäß bei zu großer Geschwindigkeit relativ große Druckunterschiede zwischen Turbine und Kondensator auftreten, welche die Ökonomie nachteilig beeinflußen.

Die Außenböden des Gehäuses werden meist mit einem Teil des Mantels zusammengegossen hergestellt, sie sind natürlich ebenfalls in der Horizontalebene geteilt und die Teilfugen durch Flanschen verbunden. Um ihnen eine möglichst große Steifigkeit und Festigkeit zu geben, werden sie nach innen oder außen gewölbt; mitunter werden sie auch als Deckel ausgebildet und nur der äußere Flansch und der innere Ring für den Einbau der Stopfbüchsen aus Stahlguß oder Schmiedeeisen hergestellt, während der eigentliche gewölbte Boden aus Stahlblech besteht und mit den vorerwähnten Teilen vernietet wird. Die horizontale Teilfuge fällt dann fort. Vgl. Fig. 68, Turbine des Dampfers »Kaiser«.

Für den Dampfeintritt werden am Umfang der Böden Taschen vorgesehen, in welche die Düsenkasten eingesetzt werden. Diese sitzen für die Vorwärtsturbinen am vorderen Boden, für die Rückwärtsturbinen am hinteren Boden. Natürlich muß die durch diese Ausschnitte entstehende Verschwächung des Bodens durch geeignete Anordnung von Versteifungsrippen etc. ausgeglichen werden. Bei Böden aus

Fig. 111.

Blech werden die Düsenkasten gewöhnlich von der Seite in den Mantel eingesetzt.

Zur Lagerung des Gehäuses werden am unteren Teil desselben an beiden Enden seitlich Füße angegossen, mit welchen dasselbe auf dem Fundament ruht. Zwischen Fuß und Fundament werden jedoch noch besondere bearbeitete Zwischenplatten eingepaßt, auf welchen sich die Füße verschieben und

Fig. 112.

der Wärmeausdehnung des Gehäuses nachgeben können. Die
Füße werden möglichst nahe unter dem Wellenmittel angeordnet,
damit sich bei der Ausdehnung des Gehäuses die Welle möglichst wenig hebt und so möglichst wenig aus ihrer richtigen Lage·

kommt. Um der Längenausdehnung des Gehäuses Rechnung
zu tragen, wird nur das vordere oder hintere Paar der Füße gegen
Längsverschiebung gesichert, das andere hingegen frei verschiebbar gelassen.

Bei Turbinen, welche nur ein Gehäuse besitzen und bei den
Niederdruckturbinen größerer Anlagen werden die dem Abdampfstutzen zunächst gelegenen beiden Füße gegen Längsverschiebung
gesichert, wobei Rücksicht darauf zu nehmen ist, daß durch
diese Füße auch der ganze Propellerschub auf das Fundament
und den Schiffskörper übertragen werden muß.

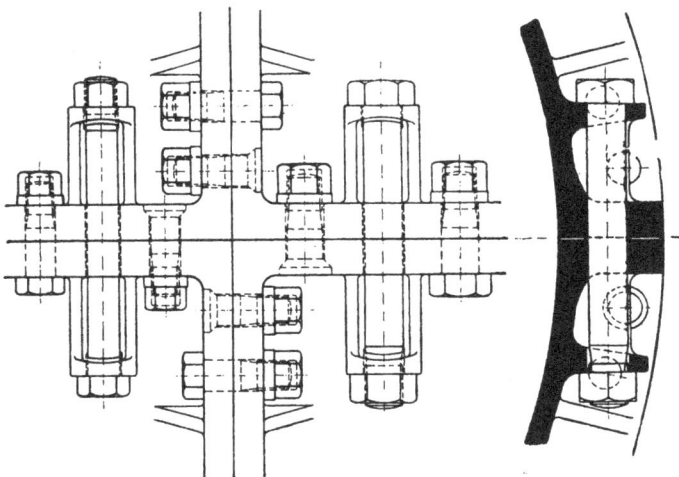

Fig. 113.

Bei den getrennt aufgestellten Hochdruckturbinen größerer
Anlagen werden die vorderen Füße gegen Längsverschiebungen
auf dem Fundament durch Paßbolzen gesichert, so daß der
Anschluß der Dampfzuleitung an der Turbine eine Verschiebung
nicht erfährt, hingegen wird die Überströmleitung von der Hochdruckturbine zum Niederdruckgehäuse so eingerichtet, daß sie
eine Verschiebung zuläßt, ebenso wie auch die Kuppelung zwischen beiden Turbinen diese Längsverschiebung gestatten muß.

Um bei Turbinen von verhältnismäßig großem Durchmesser
die genaue Lage der Welle in der Vertikalebene zu sichern,
werden am unteren Teil des Gehäuses vorn und hinten Knaggen
vorgesehen, welche in entsprechende, am Schiffskörper befestigte
Fundamentplatten eingreifen und so ein seitliches Verschieben
des Gehäuses verhindern, ein Wachsen oder Zusammenziehen
desselben dagegen gestatten.

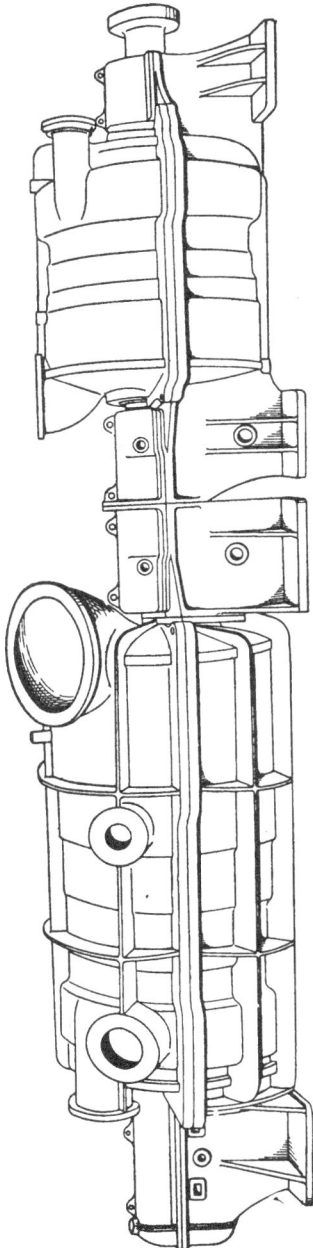

Für die Befestigung der Düsenringe und Leitschaufelsegmente im Gehäuse werden in diesem Eindrehungen vorgesehen. Die einzelnen Segmente werden durch von außen eingeschraubte Kopfschrauben befestigt.

Einen guten Überblick über die Konstruktion der Gehäuse von Turbinen des hier besprochenen Typs geben Fig. 111 und Fig. 112, von welchen erstere das Gehäuse der *HD*- letztere das Gehäuse der *ND*-Turbine eines kleinen Kreuzers darstellt.

§ 105. Gehäuse für reine Trommelturbinen kleinerer Abmessungen.

Derartige Gehäuse für eine Torpedobootsanlage zeigt Figur 114.

Zwecks größter Gewichtsersparnis ist hier eine Unterteilung der Gehäuse durch vertikale Flanschen vermieden, so daß jedes Ober- und Unterteil nur aus einem Gußstück besteht. Auch die Lagerböcke sind teilweise angegossen.

Im übrigen zeigen diese Gehäuse keine besonders auffallenden Details.

Die Schaufeln werden bei derartigen Turbinen meistens direkt in das Gehäuse eingesetzt, indem sie in Rillen, welche in letztere eingedreht sind, befestigt werden.

Fig. 115 und Fig. 116 zeigen Schnittzeichnungen und Ansicht der Turbinengehäuse eines Passagierdampfers von mittlerer Leistung, und zwar das Gehäuse für die Niederdruckvorwärts- und *ND*-Rückwärtsturbine.

13*

Fig. 114.

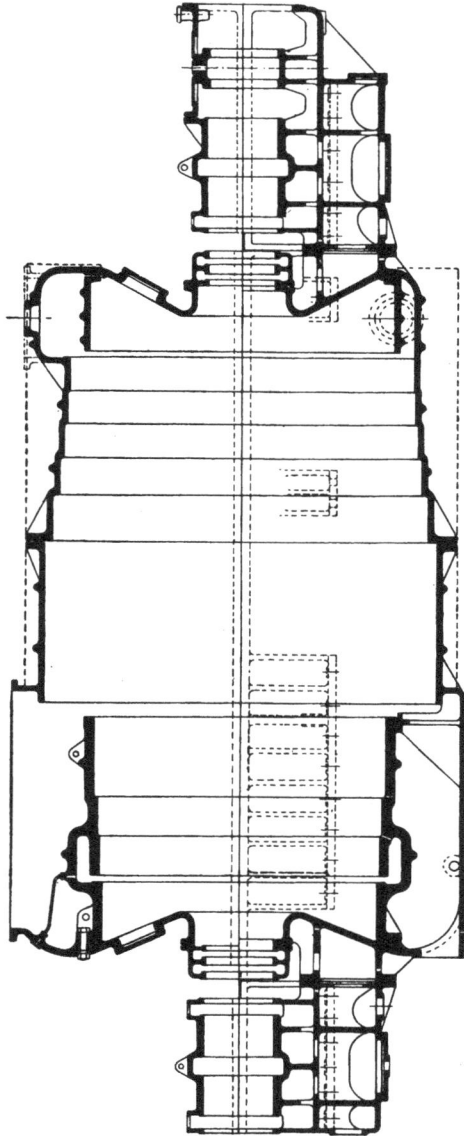

Fig. 115.

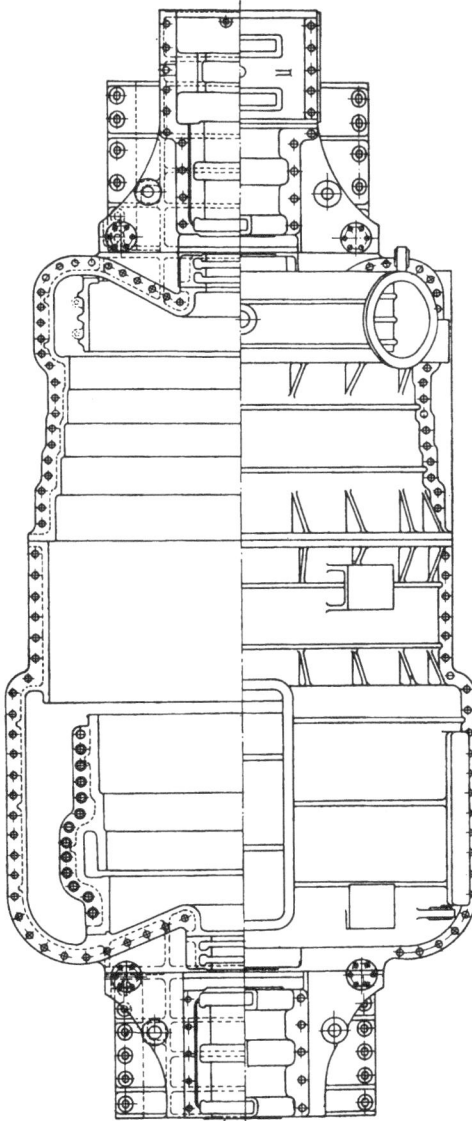

Fig. 116.

§ 106. Gehäuse für sehr große Turbinen (reine Trommelturbinen oder solche gemischten Systems).

Allgemeine Regeln für den Aufbau dieser Gehäuse lassen sich schwer geben, es soll daher hier nur die Beschreibung einzelner Abbildungen derartiger Gehäuse Platz finden. Fig. 117 und Fig. 118 zeigen das Hochdruck- bzw. Niederdruckgehäuse des Schnelldampfers »Mauretania«.

Dieselben sind — um nicht zu schwere Einzelstücke zu erhalten — in der Länge durch ringsumlaufende Flanschen geteilt, Füße und Lagerstühle sind an die Endstücke angegossen. Beide Gehäuse zeigen außer der Querverrippung auch eine starke Längsverrippung; letztere wird heute bei den Turbinengehäusen im allgemeinen vermieden, erstens weil bei dieser Art der Verrippung leicht Risse in den Rippen eintreten, zweitens weil bei dieser eigenartige Verziehungen der Gehäuse infolge die Wärmedehnung eintreten können. Dagegen ist eine derartige Verrippung bei den flachen Wänden des Abdampfraumes nicht ganz zu vermeiden.

Es ist unnötig zu erwähnen, daß die Konstruktion der Füße so stark sein muß, daß sie nicht nur das große Gewicht der Gehäuse, sondern auch den auf das Gehäuse wirkenden Achsialschub aufnehmen und auf das Fundament übertragen hönnen.

Weitere Details über die Konstruktion derartiger Gehäuse gehen aus Fig. 90, Fig. 115 und Fig. 116 hervor. Für die Abstützung der flachen Wände der Ausströmungsräume werden mit Vorteil starke Anker verwendet (vgl. Fig. 119 und Fig. 120). Die Schaufeln werden meist direkt in die Gehäuse eingesetzt in Rillen, welche auf dem Bohrwerk in dieselben eingedreht werden.

Die Gehäuse solcher Turbinen werden fast stets ganz aus Gußeisen angefertigt; höchstens der erste Teil der *HD*-Turbine wird aus Stahlguß gefertigt.

Die sämtlichen Gehäuseteile werden nach dem Vordrehen ausgeglüht, um alle eventuell vorhandenen Gußspannungen zu beseitigen und dann erst fertiggebohrt; das Fertigbohren muß in horizontaler Lage geschehen, da bei Ausbohrung auf einem vertikalen Bohrwerk die Bohrung bei der endgültigen horizontalen Lage infolge der unvermeidlichen Gewichtsdeformation des Gehäuses eine ovale Gestalt annehmen würde.

Um den Gehäusen bei sehr großem Durchmesser eine möglichst große Steifigkeit zu sichern, werden die ringsum laufenden Rippen häufig außen mit einem Wulst versehen.

Bei sehr großen Turbinen werden mitunter in die horizontalen Teilungsflanschen axiale Nuten eingehauen, welche bei *HD*-Turbinen mit dem Vakuum, bei *ND*-Turbinen mit gespanntem Dampf in Verbindung stehen, um bei etwaigem Undichtwerden der Flanschen ein Austreten von Dampf bei innerem Überdruck oder ein Eindringen von Luft bei Vakuum zu vermeiden.

Fig. 118 zeigt noch eine wichtige, bereits Seite 194 besprochene Einzelheit, welche bei den Gehäusen großer Turbinen nicht

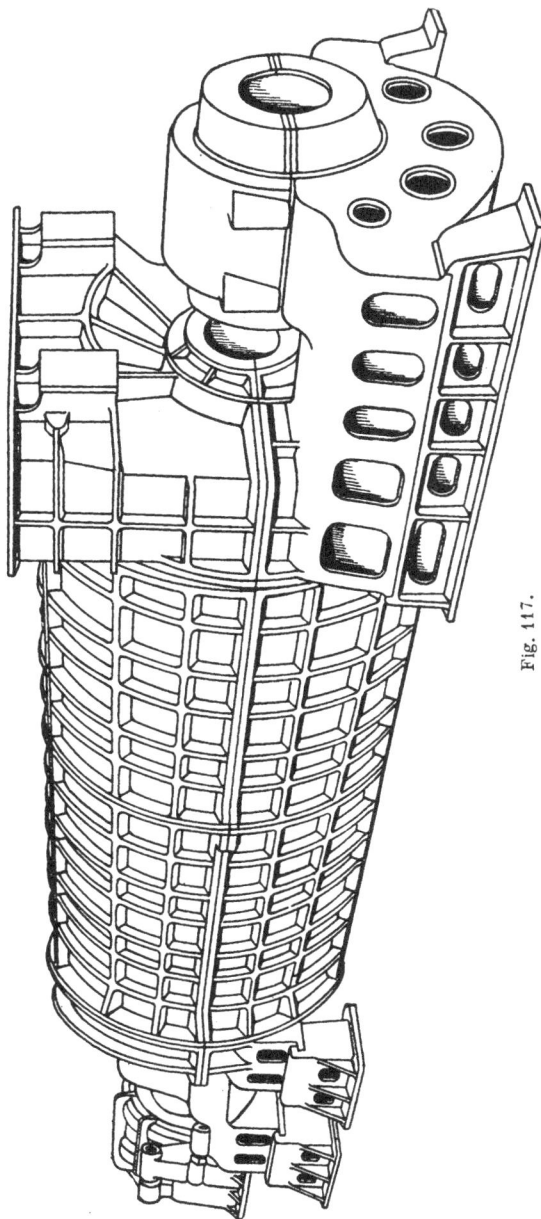

Fig. 117.

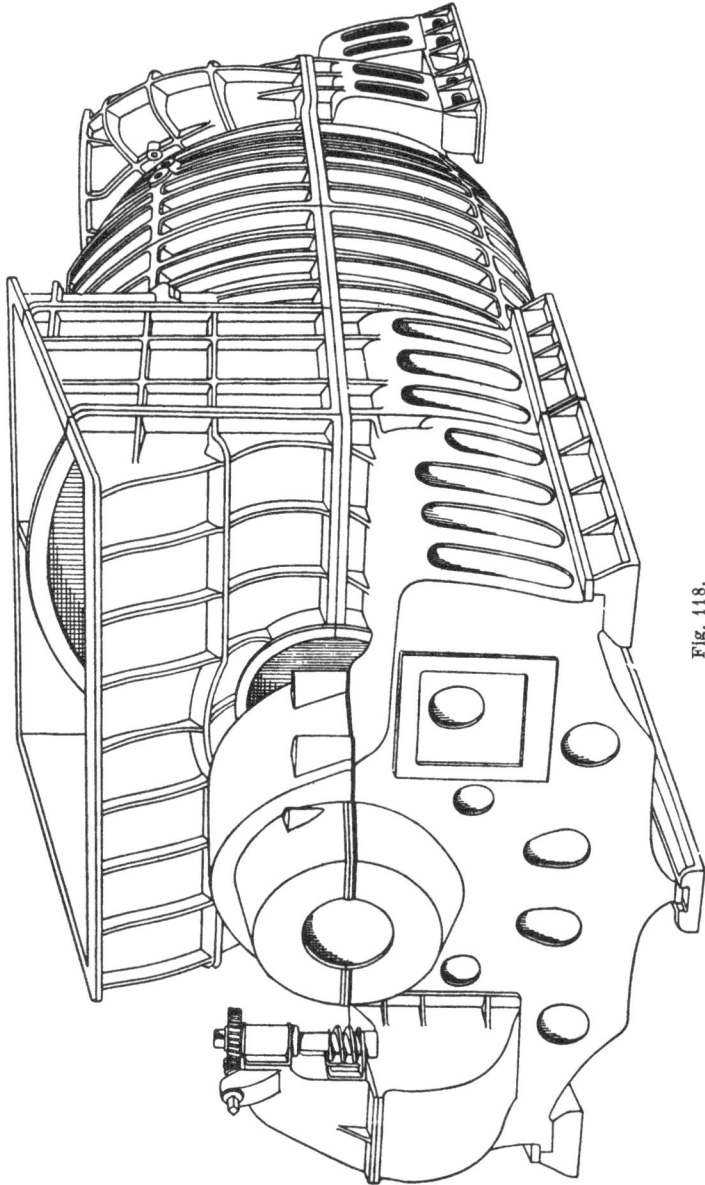

Fig. 118.

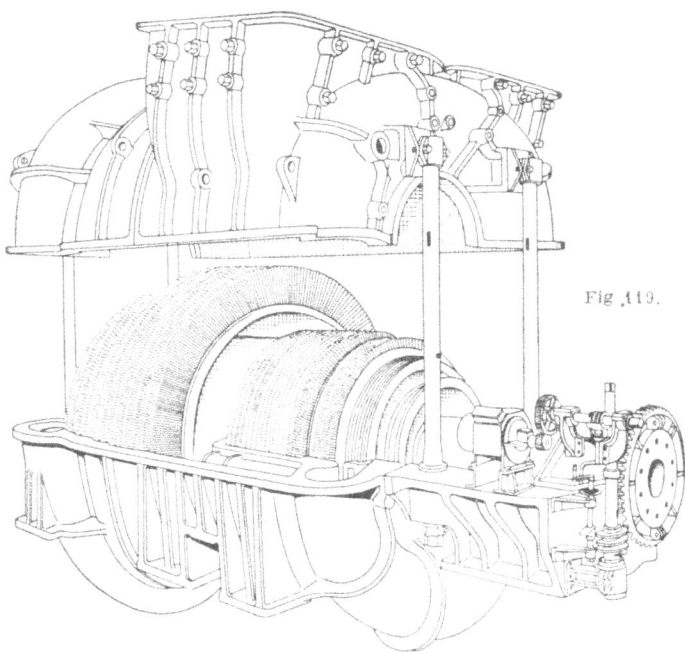

Fig. 119.

Fig. 120.

übersehen werden darf. Man sieht nämlich aus dieser Figur,
daß das Gehäuse in der Mitte unten durch einen angegossenen,
in der Längsrichtung der Turbine verlaufenden starken Knaggen
in eine auf das Maschinenfundament aufgeschraubte genutete
kräftige Platte eingreift. Diese Vorrichtung hat den Zweck, die
Turbine an seitlichen Bewegungen zu hindern, und ist deswegen
notwendig, weil die Bolzen, mit welchen die seitlich an der
Turbine angegossenen Füße auf dem Fundament befestigt sind,
nicht als Paßbolzen ausgeführt werden dürfen. Dies ist deswegen nicht zulässig, weil die Wärmeausdehnung dieser großen
Gehäuse eine sehr beträchtliche ist und auf jeder Seite einige
Millimeter betragen kann. Würde die genannte Vorrichtung
nicht angebracht sein, so wäre die Turbine beim Rollen des
Schiffes durch nichts als durch die Reibung festgehalten, die
infolge des Eigengewichts und durch das Anziehen der Funda-
mentbolzen in den seitlichen Füßen entsteht, was keine genügende Sicherheit bieten würde.

§ 107.   Allgemeines über Modellversuche mit Gehäusen.

Bei der Konstruktion der Gehäuse, namentlich für große
Turbinen, ist die Anfertigung von Modellgehäusen aus Holz
oder Bronze in kleinem Maßstabe etwa 1 : 5 sehr vorteilhaft.
Modellgehäuse aus Holz geben den besten Anhaltspunkt für
die Disponierung von Rippen, Ankern, Rohranschlüssen und
namentlich von Füßen und Verbindungsflanschen. Bei den
Modellgehäusen aus Bronze tritt hierzu noch der Vorteil, daß
die Gehäuse einer Druckprobe unterworfen werden können,
welche nicht nur die zu erwartenden Deformationen erkennen
lassen, sondern auch etwaige schwache Punkte in der Konstruktion der Dichtungsflanschen aufdecken. Die Photographie
einer Serie derartiger Gehäuse aus Bronze zeigt Fig. 121. Die
Gestaltung dieser Modellgehäuse ist genau gleich der tatsächlichen Ausführung; es handelt sich hier um Gehäuseteile von
über 3 m Durchmesser für die Turbinen eines großen Kriegsschiffes.

Eine systematische Durchführung von Versuchsreihen
zur Ermittlung günstigster Gehäusekonstruktionen ist im § 108
beschrieben.

§ 108.   Modellversuche für leichteste Gehäusekonstruktion von Turbinen gemischten Systems.

Versuche mit verschiedenen Formen des vorderen Gehäuse-
bodens einer HD-Turbine gemischten Systems wurden angestellt, um unter Berücksichtigung der konstruktiven Anforderungen kleinster Bauhöhe (von Vorderkante Gehäuse bis
Hinterkante Nabe) geringsten Gewichtes und Anpassung an
die für den Einbau der Düsenkasten vorzusehenden Durch-
brechungen des Gehäuses eine das Minimum von Durchbiegung
gewährleistende Konstruktion zu ermitteln.

Die Gehäuse wurden gegenüber dem beabsichtigten Verwendungszweck in verkleinertem Maßstabe (1 : 5), d. h. mit

Fig. 121.

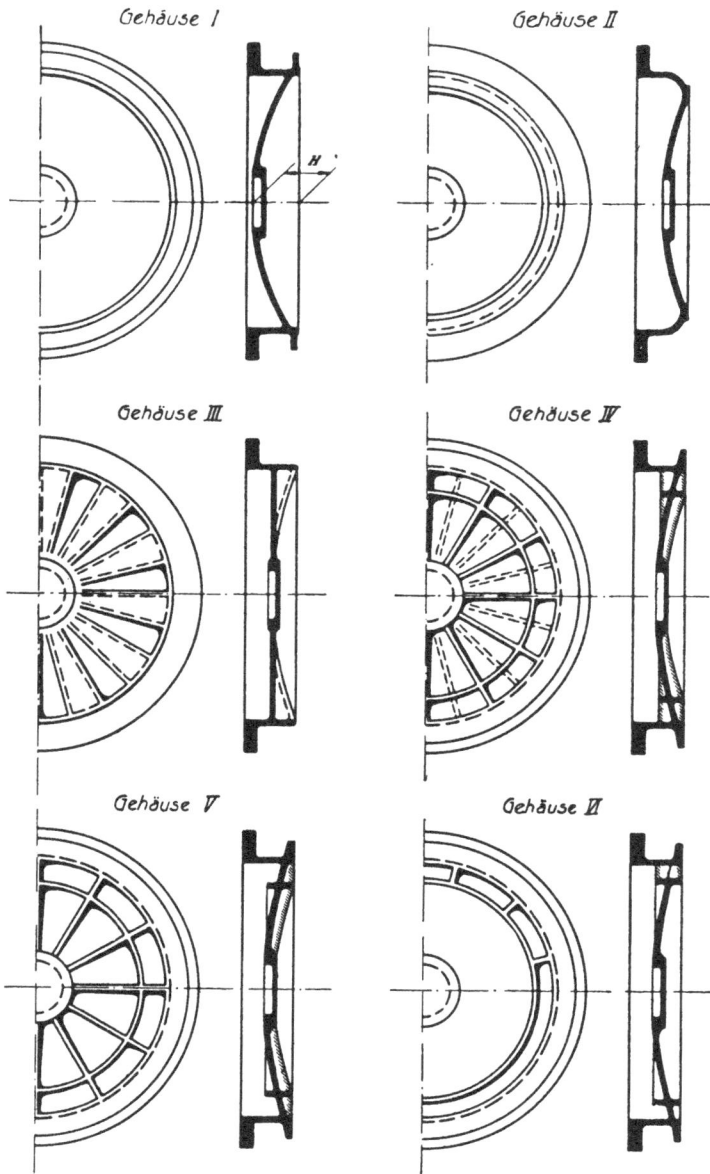

Gehäuse I

Gehäuse II

Gehäuse III

Gehäuse IV

Gehäuse V

Gehäuse VI

Fig. 122.

ca. 600 mm Innendurchmesser ausgeführt, und zwar in einer Bronze, deren Eigenschaften hinsichtlich Dehnung, Festigkeit, Elastizitäts- und Streckgrenze dem für die Ausführung hier in Betracht kommenden Stahlguß mehr entsprechend sind als Gußeisen.

Es wurde dabei angenommen, daß nach dem Verjüngungsmaßstab der äußeren Abmessungen auch die Wandstärken zu verkleinern wären, und daß dabei die Beanspruchungen dieselben, die Durchbiegungen proportional sein würden.

Selbst wenn diese Annahme nicht zutreffend wäre, geben die für gleichen Innendurchmesser ausgeführten Gehäuse doch einen hinreichenden Maßstab für die Wertung der verschiedenen Bauarten gegeneinander.

Fig. 122 zeigt die dem Versuch unterworfenen Gehäuseformen; Fig. 124 die ermittelten Durchbiegungskurven und

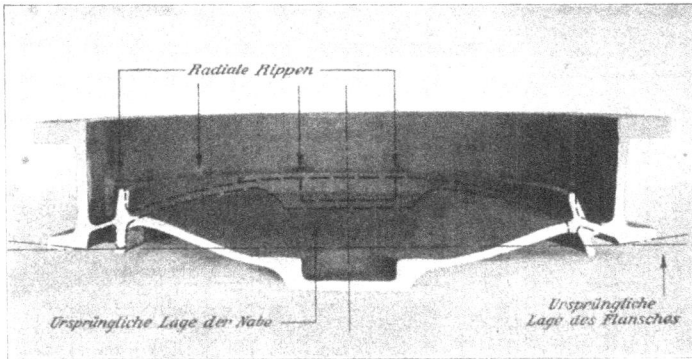

Fig. 123.

123 gibt eine Photographie des durchschnittenen Gehäuses Fall VI nach erfolgter Durchbiegung und eingezeichnet die ursprüngliche Form.

Gehäuse I hat die bisher angewandte Form ohne Versteifungsrippen mit verhältnismäßig großer Bauhöhe, die wegen der dadurch bedingten ebenso großen Länge der Düsenkasten und entsprechender Veränderlichkeit des achsialen Spaltes hinter den Düsen bei verschiedener Temperatur des eintretenden Dampfes unerwünscht ist.

Gehäuse II mit geringer Bauhöhe und abgerundetem Übergang von der kugelförmigen Stirnwand auf die Zylinderwand erwies sich jedoch als zu weich; ebenso Gehäuse III mit radial angeordneten Taschen zur Aufnahme der Biegungsspannung. Es ergab sich, daß zweckmäßig das Auftreten von Biegungsspannungen überhaupt zu vermeiden ist, wenn man die Durchbiegung verkleinern will, daß man vielmehr reine Kugelbeanspruchung herbeiführen muß.

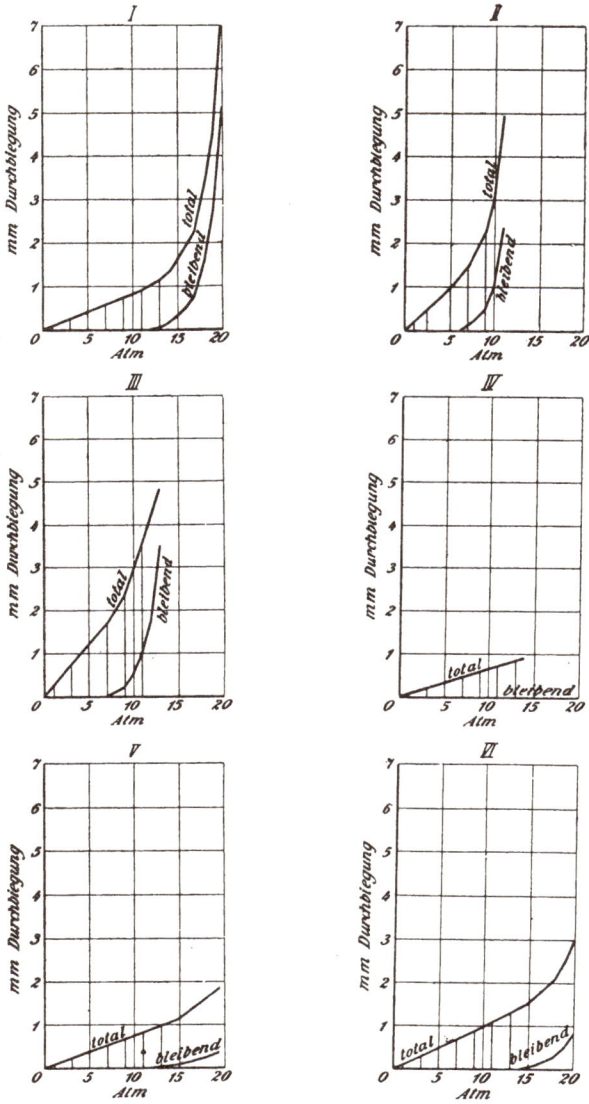

Fig. 124.

Betrachtungen über die eingetretenen Durchbiegungen führten zu der Form der Gehäuse IV, V und VI, die gegenüber Gehäuse I den Vorteil geringerer Bauhöhe aufweisen. Alle drei Gehäuse wurden noch mit einem konzentrischen Ringe in der Kugelfläche zwischen Zylinderwand und Nabe versehen, welcher für die Begrenzung der durch die Düsenkasten benötigten Durchbrüche und für die Befestigung des Lagerbalkens zweckmäßig ist, jedoch nicht bis an die Außenkante des Gehäusedurchmessers geführt zu werden braucht.

Gehäuse IV war mit inneren und äußeren Radialrippen versehen. Die ersteren wurden nach dem nur bis zum Eintritt bleibender Dehnung getriebenen Versuch entfernt und mit dem so erhaltenen Gehäuse V der Versuch wiederholt. Es zeigte sich, daß die Durchbiegung in beiden Fällen minimal war, daß ferner der durch die Rippen erzielte Vorteil so geringfügig war, daß ihre Entfernung zu empfehlen ist, da sie außer dem Mehrgewicht leicht undichten Guß zur Folge haben.

Bei Gehäuse VI war an den für die Düsenkasten auszusparenden Stellen nur eine dünne Gußhaut vorgesehen, welche für die Aufnahme von Spannungen nicht in Frage kommt. Das hierbei gesparte Material war für die Verstärkung des konzentrischen Ringes als innerer Begrenzung der Durchbrüche und für Verbindung derselben mit der Zylinderwand durch kräftige Radialrippen frei geworden.

In Fig. 124 bezieht sich der Maßstab der Durchbiegungen auf die Ausführung der Gehäuse in natürlicher Größe.

§ 109. Verschiedene Anschlüsse an den Turbinengehäusen.

Außer den an geeigneten Stellen in den einzelnen Stufen etwa vorzusehenden Anschlüssen für Manometer und Thermometer sind noch erforderlich:

1. Anschlüsse für Sicherheitsventile. Die Belastung derselben entspricht dem höchsten darin zulässigen Arbeitsdruck bei Höchstleistung der Turbine.
2. Anschlüsse für den Abdampf der Stopfbüchsen (vgl. § 111).
3. Anschlüsse für Entwässerung der einzelnen Stufen und des Abdampfraumes. Diese müssen natürlich an der tiefsten Stelle des Mantels sitzen. Am besten werden hierfür — namentlich bei großen Anlagen — Taschen von nicht zu geringem Fassungsvermögen vorgesehen.

V. Abschnitt.
Stopfbüchsen und Entlastungskolben.

§ 110. Allgemeines. Als Stopfbüchsen für die Abdichtung der Wellen beim Austritt aus den Gehäusen werden bei Schiffsturbinen Kohlestopfbüchsen (allgemein verwendet bei kleineren Turbinen gemischten Systems) und Spitzendichtungen, letztere manchmal in Verbindung mit Ramsbottomringen oder Kohleringen verwendet.

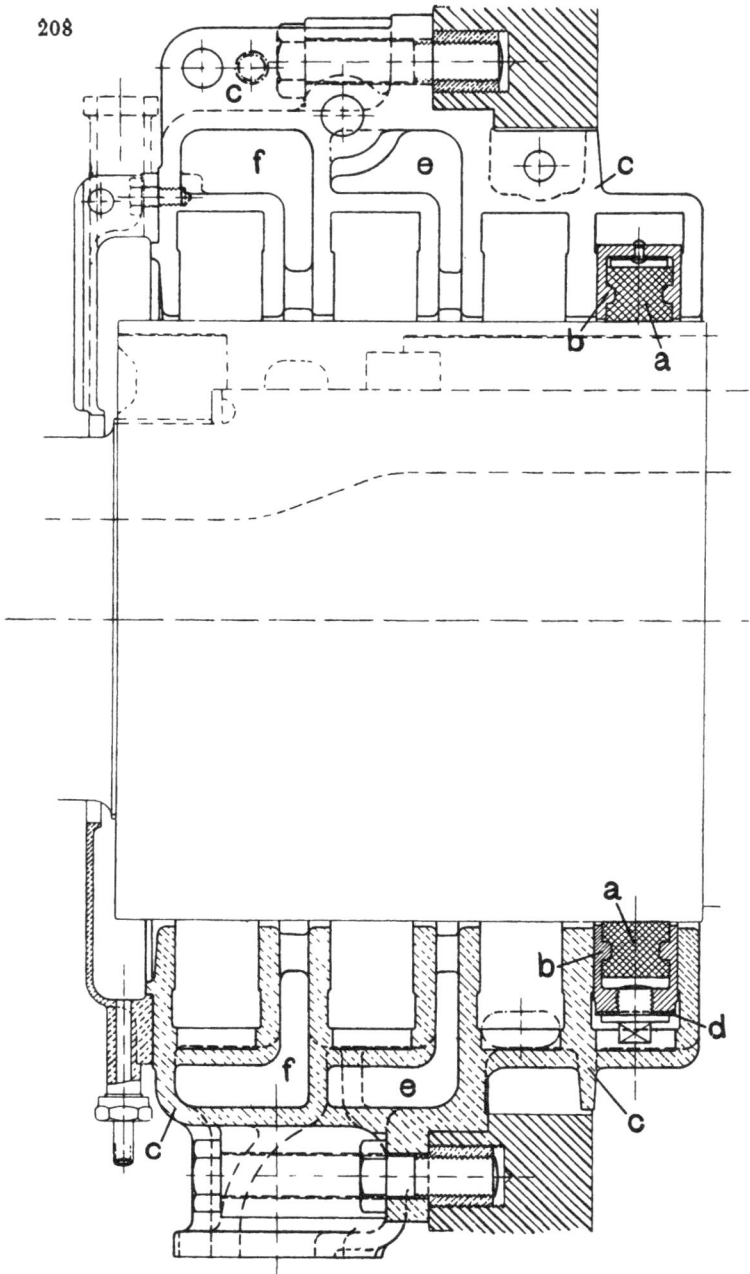

Fig. 125.

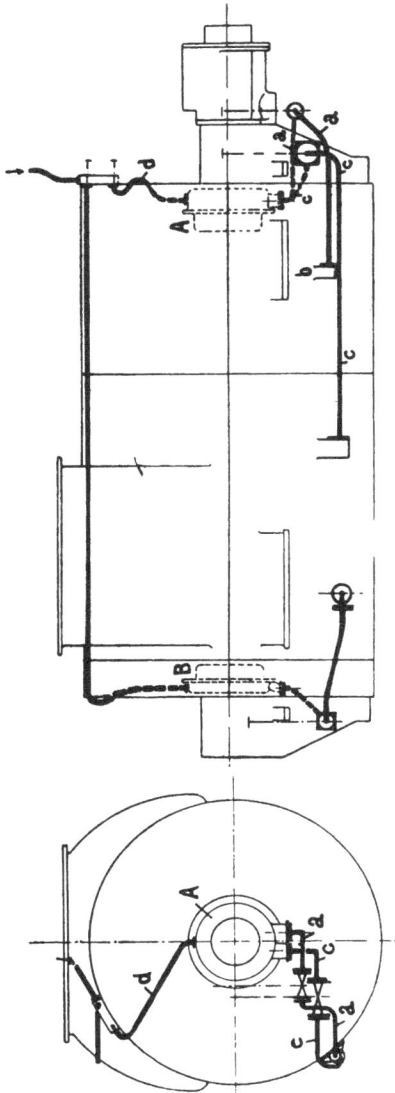

§ 111. Konstruktion der Kohlestopfbüchsen.

Die Konstruktion dieser Stopfbüchsen geht deutlich aus Fig. 125 hervor.

Das äußere Gehäuse wird meistens aus Bronze hergestellt und in der Horizontalebene geteilt, um es bequem von der Welle abnehmen und nachsehen zu können. Zu demselben Zweck werden die Stopfbüchsen auch in der Längsrichtung oft in zwei Teile zerlegt, um die einzelnen Teile zwischen Boden und Lagerbalken herausnehmen zu können und dadurch an Baulänge der Turbine zu sparen.

Vordere Stopfbüchse (A in Fig. 126). Eine solche Stopfbüchse zeigt Fig. 125 im Schnitt. Dieselbe besteht aus Kohlenringen a, die in dreiteilige Gußeisenfassungen eingesetzt und mit diesen in dem Bronzegehäuse c zur Welle konzentrisch gelagert sind, wobei das Eigengewicht der Fassung von Blattfedern d aufgenommen wird. Vermöge der Dreiteilung und eines federnden Verschlusses kann der Dichtungsring allen Durchmesserveränderungen der Welle infolge Temperatureinflüssen folgen. Zwischen den Ringen befinden sich in den Gehäusen Räume e und f. Der nach innen zu liegende Raum e dient dazu, mittels der in Fig. 126 dargestellten Leitung a den etwa durchtretenden Leckdampf nach einer Stufe mit verhältnismäßig

Fig. 126.

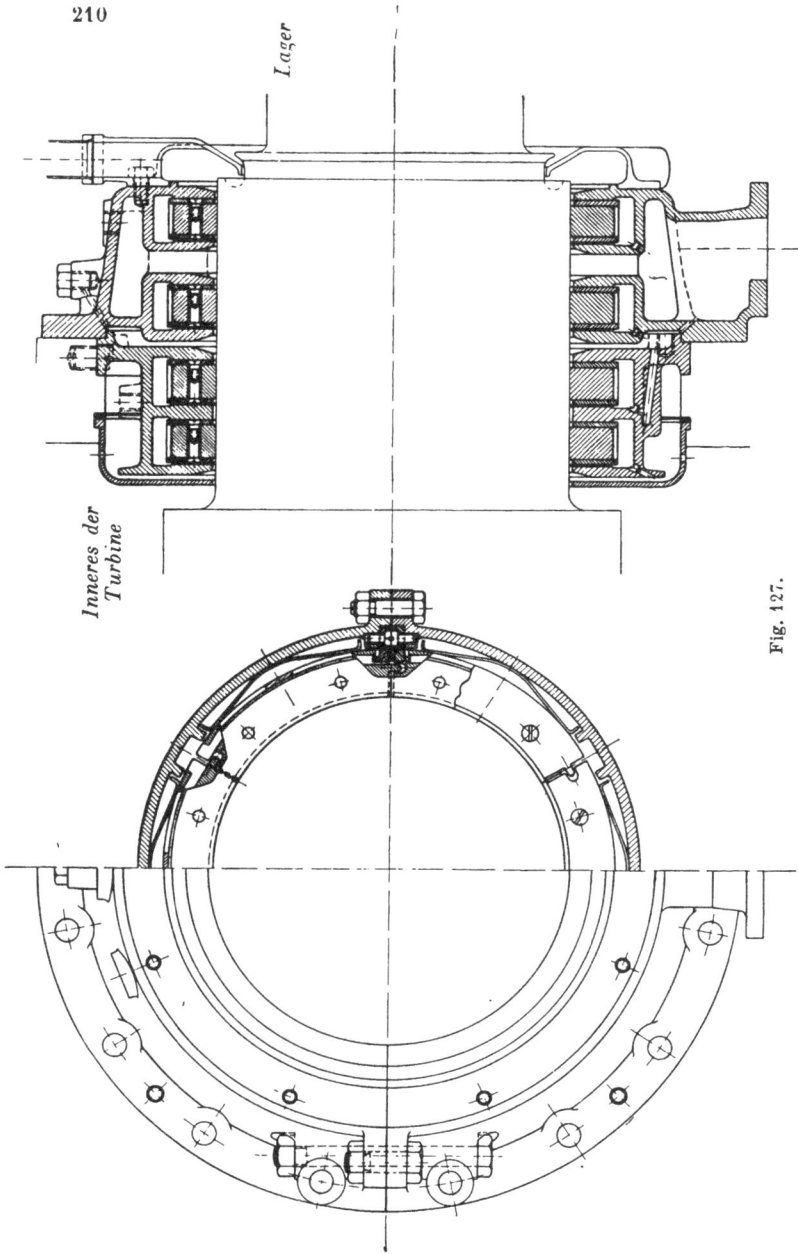

Lager

Inneres der
Turbine

Fig. 127.

hohem Druck, etwa bei *b* in das Gehäuse einzuführen, damit er in
der Turbine noch weiter ausgenutzt werden kann. Diese Leitung
ist durch ein Ventil verschließbar und wird in der Regel nicht
benutzt, sondern dient nur als Reserve für den Fall, daß die
Stopfbüchse nach längerer Betriebszeit schon etwas ausge-
laufen ist.

Für gewöhnlich wird nur die z w e i t e A b s a u g e -
l e i t u n g *c* (Fig. 126) benutzt, welche vom äußeren Stopfbüchsenraum *f* (Fig. 125) nach der Niederdruckturbine führt.
In diese wird ein automatisches Absaugeventil eingeschaltet,
welches so eingestellt wird, daß der Druck im Stopfbüchsenraum *f* stets etwas höher als der atmosphärische Druck ist.

In denselben Raum *f* mündet ferner eine Dampfleitung *d*,
Fig. 126, durch welche im Bedarfsfalle (bei Rückwärtsfahrt oder
bei sehr langsamer Fahrt, in welchen beiden Fällen das Hochdruckgehäuse unter Vakuum steht) Frischdampf eingelassen
werden kann. Hierdurch wird erreicht, daß der Eintritt von Luft
in die Stopfbüchse und damit in den Kondensator vermieden
wird, falls im Innenraum der Turbine Vakuum herrscht.

Diese Zudampfleitung muß so eingestellt werden, daß aus
der vor die Stopfbüchse gesetzten Dunsthaube stets noch etwas
Dampf entweicht, wodurch angezeigt wird, daß im vorderen
Stopfbüchsenraum der beabsichtigte geringe Überdruck herrscht
und infolgedessen keine Luft angesaugt werden kann.

H i n t e r e S t o p f b ü c h s e. Die hintere, in Fig. 126 ange-
deutete Stopfbüchse *B*, welche stets unter Vakuum oder bei
Rückwärtsfahrt nur mit geringem Überdruck arbeitet, hat weniger
Kohledichtungsringe als die vordere Stopfbüchse *A* und besitzt
daher nur eine Dampfabführungsleitung nach dem Abdampfraum der Turbine. Sie ist im übrigen ebenso konstruiert wie
die vordere Stopfbüchse.

Eine neuere Konstruktion einer Kohlenstopfbüchse zeigt
die Fig. 127, die sich von Fig. 125 dadurch unterscheidet, daß
jedes einzelne der Kohlensegmente in eine eigene Metallfassung
eingesetzt ist und durch eine besondere Feder radial nach innen
gedrückt wird. Zwecks gegenseitiger Führung greifen die Fas-
sungen mit Zapfen und Falz ineinander. Der ganze Segment-
ring kann sich innerhalb des Stopfbüchsengehäuses nach jeder
Richtung hin etwas verschieben und so einer geringen exzen-
trischen Lage der Welle, etwaigem Unrundlaufen und der Wärmeausdehnung der Welle ohne Zwang folgen, so daß unter allen
Umständen ein einwandfreies Arbeiten der Kohlenlauffläche
gesichert ist. Die Federn der unteren Kohlensegmente werden
etwas kräftiger gemacht als die der oberen, da sie außer dem
Anpressungsdruck noch das Gewicht der Segmente zu tragen
haben.

§ 112. Konstruktion der Spitzen- oder Labyrinthdichtungen.

Man unterscheidet Spitzendichtungen mit r a d i a l e m
und solche mit a x i a l e m Spalt. Die letzteren haben den
Nachteil, daß sie nur dann ein gewisses Dichthalten gewähr-

leisten, wenn die Stellung des Rotors relativ zum Gehäuse in axialer Richtung eine ganz bestimmte ist, weshalb auf die Einstellung desselben in die richtige Lage ganz besondere Sorgfalt verwendet werden muß. Dieser Umstand kommt bei den radial dichtenden Labyrinthen in Wegfall.

Spitzendichtungen mit radialem Spalt.

Eine solche Dichtung zeigt Fig. 128.

Sowohl im rotierenden Teil (Ausgleichskolben oder Dummyrotor) als auch im feststehenden (Ausgleichzylinder oder Dummystator) sind in einer Reihe rings umlaufender Nuten die dichtenden Ringe eingesetzt. Letztere bestehen aus einzelnen kurzen Messingstreifen, die zunächst mit rechteckigem Querschnitt von ca. 5 bis 6 mm Dicke und ca. 15 bis 20 mm Breite ausgeführt und in der aus Fig. 128 ersichtlichen Weise in die

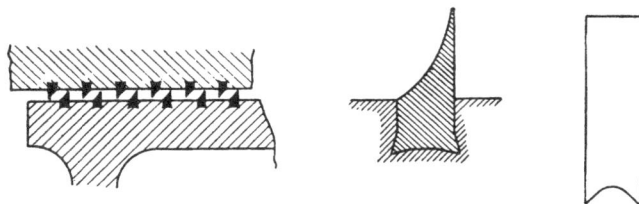

Fig. 128.

Nuten eingestemmt werden. Die Dichtungsringe erhalten hiernach durch Drehen die dargestellte Zuschärfung. Letztere Maßnahme ermöglicht es, von vornherein einen sehr kleinen radialen Spalt an den dichtenden Kanten auszuführen, da ja bei einem Anstreifen der Dichtungsringe an den Stator oder Rotor lediglich ein Abschleifen der feinen Spitzen, sonst aber keine Zerstörung infolge Heißlaufens der sich berührenden Teile usw. zu befürchten ist.

Die axiale Teilung, d. h. den axialen Abstand zweier benachbarter Ringe im Stator bzw. Rotor wird natürlich man möglichst klein zu halten bestrebt sein; einerseits um an Baulänge zu sparen, anderseits um die Wirksamkeit der Labyrinthe durch kräftige radiale Ablenkung des in axialer Richtung durchströmenden Leckdampfes zu erhöhen; doch ist bei der Konstruktion selbstverständlich auf Einhaltung eines genügend großen Axialspaltes zwischen den Dummies des Stators und Rotors zu achten.

Da die hier beschriebenen Spitzendichtungen mit radialem Spalt keine besondere Einstellung des Rotors gegenüber dem Stator notwendig machen, können dieselben in allen Fällen Verwendung finden; sie müssen an Stelle der Dichtungen mit axialem Spalt angewendet werden, wenn eine axiale Einstellung nicht möglich ist, wie z. B. bei ND.-Turbinen mit eingebauten Rückwärtsturbinen, welche am vorderen und hinteren Ende je einen Ausgleichkolben erhalten; hier muß der eine der Kolben, (im allgemeinen derjenige der Rückwärtsturbine) mit radialen Dichtungen versehen werden, da hier ein gleichzeitiges richtiges Einstellen der Axialspalten in den beiden Dichtungen wegen der verschiedenen Wärmedehnungen von Gehäuse und Rotor unmöglich ist.

Labyrinthdichtungen mit axialem Spalt.

Ein Beispiel einer solchen Dichtung zeigt Fig. 129.

Hier sind in den Dummyrotor Nuten eingedreht, in welche die im Stator befestigten Dichtungsringe eingreifen. Zwischen den vor deren Stirnflächen der zwischen den Nuten des Rotors liegenden Stege und der hinteren Stirnfläche der Dichtungsringe soll zur Vermeidung größerer Dampfverluste ein möglichst kleiner achsialer Spalt eingestellt werden. Um dies bei allen Betriebsverhältnissen zu erreichen, ist eine

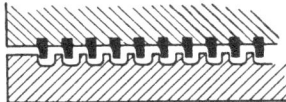

Fig. 129.

ständige Kontrolle der Einstellung des Rotors notwendig, um so mehr als sich mit der Belastung der Turbine auch die relativen Wärmedehnungen von Dummy-Rotor und -Stator ändern. Bei Verwendung axial dichtender Dummies ist also eine geeignete Meßvorrichtung für die axiale Stellung des Rotors gegenüber dem Gehäuse unentbehrlich.

Dummystator oder Ausgleichzylinder.

Der feststehende Teil wird meist für sich hergestellt und mit dem Gehäuse durch Schrauben verbunden, als Material wird, wie für das Gehäuse Stahlguß oder Gußeisen verwendet. Der Dummystator ist ferner ebenso wie das Gehäuse zweiteilig, erhält aber meist keine besonderen durch Schrauben verbundenen Horizontalflanschen. Um ein Klaffen der Dummyhälften in der Teilfuge zu verhindern, empfiehlt es sich, die beiden Hälften nach Art eines Falzes ineinandergreifen zu lassen, was am besten durch eine in entsprechenden Längsnuten beider Teile angeordnete Feder erfolgen kann. Außerdem ist in der Horizontalfuge eine Abstützung der Statorhälften gegen das Gehäuse, etwa durch Anker, zweckmäßig.

Dummyrotor oder Ausgleichkolben.

Dieser wird wie die Trommelrotoren, einteilig ausgeführt und mit diesen durch Schrauben verbunden. Als Material kommt Stahlguß oder geschmiedeter Stahl zur Verwendung.

VI. Abschnitt.
Die Traglager und Drucklager.

§ 113. Die Traglager der Turbinen.

Die Traglager der Schiffsturbinen arbeiten unter ähnlichen Bedingungen wie die Traglager der Laufwellen, d. h. sie sind nur geringen Druckschwankungen ausgesetzt. Es muß

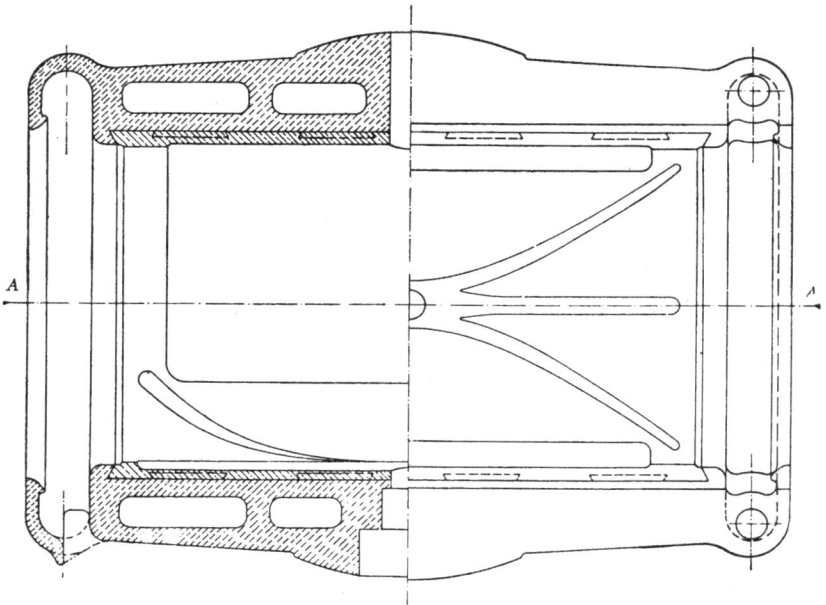

Fig. 130.

jedoch Rücksicht darauf genommen werden, daß jede nennenswerte Abnutzung und damit eine Neueinstellung der Welle möglichst vermieden werden muß. Dies kann erreicht werden, wenn man den Flächendruck, wie oben bemerkt, sehr niedrig, ca. 4 bis 8 kg/qcm, hält und der Lagerschale eine kugelförmige Lagerung in ihrem Gehäuse gibt, damit sie sich selbsttätig der elastischen Durchbiegung der Turbinenwelle entsprechend einstellen kann. Für die Betriebssicherheit ist es sehr wesentlich, eine möglichst gute Ableitung der Reibungswärme des Lagers vorzusehen. Da die Umfangsgeschwindigkeit, welche außer dem Flächendruck für die Höhe der Reibungsarbeit maßgebend ist, meistens viel höher ist als bei Kolbenmaschinen, empfiehlt es sich, nicht nur indirekte Wasserkühlung für die Lagerschalen, sondern auch die bei Landturbinen übliche Druckschmierung vorzusehen, da durch das direkt zwischen die Reibungsflächen gepreßte Öl die reichlichste Schmierung und gleichzeitig die beste Wärmeabfuhr ermöglicht wird. Das Produkt aus Flächendruck in kg pro qcm und Umfangsgeschwindigkeit in m pro Sekunde erhält bei den üblichen Ausführungen Werte, die etwa zwischen 30 bis 50 liegen.

Nachstehend sind in Tabelle Nr. 11 die Flächendrücke und Umfangsgeschwindigkeiten einiger ausgeführter Traglager für Schiffsturbinenwellen angegeben und anschließend die bezüglichen Zahlen einiger großen Landturbinen. Der Vergleich der Zahlen ergibt, daß die spezifischen Flächendrücke bei beiden Lagertypen ungefähr in gleicher Höhe liegen, daß aber die Umfangsgeschwindigkeiten bei den Landturbinenlagern etwa sechsmal so groß sind wie die der Schiffsturbinenlager. Die Sicherheit, die letztere daher gegen Erwärmung im Betrieb und Abnutzung bieten, ist ganz bedeutend größer als bei ersteren, was aber bei den schwierigen Betriebs- und Revisionsverhältnissen von Schiffsturbinenlagern vollkommen berechtigt ist.

Die vier ersten Horizontalspalten dieser Tabelle gelten für Schiffsturbinen-, die drei letzten für Landturbinenanlager; es sei hierzu jedoch bemerkt, daß man auch im Landturbinenbau geringere Lagerbelastungen antrifft, als vorstehend für einige große Ausführungen stationärer Turbinen angegeben.

Tabelle Nr. 11.

Belastung des Lagers kg	Umdrehungen in der Minute	Umfangsgeschw. u m/sek.	Flächendruck p kg/qcm	Produkt $p \times u$	Bemerkungen
3 800	570	5,96	6,40	38,1	Alle Lager-
6 750	306	3,85	7,80	30,0	schalen sind
10 800	306	4,81	3,00	14,4	mit Weißme-
14 100	230	4,33	7,20	31,2	tall ausge-
5 130	3000	31,40	5,96	187,1	gossen
17 200	1500	27,50	6,30	173,2	
39 015	1000	27,50	6,95	191,2	

In Fig. 130 zeigt die linke Hälfte einen vertikalen Längsschnitt durch die Lagerschalen, die rechte Hälfte hingegen die Ansicht auf die untere Lagerschale mit den Schmiernuten, während in Fig. 131 ein Traglager im Querschnitt dargestellt ist. Ober- und Unterschale werden durch 4 Schrauben zusammengehalten und besitzen oben und unten kugelförmige Tragflächen, mit denen sie auf entsprechend geformten, nachstellbaren Lagerflächen im Gehäuse bzw. im Deckel ruhen. Die unteren Lagerschalen werden hohl gegossen und mit Anschlüssen für die Kühlwasserleitung versehen. Das Schmieröl wird durch eine Rohrleitung der unteren Lagerschale zugeführt und fließt an den Enden der Lagerschalen in das umgebende Gehäuse ab. Die richtige Lage der Schale wird durch den von unten eingeschraubten schmiedeeisernen Ölzuführungsstutzen gesichert. Häufig werden sog. ,,Nottragflächen" innerhalb oder auch außerhalb des Traglagers vorgesehen, d. h. Bronzeringe, welche um $^1/_2$ bis 1 mm gegen das Weißmetall zurückstehen, und auf welche sich die Welle stützen kann, wenn das Weißmetall auslaufen sollte.

Jedes Traglager wird in einem Lagerbalken, siehe Fig. 63, 95, 96 untergebracht, welcher am hinteren bzw. vorderen Boden des Turbinengehäuses befestigt ist.

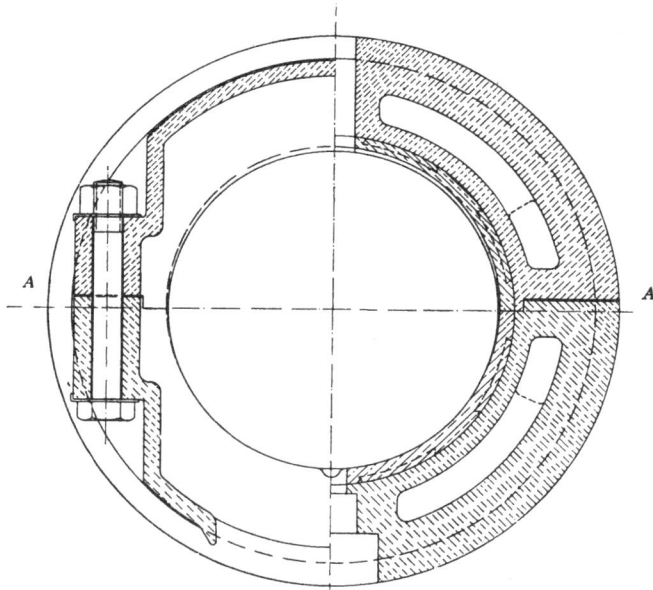

Fig. 131.

Diese Lagerbalken werden in Hohlguß oder Rippenguß aus Gußeisen oder Stahl hergestellt und stützen sich mit ihren drei Armen nur auf den Mantel bzw. den äußeren Umfang des Bodens. Um der Ausdehnung des Gehäuses Rechnung zu tragen, sind die beiden horizontalen Arme jedes Lagerbalkens jedoch in horizontaler, der nach unten gerichtete Arm in vertikaler Richtung frei verschiebbar.

Der hintere Lagerbalken hat nur das Gewicht der Welle zu tragen; der vordere Lagerbalken hat hingegen außer dem in vertikaler Richtung wirkenden Gewicht noch in horizontaler

Richtung den Drucklagerschub, d. h. die Differenz aus dem auf den Rotor wirkenden Dampfschub und dem Propellerschub, auf das Gehäuse zu übertragen und muß so steif sein, daß seine Durchbiegung in horizontaler Richtung möglichst gering ist.

Den Einbau einer Lagerschale in den Lagerbalken zeigt Fig. 132. Bei diesem Lager ist im Gegensatz zu Fig. 130 und 131 nur die untere Schalenhälfte für Wasserkühlung eingerichtet. Die Figur zeigt Kühlwasserzu- und -abflußleitung sowie den Ölzuführungsstutzen, welcher die Lagerschale gleichzeitig gegen Drehung sichert. Die Lagerschale ist im Lagerbalken auf eine besondere Zwischenplatte gesetzt, die erstens den Zweck hat, eine Höhenjustierung der Lagerschale durch Einlagen zwischen Platte und Lagerbalken, zweitens das Auswechseln der Lagerschalen ohne Herausnehmen der Welle zu ermöglichen. Zu letzterem Zweck sind unter die Platte 2 Druckschrauben in den Lagerbalken eingesetzt, die kräftig genug sind, um die Zwischenplatte samt Lagerschale und darauf ruhendem Rotor etwas anzuheben. Darauf wird die Welle durch Untersetzen einer Stütze von dem am Lagerbalken ersichtlichen Absatz *a* abgefangen und die Lagerschale durch Herabschrauben der Druckschrauben entlastet, so daß sie nach Entfernung des Ölzuführungsstutzens und der oberen Lagerschale um die Welle herumgedreht und aus dem Lager herausgenommen werden kann. Zwischen Druckschrauben und Zwischenplatte sind wegen des hohen spezifischen Druckes gehärtete Drucklinsen eingesetzt.

§ 114. Drucklager. Vorbemerkung.

Über die Berechnung des Drucklagerschubes vgl. § 55 und § 69. Man unterscheidet Drucklager mit besonderen Druckbügeln und Drucklager ohne besondere Druckbügel.

§ 115. Drucklager mit besonderen Druckbügeln.

Das Drucklager zur Aufnahme des Propellerschubes wird bei kleinen Turbinen mit e i n e m Gehäuse, wie in § 68 erwähnt, am vorderen Lagerbalken, bei großen Turbinen mit g e t e i l t e n Gehäusen am vorderen Lagerbalken der Niederdruckturbine angebracht. Bei ersteren besitzt die Welle am vorderen Ende eine Verlängerung, auf welche die Druckringe mit langen Bunden, welche als Distanzstücke dienen, einzeln aufgeschoben sind. Gegen Drehung werden die Druckringe durch eine Feder gesichert. In axialer Richtung werden sie durch eine am vorderen Ende der Welle befindliche Mutter festgehalten. Die Lagerringe (Tragringe) sind in diesem Fall einteilige Ringe aus Stahlguß oder Bronze hohl gegossen, die Laufflächen mit Weißmetall gefüttert und, wie Fig. 133 zeigt, mit zwei diametral gegenüber liegenden Ohren für die Aufnahme der Druckspindeln versehen. Bei dem in Fig. 133 dargestellten Drucklager werden die Lagerringe durch Distanzstücke in ihrer richtigen gegenseitigen Lage gehalten und gegen Drehung durch zwei in den äußeren Umfang eingelassene Federn gesichert.

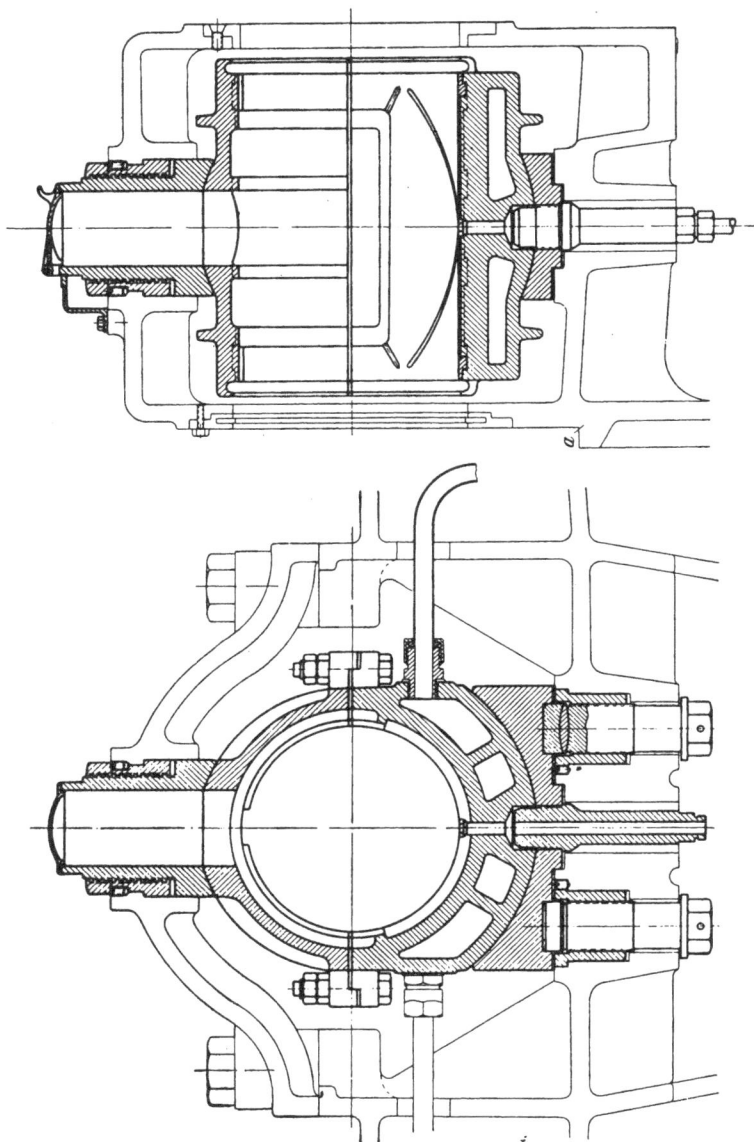

Fig. 132.

Wird das Drucklager am vorderen Niederdrucklagerbalken angebracht, so ist die Druckwelle ein besonderes Wellenstück und die Lagerringe bzw. Lagerbügel sind, wie bei Kolbenmaschinen

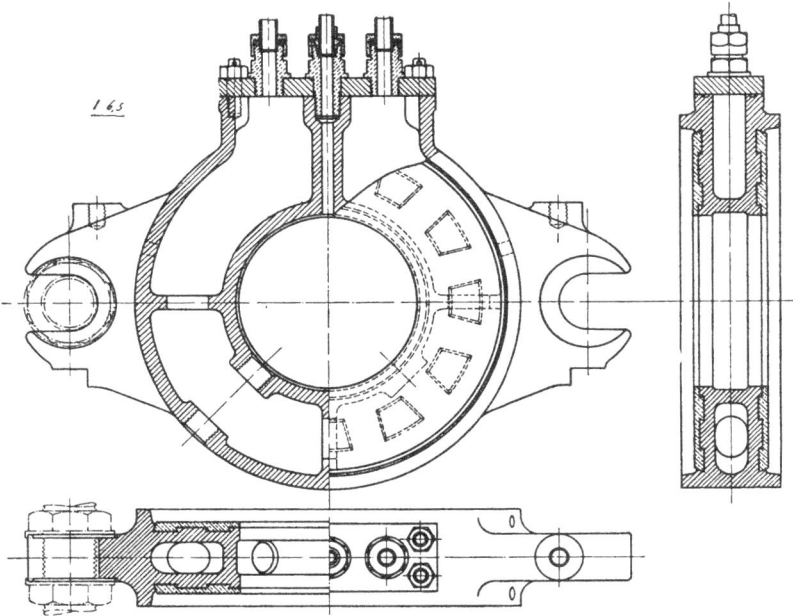

Fig. 133.

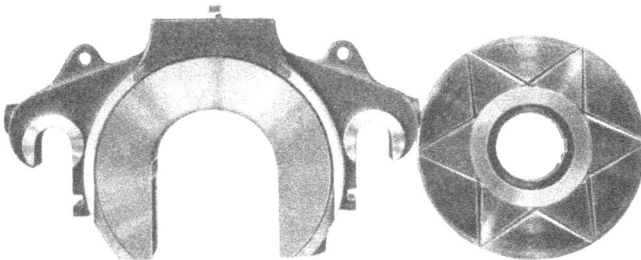

Fig. 134.

üblich, hufeisenförmig (Fig. 134). Die seitlich überstehenden Ohren liegen dann über der Wellenmitte und werden in bekannter Weise mittels Muttern auf den beiden Spindeln festgehalten,

welche ihrerseits die Drucklagerbelastung, d. i. die Differenz
aus dem auf die Trommel wirkenden Dampfschub und dem
Propellerschub gewöhnlich direkt auf den Lagerbalken übertragen. Der Drucklagerkörper wird als besonderes Gußstück angefertigt und mittels Schrauben mit dem Lagerbalken verbunden, oder er wird mit dem Lagerbalken aus einem Stück gegossen. Die Schmierung der Lagerringe geschieht dadurch,

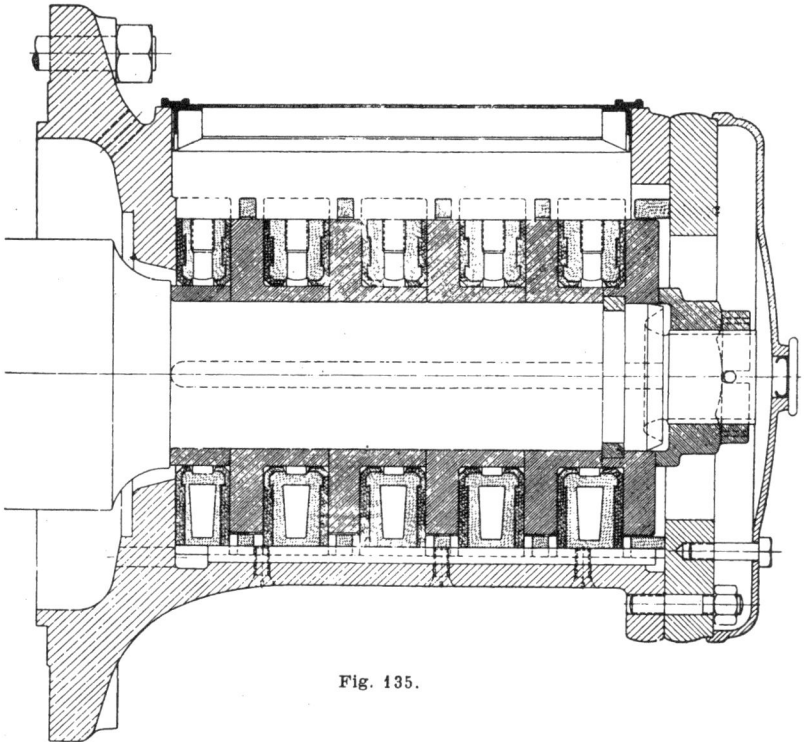

Fig. 135.

daß das Öl den Laufflächen durch geeignete Bohrungen unter
einem Druck von ca. 1 bis 4 Atm. zugeführt wird. Die Kühlung
durch Wasser geschieht in üblicher Weise dadurch, daß die
Hohlräume der Lagerringe an die Zu- bzw. Ableitung der Kühlwasserleitung angeschlossen sind.

Interessant sind für die Beurteilung derartiger Drucklager
die Versuche der A. E.-G. mit dem Drucklager für Dampfer
»Kaiser«[1].

---

[1] Siehe Zeitschr. d. Vereins d. Ing., Jahrg. 1906, S. 1358.

Das Drucklager wurde für eine Maximalbelastung von
50 Tonnen und für eine Umdrehungszahl bis zu 900 in der
Minute gebaut.

Es bestand aus 5 Laufringen aus Stahl. Die Tragringe
(Lagerringe) waren aus Bronze hohl gegossen, um die ent-
stehende Erwärmung durch indirekte Kühlung abzuführen. Die
Laufflächen waren mit Weißmetall bekleidet.

Aus den Vorversuchen hatten sich als brauchbarste Lager-
konstruktion die in den Fig. 133 bis 135 dargestellten ergeben.

Hierbei hatten die Tragringe Fig. 136 eine vollkommen glatte
Weißmetallauffläche ohne Schmiernuten. Letztere waren in den

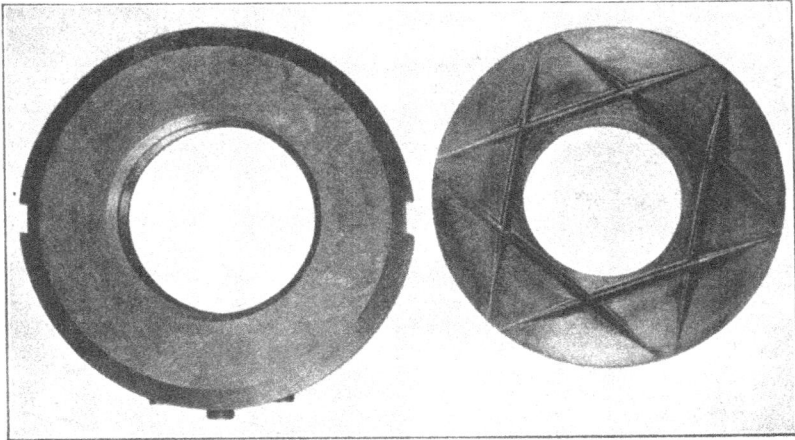

Fig. 136.   Fig. 137.

gehärteten Druckring Fig. 137 geradlinig, ungefähr als Tangente
an den inneren Ringdurchmesser von innen nach der Außenkante zu verjüngt, eingefräst.

Das Öl wurde durch die Tragringe am inneren Durchmesser
eingeführt und unter geringem Druck (von ca. 1 bis 2 at) durch
das Lager gepumpt. Infolge der reichlichen Ölzirkulation wurde
nicht nur eine gute Schmierung, sondern auch eine wirksame
Wärmeabführung erzielt.

Die vorbeschriebene Ausführung hielt einer sehr hohen Beanspruchung stand, indem es noch möglich war, mit nur
einer einzigen Druckringfläche bei 900 Uml./min einen Schub
von 15000 kg aufzunehmen. Fig. 136 und 137 zeigen Trag- und
Laufring, nachdem die Belastung bis 12000 kg gesteigert worden
war. Die Revision des Tragringes nach dem Versuch zeigte,
daß die sehr gut tragende Weißmetallfläche noch fast sämtliche
Spuren der Bearbeitung mit dem Schaber aufwies, und daß nur

sehr wenige Kreisspuren durch die Unreinigkeiten des Öles erzeugt worden waren.

Als Schmiermittel wurde reine Valvoline und zeitweise eine Mischung von etwa $^2/_3$ Valvoline und $^1/_3$ Rüböl verwendet.

Diese Mischung zeigte in stärkerem Grade als das reine Öl Neigung zum Schäumen.

Mit dem Druck- und Laufring in der zuletzt beschriebenen Ausführung wurde eine Reihe von Messungen vorgenommen, aus denen der Energieverbrauch bei verschiedenen Umlaufzahlen und Belastungen durch Bestimmung der vom Öl und vom Kühlwasser abgeführten Wärmemenge berechnet wurde.

Die größten Beanspruchungen der Laufflächen ergaben sich aus folgenden Zahlen:

äußerer Durchmesser der Laufflache	298 mm
innerer »	185 »
für Schmiernuten abzuziehen	47 qcm
Tragfläche, netto	382 »
Durchm. d. Schwerpunktkreises der Druckfläche .	246 mm
Uml./min	900
Gesamtpressung	15 000 kg
spezifischer Druck	39,1 kg/qcm
Umfangsgeschwindigkeit außen	14 m/sek
» des Schwerpunktes . .	11,6 »
Energieverbrauch bei Leerlauf	4,2 PS
» » voller Belastung	12 »

Analoge Versuche wurden mit Druck- und Laufringen der durch Fig. 136 u. 137 dargestellten Form durchgeführt, bei denen es sogar möglich war, bei 310 Touren, entsprechend einer Umfangsgeschwindigkeit des Laufringes von 5,1 m/sek die Gesamtbelastung pro Druckfläche für längere Betriebszeit auf über 30 t, d. i. einer spezifischen Belastung von über 40 kg/qcm, zu steigern. Die bei solchen Drucklagern in der Praxis üblichen Beanspruchungen bieten, wie hieraus zu ersehen ist, gegenüber der Grenzbeanspruchung eine mehrfache Sicherheit.

Nachstehend seien noch einige Daten über a u s g e f ü h r t e D r u c k l a g e r von in Betrieb befindlichen Schiffsturbinen mitgeteilt.

Tabelle Nr. 12.

Druck-lager-belastung kg	Umfangs-geschwin-digkeit u m/sek.	Flächen-druck p kg/qcm	Produkt $p \times u$	Bemerkung
11 000	7,10	4,66	33,1	Laufflächen mit
7 300	5,66	8,65	49,0	Weißmetall
15 000	5,82	4,15	24,2	ausgegossen

Es empfiehlt sich, auch für die Drucklager das Produkt: Flächendruck mal mittlere Umfangsgeschwindigkeit, das für die Wärmeabgabe der Lager maßgebend ist, zu prüfen und bestimmte Höchstsätze hiefür nicht zu überschreiten.

Man findet für Schiffsturbinen dieses Produkt etwa zu 30 bis 50, also verhältnismäßig niedrig im Vergleich zu den oben mitgeteilten Versuchsresultaten.

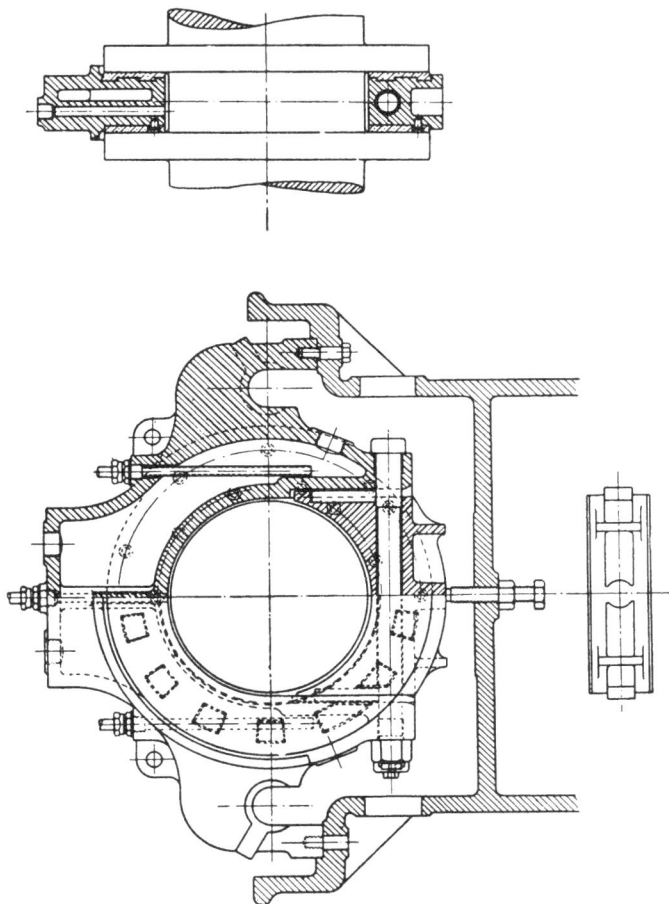

Fig. 138.

§ 116. Druckbügel mit eingesetztem Unterteil.

Eine vorteilhafte Konstruktion des Drucklagers für größere Turbinen zeigt Fig. 138. Dieselbe ist aus dem Bestreben entstanden, einerseits die Herausnehmbarkeit des Druckbügels nach oben zu sichern, andernteils aber die volle Ringfläche zur Aufnahme des Schubes auszunutzen. Zu diesem Zweck ist der-

jenige Teil des Druckbügels, welcher das Hochnehmen desselben nach oben verhindert, als getrenntes Stück ausgeführt
und beiderseits in axialer Richtung durch kräftige Nuten gehalten. In vertikaler Richtung ist das Stück durch einen horizontal durchgezogenen, sehr kräftigen Bolzen gesichert, welcher

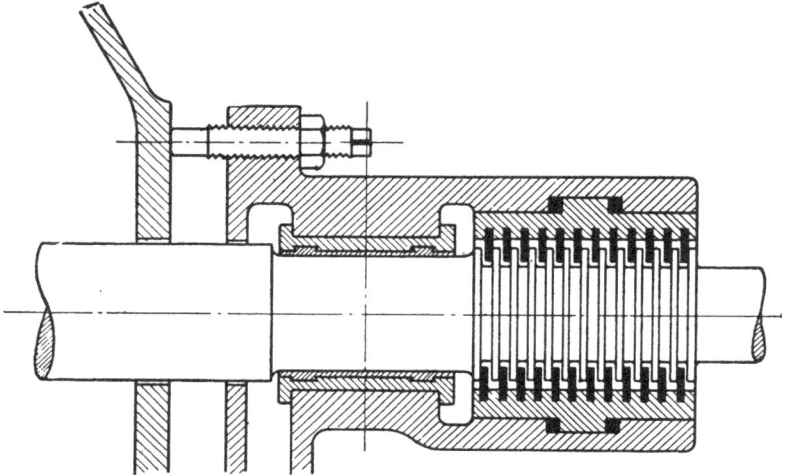

Fig. 139.

gleichzeitig eine kräftige Vereinigung dieses eingeschobenen
Schlußstückes mit dem aufgeschnittenen Ringkörper gewährleistet.

§ 117.   Drucklager ohne besondere Druckringe.

Das Drucklager besteht hier aus einer großen Anzahl von
Bronzeringen, welche einerseits in Nuten der Welle, anderseits
in Nuten der Drucklagerschale eingreifen. Die obere Hälfte
der Ringe nimmt hierbei den Vorwärtsschub, die untere Hälfte
den Rückwärtsschub auf. Um dies zu erreichen, sind Ober-
schale und Unterschale durch Keile in entgegengesetzter Richtung verschiebbar, so daß ein Anliegen der Druckringe stets
erzielt werden kann (s. Fig. 139).

Die Schmierung des Drucklagers geschieht ebenfalls durch
Drucköl, welches aus der Öldruckleitung entnommen wird und
nachdem es seinen Zweck erfüllt hat, in den Ölsammeltank
zurückfließt. Die Einstellung des Drucklagers ist eine sehr
wichtige Sache, weil die Trommel natürlich in einer ganz bestimmten Lage zum Leitapparat im Gehäuse gehalten werden
muß, da sonst die Gefahr eintritt, daß die Laufschaufeln die
Leitschaufeln berühren. Bei dieser Einstellung des Drucklagers
ist der Ausdehnung der Welle und des Gehäuses durch die
Wärme aufs genaueste Rechnung zu tragen.

VII. Abschnitt.

Hauptdampfleitung und Manövrierorgane.
Stopfbüchs-, Entwässerungs-, Öl-, Kühlleitungen und Hebevorrichtungen.

§ 118. Allgemeines.

Dem Entwurf der Hauptdampfleitung ist bei Turbinenschiffen besondere Beachtung zu schenken. Für gute Entwässerung des Dampfes durch eingeschaltete Wasserabscheider ist Sorge zu

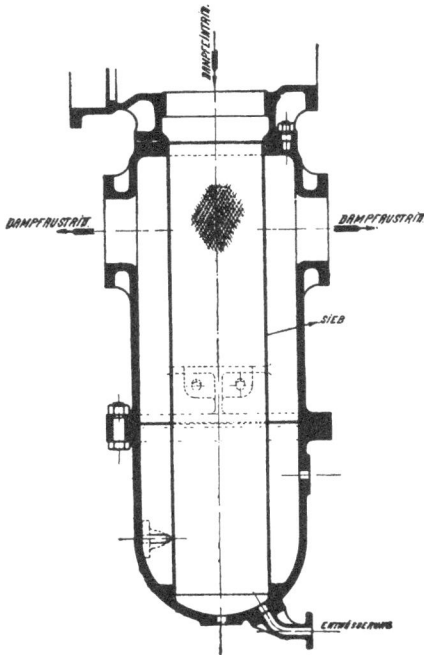

Fig. 140.

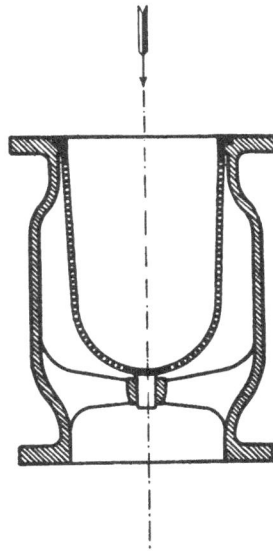

Fig. 141.

tragen, da das in die Turbinen gelangende Wasser auf den Wirkungsgrad der Turbinen und auf die Haltbarkeit der vom Dampf zuerst getroffenen Schaufelkränze einen sehr ungünstigen Einfluß ausübt. Desgleichen ist der Ausdehnung der Leitung

Bauer u. Lasche, Schiffsturbinen.　　　　　　　　15

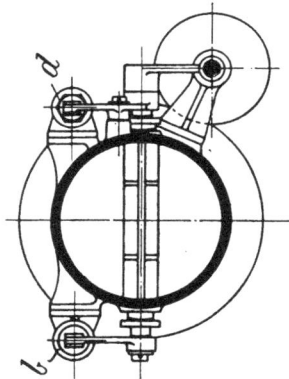

durch die Wärme mittels Einschaltung entsprechender Dreh-, Kugel- und Gelenk-stopfbüchsen Rechnung zu tragen. Es ist besonders wichtig, dabei die sehr wesentlichen A u s d e h n u n g e n d e r   T u r b i n e n g e h ä u s e zu berücksichtigen. Die Manövrierventile selbst sind, um rasches Manövrieren zu sichern, mit besonderer Vorsicht und völlig entlastet auszuführen. Über die Ausführung der Stutzen und Ventile, die Herstellung der Dampfleitungen, die Flanschendichtungen usw. siehe Schiffsmaschinen, IV. Aufl., S. 456 u. f.

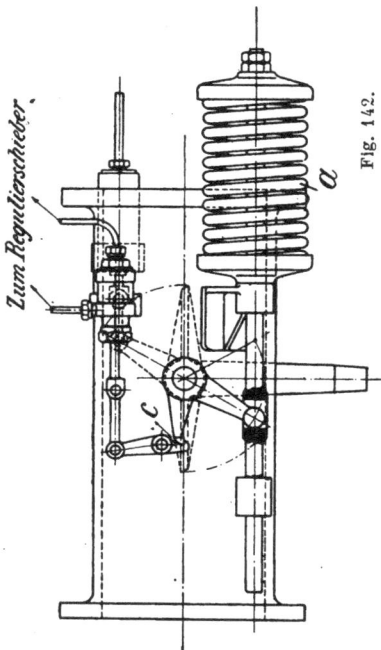

§ 119.   Dampfsieb.

Um Beschädigungen der Beschaufelung durch mitgerissene Gegenstände (Muttern, Nietköpfe o. dgl.) zu vermeiden, schaltet man in die Zudampfleitungen dicht vor den Turbinen Dampfsiebe ein. Dieselben werden entweder mit dem Wassersammler kombiniert, in der Weise, daß in den Wasserabscheider ein weites perforiertes Rohr eingeschoben wird, durch dessen enge Löcher der Dampf strömen muß, bevor er in die Turbine gelangt (vgl. Fig. 140), oder aber indem der Dampf gezwungen wird, ein trichterförmiges Netz zu passieren, welches, aus widerstandsfähigem Material hergestellt, in einen erweiterten Teil der Zudampfleitung für Vorwärtsgang und Rückwärtsgang dicht vor den Turbinen eingeschaltet ist (s. Fig. 141).

Es ist darauf zu achten, daß dieses Dampfsieb kräftig und aus möglichst rostbeständigem Material (z. B. Bronze) herzustellen ist, damit es nicht durch Rost zerstört werden und Teile des-

selben in die Turbine gelangen können. Hochprozentiger Nickelstahl hat sich häufig nach kurzer Zeit als brüchig erwiesen und
muß daher vermieden werden.

§ 120. Drosselklappe.

Um das Durchgehen der Turbine bei schwerer See, bei
Wellenbruch o. dgl. zu vermeiden, schaltet man in die Hauptdampfleitung nahe der Turbine eine Drosselklappe ein, deren
Konstruktion der bei Kolbenmaschinen üblichen in der Regel
sehr ähnlich ist (s. Schiffsmaschinen, IV. Aufl., S. 150).

Ein Beispiel einer derartigen Drosselklappenanlage zeigt
Fig. 142. Die Drosselklappe wird unter Zwischenschaltung
eines Dampfsteuerapparates durch einen Regulator betätigt,
welcher mit der Turbinenwelle verbunden ist. Sobald die zulässige Tourenzahl (etwa 20% mehr als die höchste Betriebstourenzahl) der Turbine überschritten ist, bewegt dieser
Regulator einen kleinen Kolbenschieber, welcher die Steuerung zu
einem Dampfzylinder d bildet. Der Kolben dieses Dampfzylinders
hält im normalen Betriebe durch den auf ihn wirkenden Dampfdruck eine Sperrklinke c fest, wodurch die Feder a daran verhindert wird, die Drosselklappe zuzuschlagen. Sobald aber
der vorgenannte Regulierschieber durch den Regulator an der
Turbinenwelle aus seiner Lage gebracht wird, erhält der Kolben
des Dampfzylinders Gegendampf, so daß die Sperrklinke c aus-
gelöst wird und nunmehr die Spannung der Feder a die Drosselklappe schließt. Um beim Schließen der Klappe ein hartes Zu-
schlagen zu vermeiden, ist mit der Spindel der Drosselklappe
ein Luftpuffer b verbunden.

Um die Drosselklappe wieder öffnen zu können, ist auf der
Achse derselben eine Vorrichtung angebracht, auf welche ein
starker Handhebel zum Drehen der Welle aufgesteckt werden
kann. Das Öffnen kann erst erfolgen, nachdem wieder die normale Tourenzahl erreicht ist und der Steuerschieber seine normale Lage wieder eingenommen hat.

§ 121. Umsteuerungsorgane.

Bei kleineren Anlagen, wie z. B. für Torpedoboote und auch
für Kreuzer und kleine Handelsschiffe, bestehen die Manövrierorgane lediglich aus entlasteten Ventilen, und zwar aus einem
solchen Ventil für Vorwärtsgang, einem Ventil für Rückwärtsgang und häufig noch aus 1 oder 2 Ventilen für ökonomische
Fahrt (sog. Marschfahrt; vgl. VIII. Teil, Anordnung der Turbinen
im Schiff).

Bei den Einzelwellensystemen (A. E.-G. und Curtis) erfolgt
das Umsteuern einfach durch Schließen des Ventils für Vorwärtsgang und Öffnen des Ventils für Rückwärtsgang oder umgekehrt,
während bei den Parsons-Turbinenanlagen (vgl. Teil VII) zum
Wechseln der Gangart, z. B. beim Dreiwellensystem, besondere
Wechselventile für das Umsteuern der Niederdruckturbinen und
außerdem Rückschlagventile etc. nötig sind. Um schnelles
Manövrieren zu sichern, erhalten die Spindeln der Manövrier-

15*

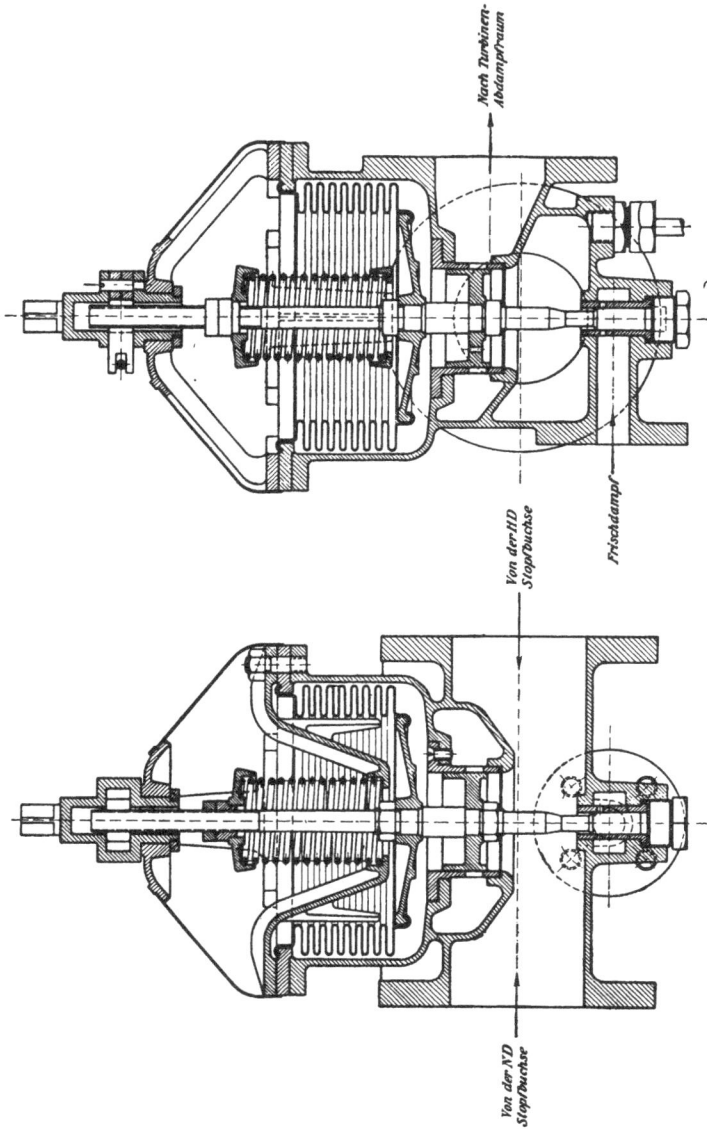

ventile steiles Gewinde, so daß sie mit wenigen Umdrehungen
ganz geöffnet werden können. Bei ganz großen Anlagen (wie
z. B. bei den Schnelldampfern »Lusitania« und »Mauretania«)
sind zum Umsteuern Wechselventile vorgesehen, welche den
Dampf je nach ihrer Stellung den Vorwärts- oder Rückwärtsturbinen zuführen und welche durch besondere Brownsche
Dampfumsteuermaschinen bedient werden.

Über die Manövriereinrichtung des Schnelldampfers »Mauretania« siehe Anordnung der Turbinen im Schiff, VIII. Teil.

§ 122. Stopfbüchsen- und Entwässerungsleitungen.

Über die S t o p f b ü c h s e n u n d z u g e h ö r i g e L e i -
t u n g e n siehe § 110 u. f., Konstruktion der Stopfbüchsen. —
Aus den dort gegebenen Beschreibungen der Stopfbüchsen gehen
ohne weiteres auch die zugehörigen Leitungen hervor.

Nach § 111 sind die beiden Außenstopfbüchsen mit separaten
Abdampfleitungen versehen, so daß das Absaugen des Leckdampfes oder das Einblasen von Frischdampf zur Abdichtung
je nach den Betriebsverhältnissen gesondert vorgenommen werden muß, wenn man nicht automatische Reguliereinrichtungen
anwendet. Es liegt nahe, wie es neuerdings geschieht, den Leckdampf der unter Überdruck arbeitenden Stopfbüchse zum Ab-
dichten der unter Vakuum arbeitenden nutzbar zu machen.
In diesem Fall werden die Abdampfleitungen beider Stopfbüchsen miteinander verbunden. Da jedoch bei Stillstand der
Turbinen oder langsamer Fahrt beide Stopfbüchsen unter Vakuum arbeiten, anderseits bei forcierter Fahrt das Abblasen
der *HD*-Stopfbüchse so stark werden kann, daß die *ND*- resp.
Rückwärtsstopfbüchse nicht imstande ist, den gesamten Leckdampf aufzunehmen, muß man auch in diesem Fall für eine
Regulierbarkeit des Druckes in der Stopfbüchsenverbindungs-
leitung sorgen. Dies geschieht, indem einerseits eine Verbindung
nach dem Abdampfraum der Turbine oder der Luftpumpe oder
dem Kondensator zwecks Abführung des überschüssigen Dampfes
und anderseits eine Frischdampfzuführung für den Fall, daß
beide Stopfbüchsen unter Vakuum arbeiten, vorgesehen wird.
Fig. 143 zeigt einen für die Regulierung des Stopfbüchsenab-
dampfes konstruierten Automaten, der gleichzeitig auf die Frischdampfzuführung und Abführung des Überschußdampfes nach der
Turbine einwirkt. Die Bewegungskraft des Regulierkolbens
wird durch die Druckdifferenz zwischen Luftdruck und Druck
in der Stopfbüchsenabdampfleitung geliefert. Da diese Druckdifferenz sehr klein sein muß, ist zur Erzielung einer großen
Bewegungskraft der Arbeitskolben verhältnismäßig sehr groß.
Um die einem großen Kolben anhaftenden, unkontrollierbaren,
gleitenden Reibungswiderstände zu umgehen und trotzdem
einen großen Schieberhub zu erzielen, ist die Abdichtung zwischen Kolben und Zylinder durch eine sehr elastische, well-
rohrförmige Kupfermembrane hergestellt. Zur Veränderung des
Regulierdruckes ist eine Entlastungsfeder vorgesehen und um
den Automaten im Bedarfsfall von Hand fest einstellen zu
können, hat die Ventilspindel am oberen Ende Gewinde, ver-

mittelst dessen sie durch eine ein- und ausrückbare Mutter festgehalten resp. verstellt werden kann.

E n t w ä s s e r u n g s l e i t u n g e n. Es ist sehr wichtig, die Turbinen vorsichtig zu entwässern, da es unter allen Umständen zu vermeiden ist, daß die Schaufeln im Wasser arbeiten. Zu diesem Zweck muß namentlich die Entwässerung der Niederdruckturbine mit großer Sorgfalt durchgebildet werden.

Um dies zu erreichen, setzt man, wenn irgend angängig, die Naßluftpumpe so tief, daß das Wasser aus der Niederdruckturbine derselben mit mindestens 200 bis 300 mm Gefälle zuströmt. Wenn nicht so viel Gefälle vorhanden ist, genügt der

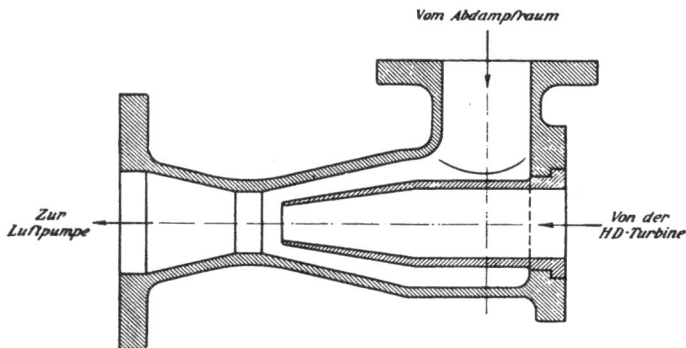

Fig. 144.

Wasserdruck unter Umständen nicht mehr, die Saugventile der Luftpumpe zu heben, so daß das Wasser nicht mit Sicherheit aus der Turbine entfernt wird. Wenn es nicht angängig ist, die Luftpumpe so tief zu setzen, daß sie das Wasser aus der Niederdruckturbine ansaugen kann, läßt man dasselbe in der Regel in einen besonderen sehr tief im Schiff angeordneten Sammeltank abfließen, aus welchem das Kondenswasser dann nach Abschluß der Verbindungsleitung dieses Entwässerungstopfes mit der Niederdruckturbine durch Frischdampf in den Kondensator gedrückt wird.

Zur Entwässerung dieses Topfes können auch Ejektoren vorgesehen werden; doch muß dann darauf geachtet werden, daß das aus dem Kondenstopf entnommene Wasser erst etwas abgekühlt wird, bevor es in die Ejektoren eintritt, da dieselben sonst leicht versagen können. Immerhin bleiben derartige Vorrichtungen ein Notbehelf; wenn irgend möglich muß die Luftpumpe hinreichend tief gesetzt werden, um derartige Konstruktionen zu vermeiden.

Die Entwässerung der Hochdruckturbine ist natürlich wesentlich einfacher als die der Niederdruckturbine, da das Wasser aus derselben durch den Dampfdruck in den Hochdruckstufen mit Leichtigkeit in den Kondensator abgeführt werden kann. Entwässerungshähne für die Hochdruckstufen werden in reichlicher Anzahl vorgesehen.

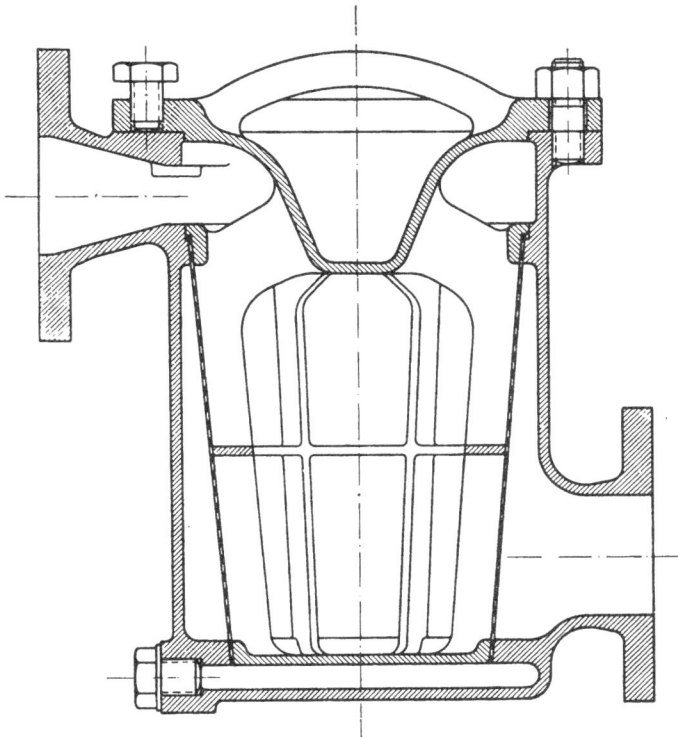

Fig. 145.

Man kann auch das unter Druck aus den Hochdruckstufen ausströmende Kondenswasser dazu benutzen, um das Kondenswasser der Niederdruckstufen aus dem oben erwähnten Sammeltopf nach dem Kondensator zu befördern.

Um zu verhindern, daß der Überdruck der *HD*-Entwässerungsleitungen auf die *ND*-Entwässerung zurückwirkt und um die Widerstände für die Entwässerung des Abdampfraumes nach der Luftpumpe soweit als möglich zu vermindern, baut man neuerdings auch Ejektoren nach Fig. 144 in die Entwässe-

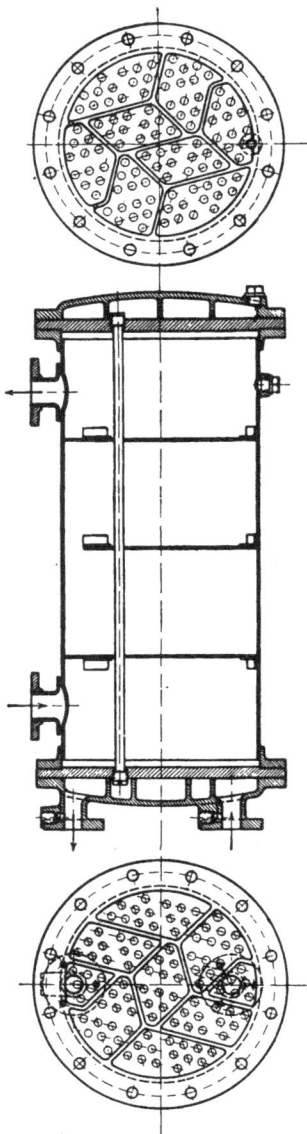

Fig. 146.

rungsleitungen ein, in denen das überschüssige Gefälle der *HD*-Entwässerung zur Gefällsvermehrung resp. Beschleunigung des *ND*-Abwassers verwendet wird.

Die Entwässerungsvorrichtungen werden durch Handhebel vom Maschinistenstand bedient. Eine übersichtliche Anordnung dieser Handhebel ist ebenso wie bei den Kolbenmaschinen von Wichtigkeit.

Neuerdings werden bei großen Anlagen auch häufig besondere Entwässerungspumpen aufgestellt, welche nach Art von Luftpumpen konstruiert werden.

§ 123. Ölleitungen.

Den Traglagern sowie den Druckringen der Turbinenwellen wird das erforderliche Schmieröl nicht wie bei Kolbenmaschinen üblich durch Dochte zugeführt, sondern es wird hier die viel vollkommenere und sicherer wirkende Druckschmierung angewendet.

Das Schmieröl wird hierbei durch eine Kolbenpumpe (Duplexpumpe) oder auch eine Räderpumpe aus einem Sammeltank angesaugt und durch eine gemeinschaftliche Druckleitung den verschiedenen Lagern unter einem Druck von 2 bis 4 at zugeführt. Da bei den Traglagern nur die Unterschalen belastet sind, so wird das Öl auch meist nur den Unterschalen von unten her zugeführt und in üblicher Weise durch Schmiernuten über die Lagerfläche verteilt. Das aus den Lagerschalen abfließende Öl wird in dem die Lagerschale umgebenden Gehäuse aufgefangen und durch genügend weite und mit Gefälle versehene Ablaufrohre dem oben erwähnten Sammeltank zugeführt. Der

Sammeltank muß möglichst tief angebracht werden und mit einer Entwässerungsvorrichtung versehen sein, um ev. hineingelangtes Wasser (kond. Stopfbüchsendampf etc.) ablassen zu können.

Da bei dieser Art der Lagerschmierung sehr große Ölmengen zwischen Lagerschale und Zapfen hindurchgepreßt werden, findet eine eigentliche Berührung zwischen Zapfen und Lagerschale kaum statt, wodurch die Abnutzung der Lagerflächen außerordentlich gering wird und das Öl für sehr lange Zeit seine Schmierfähigkeit unverändert beibehält.

Ein weiterer Vorteil dieser Spülschmierung ist die Kühlung der Lager durch das Schmieröl selbst. Zu diesem Zweck wird das erwärmt in den Sammeltank fließende und von der Ölpumpe daraus abgesaugte Öl durch einen Ölkühler gedrückt, ehe es den einzelnen Lagern wieder zugeführt wird.

Der Ölkühler besteht gewöhnlich aus einem geschlossenen Gefäß, durch welches das schlangenförmig gebogene Druckrohr der Ölpumpe hindurchgeführt wird. Durch das Gefäß selbst wird Kühlwasser geleitet, welches der Zentrifugalpumpendruckleitung entnommen und entweder der Saugeleitung derselben wieder zugeführt oder direkt nach Außenbord geleitet wird. Fig. 146 zeigt eine neuere kondensatorartige Form des Ölkühlers, bei dem das Öl durch die Kühlrohre und das Kühlwasser um dieselben herumgeleitet wird. Der Wasserraum ist durch drei Querwände so unterteilt, daß das Wasser die Kühlrohre in der Querrichtung viermal bestreichen muß. Die Vorlagen für den Ölraum sind durch Querwände so eingeteilt, daß das Öl die Rohre 16 mal nacheinander durchströmt, wobei 6 bis 7 Rohre parallel geschaltet sind.

Ganz besondere Sorgfalt ist auf den Schutz des Ölkreislaufes gegen Verunreinigung zu verwenden, da sonst das Öl zu oft erneuert werden muß und durch Verstopfung von Ölleitungen die Gefahr des Auslaufens von Lagern und damit meistens der Eintritt einer schweren Turbinenhavarie herbeigeführt wird. Es ist erforderlich, die Ölsammeltanks, die so tief als möglich in der Bilge liegen müssen, absolut wasserdicht zu machen und sowohl in die Ölsaugleitung als in die Öldruckleitung doppelte Siebe bzw. Filter einzusetzen mit Umschalthähnen, so daß man auch während des Betriebes jederzeit in der Lage ist, die Siebe abwechselnd öffnen und reinigen zu können. Fig. 145 zeigt ein derartig eingerichtetes Sieb, bei dem mit dem Deckel auch gleichzeitig das zu reinigende Sieb aus dem Gehäuse herausgehoben wird.

Den Gleitflächen der Druckringe des Drucklagers wird das Schmieröl ebenfalls unter Druck zugeführt.

§ 124. Kühlleitungen.

Da der Spülschmierung wegen eine direkte Kühlung der Lager durch Wasser nicht angeordnet werden kann, so werden die Lager nur indirekt gekühlt.

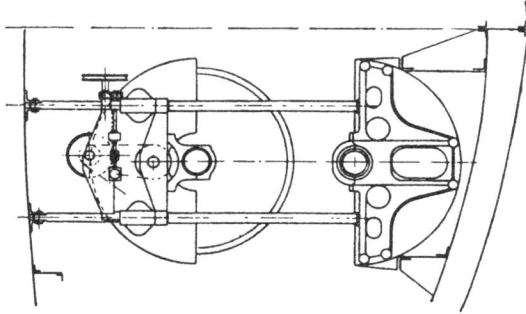

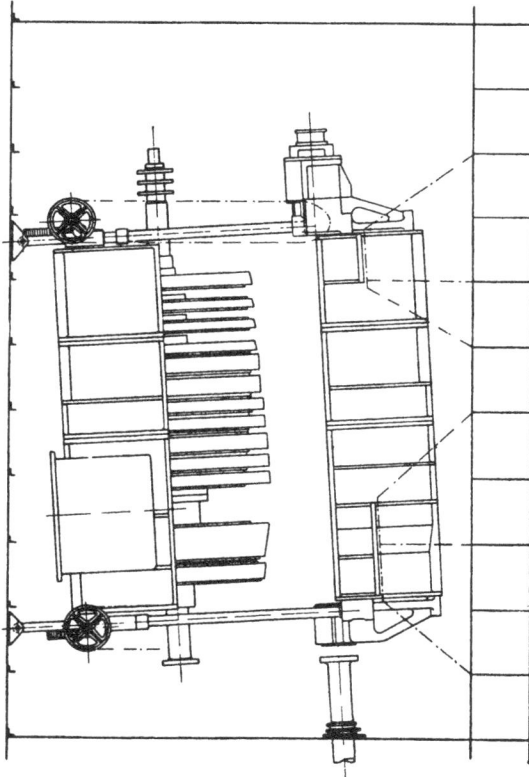

Fig. 147.

Zu diesem Zweck sind entweder die Unterschalen, wie aus der Fig. 132 zu ersehen, hohl gegossen und für den Durch-

Fig. 148.

fluß des Kühlwassers eingerichtet oder es ist der untere Teil des Lagerkörpers hohl hergestellt und mit Anschlüssen für den Zu- und Abfluß des Kühlwassers versehen.

Das Kühlwasser wird meist durch eine gemeinschaftliche Leitung dem Druckrohr der Zirkulationspumpe entnommen und durch Zweigrohre den einzelnen Lagern zugeführt. Das abfließende Kühlwasser wird gewöhnlich wieder einer gemeinschaftlichen Leitung zugeführt, welche an das Saugerohr der Zirkulationspumpe anschließt.

Der zwischen dem Druck- und Saugerohr der Zirkulationspumpe bestehende Druckunterschied reicht in der Regel aus, um das Kühlwasser in genügender Menge durch die Rohre und Lager zu treiben.

§ 125. Hebevorrichtungen.

Um die inneren Teile einer Turbine jederzeit nachsehen zu können, müssen geeignete Hebevorrichtungen vorgesehen werden, welche sowohl das Aufnehmen der oberen Gehäusehälfte als auch das Hochheben des rotierenden Teiles an Bord gestatten. Diese Teile dürfen sich beim Aufnehmen weder querschiffs noch auch in axialer Richtung verschieben, da sonst die Schaufeln sich gegenseitig beschädigen könnten.

Ferner muß dafür gesorgt werden, daß die aufzuhebenden Teile vollkommen parallel zu sich selbst gehoben werden, damit ein Festklemmen der Schaufeln ausgeschlossen ist.

Bei kleineren Trommelturbinen werden zu diesem Zweck an jedem Ende des Turbinengehäuses zwei kräftige Führungsstangen in den unteren Flansch der Horizontalteilfuge eingesetzt, während der obere Flansch der Teilfuge sich daran gerade führt. Das Heben des Oberteils geschieht durch kräftige, unter Deck etc. in geeigneter Weise befestigte Flaschenzüge, welche an Augen oder Augbolzen am Gehäuseoberteil angreifen.

Soll der rotierende Teil hochgehoben werden, dann wird, nachdem das Gehäuseoberteil genügend hochgehoben ist, dieses durch Stützen, welche zwischen die Flanschen eingesetzt werden, abgestützt. Hierauf wird an jedem Ende ein mit Leder, Kupferblech, Weißmetall etc. gefüttertes Stahlband um die Welle gelegt und durch die vorerwähnten Flaschenzüge der rotierende Teil herausgehoben.

Selbstverständlich müssen vorher alle am Oberteil des Gehäuses sitzenden Armaturen, Rohre, der Abdampfbogen etc. entfernt und an geeigneter Stelle im Maschinenraum untergebracht werden.

In ähnlicher Weise sind die Hebevorrichtungen der Turbinen gemischten Systems eingerichtet. Die erforderlichen Führungsstangen stützen sich hier vorn und hinten auf den Lagerbalken und werden mit ihren oberen Enden an Deck befestigt.

Mittels kräftiger Augen, welche mitunter an Stelle der Düsenkasten an den beiden Böden befestigt werden, kann das Oberteil des Gehäuses genau geführt werden.

Zum Heben dient ebenfalls an jedem Ende eine Traverse, welche unter die Führungsaugen faßt und ebenfalls zwischen den Säulen geführt wird.

Die eigentliche Hebevorrichtung ist, wie aus Fig. 147 zu ersehen, in einer kräftigen Traverse untergebracht, welche in entsprechender Höhe über der Turbine an den Führungssäulen

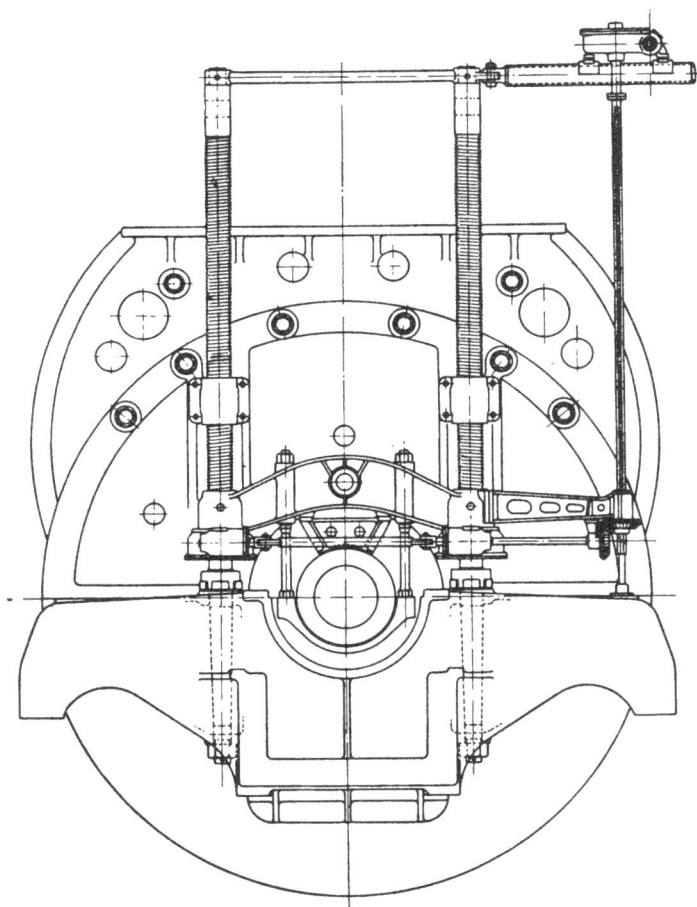

Fig. 149.

selbst befestigt ist. Sie besteht gewöhnlich aus einer mittels
Schnecke und Schneckenrad angetriebenen Kettennuß, welche
mittels gewöhnlicher Gliederkette oder Gallscher Kette die untere
Traverse hochheben kann. Das Drehen der Schnecke geschieht

meist von Hand mittels Kettenrad und Handkette vom Flurboden des Maschinenraumes aus.

Nach Abstützung des hochgehobenen Gehäuseoberteils kann
der rotierende Teil ebenfalls durch die Traverse hochgehoben
werden, nachdem die Welle mittels kräftiger Bügel und Schrauben
an der herabgelassenen Traverse befestigt worden ist.

Damit das Hochheben der Teile immer parallel zu sich
selbst erfolgt, ist es zweckmäßig, die vordere und hintere Hebevorrichtung von einer Welle aus gleichzeitig zu betätigen.

Die Disposition einer Hebevorrichtung für eine AEG-
Turbine geht auch aus der Photographie Fig. 148 hervor. Auf
dieser ist eine derartige Turbine in dem Augenblick dargestellt,
in welchem sie zwecks letzter Revision in der Werkstatt mittels
der Hebevorrichtung geöffnet wird.

Fig. 149 und die Photographie Fig. 150, letztere auf Tafel II
zeigen die Hebevorrichtung für die Niederdruckturbine größter
Abmessung eines transatlantischen Schnelldampfers. Im vorderen
und im hinteren Lagerbalken sind je 2 Säulen aufgerichtet,
welche mit flachgängigem Gewinde versehen sind. Am Gehäuseoberteil sind vorn und hinten zwei Ösen befestigt, welche einerseits dem Gehäuse als Führung an den Spindeln beim Hochheben dienen; andererseits dienen sie aber auch zum Anheben
desselben, indem die zum Lüften dienende Traverse unter
dieselben faßt. Die Traverse, je eine am Vorder- und Hinter-
ende der Turbine, wird durch je eine an jeder Säule laufende
Spindelmutter gehoben, welche Muttern durch ein an denselben
befestigtes Schneckenrad und darein eingreifende Schnecke ge-
dreht werden. Der Antrieb der Schnecken erfolgt durch eine
horizontale Welle, welche durch ein an vertikaler Welle gleiten-
des Kegelräderpaar angetrieben wird; die vertikale Welle ihrerseits wird betätigt durch ein Schneckenrad, das, auf der oberen
Querverbindung der Säulen montiert, durch eine horizontale,
längs der Turbine oben laufende Welle mittels Elektromotors
angetrieben wird.

Das hochgehobene Gehäuse, welches auch in diesem Zustand durch die 4 Säulen gegen jede Querverschiebung gesichert
ist, kann in einfachster Weise durch Böcke abgestützt werden;
um den Rotor hochzuheben, läßt man die Traverse wieder auf
die Welle herab, fängt dieselbe in einem sehr kräftigen Bügel,
der mittels Schraubenbolzen an der Traverse hängt ab und
hebt nun den Rotor in gleicher Weise hoch wie oben für das
Gehäuse beschrieben. Diese Hebevorrichtung bleibt stets montiert, auch während der Fahrt; die Rohranschlüsse der Turbine
(mit Ausnahme des Abdampfbogens) sind am Unterteil angebracht.

V. Teil.

Wellenleitung und Propeller.

I. Abschnitt.

Wellenleitung.

---

§ 126. Propellerschub.

Die Ermittlung des achsialen Propellerschubes erfolgt bei Turbinendampfern ebenso wie bei Kolbenmaschinenschiffen (s. Schiffsmasch. IV. Aufl., S. 360 u. f.). Bei den Kolbenmaschinen bezieht man alle Berechnungen auf den indizierten Schub, welcher aus der indizierten Leistung der Kolbenmaschine berechnet wird. Bei Turbinenschiffen geht man in gleicher Weise vor, legt aber dabei die effektiven Pferdestärken N_e der Dampfturbine zugrunde. Bezeichnet n die Umdrehungszahl der Turbine pro Minute, H die Schraubensteigung in m, dann ist der ideelle Schub für den Turbinendampfer in kg

$$P = \frac{N_e \cdot 4500}{n \cdot H}.$$

Über den effektiven Schub vgl. § 55. Für die Propellerberechnung wird im folgenden der Einfachheit wegen stets der ideelle Schub P verwendet werden.

§ 127. Drehmoment.

Das von der Turbine auf die Wellenleitung übertragene Drehmoment M in cmkg ist

$$M = 71\,620 \, \frac{N_e}{n}.$$

Da bei Dampfturbinen die Umdrehungszahlen wesentlich höher sind als bei den Kolbenmaschinen, wird das Drehmoment bei gleicher Leistung für Turbinenschiffe erheblich kleiner als bei den Kolbenmaschinenschiffen.   Die Wellenleitungen werden daher bei den Turbinendampfern verhältnismäßig sehr leicht.

Die leichte Konstruktion der Wellenleitung bei Turbinenschiffen wird auch dadurch noch begünstigt, daß das Drehmoment, welches die Turbinen erzeugen, während des Verlaufs einer Umdrehung konstant ist, während es bei den Kolbenmaschinen unter Umständen sehr variabel ist, so daß bei solchen starke Torsionsschwingungen auftreten können (vgl. Schiffsmaschinen IV. Aufl., § 34), welche bei Turbinendampfern nicht zu befürchten sind.

§ 128.   Material der Wellen.

Aus letzterem Grunde kann man mit der B e a n s p r u - c h u n g   d e s   W e l l e n m a t e r i a l s höher gehen als bei Kolbenmaschinen. Unter Zugrundelegung des nach § 127 berechneten Drehmomentes findet man die Torsionsbeanspruchungen:

k_t = ca. 420 bis 550 kg/cm² bei Handelsschiffen
k_t = » 500 » 650 »   » Linienschiffen und Kreuzern
k_t = » 750 » 850 »   » Torpedobooten.

Als Material wird meistens Siemens-Martinstahl von einer Festigkeit von 4500 bis 5300 kg/cm² (bei Torpedobooten 5600 bis 6400 kg/cm² und 18 bis 20% Dehnung verwendet, wobei der niedrigere Wert der Dehnung für die höhere Festigkeit gilt.

Da es aus Rücksicht auf Durchbiegung bzw. Knickung durch den Propellerschub vorteilhaft ist, den Wellen ein verhältnismäßig großes Trägheitsmoment zu geben, werden dieselben häufig (bei Kriegsschiffen fast immer) hohl hergestellt. Die Ausbohrung erfolgt auf etwa 0,4 bis 0,65 des Wellendurchmessers. Die Bohrung der Lauf- und Propellerwellen wird in der Regel gleich groß ausgeführt.

§ 129.   Kupplungen.

Die Kupplungsflanschen und Bolzen werden in derselben Weise ausgeführt, wie dies bei Kolbenmaschinen gebräuchlich ist (s. Schiffsmaschinen, IV. Aufl., S. 368 u. f.).

§ 130.   Traglager.

Je nach der Größe der Wellen werden dieselben in Abständen von 3 bis 6 m gelagert. Bei der hohen Umfangsgeschwindigkeit der Wellen ist auf eine zweckmäßig verteilte und reichliche Lagerung zu sehen.

Traglagerlänge = ca. 1,25 bis 1,4 vom Wellendurchmesser bei
                        kleinen Schiffen,
            = ca. 1,0 bis 1,2 vom Wellendurchmesser bei
                        großen Schiffen.

Das Traglager erhält eine, sowohl im Ober- als auch im Unterteil mit Weißmetall gefütterte Lauffläche.

Stärke des Weißmetalls

δ = ca. 0,01 d + 5 mm bei leichten Lagern, bis

= » 0,01 d + 9 » » schweren »

wobei d den Wellendurchmesser in mm bezeichnet.

Die Traglager sind entweder aus Gußeisen (Fig. 151) oder aus Stahlguß. Größere Lager erhalten besonders eingesetzte Lagerschalen aus Stahlguß oder Bronze, bei kleineren wird das

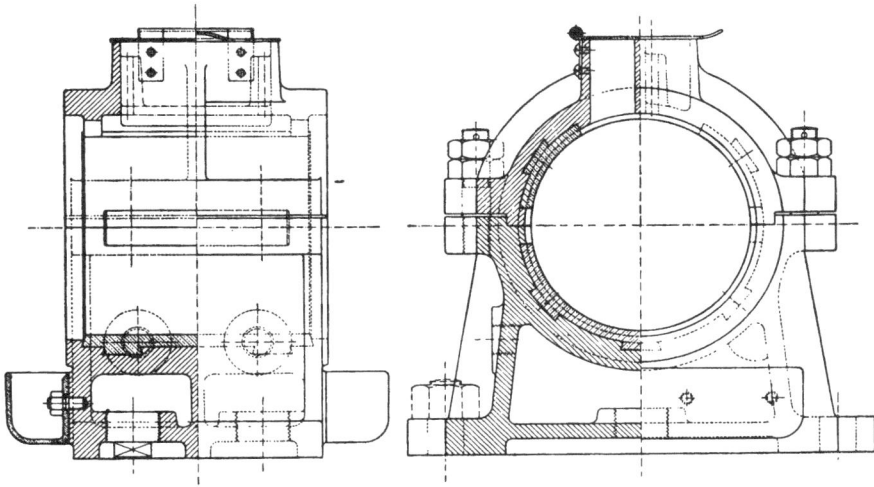

Fig. 151.

Weißmetall direkt in die Lager eingegossen und durch schwalbenschwanzförmige Nuten und Warzen festgehalten.

Auf eine gute Kühlung und Schmierung ist besonders Gewicht zu legen. Die direkte Kühlung erfolgt in üblicher Weise von der Druckleitung der Zirkulationspumpe aus. Das Lagerunterteil ist meist auch noch indirekt gekühlt. Die Schmierung geschieht sowohl von Hand als auch durch Öldruckpumpen.

Für den Fall, daß dieselben Öldruckpumpen sowohl für die Wellenlager der Turbine als auch für die Lauflager benutzt werden, muß man sehr vorsichtig sein, damit nicht der Öldruck in den sehr stark beanspruchten Turbinentraglagern durch unvorsichtige Ölzufuhr nach den Laufwellenlagern beeinträchtigt wird. Es empfiehlt sich daher, die Zuleitungsrohre der Öldruckpumpen zu den Traglagern mit verhältnismäßig kleinem Durchmesser herzustellen und den Ölzufluß zu den Traglagern der Laufwellen außerdem durch besondere Absperrorgane regulierbar zu machen. In manchen Fällen wird die Schmierung der Traglager auch mit Vorteil durch Ringschmierlager bewirkt.

§ 131. Propellerwellen.

Den äußeren Durchmesser derselben bemißt man meist um
3 bis 6 % größer als den der Laufwellen. Bei sorgfältiger Ausführung umgibt man die Propellerwelle an den Lagerstellen
zum Schutz gegen Rosten mit einm zylindrischen Überzug aus
hochprozentigem Nickelstahl (20 bis 25% Nickel) oder Bronze.
Die Wandstärke dieses warm aufgezogenen Überzugs macht
man bei größeren Schiffen 15 bis 25 mm, bei kleinen und
schnellen Schiffen 7 bis 10 mm (diese letzteren kleinen Wandstärken sind nur bei Nickelstahl zulässig; bei Bronze 50 %
stärker). Der Überzug steht an beiden Lagerenden um ca. 40
bis 100 mm vor, damit man Ungenauigkeiten in der Ausführung
ausgleichen kann.

Bei billigeren Ausführungen für Handelsschiffe läßt man
den Nickelstahlüberzug weg, man muß aber dann die Welle an
den Laufstellen etwas stärker halten. Bei derartigen Ausführungen
ohne Überzug an den Lagerstellen wird meist in besonderem Maße
durch Schmierapparate eine wirksame Einführung von Öl in das
Stevenrohr gesichert (vgl. § 132).

Die Ausbohrung der Propellerwellen wählt man meistens
gleich derjenigen der Laufwellen. Um eine zu starke Beanspruchung der Welle im Wellenbocklager möglichst zu vermeiden, wird die Ausbohrung im hintersten Teil bis etwa zur
Mitte des Wellenbocklagers auf ungefähr die Hälfte verringert.

Das Material der Propellerwellen wählt man, wie in § 128
angegeben. Innerhalb des Stevenrohres und dort, wo die Welle
mit Seewasser in Berührung kommt, wird sie bei sorgfältiger
Ausführung durch einen 5 bis 10 mm starken Gummiüberzug
gegen Rosten geschützt.

Die Lagerung der Welle wird sehr reichlich ausgeführt, man
bemißt dieselbe
im Wellenbock auf das ca. 4 bis 4,5 fache vom Wellendurchmesser,
im Stevenrohraustritt (hinten) auf das ca. 4,2 bis 5,2 fache vom
Wellendurchmesser,
im Stevenrohreintritt (vorn) auf das ca. 2,3 bis 3,0 fache vom
Wellendurchmesser.

Es ist besonders darauf zu achten, daß kein Teil der Wellenleitung so weit ununterstützt bleibt, daß die kritische Tourenzahl der höchsten Betriebstourenzahl zu nahe kommt (vgl. § 58).

Die Propellerwelle wird meist so eingerichtet, daß sie nach
hinten herausgezogen werden kann, daher nehmen die einzelnen
Lagerstellen nach vorne hin um je 2 bis 5 mm im Durchmesser
ab. Bei ganz großen Schiffen kann man die Welle auch oft
nach innen ziehen, oder es kann dies nach beiden Seiten hin
erfolgen; im letzteren Fall müssen natürlich alle Lagerstellen
gleichen Durchmesser haben.

Die Steigung des Propellerkonus, bezogen auf den Durchmesser, wird meistens zu 1 : 10 bis 1 : 12 gewählt.

§ 132. Stevenrohr und Wellenbocklager.

Das erstere wird ebenso ausgeführt, wie in Schiffsmaschinen,
IV. Aufl., S. 372 u. f. beschrieben. Es ist für Handelsschiffe meist

aus Gußeisen, für größere Kriegsschiffe aus Bronze als Rippenguß ausgeführt. Bei Torpedobooten wird dasselbe meist aus Schweißeisen hergestellt. Wandstärke bei letzteren 6 bis 8 mm. Überschreitet die Länge den 16 bis 20 fachen lichten Durchmesser resp. eine Länge von ca. 7 m, so wird das Stevenrohr zweiteilig ausgeführt. Fast stets kann das Stevenrohr nach hinten herausgezogen werden. Die Wellenbocklagerbüchse muß daher um mindestens 2 mm größer im Durchmesser sein als der größte Stevenrohrdurchmesser. Bei kleineren Schiffen bestehen die Wellenbock- und Stevenrohrlager meistens aus einer seewasserbeständigen Weißmetallegierung; bei größeren Schiffen macht man die Lager auch aus Pockholz von einer Stärke von $c = 20$ bis 30 mm (s. Fig. 152). Es ist darauf zu achten, daß die Welle in dem zunächst aus trockenem Pockholz hergestellten Lager 1 bis 2 mm allseitig Spiel hat, damit das Pockholz beim Naßwerden ungehindert quellen kann. Das Pockholz liegt, wie üblich, in bronzenen Büchsen b bzw. b_1, welche ihrerseits stramm in das Stevenrohr a eingezogen sind. Wird die Welle in Pockholz gelagert, so verwendet man stets Bronzebezüge in einer Stärke von 15—25 mm je nach der Dicke der Welle.

Werden die Lager aus Weißmetallbüchsen hergestellt, so erhalten sie eine Stärke von ca. 12 bis 15 mm. Auf je etwa 200 mm Länge werden die Büchsen außen um ca. 1 bis 2 mm im Durchmesser stufenförmig abgesetzt, wegen des leichteren Einschiebens ins Wellenrohr.

Auf Schiffen mit besonderen Wellenbocklagern ist das Weißmetall für diese Lager meistens in einer nach hinten herausziehbaren Stahlgußbüchse gelagert.

Um dem Seewasser bzw. dem Öl freien Eintritt zu dem Lager zu gewähren, werden in das Weißmetall, welches die Lagerfläche bildet, etwa 10 bis 16 längs durchlaufende Nuten von etwa 18 bis 25 mm Breite und ca. 3 bis 6 mm Tiefe eingehobelt.

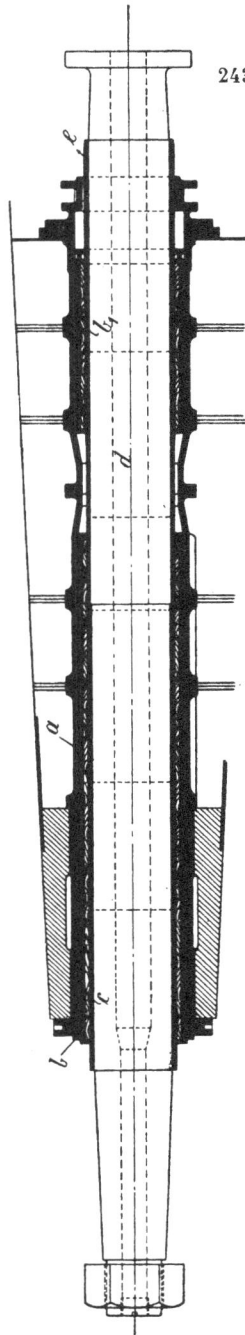

Fig. 152.

16*

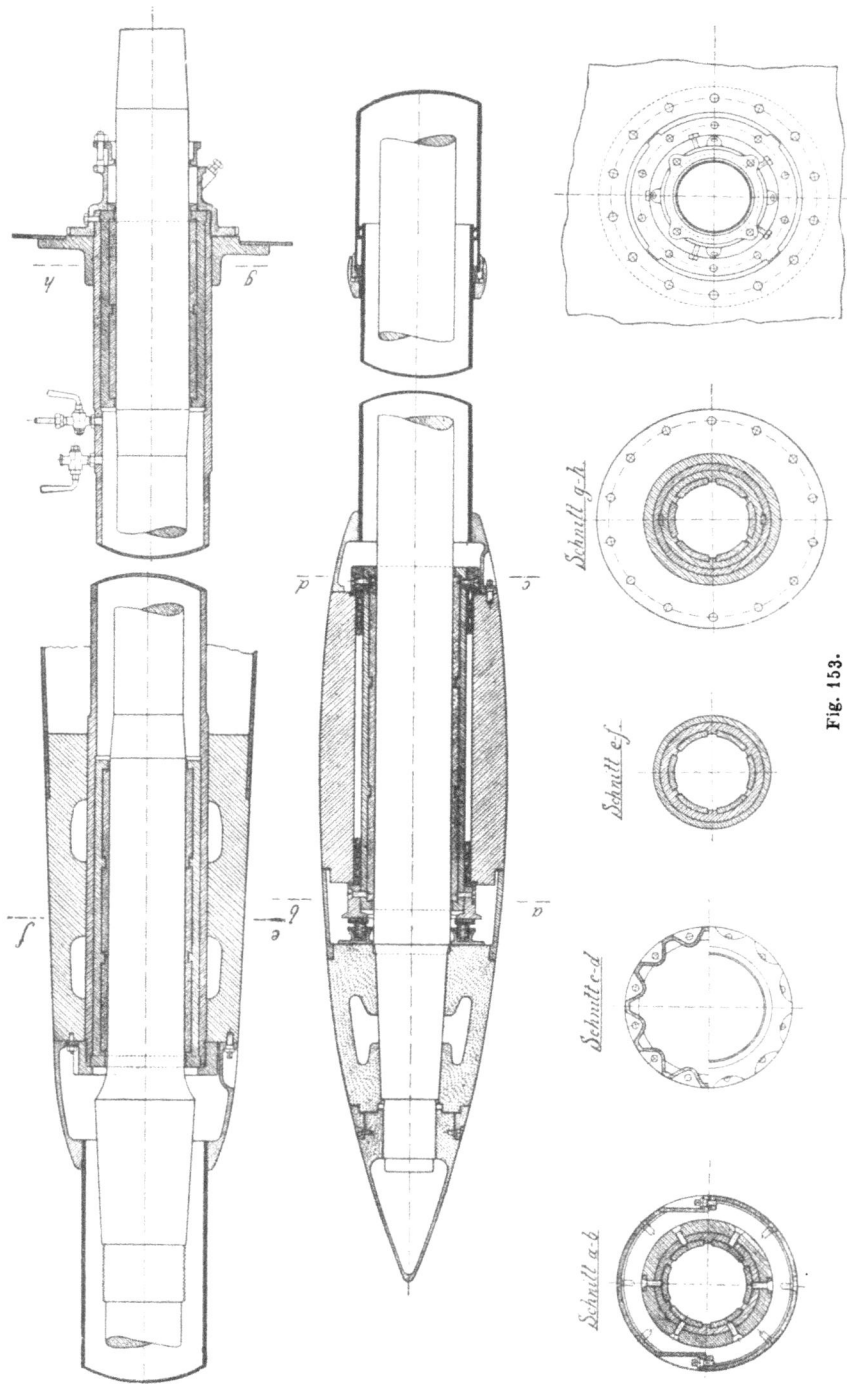

Schnitt g-h.

Schnitt e-f.

Schnitt c-d.

Schnitt a-b.

Fig. 153.

Um die am Hinterschiff oft auftretenden Vibrationen von sehr hoher Periodenzahl zu dämpfen, wurden auch zwischen die Stahlgußbüchse und die Bohrung im Wellenbock starke Gummiringe eingelegt (vgl. Fig. 153). Heute findet man diese Konstruktion wegen ihrer Kompliziertheit kaum mehr vor.

Am vorderen Ende wird das Wellenrohr durch eine kräftige Stopfbüchse abgedichtet.

Stopfbüchsweite

$a =$ ca. 0,06 d + 6 mm bei Torpedobooten,
$a =$ » 0,08 d + 8 » » größeren Schiffen.

Die Packungsraumtiefe macht man

$t =$ ca. 4 bis 5 a bei Torpedobooten,
$t =$ » 5 bis 6,5 a bei großen Schiffen.

Die Stopfbüchsmuttern werden des gleichmäßigen Anziehens halber mit Zähnen und Zahnkranz versehen (s. Schiffsmaschinen, IV. Aufl., S. 378). Auch Drucköischmierung wird sehr häufig vorgesehen.

Bei Handelsschiffen werden zur Vermeidung größerer Ölverluste oft Wellenabdichtungen System Cederwall, Toussaint o. dgl. angeordnet (vgl. Fig. 153), vgl. auch Schiffsmaschinen IV. Aufl., S. 378 u. f.

Mitunter baut man zwischen Wellenaustritt und Wellenlagerbock öfter ein Rohr ein, wodurch der Widerstand des Hinterschiffes verringert wird. Gleichzeitig wird dadurch der Überzug der Welle vor Beschädigungen geschützt.

II. Abschnitt.

Propeller.

§ 133. Allgemeines.

Für die Berechnung der Propeller von so hoher Umdrehungszahl, wie dies bei Turbinendampfern gewöhnlich der Fall ist, können zwar die Formeln, welche für die Propeller von Kolbenmaschinenschiffen verwendet werden (siehe Schiffsmaschinen IV. Aufl. S. 390 u. f.), auch benützt werden, es müssen dann jedoch die Koeffizienten K_1 und K_2 den Verhältnissen entsprechend andere Werte erhalten. Die im folgenden beschriebene Rechnungsmethode hat sich jedoch als vorteilhafter erwiesen.

§ 134. Verhältnis von Steigung zu Durchmesser.

Wie bei einer Schraube, welche sich in einer festen Mutter bewegt, der Wirkungsgrad immer schlechter wird, je f l a c h e r das Schraubengewinde, nimmt auch bei der Schiffsschraube der Wirkungsgrad erfahrungsgemäß immer mehr ab, je weiter das Verhältnis Steigung zu Durchmesser unter einen gewissen normalen Wert — etwa 0,8 bis 1 — sinkt.

Hierin liegt die Schwierigkeit der Konstruktion eines vorteilhaften Turbinenpropellers. Bei der hohen Umdrehungszahl
kann nur eine g e r i n g e S t e i g u n g angewendet werden, während anderseits das Bestreben vorhanden ist, mit dem Durchmesser möglichst hoch zu gehen, um keinen zu großen spezifischen Flächendruck auf die Propeller zu erhalten.

§ 135.   Umfangsgeschwindigkeit.

Der Wunsch, ein günstiges Verhältnis von Steigung zu
Durchmesser, also h o h e S t e i g u n g und k l e i n e n Durchmesser zu erhalten, wird dadurch noch unterstützt, daß er-
fahrungsmäßig eine zu hohe Umfangsgeschwindigkeit den
Wirkungsgrad des Propellers außerordentlich herabzieht, ja —
wenn dieselbe w e s e n t l i c h zu hoch gegriffen wird — ein
ganz unrationelles Arbeiten desselben hervorruft. Es verhindert
also auch die Unmöglichkeit der Anwendung unbegrenzter Umfangsgeschwindigkeiten die Wahl eines beliebig großen Pro-
pellerdurchmessers.

Es sei hier darauf hingewiesen, daß zwischen dem Verhältnis Steigung zu Durchmesser $\dfrac{H}{D}$ und der Umfangsgeschwindigkeit u die Beziehung besteht

$$\frac{H}{D} = \text{const} \times \frac{v}{(1-s) \cdot u}$$

wobei v die Schiffsgeschwindigkeit und s der Slip ist. Man
kann also nicht gleichzeitig $\dfrac{H}{D}$ und u in einem gegebenen Fall
b e l i e b i g wählen, sondern es hängt die eine dieser Größen
von der andern durch obige Beziehung ab.

§ 136.   Flächendruck.

Die Erkenntnis, daß das Verhältnis von Steigung zu Durchmesser sowie die Umfangsgeschwindigkeit und der Propellerschub pro qcm projizierte Flügelfläche einen bestimmten Grenz-
wert nicht übersteigen darf, ohne den Wirkungsgrad des Propellers zu sehr herabzuziehen, veranlaßte Parsons beim Bau der
»Turbinia« dazu, m e h r e r e P r o p e l l e r a u f j e d e r
W e l l e h i n t e r e i n a n d e r z u s e t z e n, um unter Wahrung
eines kleinen Durchmessers und kleiner Umfangsgeschwindigkeit eine große Flügelfläche zu erzielen. Das Experiment
gelang insofern, als bei der »Turbinia« die sehr hohe Umdrehungszahl der Turbinen tatsächlich ausgenutzt werden konnte, ohne
daß die Schrauben Anzeichen ungünstigen Wirkens (Kavi-
tationserscheinungen) zeigten. Für die Folge ist aber dieses
Mittel — wenn auch anfangs manchmal verwendet — wieder verlassen worden, weil die Komplikation des Hinterschiffes und
die komplizierte Form der Wellenlagerung, welche durch die
Anwendung mehrerer Schrauben pro Welle bedingt wird, zweifellos den Schiffswiderstand sehr stark vergrößert. Fig. 154 zeigt

das Hinterschiff eines Kreuzers
mit Parsonsturbinen mit 4 Wellen
und 2 Schrauben pro Welle.
Heute würde in diesem Falle nur
1 Schraube pro Welle angewendet.

Da bei kleinstem Durch-
messer eine möglichst große
Fläche erwünscht ist, um den
Flächendruck herabzudrücken,
wählt man bei Turbinenpropellern das Verhältnis der projizierten Fläche zur Kreisfläche
möglichst groß. Doch hat es sich
herausgestellt, daß es nicht rat-
sam ist, dieses Verhältnis größer
als etwa $a = 0,65$ zu wählen
(vgl. Tabelle 15).

§ 137. Slip.

Der Slip s nimmt zu, wenn
die Flügelfläche verkleinert wird
und wenn die Umfangsgeschwindigkeit abnimmt. Ersteres ist
ohne weiteres einleuchtend, letzteres kann man sich dadurch
erklären, daß, je größer die Umfangsgeschwindigkeit wird, desto
mehr Widerstand das Wasser
dem Flügel entgegensetzt. Diese
letztere Beziehung gilt aber nur
bis zu gewissen Grenzen, solange
volle Kontinuität gewahrt bleibt.

Im allgemeinen wählt man
bei Propellern für Turbinendampfer die Verhältnisse so, daß
ein Slip von ca. 20% bei der
Fahrt mit voller Kraft resultiert.

Man findet bei
Torpedobooten $s = 18$ bis 25%,
Kreuzern $s = 12$ » 22%,
Handelsschiffen $s = 10$ » 20%.

Selbstverständlich kommen
auch höhere oder niedrigere
Werte vor, meistens aber bewegt
sich der Slip in diesen Grenzen.

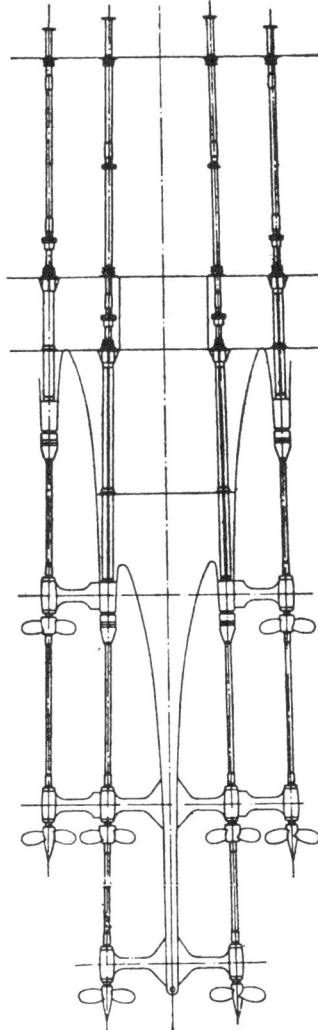

Fig. 154.

§ 138. Höchstwert der Umdrehungszahl.

Aus den vorstehenden Erörterungen geht hervor, daß es
kein anderes Mittel gibt, einen vorteilhaften Turbinenpropeller

zu konstruieren, als das, sich mit der Umdrehzahl der Turbine
zu bescheiden, so wenig erwünscht dies auch in Rücksicht auf
Gewichtsbedarf, Raumbedarf, Dampfverbrauch und Kosten der
Turbine selbst sein mag. Die Erfahrungen, welche bisher mit
Turbinenpropellern gemacht wurden, haben gezeigt, daß gewisse
Grenzwerte des Verhältnisses Steigung zu Durchmesser, des
Flächendruckes pro qcm Flügelfläche, der Umfangsgeschwindigkeit und des Verhältnisses der projizierten Fläche zur Kreisfläche
nicht über- bzw. unterschritten werden dürfen, wenn man nicht
einen sehr ungünstigen Wirkungsgrad in Kauf nehmen will.
Da durch Erniedrigung der Umdrehungszahl a l l e vorgenannten
Werte gleichzeitig sich günstiger gestalten, besteht die Ermittlung der zu wählenden Umdrehungszahl darin, die höchste Umdrehzahl festzustellen, bei welcher die zulässigen Grenzwerte für
die vorgenannten Konstruktionselemente des Propellers gewahrt sind. Diese Grenzwerte ergeben sich aus folgender Tabelle:

Tabelle Nr. 15.

Zulässige Grenzwerte für die Konstruktion von Schiffsschrauben für Schiffe mit Turbinenantrieb.

Schiffstyp	Umfangsgeschwindigkeit u der Flügelspitze m/sek Maximalwerte	Verhältnis Steigung zu Durchmesser $\frac{H}{D}$ Minimalwerte	Verhältnis der projizierten Fläche zur Kreisfläche α Maximalwerte	Schub in kg pro qcm der projizierten Fläche, wobei Schub Eff. Leistung $\times$ 4500 $P = \frac{\text{Umdrehzahl}}{\times \text{Steigung}}$ Maximalwerte
Torpedoboote über 34 Knoten Geschwindigkeit	75—80	1—1,15	0,6—0,65	1,3—1,6
Torpedoboote von 30 Knoten Geschwindigkeit und darüber	65—75	0,95—1,10	0,54—0,61	1,23—1,57
Torpedoboote von 25 bis 30 Knoten Geschwindigkeit . . .	55—65	0,92—0,98	0,52—0,58	1,12—1,40
Kleine Kreuzer von 22 bis 26 Knoten Geschwindigkeit . .	52—58	0,85—0,95	0,52—0,58	1,06—1,40
Große Kreuzer von 20 bis 24 Knoten Geschwindigkeit . . .	50—53	0,85—0,92	0,52—0,58	1,03—1,12
Linienschiffe von 19 bis 22 Knoten Geschwindigkeit . . .	48—52	0,80—0,90	0,52—0,58	1,00—1,10
Handelsschiffe von 18 bis 21 Knoten Geschwindigkeit . . .	45—50	0,75—0,85	0,50—0,56	0,93—1,00

Schiffe mit geringerer Geschwindigkeit als 18 Knoten sind in der Tabelle nicht aufgeführt, weil bei dem heutigen Zustand der Turbinentechnik sich hierfür der Einbau von Turbinen selten lohnt.

Je höher die Schiffsgeschwindigkeit ist, um so mehr verschieben sich die Grenzwerte derart, daß eine höhere Umdrehungszahl zulässig ist; dies gilt hier analog wie bei Kolbenmaschinen, wo man auch die Umdrehungszahl für Schiffe mit bedeutender Geschwindigkeit höher annehmen darf als für langsame Schiffe.

§ 139. Beispiel für die Berechnung der zulässigen Umdrehungszahl.

Welches ist die zulässige höchste Umdrehungszahl für ein Torpedoboot von 33 Knoten Geschwindigkeit, welches durch 2 Turbinen von je 4500 PSe angetrieben wird.

Nach Tab. 15 ist die höchste zulässige Umfangsgeschwindigkeit $u = 75$ m. Sei hier angenommen ein Wert von $u = 72$ m, somit der Durchmesser

$$D = \frac{72 \cdot 60}{\pi \cdot n}.$$

In dieser Gleichung ist sowohl D als auch n unbekannt. Es empfiehlt sich, um am einfachsten zum Ziel zu kommen, die Umdrehungszahl a n z u n e h m e n. Es sei gesetzt

$$n = 800.$$

Dann wird

$$D = \frac{72 \cdot 60}{\pi \cdot 800} = 1{,}72 \text{ m}.$$

Die Steigung H findet sich aus der Gleichung

$$\frac{n \cdot H \cdot 60}{1852} = \frac{v}{1 - s},$$

wobei s der Slip ist. Sei $s = 20\%$ also $1 - s = 0{,}8$, dann wird

$$H = \frac{33}{0{,}8} \cdot \frac{1852}{800 \cdot 60} = 1{,}59 \text{ m}.$$

Somit ist $\dfrac{H}{D} = \dfrac{1{,}59}{1{,}72} = 0{,}925.$

Dieser Wert ist noch etwas zu klein (vgl. Tab. 15). Es soll nun zunächst der spezifische Flächendruck untersucht werden. Der rechnungsmäßige Schub ist (vgl. § 99)

$$P = \frac{Ne \cdot 4500}{n \cdot H} = \frac{4500 \cdot 4500}{800 \cdot 1{,}59} = 15\,900 \text{ kg}.$$

Die Kreisfläche ist $= \dfrac{D^2 \pi}{4} = 2{,}32$ qm.

Das Verhältnis Projektionsfläche zu Kreisfläche sei angenommen zu $a = 0{,}56$; dann wird die Projektionsfläche

$$A = 2{,}32 \cdot 0{,}56 = 1{,}30 \text{ qm}.$$

Woraus der Schub pro qcm Flügelfläche

$$p = \frac{15\,900}{13\,000} = 1{,}22 \text{ kg/qcm}$$

sich ergibt, welcher Wert als zulässig bezeichnet werden muß.

Es liegen nun alle Werte innerhalb der zulässigen Grenzen, nur ist das Verhältnis Steigung zu Durchmesser etwas zu klein, der Durchmesser also etwas zu groß. Eine Änderung der Tourenzahl würde keine Abhilfe schaffen, da hierdurch D und H in gleichem Verhältnis geändert würde und somit $\dfrac{H}{D}$ das gleiche bliebe. Es muß also die Umfangsgeschwindigkeit herabgesetzt werden. Wählt man

$$u = 70 \text{ m},$$

dann wird $D = 1{,}67$ m

und

$$\frac{H}{D} = \frac{1{,}59}{1{,}67} = 0{,}95.$$

was zulässig ist.

Die Projektionsfläche wird

$$\frac{1{,}67^2\,\pi}{4} \times 0{,}56 = 1{,}23 \text{ qm}$$

und der Schub pro qcm Flügelfläche

$$p = \frac{15\,900}{12\,300} = 1{,}29 \text{ kg/qcm}.$$

Höher empfiehlt es sich diesen Wert bei N e u b e r e c h - n u n g e n nicht zu nehmen, da bei den Probefahrten die Konstruktionsleistung doch meistens überschritten und der Schub größer wird als vorher berechnet. Da nunmehr alle wichtigsten Verhältniszahlen innerhalb der Grenzen liegen, welche Tab. 15 vorschreibt, können dieselben endgültig akzeptiert werden. Die Umdrehungszahl $n = 800$ war also richtig gewählt.

§ 140. Direkte Berechnung der zulässigen Umdrehungszahl aus den Grenzwerten der Tabelle Nr. 15.

In dem Beispiel des § 139 wurde zur Ermittlung der zulässigen Umdrehungszahl der Weg des Probierens eingeschlagen. Man kann die Umdrehungszahl jedoch auch direkt aus den Grenzwerten Tab. 15 berechnen.

Es ist die Umfangsgeschwindigkeit

$$u = \frac{D\,\pi\,n}{60}, \text{ also } D = \frac{u \cdot 60}{\pi \cdot n},$$

ferner ist

$$\frac{n \cdot H \cdot 60}{1852} = \frac{v}{1 - s}, \text{ also } H = \frac{v}{(1 - s)} \cdot \frac{1852}{n \cdot 60}.$$

Hieraus

$$\frac{H}{D} = \frac{1852 \cdot \pi \cdot v}{3600 \cdot (1 - s) \cdot u} \text{ und wenn } \frac{v}{1 - s} = C, \text{ wird } \frac{H}{D} = 1{,}615\,\frac{C}{u}.$$

Aus dieser Gleichung sieht man zunächst, daß die Umfangsgeschwindigkeit und das Verhältnis Steigung zu Durchmesser
voneinander abhängen, so daß also, wenn bei einer gegebenen
Schiffsgeschwindigkeit und gegebenem Slip $\frac{H}{D}$ gewählt wird,
gleichzeitig auch u festliegt.

Es ist ferner der Schub

$$P = \frac{4500 \cdot Ne}{n \cdot H} \text{ und die projizierte Fläche}$$

$$A = \frac{D^2\pi}{4} \cdot \alpha,$$

somit der spezifische Druck pro qm Flügelfläche:[1]

$$p = \frac{P}{A} = \frac{4 \cdot 4500 \cdot Ne}{n \cdot H \cdot D^2\pi \cdot \alpha} = 5725 \cdot \frac{Ne}{n \cdot H \cdot D^2 \cdot \alpha},$$

hieraus

$$n = 5725 \frac{Ne}{p \cdot H \cdot D^2 \cdot \alpha}.$$

Nun ist

$$D^2 = \frac{u^2 \cdot 60^2}{\pi^2 \cdot n^2}$$

und

$$H = \frac{v}{(1-s)} \cdot \frac{1852}{n \cdot 60}.$$

Durch Einsetzen dieser Werte in obige Gleichung für n erhält man

$$n = 5725 \frac{Ne}{p \cdot \alpha} \cdot \frac{\pi^2 \cdot n^2 \cdot (1-s) \cdot n \cdot 60}{u^2 \cdot 60^2 \cdot v \cdot 1852},$$

woraus

$$n^2 = 1{,}965 \frac{p \cdot \alpha \cdot u^2 \cdot v}{Ne(1-s)},$$

somit

$$n = 1{,}40 \cdot u \sqrt{\frac{p \cdot \alpha \cdot v}{Ne(1-s)}}.$$

Setzen wir zum Beispiel in diese Gleichung die Werte ein,
welche dem Beispiel § 139 zugrunde gelegt bzw. durch Probieren
in demselben ermittelt wurden, also

$$v = 33 \text{ Knoten,}$$
$$Ne = 4500 \text{ PSe,}$$
$$u = 70 \text{ m,}$$
$$\alpha = 0{,}56,$$
$$s = 20\%, \text{ also } 1-s = 0{,}8,$$
$$p = 12\,900 \text{ kg/qm,}$$

dann wird

$$n = 1{,}40 \cdot 70 \sqrt{\frac{12\,900 \cdot 0{,}56 \cdot 33}{4500 \cdot 0{,}8}}$$
$$= 798 \ominus 800,$$

d. h. es ergibt sich o h n e z u p r o b i e r e n dasselbe Resultat
wie in § 139.

---

[1] In der folgenden Berechnung ist der Einfachheit wegen der spez.
Druck p in kg/qm eingesetzt.

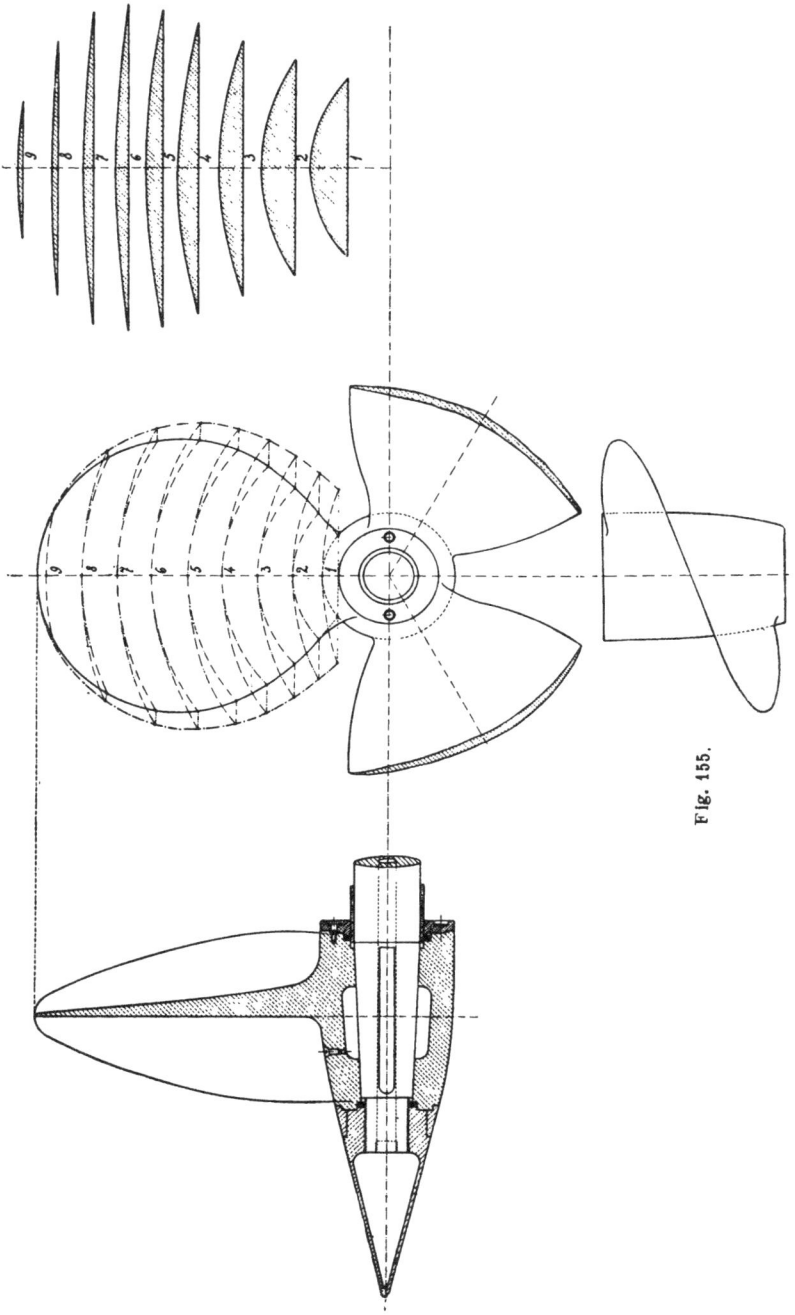

Fig. 155.

§ 141. Konstruktion der Propeller.

Propeller mit aufgeschraubten Flügeln werden sehr selten verwendet, da bei denselben die Nabe verhältnismäßig sehr groß werden muß und zu dem kleinen Propeller in keinem Verhältnis steht. Man findet solche Konstruktionen manchmal bei Linienschiffen und großen Kreuzern.

Fast allgemein werden daher Propeller, aus einem Stück gegossen, verwendet und zwar sogar bei den großen transatlan-

tischén Schnelldampfern, wo sich aus einem Stück gegossene Propeller von über 5 m Durchmesser und mit einem Stückgewicht bis zu 14 Tonnen vorfinden. Ein typischer Turbinenpropeller, für einen Torpedojäger bestimmt, ist in Fig. 155 und 156 dargestellt.

Als Material kommt bei Turbinenpropellern nur Bronzeguß in Frage; hierüber siehe weiter unten.

Die Berechnung der Flügelstärken erfolgt nach den in Schiffsmaschinen IV. Aufl. S. 413 für die Kolbenmaschinen-Propeller gegebenen Gesichtspunkten; doch geht man bei Turbinen mit der Beanspruchung der Flügel bis an die äußerste zulässige Grenze, um den Kantenwiderstand klein zu halten, welcher den Wirkungsgrad sehr stark beeinflußt.

Um die Beanspruchung durch die Zentrifugalkraft klein zu halten, stellt man die Erzeugende senkrecht zur Achse.

Die Flügel müssen sehr sorgfältig geglättet, die Kanten messerscharf zugeschärft und die Propeller wenigstens statisch tadellos ausbalanziert werden.

Über Anfressungen der Propellerflügel bei Turbinendampfern.

Eine Erscheinung an den Propellern, welche sich erst mit der Einführung der Turbinen gezeigt hat undwelche für die Konstruktion derselben und noch mehr für die Auswahl des Materials von sehr erheblicher Bedeutung ist, sind die eigenartigen Anfressungen, welche häufig bei Turbinenpropellern auftreten, deren Tourenzahl und Umfangsgeschwindigkeit einen gewissen Wert überschreitet.

Bei Propellern mit sehr hoher Umfangsgeschwindigkeit (es kommen für Turbinenpropeller lediglich solche aus Bronze in Frage) zeigen sich, und zwar oft schon nach einigen Stunden forcierter Fahrt, Anfressungen bzw. Auswaschungen an der Druckfläche der Flügel, und zwar meist in der Mitte des Flügelblattes auf etwa 0,4 bis 0,6 der Erstreckung des Radius. (Siehe Fig. 157 und 158. Die Stelle der Auswaschungen ist mit a bezeichnet.)

Außerdem erscheinen gleichzeitig häufig Auswaschungen an der Nabe zwischen den beiden Flügeln an einer Stelle, welche in Fig. 157 und 158 mit b bezeichnet ist.

An diesen Stellen macht das Material den Eindruck, wie wenn weniger widerstandsfähige Stoffe ausgewaschen wären, so daß an den weniger angegriffenen Stellen nur noch Reste des festeren Materials zurückbleiben, während an der am stärksten angegriffenen Stelle eine Höhlung entsteht, deren Tiefe z. B. bei Torpedobootspropellern nach wenigen forcierten Fahrten bis zu 10 mm erreichte (vgl. Fig. 159).

Die Gefahr dieser Anfressungen scheint zu entstehen bei sehr hohen Tourenzahlen und bei Umfangsgeschwindigkeiten der Flügelspitzen von mehr als etwa 60 bis 70 m pro Sekunde. Sie ist also z. B. stets vorhanden bei den Propellern moderner Torpedoboote und Torpedojäger von über 30 Knoten Geschwindigkeit.

Um sich vor diesen Auswaschungen zu schützen, haben die Fabrikanten von Propellern Bronzen von höherer Festigkeit und größerer Härte zusammengestellt, welche scheinbar auch auf die Dauer diesen Auswaschungen im allgemeinen Widerstand leisten. Während die früher verwendeten Propellerbronzen eine Festigkeit von höchstens 40 bis 45 kg bis ca. 25 % Dehnung und 20 kg Elastizitätsgrenze besaßen, wird für die neuesten Torpedobootspropeller mit großem Erfolge eine Bronze von 55 bis 60 kg Festigkeit, 15 bis 18 % Dehnung und 30 kg Elastizitätsgrenze (harte Rübelbronze) verwendet.

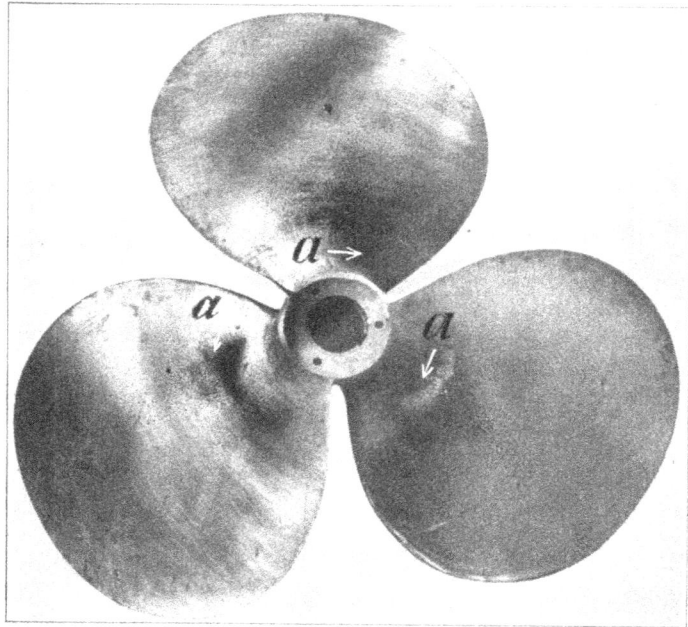

Fig. 157.

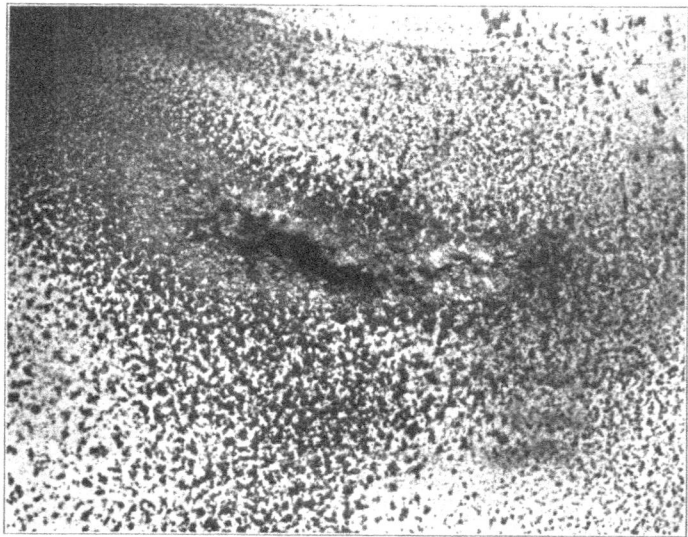

Fig. 159.

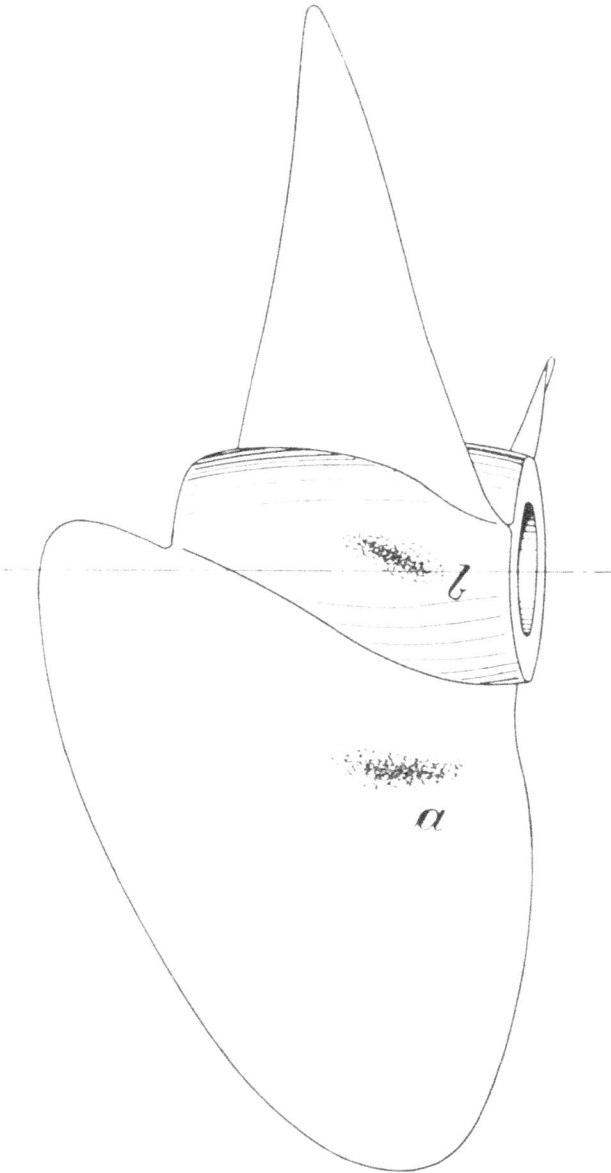

b

a

Fig. 158.

Eine Erklärung für diese Anfressungen ist von Ramsay[1])
gegeben worden. Durch die Beanspruchung des Materials wird
auf das Verhalten desselben in der elektrischen Spannungsreihe
insofern ein Einfluß ausgeübt, als die beanspruchten Stellen
— im Augenblick der Beanspruchung — als Anoden, die rest-
lichen Stellen des Flügels als Kathoden arbeiten; im Zustande
höchster Beanspruchung wird also das Material an den beanspruchten Stellen durch elektrische Ströme zersetzt. Diese Erklärung, welche durch physikalische Experimente gestützt ist,
hat insoferne eine große Wahrscheinlichkeit für sich, als sich
die Anfressungen stets nur nach hochforzierten Fahrten und
tatsächlich an den Stellen höchster Beanspruchung zeigen, sowie daß dieselben fast nur an den äußerst beanspruchten Propellern von Torpedojägern auftreten und bei Verwendung festeren
Materials sich weniger stark zeigen.

---

[1]) Ramsay, ›The Corrosion of Bronze Propeller-Blades‹ Engineering
1912, p. 687 u. f.

VI. Teil.

Die Kondensationsanlagen.

§ 142. Allgemeines.

Bei den Oberflächenkondensatoren für Kolbenmaschinen gab man sich mit einem Vakuum von 85 bis 90% zufrieden und erreichte ein solches auch immer ohne besondere Schwierigkeiten. Ein höheres Vakuum wurde nicht gewünscht, weil der durch das höhere Vakuum erreichte Gewinn an Maschinenleistung an sich nur verhältnismäßig gering, die Temperatur des von der Luftpumpe abgesaugten Kondensats jedoch sehr niedrig gewesen wäre. Das Speisewasser wäre kälter in die Kessel gelangt und ein Mehraufwand an Kohle bedingt worden, der häufig den durch das erhöhte Vakuum erzielten Arbeitsgewinn illusorisch gemacht hätte.

Im Gegensatz hierzu ist für die Ökonomie der Dampfturbine ein gutes Vakuum eine Hauptbedingung, weil mit der Erhöhung desselben die Leistung hier in viel höherem Maße als bei Kolbenmaschinen wächst (vgl. § 22).

Man ist daher bestrebt, die Kondensationsanlagen für Dampfturbinen so vollkommen als möglich zu gestalten, um ein möglichst hohes Vakuum zu erreichen; zu beachten ist jedoch, daß eine Abkühlung des Kondensats unter die dem Vakuum entsprechende Temperatur, so viel als möglich vermieden werden muß, weil das Speisewasser sonst kälter als nötig in die Kessel gelangt, was einen Wärmeverlust bedingt.

Diejenige Kondensatorkonstruktion ist die beste, mit der bei einer gegebenen Kühlwassermenge von bestimmter Temperatur, gleiche Kühlfläche vorausgesetzt, die niedrigste Kondensattemperatur und die niedrigste Temperatur der abzusaugenden Luft erreicht wird. Das Vakuum an sich wird nicht vom Kondensator erzeugt, dies ist vielmehr Sache der Luftpumpe. Je niedriger aber die vom Kondensator erzeugte Temperatur, desto höher ist das durch die Luftpumpe erreichbare Vakuum.

Fig. 160 zeigt, welches Vakuum in % des Normalbarometerstandes von 760 mm Quecksilbersäule bzw. welche absolute Spannung in Millimeter Quecksilbersäule theoretisch den verschiedenen Temperaturen des aus dem Kondensator austretenden Kondensats entspricht. Aufgabe der Luftpumpe ist es, das tatsächlich erreichte Vakuum diesen als erreichbar angegebenen Werten möglichst nahezubringen.

Zur Erzielung eines guten Vakuums ist es erforderlich:
1. Eine hinreichende Kühlwassermenge von möglichst niedriger Temperatur durch die Kühlrohre des Kondensators zu treiben.

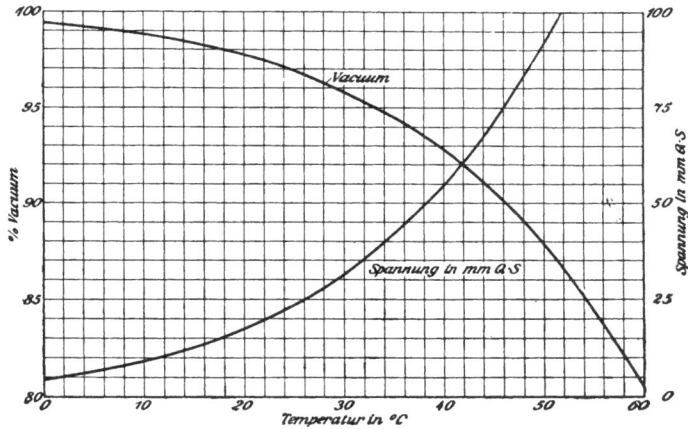

Fig. 160.

2. Den Dampf möglichst rasch zu kondensieren, d. h. dem Dampf in dem Kondensator eine möglichst große und wirksame kühlende Oberfläche darzubieten.
3. Die in den Kondensator gelangte Luft möglichst vollkommen durch die Luftpumpe zu entfernen.

§ 143. Kühlwassermenge.

Die Temperatur des austretenden Kühlwassers ist bei guten Kondensationsanlagen meist nur ca. 3° bis 5° niedriger als dem Dampfdruck p_c im Kondensator entspricht.

Ist t_e die Temperatur des eintretenden Kühlwassers,
  t_a die Temperatur des austretenden Kühlwassers,
  t_c die Temperatur des Dampfes im Kondensator, welche theoretisch, d. h. bei vollständiger Abwesenheit von Luft, dem Druck p_c entspricht,

dann ist im Mittel

$$t_a = t_c - 4^0.$$

Die Erwärmung des Kühlwassers ist daher

$$t_a - t_e = t_c - t_e - 4^0.$$

Setzt man z. B. eine Kondensatorspannung von 0,04 kg/qcm, also ein Vakuum von ca. 96% voraus, dann entspricht diesem eine Dampftemperatur von t_c = ca. 29⁰.

Ein Kilogramm Dampf von dieser Temperatur besitzt unter der Annahme, daß der Dampf trocken gesättigt ist, eine Gesamt-

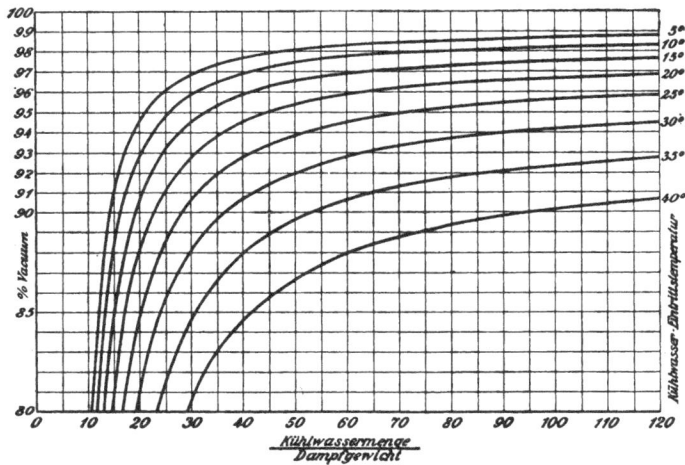

Fig. 161.

wärme von ca. 608 WE; es müssen ihm also 608 − 29 = 579 WE entzogen werden. Es sei hierzu bemerkt, daß bei ausgeführten, mit Naßdampf betriebenen Turbinen der Dampf am Austritt bei voller Fahrt nicht trocken gesättigt ist, vielmehr enthält derselbe bereits einen merklichen Wassergehalt von ca. 10 bis 15% und demnach eine kleinere Gesamtwärme als hier angegeben. Der tatsächliche Dampfzustand läßt sich mit Hilfe des J-S-Diagrammes leicht aus dem Dampfverbrauch bzw. dem Wirkungsgrad der Turbine ermitteln, wie dies in § 18 gezeigt wurde.

Die für 1 kg Dampf erforderliche Kühlwassermenge q ist unter obiger Annahme:

$$q = \frac{579}{t_a - t_e} = \frac{579}{t_c - t_e - 4}\ \text{kg.}$$

Da in unseren Gegenden die Temperatur t_e des Seewassers im Jahresmittel ca. 15^0 C beträgt, so sind zur Kondensation von 1 kg Dampf bei obigem Vakuum

$$q = \frac{579}{29 - 15 - 4} = 57,9 \text{ kg}$$

Kühlwasser erforderlich.

Fig. 161 zeigt eine Schar von Kurven, aus welchen das bei verschiedenen Kühlwassermengen und verschiedenen Eintrittstemperaturen des Kühlwassers theoretisch erreichbare Vakuum ersichtlich ist. Bei der Berechnung dieser Kurven ist von dem Vorhandensein von Luft im Kondensator abgesehen, und außerdem die nur für unendlich große Kühlfläche zutreffende Annahme gemacht worden, daß die Kühlwasseraustrittstemperatur t_a gleich der Kondensatortemperatur t_c ist.

§ 144. Kühlfläche.

Um den Dampf rasch zu kondensieren, ist eine möglichst niedrige Temperatur der Kühlfläche, eine gewisse Größe derselben, gute Verteilung des eintretenden Dampfes über die Kühlrohre und möglichst rasche Ableitung des an den Kühlrohren gebildeten Wassers nach dem tiefsten Punkt des Kondensators erforderlich.

Um die Temperatur der Kühlrohre möglichst niedrig zu halten, d. h. den Wärmeübergang möglichst günstig zu gestalten, ist es, wie aus den von Prof. Josse angestellten Versuchen[1]) hervorgeht, von großem Vorteil, das Kühlwasser mit möglichst großer Geschwindigkeit durch die Kühlrohre zu treiben, weil es hierbei besser durcheinander gewirbelt wird und daher an den Innenseiten der Kühlrohre keine Schicht erwärmten Wassers bestehen bleiben kann.

Die Wassergeschwindigkeit in den Kühlrohren sollte daher zu etwa 1,8 bis 2,5 m pro Sekunde angenommen werden.

Die Widerstandshöhe des durch die Rohrleitungen und den Kondensator strömenden Kühlwassers muß dann wegen der erhöhten Durchflußgeschwindigkeit durch die engen Kondensatorrohre zu wenigstens 5 bis 8 m angenommen werden, was bei der Berechnung der Zirkulationspumpe zu beachten ist.

Die Größe der Kühlfläche kann nach ausgeführten Kondensatoren so bemessen werden, daß auf 1 qm Kühlfläche etwa 50 bis 60 kg zu kondensierenden Dampfes kommen. Bei Torpedobooten muß diese Zahl oft bis auf 100 oder sogar 120 erhöht werden.

Eine Methode, welche angenähert richtige Werte für die vorzusehende Kühlfläche ergibt, sei im folgenden erläutert.

Es sei bezeichnet mit:

G_{st} das zu kondensierende Dampfquantum pro Stunde in kg,
W der demselben zu entziehende Wärmebetrag in WE pro kg,
F die wasserberührte Kühlfläche des Kondensators in qm,
k der Wärmedurchgangskoeffizient, bezogen auf 1 qm,
    1 Stunde und 1^0 Temperaturdifferenz,

---

[1]) Josse, Jahrbuch der Schiffbautechnischen Gesellschaft 1909.

17*

dann herrscht folgende Beziehung:

$$G_{st} \cdot W = F \cdot k \cdot \left(t_c - \frac{t_e + t_a}{2}\right).$$

Der Wärmedurchgangskoeffizient k hängt nach den Unter-
suchungen von Professor Josse sehr wesentlich ab von der Geschwindigkeit, mit welcher das Wasser durch die Rohre strömt;
weniger abhängig ist derselbe von dem Material der Rohre.

Bei Schiffsmaschinenanlagen schwankt der Durchgangs-
koeffizient k im allgemeinen etwa zwischen 2200 und 3200,
wobei die Geschwindigkeit, mit welcher das Wasser durch die
Rohre strömt, etwa 1,8 bis 2,5 m beträgt.

Unter sonst gleichbleibenden Betriebsverhältnissen ist der
Wärmedurchgangskoeffizient bei engen Kondensatorrohren größer
als bei weiten Rohren, auch wird derselbe durch den mehr oder
weniger großen Luftgehalt des Dampfes stark beeinflußt. So
sind beispielsweise unter besonders günstigen Verhältnissen
Wärmetransmissionskoeffizienten von 5000 bis 6000 festgestellt
worden. Bei Berechnung der Kondensatoren empfiehlt es sich
jedoch, mit dem Koeffizienten nicht höher als im äußersten Fall
auf etwa 3000 bis 3200 zu gehen. Die größeren Werte des Wärmedurchgangskoeffizienten gelten hierbei für die größeren Werte der
Wassergeschwindigkeit in den Kühlrohren. Bei diesen Ziffern ist
vorausgesetzt, daß der Kondensator im übrigen richtig konstruiert ist, namentlich daß für eine zweckentsprechende Abführung der Luft Sorge getragen ist. Ist der Kondensator in dieser
Beziehung fehlerhaft konstruiert, so kann man natürlich nicht
so hohe Werte des Wärmedurchgangskoeffizienten erwarten.

Beispiel. Für ein Torpedoboot sei:
die zu kondensierende Dampfmenge per Stunde $G_{st} = 40\,000$ kg,
das zu erzielende Vakuum betrage   90 %,
der absolute Gegendruck im Kondensator also   0,1 Atm.
Die Temperatur im Kondensator beträgt demnach $t_c = 46^0$,
das eintretende Kühlwasser habe eine Temperatur $t_e = 16^0$,
das austretende Kühlwasser habe eine Temperatur $t_a = 27^0$.
Aus Gründen der Gewichtsersparnis ist die Verwendung eines
höheren Vakuums in diesem Falle nicht möglich. Da auch der
Kondensator aus diesem Grunde sehr klein bemessen, wurde
mit einer großen Kühlwassermenge gerechnet, woraus die sehr
große Differenz zwischen t_c und t_a resultiert.
Die Geschwindigkeit, mit welcher das Wasser durch die Rohre
des Kondensators strömt, betrage 2,0 m; der Wärmedurchgangskoeffizient kann daher mit Sicherheit zu 2600 angenommen
werden. Es ergibt sich somit eine Kondensatorkühlfläche:

$$F = \frac{G_{st} \cdot W}{\left(t_c - \dfrac{t_e + t_a}{2}\right) k}$$

$$F = \frac{40\,000 \cdot 568}{\left(46 - \dfrac{16 + 27}{2}\right) 2600} = \frac{22\,720\,000}{63\,700} = 356 \text{ qm}.$$

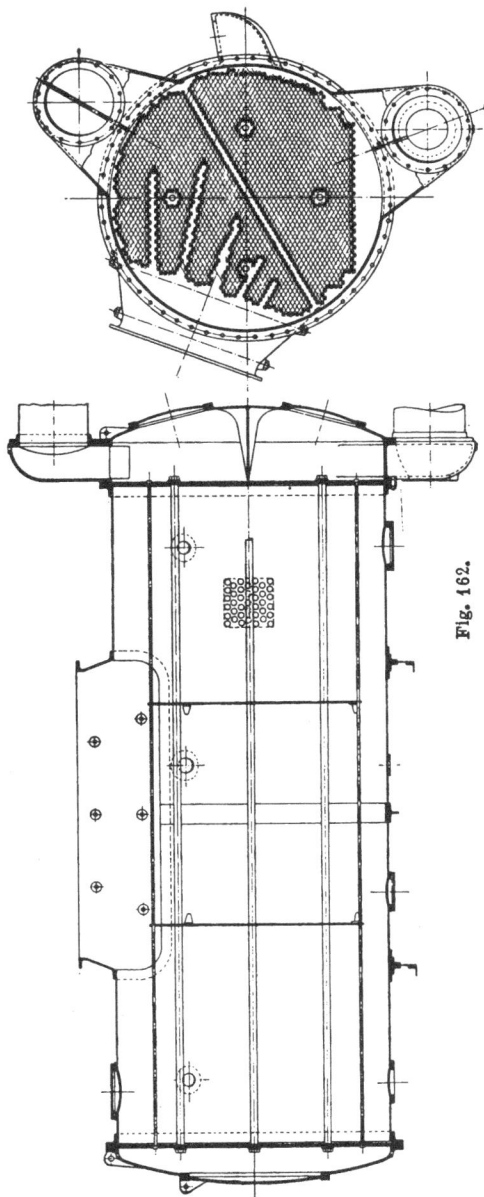

Fig. 162.

Die Verteilung des eintretenden Dampfes über die Kühlrohre ist bei den Kondensatoren der Turbinen gewöhnlich schon
deshalb eine verhältnismäßig gute, weil die Abdampfrohre immer
einen großen Querschnitt besitzen.   Diese werden am Kondensator noch soweit als möglich vergrößert, so daß sie oft den
größten Teil der Länge des Kondensators einnehmen.

Um den Eintritt des Dampfes ins Innere des Rohrbündels zu
erleichtern, wird, wie dies auch bei den Kondensatoren der Kolbenmaschinen üblich ist, an der Seite des Dampfeintrittes eine Anzahl Kühlrohre fortgelassen, wie dies in Fig. 162 dargestellt ist.

Die Ableitung des an den Rohren kondensierten Wassers
ist bei den meist liegend angeordneten Oberflächenkondensatoren
eine ziemlich ungünstige, weil das an den oberen Rohren ge-
bildete Wasser über alle darunterliegenden hinwegrieselt und diese
daher von einer verhältnismäßig dicken Wasserschicht umgeben
sind, wodurch die Kondensation des Dampfes erschwert wird[1]).

Das Kühlwasser wird bei kleinen Kondensatoren und überhaupt falls Platz für große Länge des Kondensators vorhanden,

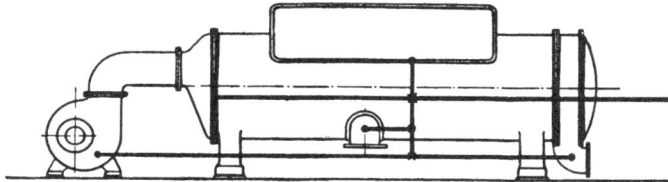

Fig. 163.

an einem Ende zu-, am andern abgeführt, so daß es den Kondensator nur einmal durchströmt.   Bei kürzeren Kondensatoren
wird es zwei- und mehreremal hindurchgeführt, um eine entsprechend große Wassergeschwindigkeit in den Rohren zu erhalten.   Zu diesem Zweck werden in die Kondensatorvorlagen
entsprechende Trennungswände eingebaut wie bei jenen für
Kolbenmaschinen.   Das Kühlwasser wird dann gewöhnlich
zuerst durch die unteren, dann durch die oberen Rohre geleitet.

Damit die bei den Schiffskondensatoren üblichen Zink-
platten zum Schutz gegen Anfressungen der Kondensatorrohre
und Rohrböden infolge elektrolytischer Vorgänge wirksam sind,
müssen sie in gutleitenden Kontakt mit den zu schützenden
Teilen gebracht werden.   Sind vagabundierende Ströme vorhanden, die sich leicht mittels eines hochempfindlichen Millivolt-
meters nachweisen lassen, dessen Skala für 60 bis 70 Millivolt
ca. 100 bis 150 mm lang sein sollte, so empfiehlt es sich, den
Kondensator mit den anschließenden Rohrleitungen durch
kräftige Kabel bzw. Kupferschienen kurzzuschließen. (Fig. 163.)

---

[1]) Die Kondensation des Dampfes im Oberflächen-Kondensator findet,
streng genommen, nicht an der Oberfläche der Kühlrohre statt, sondern
an dem darauf niedergeschlagenen und durch das Kühlwasser gekühlten
Kondenswasser.

§ 145. Luftabführung.

Um die Kühlfläche möglichst wirksam zu gestalten und ein möglichst hohes Vakuum zu erzielen, ist es erforderlich, die in die Kondensatoren gelangende Luft möglichst vollkommen zu entfernen.

Ist p_c der absolute Druck im Kondensator nach Angabe des Vakuummeters,

p_d der absolute Druck des Dampfes im Kondensator, entsprechend der Temperatur des im Kondensator gebildeten Kondenswassers,

p_l der absolute Druck der im Kondensator vorhandenen Luft,

dann ist nach dem Daltonschen Gesetz

$$p_c = p_d + p_l.$$

Ist ferner L in cbm die Luftmenge bei atmosphärischer Spannung, welche in einer Stunde in den Kondensator gelangt und die Temperatur des Kondensats besitzt, und V das Volumen in cbm, welches die Luftpumpe in der Stunde fördert, dann würde die Luftpumpe bei reiner Luftförderung einen Druck von

$$p_l = \frac{L}{V} \text{ at erzeugen.}$$

Da die Luft jedoch auch Dampf enthält, so muß der erzeugte Druck im Kondensator sein:

$$p_c = p_d + \frac{L}{V}.$$

Hieraus ergibt sich das erforderliche stündliche Hubvolumen V der trockenen oder nassen Luftpumpe[1]) zu

$$V = \frac{L}{p_c - p_d} \text{ cbm.}$$

Aus dieser Gleichung folgt, daß bei einem verlangten Kondensatordruck p_c das stündliche Hubvolumen V um so kleiner wird, je geringer der Partialdruck des mitgesaugten Dampfes ist, je niedriger also die Temperatur des angesaugten Gemisches aus Dampf und Luft ist. Aus diesem Grunde wird bei Verwendung von Naßluftpumpen das kondensierte Wasser möglichst weit unter die dem Kondensatordruck entsprechende Temperatur abgekühlt. Diese Unterkühlung bedeutet jedoch immer einen direkten Wärmeverlust.

Wird die Luft durch eine besondere Luftpumpe getrennt vom Kondenswasser abgesaugt, dann braucht l e t z t e r e s nicht weiter abgekühlt zu werden, als dem verlangten Kondensatordruck entspricht, während die L u f t dann zweckmäßig so weit als möglich abgekühlt wird. Die Luft wird dann der kältesten

---

[1]) Das stündliche Hubvolumen einer nassen Luftpumpe müßte, streng genommen, um das stündliche mitzufördernde Speisewasservolumen größer sein; da die zu fördernde Speisewassermenge jedoch nur einen sehr geringen Bruchteil des Luftvolumens ausmacht, so ist die Wassermenge praktisch ohne Bedeutung.

Stelle des Kondensators entnommen, indem in der Nähe des
Kühlwassereintrittes ein Teil der Kühlrohre durch Wände ab-
gegrenzt und an diesen Raum das Saugerohr der Trockenluftpumpe angeschlossen wird.

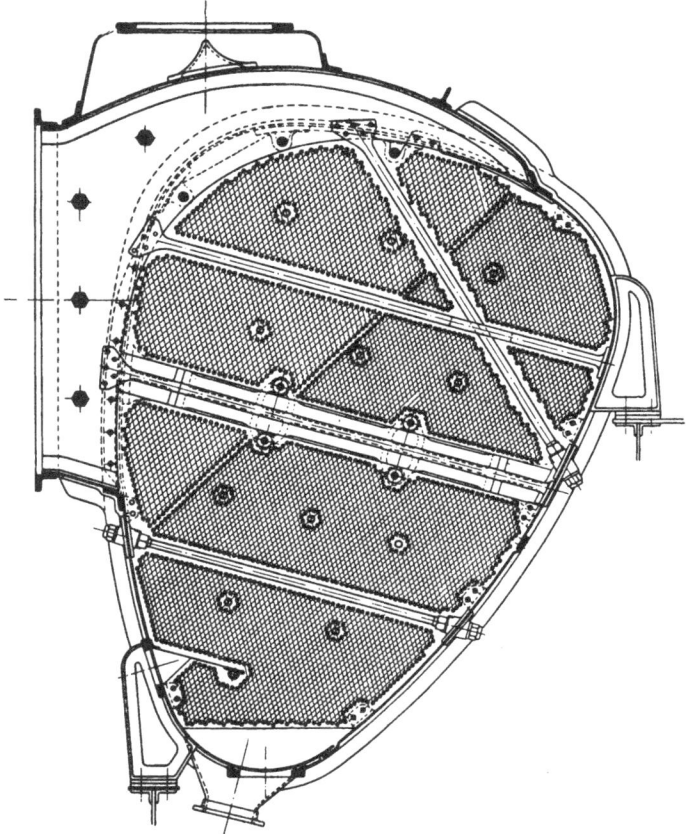

Fig. 164.

Fig. 164 zeigt den Querschnitt durch einen sog. birnen-
förmigen Kondensator, wie solche heutzutage bei großen Handelsschiffen ausgeführt werden. Der birnenförmige Querschnitt hat
den Vorteil, daß derselbe die für die Erreichung eines besonders
hohen Vakuums notwendige ausgedehnte Dampfeintrittsfläche
in das Rohrbündel bietet, während anderseits am unteren Ende

die verdampfende Wasseroberfläche sehr gering ist und überhaupt ein günstiges Abströmen des Kondensats gesichert ist.
Fig. 164 zeigt die starke Verankerung des Kondensators.
Die Luftabführung findet im untersten Teil des Kondensators
statt, möglichst weit entfernt vom Dampfeintritt, um das Ansaugen von Dampf durch die Luftpumpe möglichst auszuschließen. Aus letzterem Grunde ist über denjenigen Teil des
Kondensators, welcher zur Luftabführung bestimmt ist, ein
Schutzblech angeordnet. Die Stützplatten haben unterhalb
dieses Schutzbleches einen Ausschnitt, damit die Luft aus

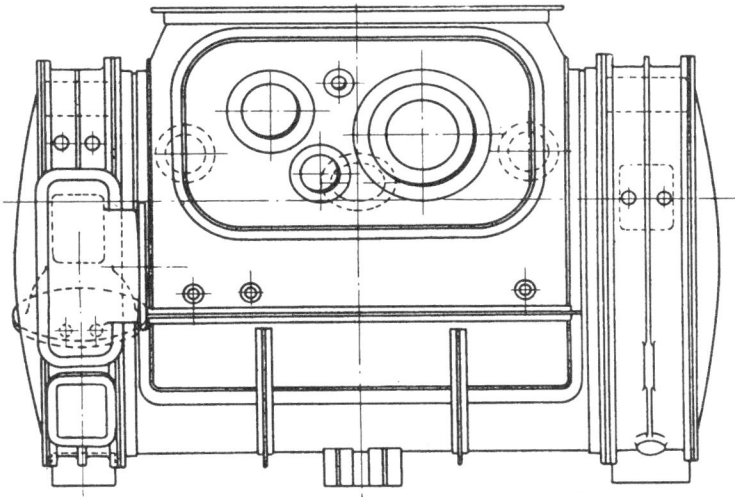

Fig. 165.

sämtlichen zwischen den Stützplatten gelegenen Kammern im
Saugstutzen der Luftabführung zuströmen kann. Die Seiten-
ansicht eines derartigen Kondensators zeigt Fig. 165.
Der in Fig. 164 und 165 dargestellte Kondensator besitzt
einen Mantel aus starken Flußeisenplatten, Vorlagen aus Gußeisen und Vorlagedeckel, aus gepreßtem Stahlblech. Infolge
ihres geringen Gewichts können dieselben ohne Schwierigkeiten
demontiert werden, was für die Revision des Kondensators sehr
vorteilhaft ist.
Die pro Stunde in den Kondensator gelangende Luftmenge L
ist von der bereits im Speisewasser enthaltenen Luft und der
Dichtigkeit der unter Vakuum stehenden Stopfbüchsen und
Rohrverbindungen abhängig; nach ausgeführten Anlagen kann
sie zu etwa 0,0015 bis 0,005 cbm in der Stunde und für eine PSe
angenommen werden, bezogen auf atmosphärischen Druck.

Nach anderen, auf Grund von Erfahrungen ermittelten Angaben kann man auch für ca. 1500 bis 2000 kg Dampf stündlich 1 kg Luft als abzusaugende Luftmenge annehmen.

Da wegen des für Turbinenkondensationen erwünschten hohen Vakuums die Leistungsfähigkeit der Luftpumpen eine wesentlich bedeutendere Rolle spielt als bei Kolbenmaschinenanlagen, werden neuerdings häufiger Versuche zur Ermittlung des von den Pumpen tatsächlich geförderten Luftquantums angestellt. Man kann solche Erprobungen auch leicht unabhängig von der Hauptmaschinenanlage vornehmen, indem man die Luftpumpe aus einem beliebigen Kondensator oder Tank saugen läßt, in welchen durch eine mit einer Bohrung von genau bekanntem Durchmesser versehene Meßlinse Luft aus der Atmosphäre eintritt.

Fig. 166 zeigt die durch solche Bohrungen bei verschiedenen Durchmessern (Meßlinsen) hindurchtretenden Luftmengen in kg

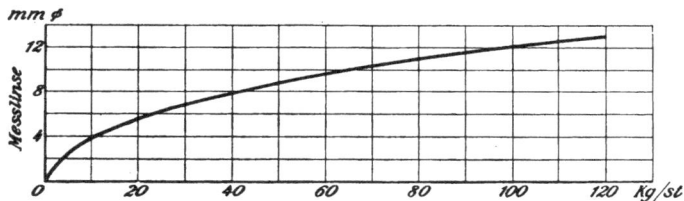

Fig. 166.

pro Stunde bei atmosphärischer Pressung und normaler Temperatur der Außenluft.

Das Diagramm Fig. 167 zeigt für verschiedene zu fördernde Luftgewichte und verschiedene angesaugte Luftvolumina das erreichbare Vakuum in % des theoretisch möglichen Vakuums an; es sind zu diesem Zweck konstanten Ansaugevolumens eingezeichnet und die betreffenden Volumina beigeschrieben (300 bis 3000 cbm). Die Gleichung für diese Linienschar ergibt sich aus der oben angeführten Beziehung:

$$p_c = p_d + \frac{L}{V},$$

worin $L = \dfrac{G_l}{\gamma_l}$ gesetzt werden kann (wobei G_l das Luftgewicht und γ_l das spezifische Gewicht der Luft bei atmosphärischem Druck bedeutet). Man erhält:

$$1 - p_c = 1 - p_d - \frac{G_l}{\gamma_l \cdot V} \quad \text{oder:} \quad \frac{1 - p_c}{1 - p_d} = 1 - \frac{G_l}{\gamma_l \cdot V (1 - p_d)}.$$

Hierin ist $1 - p_c$ das tatsächliche und $1 - p_d$ das bei Abwesenheit von Luft theoretisch mögliche Vakuum entsprechend der

Kondensattemperatur. Das Verhältnis dieser beiden Werte ist
im Diagramm der Fig. 167 als Ordinate aufgetragen.

Auf Grund von Erfahrungen ist bekannt, welche Luftmengen bei Bordanlagen die Pumpe im normalen Betrieb stündlich bewältigen muß, um in der Turbine ein Vakuum zu erzeugen,
welches um einen bestimmten, nicht zu hohen Prozentsatz unter
dem der Temperatur entsprechenden Wert liegt.   Demgemäß
muß die Luftpumpe während des Abnahmeversuchs bei entsprechend großer Meßlinse noch den verlangten Prozentsatz des
erreichbaren Vakuums erzeugen.   Ein erhebliches Zurückbleiben
des Vakuums an Bord hinter dem beim Versuche erhaltenen

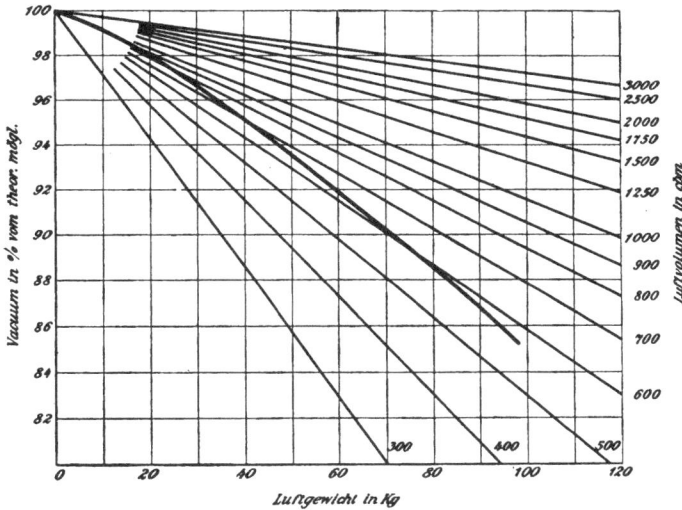

Fig. 167.

Wert ist ein Beweis dafür, daß in der Anlage größere Undicht-
heiten vorhanden sind als bei Bemessung der Luftpumpen angenommen war.

Die im Diagramm Fig. 167 stark gezeichnete Linie ist die
Charakteristik einer Luftpumpe; diese Kurve gibt an, welchen
Prozentsatz des theoretisch möglichen Vakuums diese Pumpe
bei verschiedenen geförderten Luftgewichten erzeugen kann.
Beispielsweise wird mit derselben bei einem stündlich abzusaugenden Luftgewicht von 40 kg nur 95% des theoretischen
Vakuums erreicht; beträgt die eindringende Luftmenge nur noch
10 kg, so steigt das Vakuum auf 99% des der Kondensattemperatur entsprechenden Vakuums.   An Bord ist ein Überschreiten
von 98% des möglichen Vakuums selten, bei besten Landanlagen
kann bis zu 99½% auch im Dauerbetrieb erreicht werden.

Aus den vorstehenden Erörterungen ergibt sich, daß es dringend zu empfehlen ist, die Luftpumpe möglichst reichlich zu dimensionieren, damit auch beim Eintreten unerwartet großer Luftmengen noch ein einigermaßen gutes Vakuum erreicht wird.

§ 146. Luftpumpen.

Naßluftpumpen. Zur Entfernung des kondensierten Wassers und der Luft aus dem Kondensator werden meist ge-

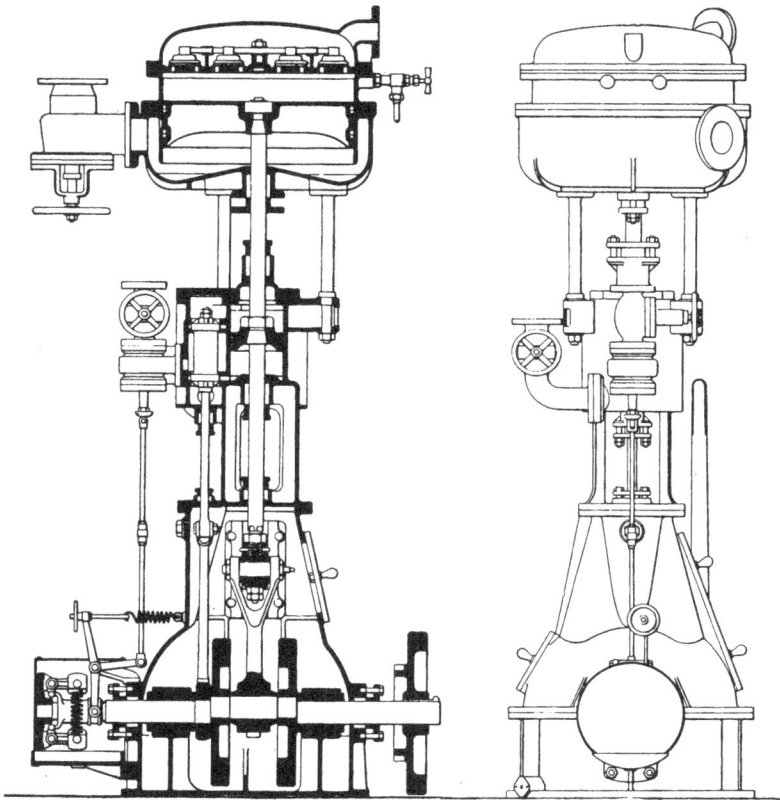

Fig. 168.

wöhnliche zweizylindrige einfachwirkende Naßluftpumpen-maschinen, wie sie bei großen Kolbenmaschinenanlagen (siehe Schiffsmasch., IV. Aufl., S. 322) üblich sind, verwendet und so tief aufgestellt, daß ihre Fußventile mindestens etwa 0,5 m unter dem tiefsten Punkt der Niederdruckturbine liegen, um letztere dahin entwässern zu können.

In neuerer Zeit wird vielfach die sog. Dual-Luftpumpe verwendet. Dieselbe unterscheidet sich äußerlich nur wenig von einer gewöhnlichen, zweizylindrigen, direktwirkenden Kolbenluftpumpe; das Charakteristische dieser Luftpumpe jedoch ist, daß der eine Zylinder wie eine gewöhnliche Naßluftpumpe ein Gemisch von Luft und Wasser ansaugt, während der andere Zylinder nur zur Förderung von Luft bestimmt ist und dementsprechend aus einem besonderen Anschluß am Kondensator saugt. In letzterem Zylinder zirkuliert Kühlwasser, welches in den Saugstutzen eingespritzt wird, und im Druckstutzen wieder ausfließt. Nach dem Ausfließen passiert es ein durch Seewasser gekühltes Rohrsystem, worauf es dem Saugraum wieder zugeführt wird.

Naß - und Trockenluftpumpen. Um ein möglichst großes Luftvolumen bewältigen zu können, wird die Luft häufig getrennt vom Kondensat aus dem Kondensator entfernt. Bei solchen Anlagen ist dann eine besondere sog. Trockenluftpumpe vorgesehen, welche nur Luft fördert.

Zur Förderung des Kondenswassers kann eine verhältnismäßig kleine mit etwa 25 bis 40 Doppelhüben in der Minute arbeitende Dampfpumpe verwendet werden, welche das Wasser vom tiefsten Punkt des Kondensators absaugt und in einen Tank oder einen Mischvorwärmer drückt. Meistens aber zieht man es vor, die zur Förderung des Wassers bestimmte Pumpe auch hier als Naßluftpumpe auszuführen, um für den Fall der Havarie an der Trockenluftpumpe ein wenn auch geringeres Vakuum erzeugen zu können, bzw. eventuell die Trockenluftpumpe manchmal außer Betrieb setzen zu können.

Die Trockenluftpumpe wird entweder als besondere Hilfsmaschine ausgeführt (s. Fig. 168) oder zur Vereinfachung der Maschinenanlage gelegentlich auch mit der Zirkulationspumpe verbunden, wie Fig. 169 zeigt.

Die Luftpumpen werden meist als einfach wirkende Pumpen ähnlich wie die sog. Edwardspumpen, gebaut (s. Schiffsmasch., IV. Aufl., S. 312), d. h. nur mit Druckventilen versehen.

Zur Kühlung, Schmierung und guten Dichtung des Kolbens und der Ventile wird zweckmäßig etwas Kühlwasser über oder wie bei Fig. 169 auch unter dem Kolben eingeführt und aus dem Raum oberhalb der Druckventile wieder abgeleitet. Mitunter wird das Kühlwasser auch nur in den Druckraum geleitet und kühlt dann die zu komprimierende Luft nur indirekt.

Wird die Trockenluftpumpe als besondere Hilfsmaschine ausgeführt, wie die in Fig. 168 dargestellte, von Weir gebaute Maschine zeigt, dann kann sie an beliebiger Stelle im Maschinenraum oder in dessen Nähe aufgestellt werden; in der Saugleitung dürfen sich jedoch in keinem Falle Wassersäcke bilden können, auch muß diese Leitung eine bedeutende Weite besitzen und möglichst kurz und gerade sein. Die Maschine muß mit einem Regulator versehen sein, welcher verhindert, daß die Pumpe bei sehr hohem Vakuum eine unzulässig hohe Umdrehungszahl annimmt.

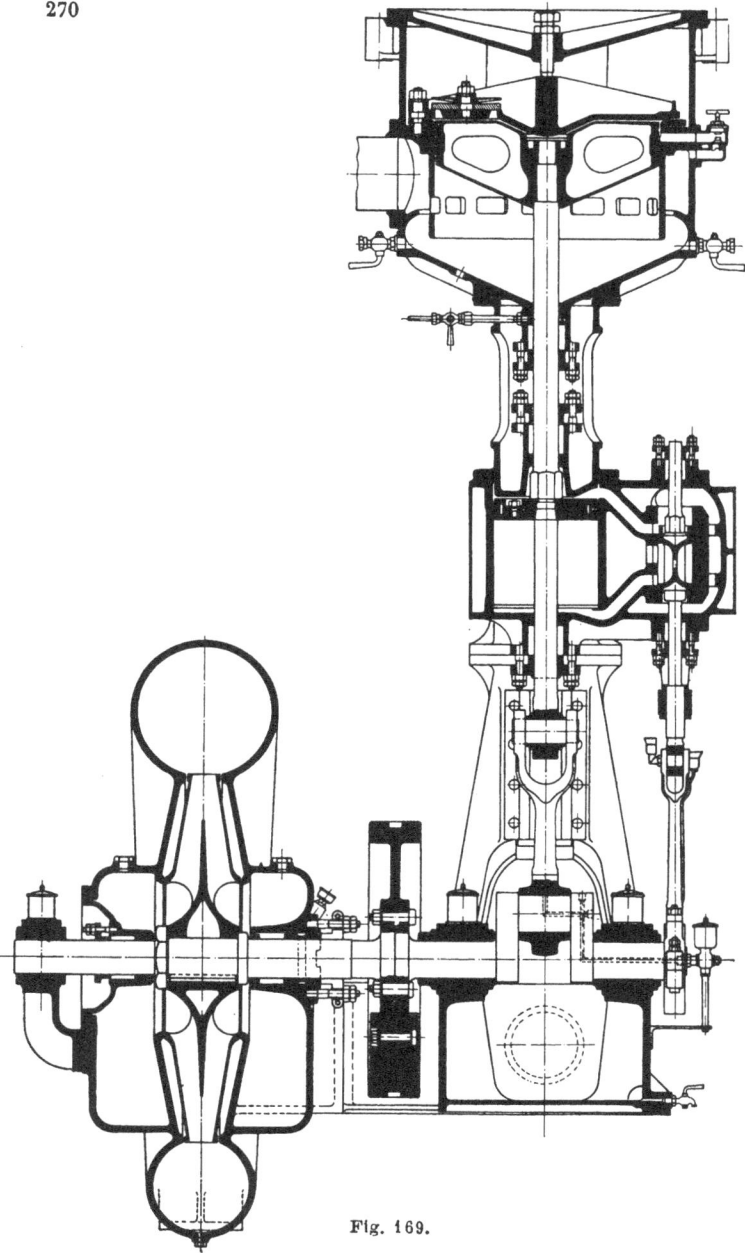

Fig. 169.

Die normale Umdrehungszahl einer trockenen Luftpumpe beträgt etwa 200 bis 300 Umdrehungen in der Minute.

In neuerer Zeit werden bei Schiffsturbinenanlagen rotierende Luftpumpen mit Turbinenantrieb sehr häufig verwendet. Solche Pumpen bieten wegen ihres geringen Gewichtes und Raumbedarfes besonders für Kriegsschiffe so bedeutende Vorteile, daß dieselben heute schon die Kolbenluftpumpe zu verdrängen berufen sind. Nähere Angaben über rotierende Luftpumpen sind in § 182 enthalten.

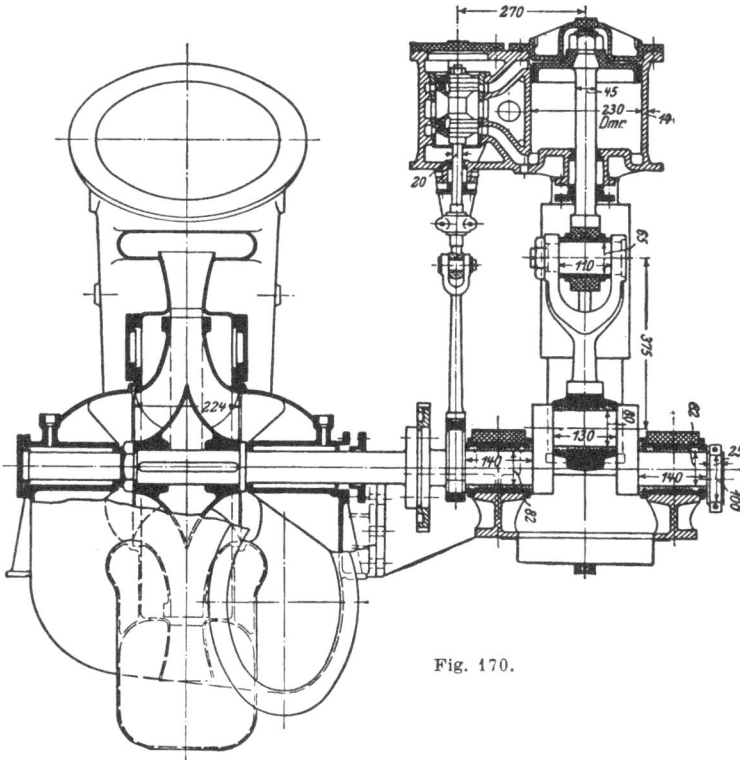

Fig. 170.

§ 147. Zirkulationspumpen.

Die zur Förderung des Kühlwassers der Kondensation dienenden Zirkulationspumpen werden, wie auf Kolbenmaschinenschiffen üblich, auch bei Turbinenanlagen als Zentrifugalpumpen ausgeführt.

Angesichts des Umstandes, daß bei Turbinenkondensations-anlagen wesentlich größere Kühlwassermengen zu fördern sind

als bei Kolbenmaschinenanlagen gleicher Leistung, ist man
jedoch neuerdings dazu übergegangen, die Konstruktion dieser
Zentrifugalpumpen so zu verbessern, daß Wirkungsgrade erreicht
werden, welche denen der im modernen Landmaschinenbau
verwendeten hochwertigen Zentrifugalpumpen gleichkommen.
Diese konstruktiven Verbesserungen betreffen vor allem die
Ausbildung des Pumpenrades, welches ähnlich wie bei Francis-
turbinen, mit sorgfältig durchkonstruierter räumlicher Beschaufelung ausgeführt wird.   Durch diese Maßnahme sowie durch Anwendung eines beschaufelten Diffusors und durch geeignete

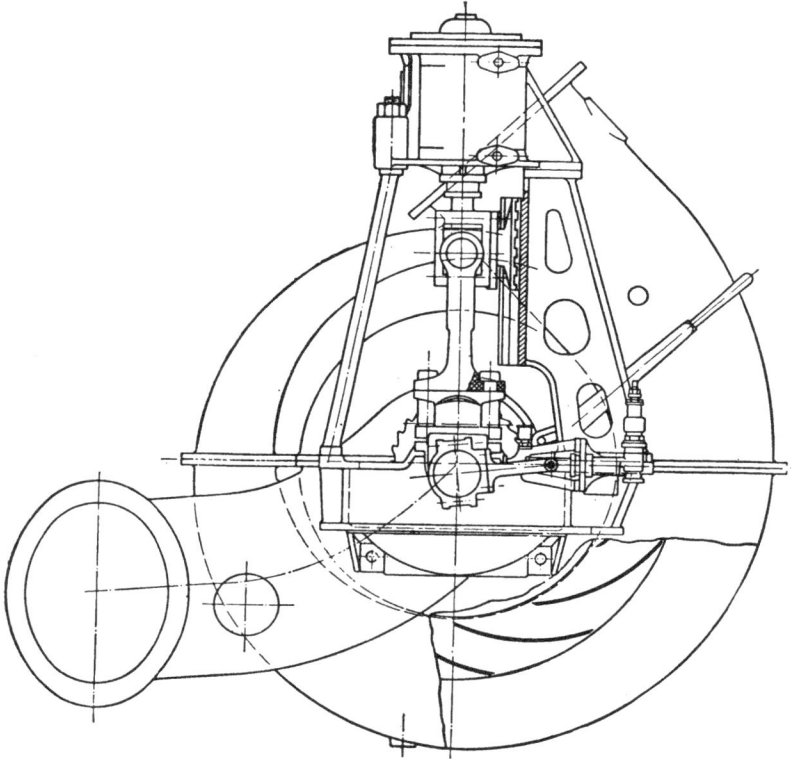

Fig. 171.

Formgebung der Wasserzu- und -abflußkanäle ist es gelungen,
die Wirkungsgrade gegenüber den früheren Ausführungen mit
zylindrischen Schaufeln und meist ungeeigneter Wasserführung
im Rade und Gehäuse um ca. 30 bis 40% zu erhöhen.

Eine solche nach modernen Grundsätzen gebaute Zirkulationspumpe für ein Torpedoboot ist in Fig. 170 und 171 abgebildet. Das Laufrad ist zur Vermeidung von axialem Schub
doppelseitig ausgeführt. Der Eintritt in das Laufrad erfolgt
durch zwei Krümmer, deren Profil mit Rücksicht auf möglichst
gute Wasserführung entworfen ist. Das Schaufelrad ist in Fig. 172
in zwei photographischen Abbildungen wiedergegeben, woraus die
einer Françis-Turbine ähnliche räumliche Beschaufelung zu erkennen ist. Vor dem Austreten in das Spiralgehäuse passiert
das von der Pumpe geförderte Wasser einen sog. Diffusor, der, wie
in Fig. 171 dargestellt, mit Leitschaufeln von geeigneter Form
versehen ist. Durch diese Vorrichtung wird ein Teil der dem
Wasser innewohnenden Geschwindigkeitsenergie in rationeller
Weise in Druck umgesetzt.

Fig. 172.

Das Spiralgehäuse ist hier, ebenfalls im Interesse guter
Wasserführung, nicht mit kreisförmigem, sondern mit rechteckigem Querschnitt ausgeführt.

Als Antriebsmaschine des Flügelrades ist eine Einzylinder-
dampfmaschine verwendet.

Die in den Fig. 170 u. 171 dargestellte Pumpe hat folgende
Hauptdimensionen:

Dampfzylinderdurchmesser	330 mm
Kolbenhub	170 »
Umdrehungen pro Minute . . . . . ca.	450 »
Indizierte Leistung . . . . »	90 PSi
Wassermenge pro Stunde . . . . . »	1700 cbm
Förderhöhe . . . . »	9 m
Laufraddurchmesser, außen	640 mm
» innen	320 »

In Fig. 173 sind die mit dieser Pumpe gewonnenen Versuchs-
resultate in Kurvenform dargestellt. Wie dies bei der Dar-

Bauer u. Lasche, Schiffsturbinen.   18

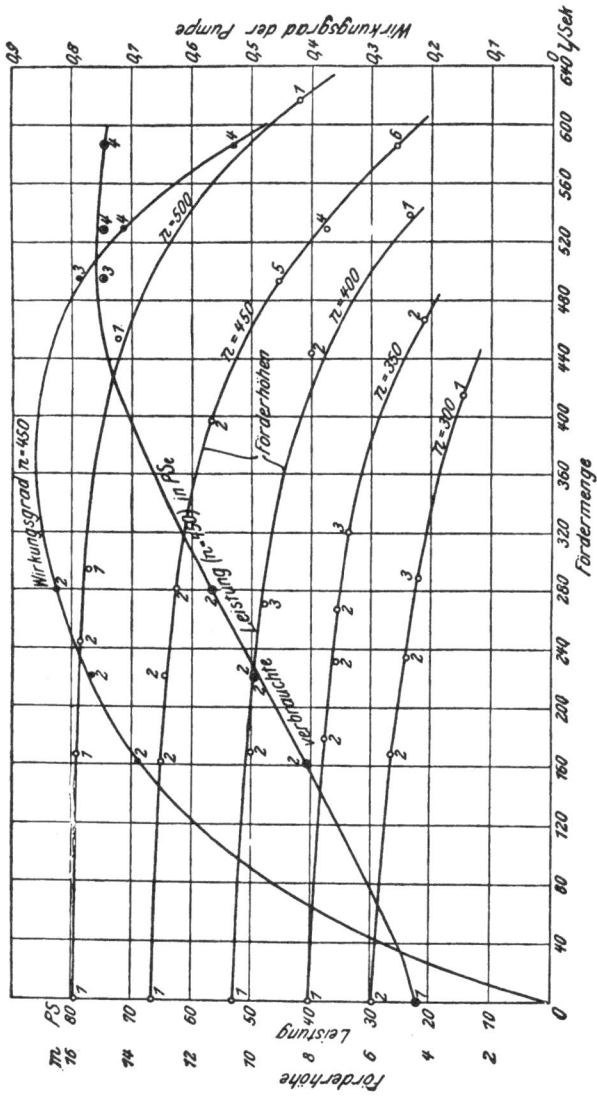

Fig. 173.

stellung der charakteristischen Kurven solcher Pumpen üblich, ist als Abszisse die Fördermenge angenommen und als Ordinaten die Förderhöhe, die verbrauchte Leistung in PSe sowie der

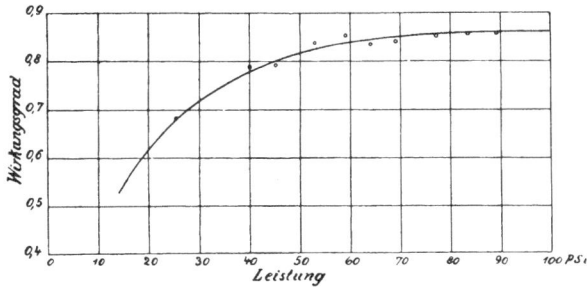

Fig. 174.

Fig. 175.

Wirkungsgrad aufgetragen, und zwar sind die für konstante Tourenzahl gewonnenen Kurven dargestellt.

Die Kurve des Wirkungsgrades sowie die der aufgenommenen Leistung ist nur für $n = 450$ pro Minute angegeben. Die Wasser-

18*

messung geschah mit Hilfe eines großen Meßtanks mit Ausfluß-
düsen (vgl. Teil XII, Vorrichtungen zum Messen des Speisewassers).

Die aufgenommene effektive Leistung wurde aus der indizierten Maschinenleistung unter Berücksichtigung des mechani-

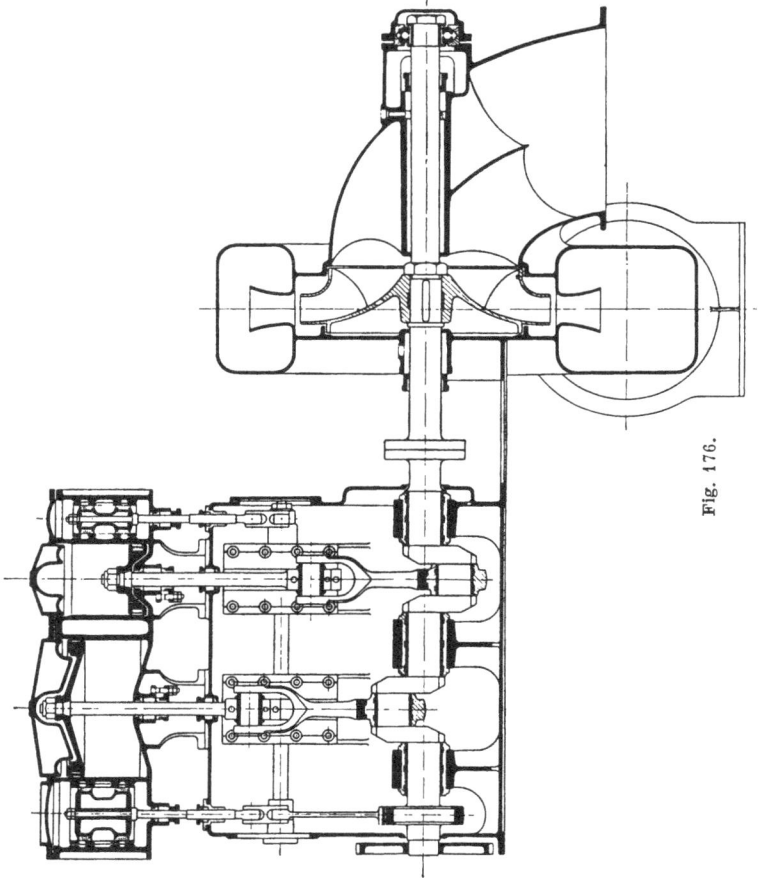

Fig. 176.

schen Wirkungsgrades der Antriebsmaschine ermittelt.   Dieser
Wirkungsgrad wurde durch einen separaten Bremsversuch mit
der Dampfmaschine bestimmt, wobei sich das in Fig. 174 dargestellte Resultat ergab.

Fig. 177.

Eine Betrachtung der Kurven iu Fig. 173 zeigt, daß ein maximaler Wirkungsgrad von ca. 86% und bei der Konstruktionswassermenge von ca. 80% erreicht wurde.

In Fig. 176 ist ein Längsschnitt und in Fig. 175 eine photographische Abbildung einer ähnlichen Zirkulationspumpe für einen Torpedojäger dargestellt. Der Wassereintritt in das Pumpenrad erfolgt nur einseitig. Zur Aufnahme des axialen Schubes ist ein Drucklager am hinteren Ende der Welle angeordnet. Zwecks möglichster Verringerung des Axialschubes ist ferner am Flügelrad auf der der Saugseite entgegengesetzten Seite ein Ausgleichkolben (dummy) angebracht. Zum Druckausgleich ist die Radwand mit Löchern versehen. Auf diese Art ist, da der Ausgleichkolben ungefähr gleichen Durchmesser mit dem Sauganschluß hat, fast der ganze Axialschub aufgehoben; es bleibt nur noch der geringe Reaktionsschub übrig, zu dessen Aufnahme das Drucklager dient. Die Ausbildung der Beschaufelung des Diffusors und des Spiralgehäuses ist ähnlich wie in Fig. 171 und 172 dargestellt. Als Antriebsmaschine dient hier eine vollständig gekapselte Compound-Dampfmaschine. Diese Pumpe ist für eine Kondensationsanlage von 12 000 PS bestimmt.

Die Zirkulationspumpe eines sehr großen Schnelldampfers ist in § 167 photographisch dargestellt.

§ 148. Abdampfbogen.

Um das im Ausströmungsraum der Turbine gewünschte hohe Vakuum zu sichern, muß jede Drosselung des aus der Turbine ausströmenden Dampfes vermieden werden und es erhalten daher die den Dampf aus dem Turbinengehäuse zum Kondensator führenden Ausströmungsrohre gewaltige Dimensionen, so daß sie nicht mehr die Form von Rohren, sondern meistens von gebogenen Krümmern rechteckigen Querschnitts annehmen, sogenannte Abdampfbogen. Man muß diese mächtigen Abmessungen, welche selbstverständlich auch für die Raumdisposition in den Turbinenräumen sehr störend sind, in Kauf nehmen, da eine geringe Verschlechterung des Vakuums, wie aus § 22 ersichtlich, eine sehr erhebliche Verminderung des Wirkungsgrades nach sich zieht. Die Abdampfbogen wurden bei Kriegsschiffen früher aus Bronze oder Kupfer ausgeführt, heutzutage verwendet man hierzu jedoch eine aus Flußeisenblech, welches hierfür wegen seiner höheren Festigkeit und geringeren Wärmedehnung vorzüglich geeignet ist. Um dem äußeren Druck der Atmosphäre zu widerstehen, ist eine Versteifung dieser Abdampfbogen durchaus notwendig. Dieselbe geschieht durch Aufnieten von Winkeleisen und dgl. sowie durch eine sachgemäße Verankerung. Einen derartigen Abdampfbogen für einen Kreuzer zeigt Fig. 178. Es ist aus derselben ersichtlich, welch großen Raum im Vergleich zum Kondensator dieser Abdampfbogen einnimmt.

Den Abdampfbogen für eine Torpedoboots-Turbine zeigt Fig. 177. Die Turbine ist im Prüffeld aufgestellt. Der Abdampfbogen von rechteckigem Querschnitt befördert den Abdampf

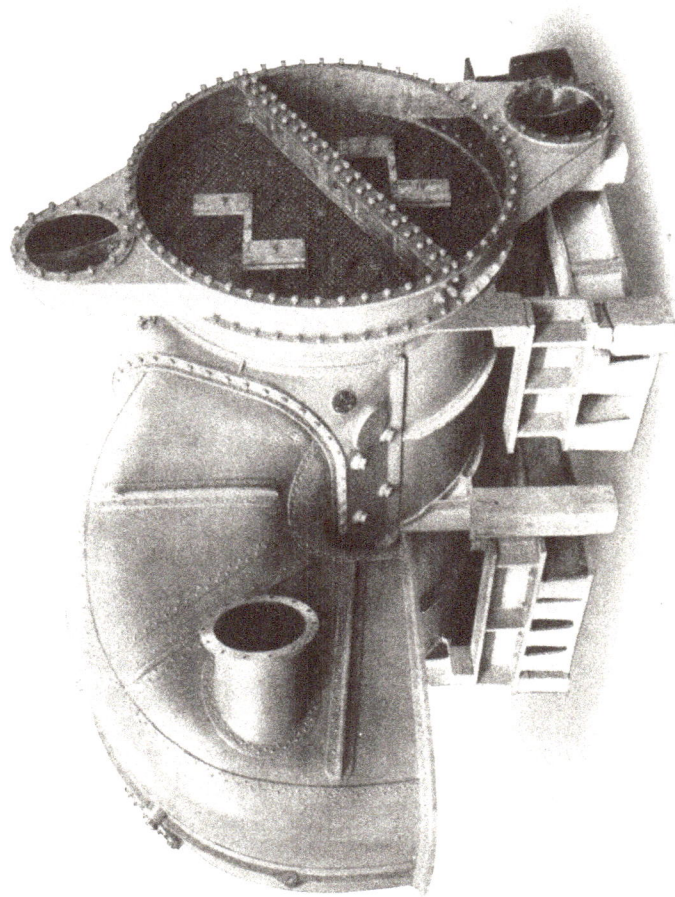

Fig. 178.

in den ovalen Kondensator. Die Leistungsmessung der Turbine erfolgt durch eine Wasserbremse, vgl. Teil XII.

Ein Maß für die Abmessungen der Abdampfbogen gibt die zulässige Dampfgeschwindigkeit. Dieselbe ergibt sich bei den praktischen Ausführungen etwa zu 150 bis 100 m per Sekunde und darunter. Bei größeren Schiffen, Linienschiffen, größeren Kreuzern und Handelsschiffen wird es sehr häufig notwendig, die Abdampfbögen aus mehreren Stücken herzustellen, so daß sie beim Öffnen der Turbinen verfahren werden können und den Raum über der Turbine zu Demontagezwecken freigeben.

Die Abdampfbögen werden in der Regel mit Mannlöchern versehen, durch welche dieselben von innen zugänglich werden, auch ermöglichen diese Mannlöcher den Zutritt in den Abdampfraum der Turbinen und eine Revision der letzten Schaufelreihe. Gleichzeitig werden die Abdampfbögen häufig benutzt, um allerlei Anschlüsse daran vorzusehen, namentlich wird in den Abdampfbogen häufig der überproduzierte Dampf eingeführt, ferner der Abdampf einzelner Hilfsmaschinen usw. Um schädliche Wirkungen des durch diese Anschlüsse meist mit hoher Geschwindigkeit eintretenden Dampfes und des durch denselben mitgerissenen Wassers zu vermeiden, müssen diese Anschlußöffnungen mit rationell angebrachten Prallplatten oder Sieben ausgerüstet werden.

VII. Teil.

Die Schaltungen der Schiffsturbinen.

§ 149.   Die Parsons-Schaltungen.

Über dieselben ist an verschiedenen Stellen bereits ge-
sprochen worden; nur der Vollständigkeit wegen sind sie hier
noch gesondert behandelt.

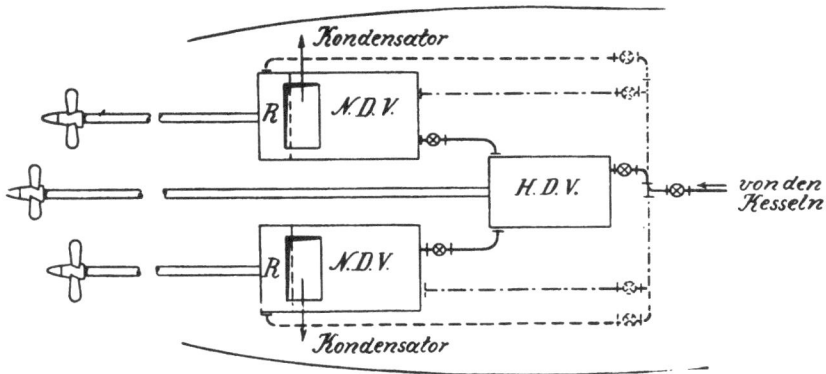

Fig. 179.

Die häufigsten vorkommenden Schaltungen sind:

1. Dreiwellenschaltung für Torpedoboote.

Eine *HD*-Turbine auf der Mittelwelle, je eine *ND*-Turbine
auf den Seitenwellen. Reversierbar nur die Seitenwellen. Frisch-
dampfzufuhr auch zu den *ND*-Vorwärts-Turbinen zum Zweck
des Manövrierens.

2. Vierwellenanordnung für kleine Kreuzer
(vgl. Fig. 180).

Auf jeder Außenwelle eine Hochdruck-Vorwärts-Turbine, auf jeder Mittelwelle eine Niederdruck-Vorwärts-Turbine, ferner auf der *BB*-Mittelwelle eine Hochdruck-Marsch-Turbine, auf der *StB*-Mittelwelle eine Niederdruck-Marsch-Turbine. Für die Rückwärtsfahrt eine Hochdruck-Rückwärts-Turbine auf jeder Außenwelle, eine Niederdruck-Rückwärtsturbine auf jeder Innenwelle, eingebaut in die Niederdruck-Vorwärts-Turbine.

Bei ganz langsamer Fahrt erhält die Hochdruck-Marsch-Turbine Frischdampf, aus derselben strömt der Dampf über

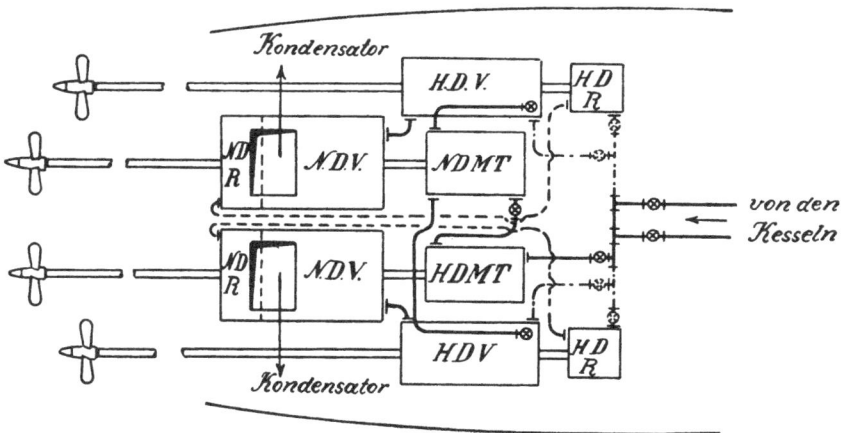

Fig. 180.

in die Niederdruck-Marsch-Turbine, von derselben in beide Hochdruck-Vorwärts-Turbinen, von hier aus je in die zugehörige Niederdruck-Vorwärts-Turbine und von da in den Kondensator.

Bei etwas beschleunigter Fahrt kann auch die Niederdruck-Marsch-Turbine direkt Frischdampf erhalten.

Unter Umständen kann, um größte Manövrierfähigkeit zu sichern, der Niederdruck-Vorwärts-Turbine Frischdampf gegeben werden, oder auch die Niederdruck-Rückwärts-Turbine zum direkten Betrieb mit Frischdampf eingerichtet werden usw. Näheres über diese Schaltung siehe unter VIII. Teil »Anordnung der Turbinen im Schiff«.

3. Dreiwellenanordnung für Handelsschiffe.

Die Schaltung ist hier ähnlich wie ad 1. Das Beispiel einer derartigen Schaltung mit Abbildung ist gegeben in VIII. Teil »Anordnung der Turbinen im Schiff«.

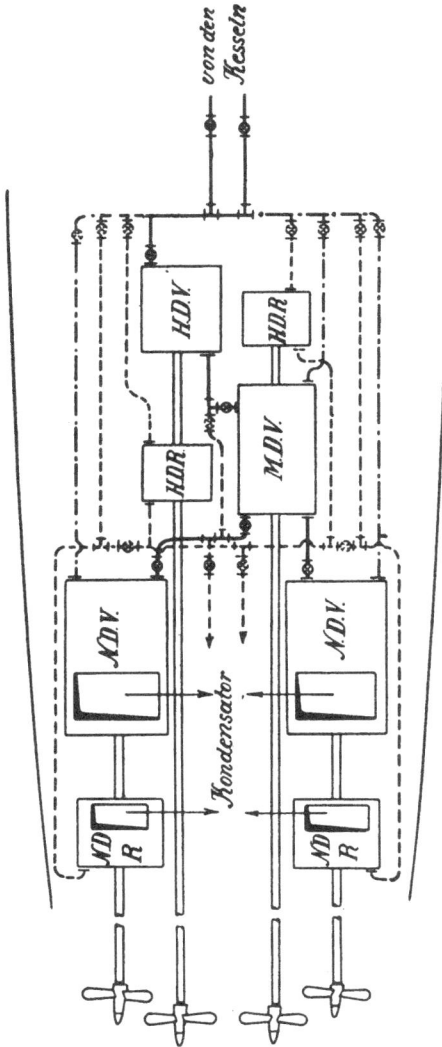

Fig. 181.

4. **Vierwellenanordnung für größere Han-**
delsschiffe (vgl. Fig. 181).

Eine *HD*-Vorwärts-Turbine auf der *BB*-Innenwelle, eine
MD-Vorwärts-Turbine auf der *StB*-Innenwelle, je eine *ND*-Vor-
wärts-Turbine auf jeder der beiden Außenwellen, je eine *HD*-
Rückwärts-Turbine auf jeder Innenwelle, je eine *ND*-Rück-
wärts-Turbine auf jeder Außenwelle. Bei voller Fahrt vorwärts
durchströmt der Dampf hintereinander *HD*-Turbine, *MD*-Tur-
bine und von da aus gleichzeitig die beiden *ND*-Turbinen.

Zum Zweck des Manövrierens kann auch wie folgt geschaltet
werden: *HD*-Turbine, *BB*-*ND*-Turbine, Kondensator oder wenn
die andere Schiffsseite allein in Betrieb gesetzt werden soll
MD-Turbine, *StB*-*ND*-Turbine, Kondensator.

Außerdem kann jede einzelne Turbine Frischdampf erhalten
und mit dem Kondensator verbunden werden. Die diesen Verbindungen entsprechenden Absperrungen müssen natürlich vorgesehen werden. Schaltungen für Rückwärtsfahrt entweder
BB-*HD*-Turbine, *BB*-*ND*-Turbine, Kondensator oder *StB*-*HD*-
Turbine, *StB*-*ND*-Turbine, Kondensator. Außerdem kann auch
jede der 4 Rückwärts-Turbinen Frischdampf erhalten und mit
dem Kondensator verbunden werden.

§ 150. Die Roelligschaltung.

Die Ökonomie von Schiffsturbinenanlagen, namentlich von
solchen mit Einzelwellen-Turbinen, kann bei kleiner Fahrt
nicht unwesentlich erhöht werden durch die sog. Roelligschaltung.

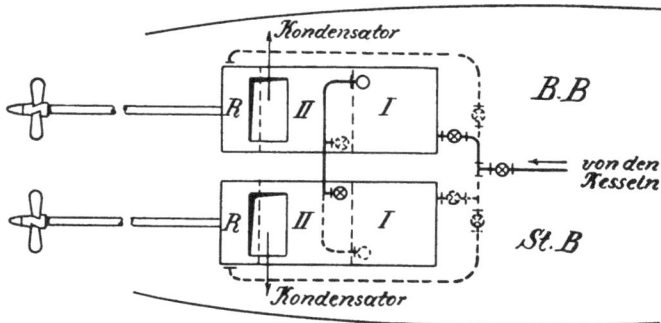

Fig. 182.

Das Wesen derselben ist folgendes: Jede einzelne Turbine
— welche gesondert ihren Wellenstrang antreibt — ist in mehrere
Stufengruppen zerlegt. Bei verringerter Schiffsgeschwindigkeit
werden nun von den mit Frischdampf gespeisten Turbinen
Stufengruppen abgeschaltet, dafür aber Stufengruppen einer

anderen Turbine zugeschaltet, so daß nun die Expansion des Dampfes nicht mehr in einer Turbine sondern in zwei oder mehreren Turbinen, welche verschiedene Wellenstränge antreiben, erfolgt.

Die Anordnung für ein Z w e i w e l l e n s c h i f f zeigt Fig. 182.

Hier durchströmt der in die *BB*-Turbine aus den Kesseln eintretende Dampf zuerst die Stufengruppe I der *BB*-Turbine und wird von dort in die *StB*-Turbine übergeleitet, von welcher er die Stufengruppe II durchläuft, um schließlich in den *StB*-Kondensator auszuströmen. Selbstverständlich kann die Schaltung auch so vorgenommen werden, daß der Dampf zuerst die Gruppe I der *StB*-Turbine, dann die Gruppe II der *BB*-Turbine durchströmt.

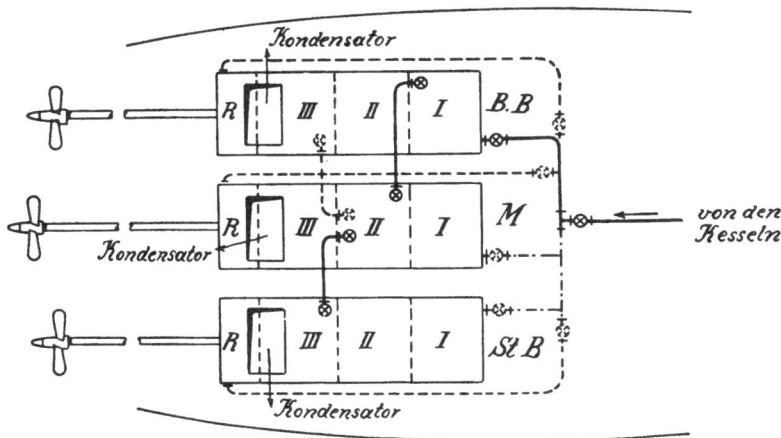

Fig. 183.

Eine Schaltung für ein D r e i w e l l e n s c h i f f zeigt Fig. 183.

Bei solchen Anlagen kann die Schaltung in ganz verschiedener Weise vorgenommen werden; hier seien nur zwei Beispiele herausgegriffen.

Jede Turbine sei zerteilt in drei Stufengruppen I, II und III. Bei der ersten Art der Hintereinanderschaltung (für ganz kleine Fahrt geeignet) durchläuft der Dampf zuerst die Gruppe I der *BB*-Turbine, dann die Gruppe II der Mittel-, schließlich die Gruppe III der *StB*-Turbine, um von dort aus in den Kondensator einzutreten (in Fig. 183 durch stark ausgezogene Linien gekennzeichnet).

Bei dem zweiten Beispiel (geeignet für Fahrt mit mittlerer Geschwindigkeit) durchläuft der Dampf zuerst Gruppe I und II der Mittelturbine und verteilt sich dann von hier aus auf die Gruppen III der *BB*- und *StB*-Turbinen.

Um diese Schaltungen zu erzielen, müssen die Gruppen voneinander absperrbar getrennt werden und darin liegt eine Grenze in der Verwendbarkeit dieser Schaltungen. Die Einteilung in Gruppen wird daher meist nicht weiter getrieben als sie an sich schon durch die Trennung der Turbinen in *HD*- und *ND*-Turbinen mit geteilten Gehäusen erfolgt. In den Überströmleitungen zwischen diesen Gehäusen lassen sich Absperrorgane unterbringen; allerdings nehmen diese meist sehr große Dimensionen an und erfordern nicht unerheblichen Raumbedarf.

§ 151.   Die Föttinger-Schaltung.

Dieselbe ist aus dem Bestreben entstanden, für Zweiwellenschiffe die Vorteile der Hintereinanderschaltung der Turbinen hinsichtlich Ökonomie zu sichern, und zwar auch bei Vollkraftfahrt.

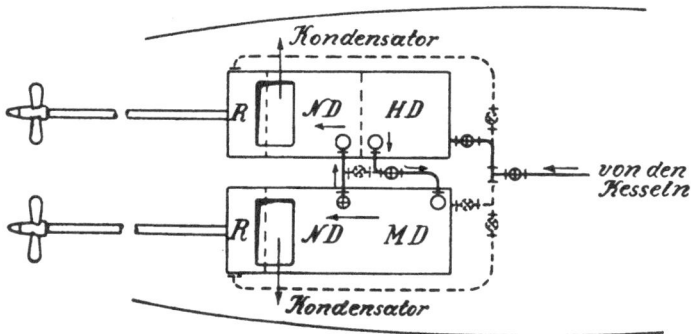

Fig 184.

Eine derartige Dampfturbinenanlage ist gekennzeichnet dadurch, daß die beiden Turbinen in vier Teile, einen *HD*-, einen an Kraft annähernd gleichen *MD*- und zwei unter sich annähernd gleiche *ND*-Teile geteilt werden, die derart angeordnet sind, daß auf der einen Welle der *HD*- mit dem einen *ND*-Teil, auf der anderen Welle der *MD*- mit dem anderen *ND*-Teil zu je einer Turbineneinheit vereinigt sind; vgl. Fig. 184.

§ 152. Marschstufen.

Sowohl bei reinen Trommelturbinen als auch solchen gemischten Systems findet man häufig sog. Marschstufen, welche bei voller Fahrt ausgeschaltet und nur bei langsamer Fahrt in

Tätigkeit treten. Auf diese Weise ist es möglich, einen Teil des Wärmegefälles auszunutzen, der sonst durch Drosselung vernichtet, bzw. in einer einzigen Stufe nur mit geringerer Ökonomie nutzbar gemacht würde.

In höchstem Maße wird hiervon durch die Anordnung sog. besonderer Marschturbinen Gebrauch gemacht. Näheres hierüber siehe VIII. Teil.

§ 153. Düsenregulierung.

Bei Turbinen gemischten Systems werden für kleinere Fahrt besondere Düsensätze angeordnet, welche für das hierbei in der ersten Stufe in Frage kommende Wärmegefälle besonders bemessen sind und gestatten, das volle Wärmegefälle zwischen Kesseldruck und Kondensatorspannung auszunutzen.

VIII. Teil.

Anordnung der Turbinen im Schiff.

I. Abschnitt.
Torpedoboote mit reinen Trommelturbinen.

§ 154. Allgemeines.

Im a l l g e m e i n e n wird für Torpedoboote das Dreiwellensystem gewählt, und zwar wird der Dampf zuerst in die
Hochdruckturbine auf der Mittelwelle eingelassen und strömt
von hier aus in die Niederdruckturbinen, von welchen sich je
eine auf jeder Schiffsseite befindet, über. Im übrigen werden
derartige Anlagen verschiedenartig gestaltet.

§ 155. Torpedobootsanlage mit zwei Turbinenräumen und Querschott zwischen denselben (s. Fig. 185).

Diese Anlage ist ausgehend von dem Gesichtspunkt entworfen, daß für den Fall der Unzugänglichkeit des einen Raumes
der andere im Ernstfall für sich a l l e i n zum Antrieb des Schiffes
verwendet werden kann. Die Hochdruckturbine sitzt auf der
Mittelwelle und erhält Frischdampf durch das Handrad k. In
dem Gehäuse jeder der beiden Niederdruckturbinen ist eine
Rückwärtsturbine untergebracht, welche durch Frischdampf gespeist wird. Den beiden Niederdruckturbinen für Vorwärtsgang
kann ebenfalls Frischdampf zugeführt werden, so daß man durch
ein Wechselventil jede Seitenwelle nach Belieben vorwärts und
rückwärts laufen lassen kann. Das Wechselventil der Niederdruckturbine des hinteren Raumes kann durch ein Gestänge auch
vom vorderen Raum aus bedient werden zwecks Schaffung nur
e i n e s Maschinenstandes im vorderen Raum. Diese Manöver
werden mittels der Handräder n und o ausgeführt, während das
Ventil mit Handrad m dazu dient, um die Dampfleitungen nach
den Wechselventilen der Niederdruckturbinen ganz abschließen

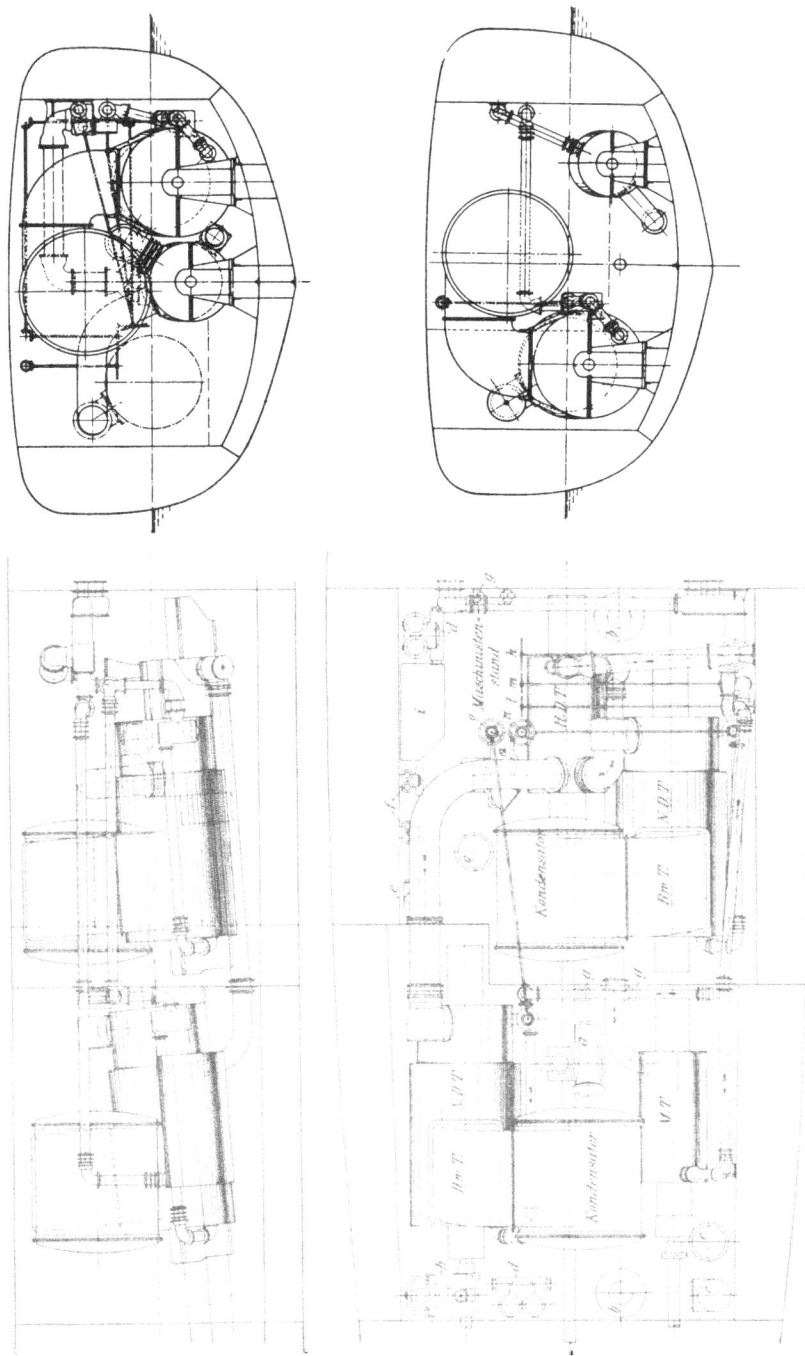

Fig. 185.

zu können. Die Überströmrohre zwischen der Hochdruckturbine und den beiden Niederdruckturbinen sind mit Rückschlagventilen versehen, welche sich von selbst schließen, sobald Frischdampf in die Niederdruckturbinen eingelassen wird, um zu verhindern, daß während des Manövrierens mit den Niederdruckturbinen Dampf in die Hochdruckturbinen eintritt. Auf der Steuerbord-Seitenwelle sitzt eine Marschturbine, in welche bei langsamer, ökonomischer Fahrt der Frischdampf zuerst eingeführt wird, um erst die Hochdruck- und dann die beiden Niederdruckturbinen zu durchströmen. Die Zuführung des Frischdampfes zur Marsch-turbine geschieht durch ein besonderes Manövrierventil und das Handrad l.

Außerdem enthält jeder Raum:

1 Zentrifugalpumpe . . . . . . a
1 Naßluftpumpe . . . . b
1 Trockenluftpumpe c
1 Hauptspeisepumpe . . . . . . d
1 Evaporator . . . . e
2 Ölpumpen (wovon 1 zur Reserve) g
1 Dynamomaschine . . . . . . h
1 Warmwasserkasten i

Ferner sind im vorderen Maschinenraum noch zwei Lenz-pumpen f untergebracht.

§ 156. Torpedobootsanlage ohne Schottunterteilung (s. Fig. 186).

Diese Anlage ist natürlich hinsichtlich der Einfachheit der Bedienung und der Zugänglichkeit der sehr komplizierten An-lage mit Querschott bei weitem vorzuziehen, bietet aber selbst-verständlich keine Sicherheit, sobald der Turbinenraum durch Wasser oder Dampf unzugänglich wird.

Die Zuführung des Frischdampfes zur Hochdruckturbine wird durch das Handrad m bewirkt, das Manövrieren der beiden Seitenwellen durch die Handräder l. Diese betätigen Wechsel-ventile, mittels welcher nach Belieben Frischdampf in die beiden Niederdruckturbinen oder in die in deren Gehäusen mit unter-gebrachten Rückwärtsturbinen eingeführt werden kann.

Für ökonomische Fahrt mit reduzierter Geschwindigkeit ist eine Marschturbine auf der Steuerbordwelle vorgesehen (mit Mitteldruckmarschturbine bezeichnet); will man mit möglichster Ökonomie noch langsamer fahren, so wird dieser noch eine Hoch-druckmarschturbine auf der Backbordwelle vorgeschaltet. Die Einführung von Frischdampf in die Marschturbinen geschieht mittels der beiden Handräder i und k. Die Überströmleitungen von der Mitteldruckmarschturbine in die Hochdruckhauptturbine und von dieser in die beiden Niederdruckhauptturbinen sind mit Rückschlagventilen versehen, erstere, damit beim Anstellen der Hochdruckhauptturbine nicht die Mitteldruckmarschturbine, letztere Überströmleitungen, damit beim Anstellen der Nieder-druckturbinen nicht die Hochdruckhauptturbine frischen Dampf erhält.

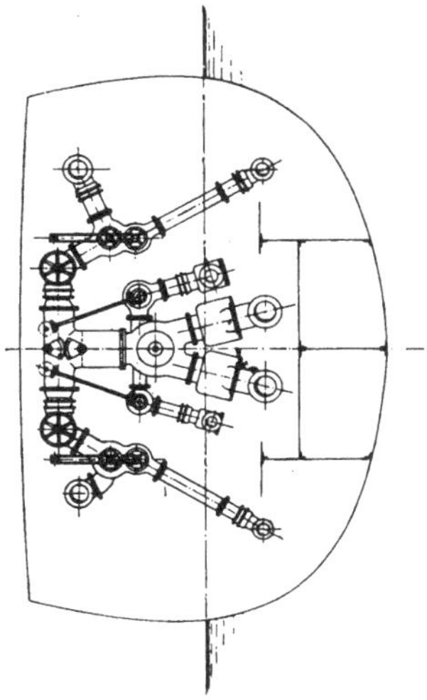

Fig. 186.

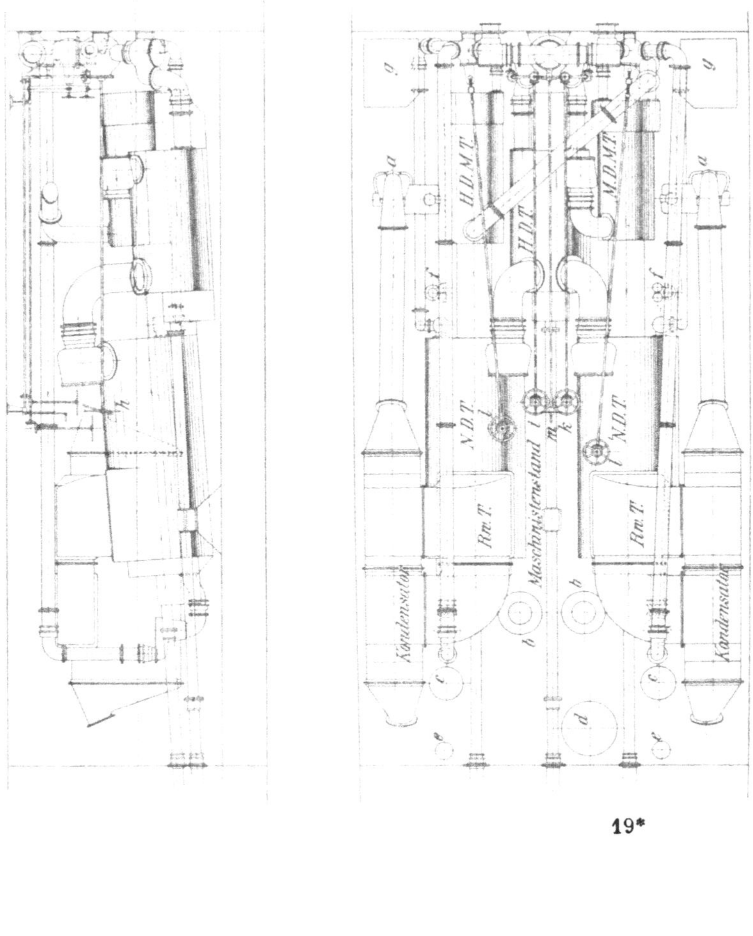

Außer den Turbinen und Kondensatoren sind im Maschinenraum noch vorgesehen:

2 Zirkulationspumpen . *a*
2 Naßluftpumpen . . . *b*
2 Trockenluftpumpen . *c*
1 Evaporator . . . . . *d*
2 Lenzpumpen . . . . *e*
2 Ölpumpen. . . . . . *f*
2 Warmwasserkasten . . *g*

Über die Kondensationsanlage ist noch zu bemerken, daß der lange Raum die Unterbringung eines so langen Kondensators gestattet, daß das Wasser in e i n e m Zuge durch denselben strömen kann. Platz zum Herausziehen der Rohre ist zwischen Kondensator und Zirkulationspumpe genügend vorhanden.

II. Abschnitt.

Torpedoboote mit Einzelwellenturbinen gemischten Systems.

§ 157. Allgemeines.

Während die Anlagen mit reinen Trommelturbinen stets etwas unübersichtlich sind und infolge der Hintereinanderschaltung der Wellen komplizierte Manövriervorrichtungen und Überströmleitungen mit sich bringen, eignen sich die Turbinen gemischten Systems wegen ihrer Einfachheit besonders gut für den Antrieb von Torpedobooten.

§ 158. Torpedoboot mit Turbinen gemischten Systems und mit Querschott zwischen den beiden Turbinenräumen (s. Fig. 187).

Jeder Raum enthält nur einen Turbinensatz, bestehend aus Vorwärts- und Rückwärtsturbine in demselben Gehäuse *a*. Außer der Turbine enthält jeder Raum einen Kondensator *b*, eine komplette Kondensationsanlage und einen kompletten Satz Hilfsmaschinen, so daß er von dem anderen Raum völlig unabhängig ist und beide Räume gänzlich gleichwertig sind.

Das Manövrieren geschieht durch ein Ventil *V* für Vorwärts- und ein etwas kleineres Ventil *R* für Rückwärtsfahrt. Man braucht also beim Übergang von einer Fahrtrichtung in die andere nur das eine Ventil zu schließen, das andere zu öffnen Für ökonomische Fahrt ist an jeder Turbine unter Umständen noch ein Ventil mit Überströmeinrichtung oder nur ein Marsch-

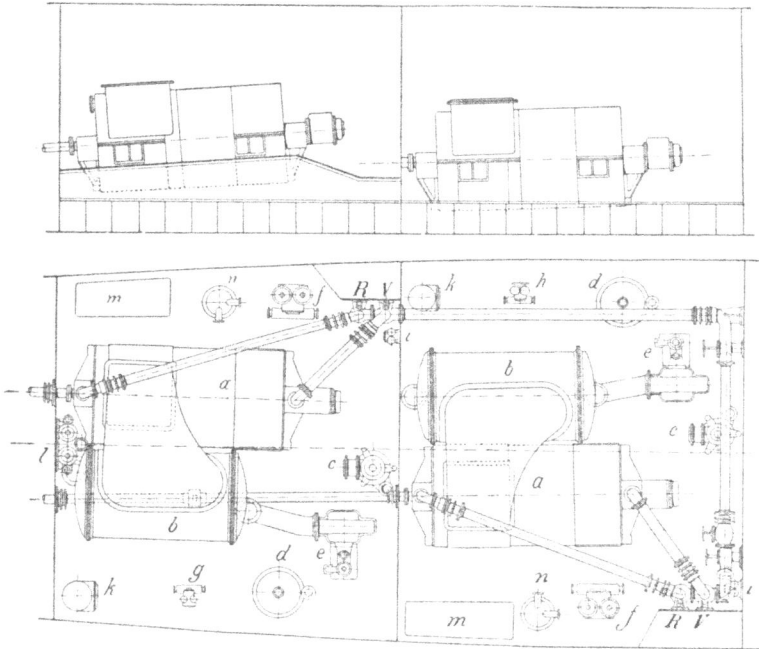

Fig. 187.

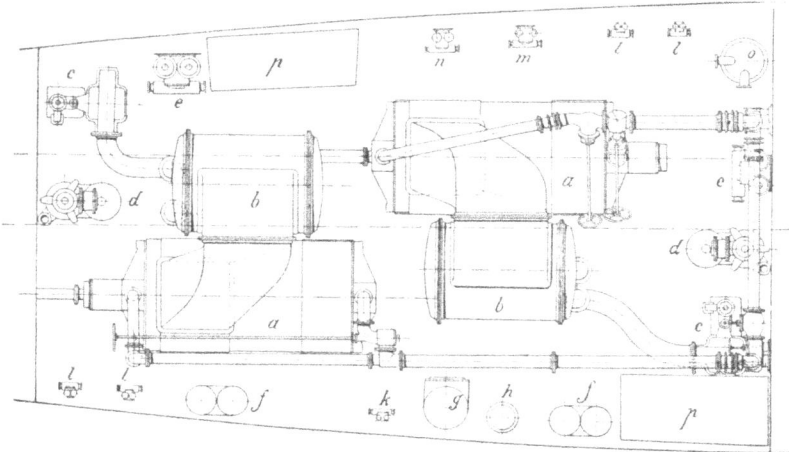

Fig. 188.

ventil vorgesehen. Diese Ventile beeinflussen aber die Einfachheit des Manövrierens durchaus nicht, da sie die Zahl
der Handgriffe bei Fahrtänderung nicht vermehren und namentlich, weil durch diese Einrichtungen nicht die Unabhängigkeit
der Turbinen und Wellen beeinflußt wird.

In j e d e m Raum ist vorhanden:

1 Zirkulationspumpe . . e
1 Naßluftpumpe c
1 Trockenluftpumpe . . d
1 Hauptspeisepumpe . . f
1 Ölpumpe i
1 Warmwasserkasten. . m
1 Evaporator mit Zubehör k.

Ferner enthält ein Raum eine Kühlpumpe g, der andere
eine Lenzpumpe h. Die Hilfsspeisepumpen sind in den Kesselräumen untergebracht. Das Kühlwasser durchfließt die Kondensatoren in einfachem Weg.

Der Maschinenstand ist in jedem Raum so gelegt, daß
Manövrierventil und Hilfsmaschinen, namentlich auch die Ölpumpe, gut zugänglich sind; sehr wichtig ist es auch, daß von
demselben der Wasserstand am Warmwasserkasten gut sichtbar
ist, damit sich der wachhabende Maschinist von der Regel-
mäßigkeit der Speisung stets überzeugen kann.

§ 159. Torpedoboot mit Turbinen gemischten Systems ohne Quer-schott (s. Fig. 188).

Diese Anordnung bedingt zwar noch geringeren Platzbedarf
als obige, hat jedoch den Nachteil, daß bei Dampf- oder Wasser-
gefahr in dem Raum die ganze Anlage außer Betrieb kommt.

Es sind vorhanden:

2 komplette Turbinensätze a, bestehend aus HD,
    ND und Rückwärtsturbine in je einem Gehäuse,
2 Kondensatoren . . . . . . b
2 Zirkulationspumpen c
2 Naßluftpumpen . . . . . . d
2 Hauptspeisepumpen . . . . e
2 Trockenluftpumpen . . . . f
1 Verdampfer . . . . g
1 Trinkwasserfilter . . . . . h
1 Evaporatorpumpe. . . . . k
4 Ölpumpen l (wovon 2 zur Reserve)
1 Lenzpumpe. . . . . m
1 Kühlpumpe . . . . n
1 Vorwärmer. . . . . o
2 Warmwasserkasten . . . . p.

III. Abschnitt.

Kreuzer und Linienschiffe mit reinen Trommelturbinen.

§ 160.

Bei beiden Schiffstypen wird für reine Trommelturbinen ausschließlich das Vierwellensystem verwendet (vgl. Fig. 189 und 190). Die ganze Anlage wird in zwei symmetrische, im übrigen gleiche Anlagen mit je zwei Wellen geteilt, so daß das eine Aggregat auf der Steuerbordseite, das andere Aggregat auf der Backbordseite des Schiffes untergebracht ist. Auf den Außenwellen sind die Hochdruckturbinen untergebracht, auf den Innenwellen die Niederdruckturbinen. Sind Marschturbinen vorhanden, so werden dieselben auf den Innenwellen angebracht, und zwar entweder auf j e d e r Innenwelle eine Hochdruckmarschturbine oder aber auf der e i n e n Innenwelle eine Hochdruckmarschturbine und auf der a n d e r e n Innenwelle eine Niederdruckmarschturbine.

Die R ü c k w ä r t s t u r b i n e n sind in folgender Weise untergebracht. Entweder es befindet sich nur auf den beiden Außenwellen eine Rückwärtsturbine, so daß nur diese Wellen reversierbar sind, oder es befindet sich außer diesen beiden Rückwärtsturbinen noch je eine Rückwärtsturbine auf der Mittelwelle, und zwar in demselben Gehäuse wie die Niederdruckturbine. In neuerer Zeit werden letztere Rückwärtsturbinen durch den Abdampf der Hochdruckrückwärtsturbinen gespeist, so daß also die Rückwärtsturbinen, ebenso wie die Vorwärtsturbinen in Hintereinanderschaltung arbeiten.

Eine derartige Anlage für einen kleinen Kreuzer veranschaulicht Fig. 189. Bei dieser Anlage sind die beiden Aggregate durch ein Mittellängschott getrennt.

Bei voller Fahrt, in diesem Falle 23 Knoten, passiert der Dampf die Hochdruckhauptturbine auf der Außenwelle, strömt in die Niederdruckturbine auf der Innenwelle über und von da aus in den Kondensator. Bei langsamer Fahrt, von etwa 20 Knoten abwärts, läßt man Frischdampf in die Niederdruckmarschturbine auf der Backbordinnenwelle einströmen. Der Dampf geht von hier aus in die beiden Hochdruckhauptturbinen, von da aus in die beiden Niederdruckhauptturbinen und dann in den Kondensator. Bei ganz langsamer Fahrt, etwa von 16 Knoten abwärts, läßt man den Dampf, bevor er in die Niederdruckmarschturbine eintritt, noch die Hochdruckmarschturbine auf der Steuerbordinnenwelle durchströmen.

Das Überströmrohr von der Hochdruckmarschturbine zur Niederdruckmarschturbine sowie das Überströmrohr von der

Niederdruckmarschturbine zu den beiden Hochdruckhauptturbinen ist mit einem Rückschlagventil versehen, damit beim Anstellen der Niederdruckmarschturbine bzw. im zweiten Fall der Hochdruckhauptturbine nicht die Hochdruckmarschturbine bzw. im zweiten Fall die Niederdruckmarschturbine unter Dampf gesetzt wird. Diese Vorrichtung ist notwendig, weil die nicht im Betrieb befindlichen Turbinen im Vakuum mitlaufen müssen, damit sie nicht zu große Widerstände verursachen. Ein Nachteil

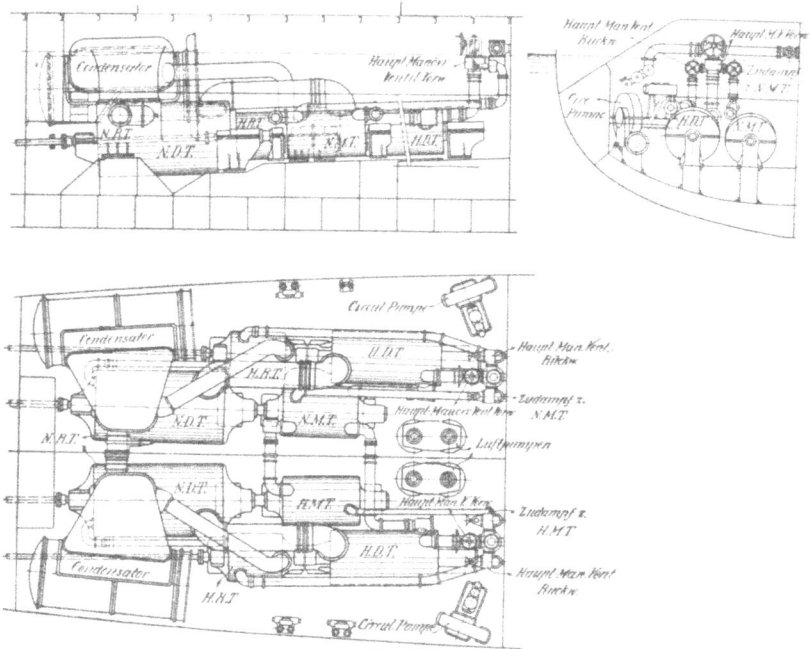

Fig. 189.

dieser Anlagen ist natürlich die durch die vielen Rohrleitungen und vielen Schaltungen hervorgerufene Unübersichtlichkeit, ferner die Abhängigkeit der einzelnen Wellen voneinander, durch welche bei Vollkraftbetrieb allerdings nur je zwei Wellen voneinander abhängig gemacht werden, während dagegen bei langsamer Fahrt alle vier Wellen in gegenseitige Abhängigkeit gebracht sind. Bei plötzlich notwendig werdendem Wechsel in der Gangart bringt dieser Umstand gewisse Schwierigkeiten im Manövrieren mit sich.

Die Disposition der Hilfsmaschinen geht ebenfalls aus der Zeichnung Nr. 189 hervor. Sowohl im Backbord- als auch im

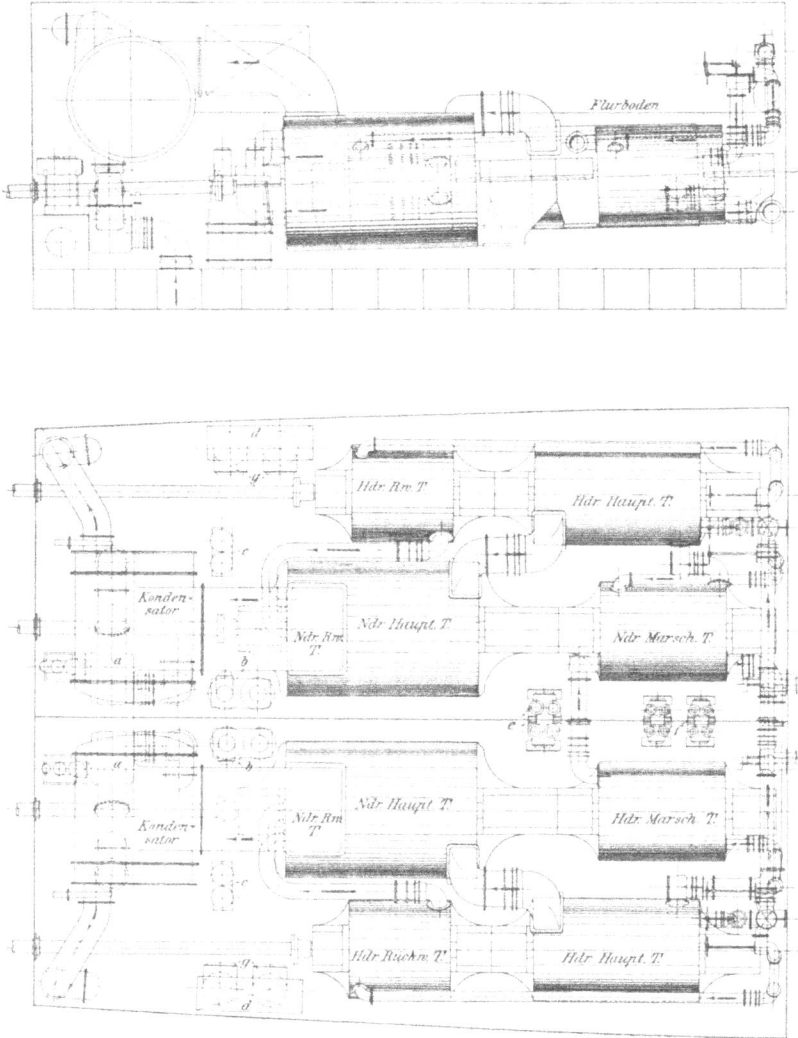

Flurboden

Kondensator

Hdr Rw T.

Hdr Haupt. T.

Ndr Rm T.

Ndr Haupt. T.

Ndr Marsch. T.

Kondensator

Ndr Rm T.

Ndr Haupt. T.

Hdr Marsch. T.

Hdr Rückw. T.

Hdr Haupt. T.

Fig. 190.

Steuerbordmaschinenraum ist eine Zirkulationspumpe mit besonderer Dampfmaschine untergebracht, ferner eine zweizylindrige direkt wirkende Luftpumpe, außerdem eine Ölpumpe, Kühlpumpe und Lenzpumpe. Die übrigen Hilfsmaschinen, als Dynamomaschinen, Evaporatoren, Hilfskondensationsanlage usw. sind in einem besonderen Raum untergebracht.

In ganz ähnlicher Weise wie in Fig. 189 für den Kreuzer, werden derartige Anlagen für Linienschiffe angeordnet. Eine derartige Anlage für ein Linienschiff zeigt Fig. 190, welche im wesentlichen keinen Unterschied mit der Turbinenanlage des Kreuzers erkennen läßt.

IV. Abschnitt.

Einige Bemerkungen über die Verwendung von Marschturbinen bei Anlagen mit reinen Trommelturbinen für Kriegsschiffe.

§ 161.   Verwendung von Marschturbinen.

Die Marschturbinen, welche in den vorhergehenden Abschnitten vielfach erwähnt sind, werden in der letzten Zeit sehr häufig nicht mehr ausgeführt. Die Gründe, welche dafür sprechen, die Marschturbinen wegzulassen, sind die folgenden:

1. Die meisten Havarien, welche bei reinen Trommelturbinen bisher eingetreten sind, sind Schaufelhavarien in den Marschturbinen, da die Schaufelspielräume naturgemäß bei diesen Turbinen außerordentlich klein sind. Das geringe Dampfquantum, welches in die Marschturbinen eingelassen wird, bedingt nämlich eine sehr geringe Schaufellänge, und es bildet infolgedessen der radiale Spielraum einen sehr großen Prozentsatz der ganzen Schaufellänge, also einen sehr erheblichen Verlust.

2. Die Marschturbinen müssen bei voller Fahrt stets im Vakuum mitlaufen und verlangen daher eine erhöhte Leistung der Luftpumpen. Außerdem bringen die zahlreichen Stopfbüchsen der Marschturbinen die Gefahr mit sich, daß das Vakuum durch Zufälligkeiten gelegentlich sehr verschlechtert wird.

3. Die Marschturbinen beanspruchen einen sehr großen Raum, welcher zu anderen Zwecken vorteilhafter verwendet werden kann.

4. Die Marschturbinen bedingen eine große Komplikation der Dampfrohrleitung.

5. Die Marschturbinen und ihre Rohrleitungen besitzen ein sehr großes Gewicht. Wenn das Äquivalent dieses Gewichts zur Erhöhung des Kohlenvorrats benutzt wird, läßt sich hierdurch schon ein Teil des durch die Marschturbinen erzielbaren Mehr an Aktionsradius ausgleichen.

In neuerer Zeit wird daher — statt der Anwendung von Marschturbinen — der *HD*-Trommel meistens ein mehrkränziges Curtisrad vorgeschaltet.

V. Abschnitt.

Kreuzer und Linienschiffe mit Turbinen gemischten Systems und reinen Räderturbinen.

§ 162.   Kreuzer mit Turbinen gemischten Systems.

Die Turbinenanlagen für Kreuzer und Linienschiffe dieser Systeme haben das gemeinsam, daß jede Welle unabhängig von der anderen durch einen besonderen Turbinensatz getrieben wird, und daß infolge dieser Anordnung, wie bei den Torpedobooten (vgl. § 157 u. f.) entweder zwei oder drei voneinander gänzlich unabhängige Räume geschaffen werden. Eine typische Anlage dieses Systems für einen kleinen Kreuzer zeigt Fig. 191. Der Turbinenraum ist durch ein Mittellängsschott in zwei vollkommen gleichwertige Räume geteilt. Jeder Raum enthält ein Turbinenaggregat, bestehend aus einer Hochdruckturbine und einer Niederdruckturbine. In das Gehäuse der letzteren ist die Rückwärtsturbine eingebaut. Jeder Raum besitzt seinen besonderen Kondensator,

eine Zirkulationspumpe *a*
eine Naßluftpumpe . . *b*
und eine Trockenluftpumpe *c*.

Außerdem sind in jedem Raum noch zwei Ölpumpen zur Bedienung der Lager vorgesehen, ferner eine Lenzpumpe und eine Kühlpumpe.

Das Manövrieren geschieht bei jeder Turbine mit dem Handrad *d* für Vorwärtsgang, mit dem Handrad *e* für Rückwärtsgang. Die Einfachheit der Anlage springt sofort in die Augen, namentlich wenn man dieselbe mit der Parsonsturbinenanlage (Fig. 189) für ein gleichartiges Schiff vergleicht.

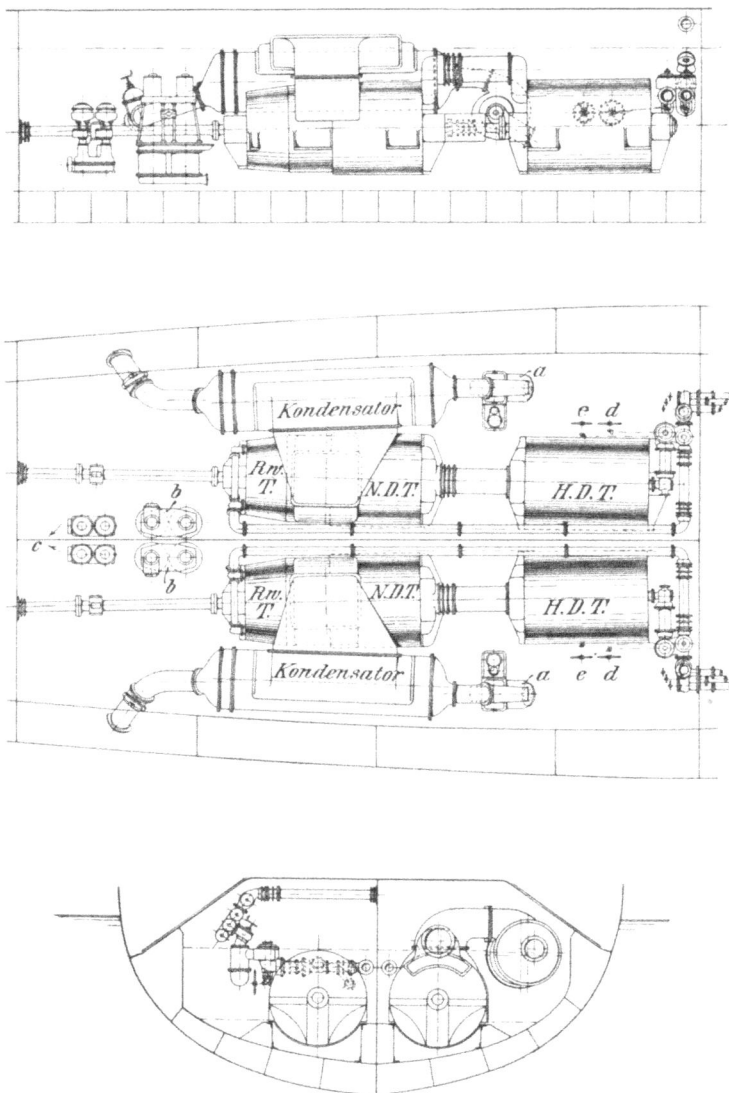

Fig. 191.

§ 163. Kreuzer mit reinen Räderturbinen.

Fig. 192 zeigt die Anlage eines Kreuzers mit reinen Räderturbinen. Jeder der beiden hintereinanderliegenden Räume
enthält ein Turbinenaggregat, bestehend aus:

Vorwärts- und Rückwärtsturbine *a*
1 Kondensator . . . . *b*
1 Warmwasserkasten . . . . . . *c*
1 Zirkulationspumpe . . . . . . *d*
1 Naßluftpumpe . . . . *e*
1 Trockenluftpumpe . . . . . . *f*
2 Drehmaschinen . . . . *g*
1 Lenzpumpe . . . . *h*
1 Speisepumpe . . . . *i*
2 Ölfilter . . . . *k*
1 Vorwärmer . . . . *l*.

Ferner ist vorhanden:

1 Hilfskondensationsanlage . . . *m*
3 Dynamos . . . . *n*
1 Hilfskondensator für dieselben . *o*

Zum Manövrieren dient folgende Einrichtung: Der Dampf
passiert in jedem Raum zuerst einen Wasserabscheider *p*, dann
je ein Hauptabschlußventil *q*, dann eine Drosselklappe *t* und
tritt dann entweder durch das Manövrierventil *s* in die Vorwärtsturbine oder durch das Manövrierventil *r* in die Rückwärtsturbine ein.

Ein Charakteristikum dieser Anlage ist, daß die beiden
Turbinen nicht symmetrisch, sondern g e n a u g l e i c h ausgeführt sind, so daß im vorderen Raum die Rückwärtsturbine
hinten und das Drucklager vorn, im hinteren Raum die Rückwärtsturbine vorn und das Drucklager hinten angeordnet sind.

§ 164. Linienschiff mit Turbinen gemischten Systems.

Die Anlage eines Linienschiffes mit Turbinen dieses Systems
zeigt Fig. 193. Dieselbe ist von der in § 162 beschriebenen Anlage des Kreuzers im wesentlichen durch nichts verschieden,
nur daß statt zwei Räumen mit zwei Turbinensätzen deren drei
mit drei Turbinensätzen vorgesehen sind. Der Symmetrie wegen
sind für den mittleren Raum statt eines Kondensators zwei
Kondensatoren, je einer zu jeder Seite der mittleren Turbine,
vorgesehen.

Die Hilfsmaschinen verteilen sich wie folgt: In jedem der
drei Räume sind untergebracht:

1 Zirkulationspumpe . . . . . . *a*
1 Naßluftpumpe . . . . *b*
1 Trockenluftpumpe . . . . . . *m*
2 Ölpumpen . . . . *i*.

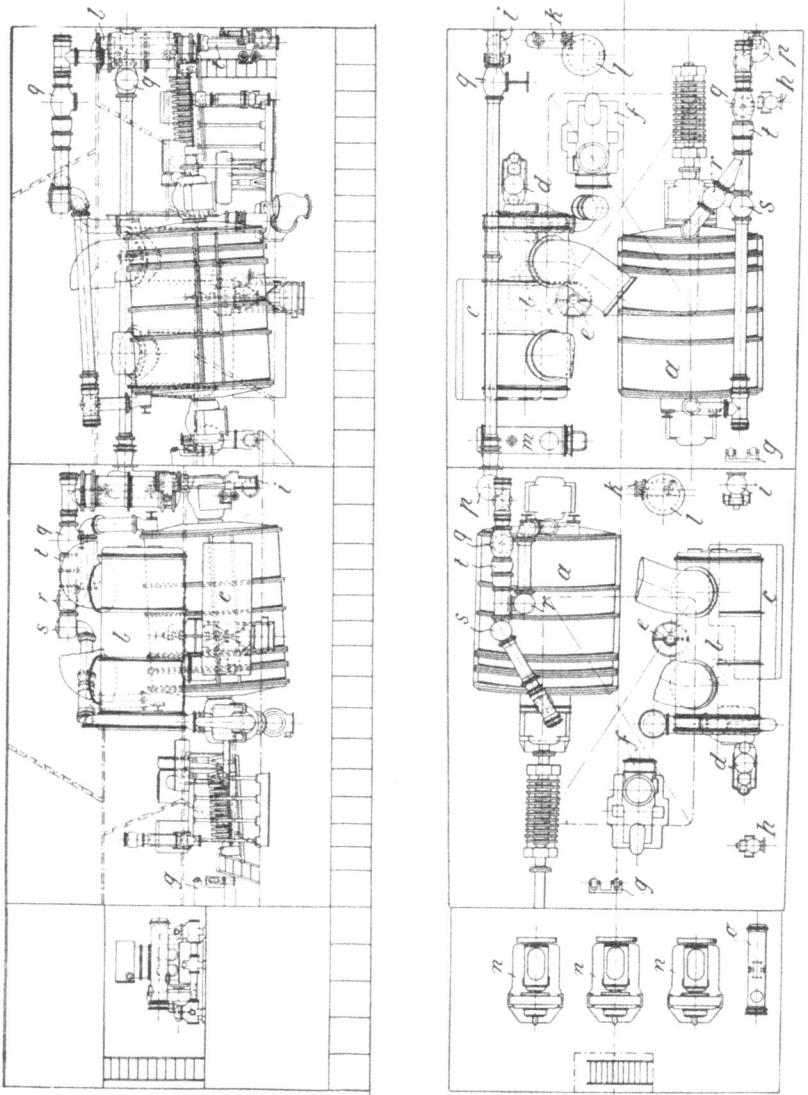

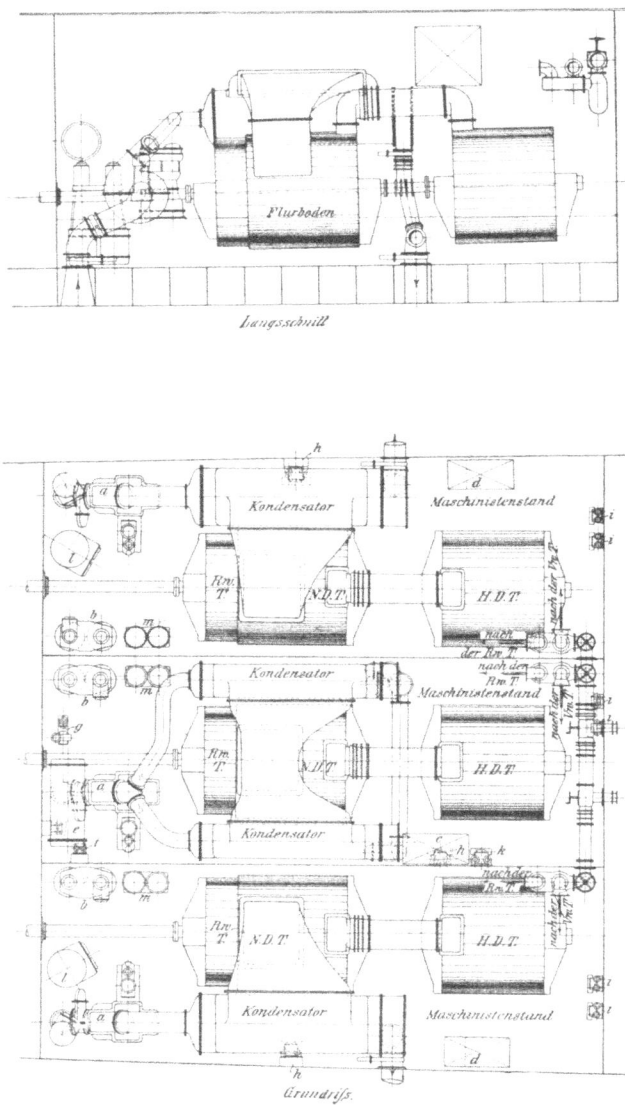

Fig. 193.

Ferner enthält jeder Raum einen Warmwasserkasten, welcher in den beiden seitlichen Räumen mit *d*, im mittleren Raum mit *c* bezeichnet ist. Da in diesem Raum auch die Hilfskondensationsanlage untergebracht ist, enthält dieser Warmwasserkasten keine Vorrichtung zum Reinigen des Speisewassers. Ferner enthält jeder Raum eine Kühlpumpe *h*.

Im mittleren Raum allein ist untergebracht: eine komplette Hilfskondensationsanlage, bestehend aus einem Hilfskondensator *e* mit zugehöriger Zirkulationspumpe *g*, Luftpumpe *f* und einer kleinen Speisepumpe.

Jeder der beiden Seitenräume ist mit einem Evaporator *l* ausgerüstet. Der mittlere Raum ist noch mit einer Lenzpumpe *k* versehen. Die Einrichtung zum Manövrieren geht ohne weiteres aus der Fig. 193 hervor. Jedes Turbinenaggregat wird durch ein Manövrierventil für Vorwärtsgang und ein Manövrierventil für Rückwärtsgang bedient.

VI. Abschnitt.
Handelsdampfer mit reinen Trommelturbinen.

---

§ 165. Handelsdampfer mit reinen Trommelturbinen. Dreiwellenanordnung.

Eine solche ist in Fig. 194 und 195 dargestellt. Die Hochdruckturbine *a* treibt die Mittelwelle an. Auf den beiden Seitenwellen sitzen die Niederdruckvorwärts- und die Rückwärtsturbinen, welche in den Gehäusen *b* untergebracht sind. Bei Fahrt auf hoher See strömt der in zwei getrennten Leitungen von den Kesselräumen kommende Dampf nach Passieren der Wasserabscheider *m* und der Ventile *p* zum Sieb *n* und zur Drosselklappe *o* und von hier aus durch zwei Dampfstränge zur Hochdruckturbine *a*. Nachdem der Dampf hier seine Arbeit verrichtet hat, passiert er die an den Niederdruckgehäusen sitzenden Winkelventile *s* und gelangt nach weiterer Expansion in den Niederdruckturbinen in die Kondensatoren *c*. Bei häufigem Manövrieren im Revier werden die Ventile *s* geschlossen und die Hochdruckturbine außer Tätigkeit gesetzt; der Dampf strömt dann von den Ventilen *p* zu den Wechselventilen *q*, welche denselben entweder durch die Leitung *r* zur Niederdruckvorwärtsturbine führen oder ihn zu der im hinteren Teil des *ND*-Gehäuses angebrachten Rückwärtsturbine gelangen lassen. Die Zirkulationspumpen *d* sind hinter den Kondensatoren aufgestellt, die beiden Naßluftpumpen *e* und Trockenluftpumpen *f* in nächster Nähe der Niederdruckturbinenlager. Auf der Backbordseite sind ferner

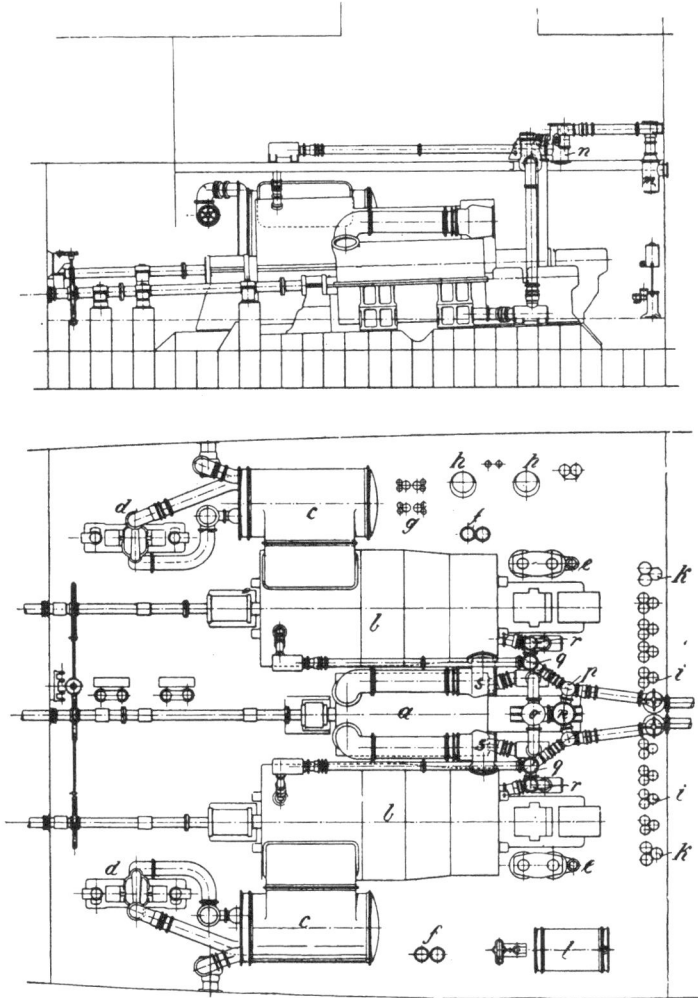

Fig. 194.

zwei Evaporatoren *h* und die Ölpumpen *g* aufgestellt. Auf der Steuerbordseite befindet sich die Hilfskondensationsanlage *l*. Am Schott sind die Hauptspeisepumpen *k* sowie die Lenz-, Kühl-, Feuerlösch- und Trinkwasserpumpen *i* angeordnet.

Für die drei Wellen ist nur eine einzige durch Dampf betriebene
Drehmaschine vorhanden, welche eine querschiffs liegende
Welle antreibt, auf der sich geeignete Kupplungen befinden,
welche die Schnecke mit irgendeinem der 3 Schneckenräder
der Hauptwellen in Eingriff bringen.

§ 166. Schnelldampfer mit reinen Trommelturbinen.

Als Beispiel für einen solchen sei im folgenden die Maschinenanlage der »Mauretania« in Kürze beschrieben. (Vgl.
Engineering 1907, S. 636 u. f.) S. Fig. 196 und 197.

Zum Antrieb des Schiffes dienen vier Wellen. Die beiden
mittschiffs gelegenen Wellen werden durch die Niederdruckvorwärtsturbinen b resp. durch die Rückwärtsturbinen a betrieben.

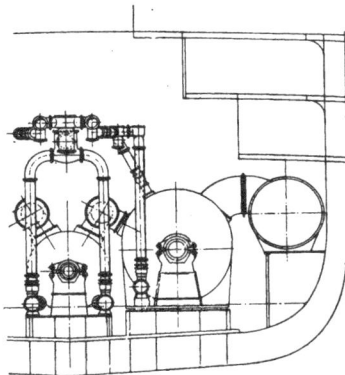

Fig. 195.

Diese vier Turbinen sind in
einem durch wasserdichte
Schotten begrenzten Hauptturbinenraum untergebracht.
Die beiden Seitenwellen werden von je einer Hochdruck-
vorwärtsturbine c angetrieben
und zwar ist jede dieser beiden Turbinen in einem seitlich vom Hauptturbinenraum
gelegenen besonderen wasserdichten Abteil untergebracht.
Dicht hinter dem Hauptturbinenraum befindet sich der
Kondensatorraum, in wel-
chem zwei große Kondensa-
toren d untergebracht sind,
von denen jeder den Dampf
eines Turbinenaggregats aufnimmt.   Hinter dem Kon-
densatorraum befinden sich
zwei durch ein Mittellängs-
schott abgegrenzte Hilfsmaschinenräume, in welchen die vier Naßluftpumpen e und die vier Trockenluftpumpen f, letztere paarweise übereinander angeordnet, sowie die Zirkulationspumpen g
aufgestellt sind. In den beiden Seitenräumen hinter den Hoch-
druckturbinenräumen sind die zwei Hilfskondensationsanlagen
und zwei Speisewasservorwärmer eingebaut.   In jedem der
zwei Hochdruckturbinenräume befinden sich drei Evaporatoren.
Die Anlage auf der einen Seite dient zur Erzeugung von Kesselspeisewasser, die auf der andern Seite zur Herstellung von
Trinkwasser. Die Turbogeneratoren sind in Räumen direkt über
den zwei hintersten Hilfsmaschinenräumen aufgestellt.   Acht
Hauptspeisepumpen sind am vorderen Maschinenschott vorgesehen.

Der in den Kesseln erzeugte Frischdampf wird durch zwei
schweißeiserne Leitungen zu den am Maschinenschott befindlichen Absperrventilen s geleitet. Beide Ventile sind durch eine

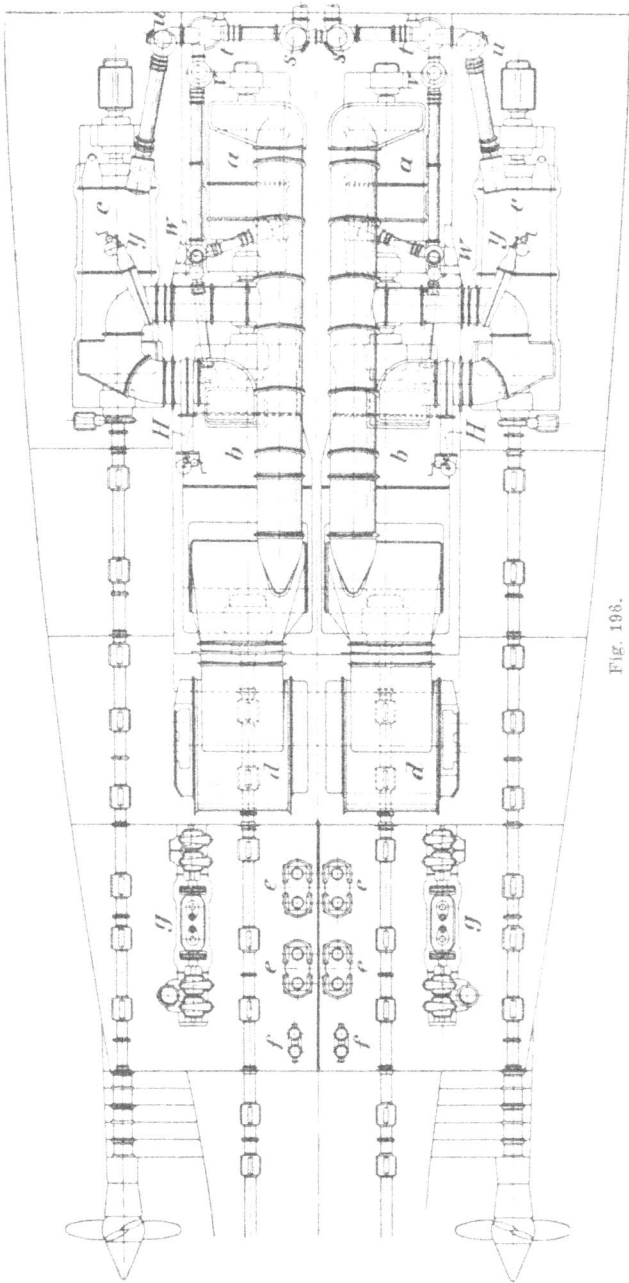

Fig. 196.

20*

Leitung miteinander verbunden. Von den Ventilen *s* gelangt
der Dampf zu den Wasserabscheidern *t*. Bei Fahrt auf hoher See
sind die Hochdruckventile *u* geöffnet, wodurch der Dampf den
Hochdruckturbinen *c* zuströmen kann. Von diesen gelangt er
in die Niederdruckturbinen *b* und durch die großen Abdampfbogen in die Kondensatoren *d*.

Für den Fall der Havarie einer Niederdruckturbine kann
man durch Schließen des Schiebers *H* und Öffnen des Schiebers
y die Niederdruckturbine ausschalten und den Dampf von der
Hochdruckhauptturbine direkt in den Kondensator schicken.

Im Revier, wo ein häufiges Wechseln der Fahrtrichtung
des Schiffes erforderlich ist, werden die Abdampfschieber *H*
und die Ventile *u* geschlossen, d. h. die beiden Hochdruckturbinen
werden nicht betrieben. Bei dieser Schaltung gelangt der Dampf
nach Passieren des Wasserabscheiders *t* und des Ventils *v* zu
den Wechselventilen *w*, von denen Leitungen zu den Nieder-

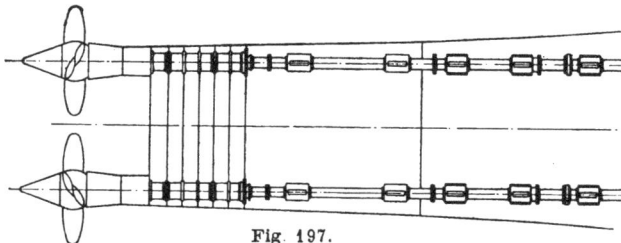

Fig. 197.

druckvorwärts- resp. zu den Rückwärtsturbinen führen. Die
Wechselventile *w* (s. Fig. 198) sind so eingerichtet, daß zwar
beide Leitungen (d. h. die Vorwärts- und Rückwärtleitung jedes
Ventils) gleichzeitig geschlossen, jedoch nur die eine oder die
andere Leitung geöffnet sein kann. Dies geschieht auf folgende
Weise.

An den beiden unteren Zapfen der Kreuzhebel *b c* greifen
die Zugstangen *a* einer Brownschen Maschine an. In der dargestellten Lage sind die beiden Ventile geschlossen und die Brownsche
Maschine in der Mittellage. Bewegt sich die Zugstange *a* nach
rechts, so wird die Spindel *f*, nachdem der Kreuzhebel *b c* den
rechten oberen Kreuzkopf mit Hilfe der Zugstangen *d* am
Ventilspindelbund zur Anlage gebracht hat, nach aufwärts geschoben und so das Ventil für Rückwärtsgang geöffnet. Der
obere Kreuzkopf auf der linken Seite gleitet, ohne die Spindel *e*
zu beeinflussen, in der Gleitbahn nach abwärts. Beim Aufwärts-
gang von *f* dreht sich der untere, die beiden Ventilspindeln
verbindende Hebel um das Auge der Spindel *e*. Diese Spindel
kann sich nämlich nicht nach unten bewegen, da der Anschlag *h*
am Ventilsteller sie daran hindert. Hierdurch wird die Feder *g*
zusammengedrückt. Beim Zurückgehen der Brownschen Maschine
in ihre Mittellage zieht die Feder *g* die Spindel *f* herunter und

schließt das Rückwärtsventil.   Bei einer Bewegung der Zugstange *a* nach links wird in analoger Weise das Vorwärtsventil
betätigt.

Von großem Interesse sind die Sicherheitsvorkehrungen in
den Dampfleitungen und die Anordnung des Maschinistenstandes,
welche im folgenden kurz beschrieben sind.

Die beiden Hauptabsperrventile *s* am Maschinenschott
werden durch Brownsche Maschinen, die so konstruiert sind wie

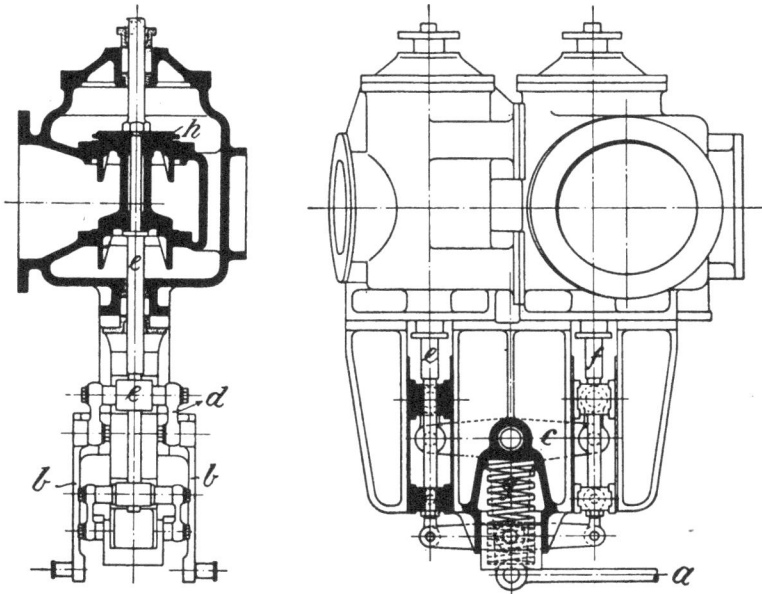

Fig. 198.

die Umsteuermaschinen gleichen Namens, betätigt.   Außerdem
ist auch noch ein Antrieb von Hand vorgesehen.   Das Regulier-
gestänge der Brownschen Maschinen ist durch eine gemeinsame
Welle mit allen 4 Turbinen verbunden, und zwar so, daß wenn
eine der 4 Turbinen die zulässige Geschwindigkeit überschreitet,
beide Ventile geschlossen werden.   Die Regulierung jeder Turbine erfolgt durch einen Aspinall-Regulator, der am vorderen
Ende jeder Turbinenwelle angeordnet ist und seinen Antrieb
durch ein auf der Welle angeordnetes Schneckenradgetriebe erfährt, und zwar macht der Aspinall-Regulator halb so viele
Touren wie die zugehörige Turbine.   Beim Überschreiten der
normalen Umdrehungszahl kommt die Sperrklinke des Aspinall-
reglers in Kontakt mit einem Mitnehmer, der mit einer horizon-

talen, querschiffsliegenden Welle verbunden ist, welche die
Steuerung der Brownschen Maschine beeinflußt, die ihrerseits
die Absperrventile am Schott betätigen. Zwischen dem Mitnehmer jedes Regulators und der Welle befindet sich ein ge-
schlitzter Hebel. Dadurch ist es möglich, daß von einer Turbine,
welche die zulässige Umdrehungszahl überschritten hat, die
Schottventile geschlossen werden, ohne daß die Reguliervor-
richtungen der anderen Turbinen beeinflußt werden. Ähnliche
Vorkehrungen sind getroffen, um die Ventile ohne Verbindung
mit dem Regulatorgestänge zu öffnen, wenn die Turbine wieder
unterhalb der höchst zulässigen Umdrehungszahl angelangt ist.

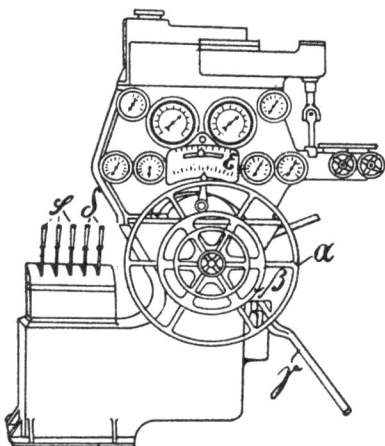

Die Schottventile t, die
Hochdruck - Hauptabsperr-
ventile u und die Manövrierventile w sind als ent-
lastete Ventile mit Stahl-
gußgehäusen ausgeführt.

Jeder Turbine ist ein in
einem Stahlgußgehäuse ge-
lagertes messingenes Dampfsieb vorgeschaltet.

Der in die Hochdruck-
Turbinenabdampfleitung
eingebaute Schieber H hat
einen lichten Durchmesser
von 1905 mm, der Schieber y
einen solchen von 1524 mm.
Beide Schieber sind von ähnlicher Konstruktion. Der Antrieb des Schiebers H erfolgt
durch einen 12 pferdigen
Elektromotor.   Beim Versagen des Elektromotors
kann der Schieber durch
einen Handhebel geöffnet
und geschlossen werden.

Fig. 199.

Am vorderen Ende des Hauptturbinenraumes befinden sich
die beiden Maschinenstände, von denen der eine zur
B.-B. der andere zur St-B.-Turbinenanlage gehört. In Fig. 199
ist ein Bild des B.-B. Maschinenstandes wiedergegeben. Durch
das Handrad β wird mit Hilfe von Zwischenrädern und Stangen
die Schraubenspindel der zu den Manövrierventilen w gehörigen
Brownschen Maschine bewegt. Von einem Kreuzkopf des Ventils w wird eine Pleuelstange angetrieben; diese betätigt einen
Zeiger, welcher auf der Skala ε am Maschinenstand die Öffnung der Ventile erkennen läßt. Beim Versagen der Dampf-
steuerung der Brownschen Maschine kann man durch die mit
dem Handhebel γ zu betreibende Wasserpumpe die Ventile
bewegen. Das große Handrad a am Maschinenstand betätigt
das Hochdruck-Regulierventil u (Fig. 196).

Außer vom Maschinenstand aus, kann jedes Hochdruck-
ventil mit Hilfe einer ähnlichen Vorrichtung durch ein Hand-

rad vom zugehörigen Hochdruckturbinenraum betrieben werden.

Die augenblickliche Lage des Schiebers *H* kann ebenfalls auf der Skala ε am Maschinenstenstand (siehe Fig. 199) abgelesen werden. Von hier aus erfolgt auch der Antrieb der Schieber *H* und *y* mittels der beiden Hebel δ. Zum Schließen des Schiebers *H* sind 2 Minuten erforderlich.

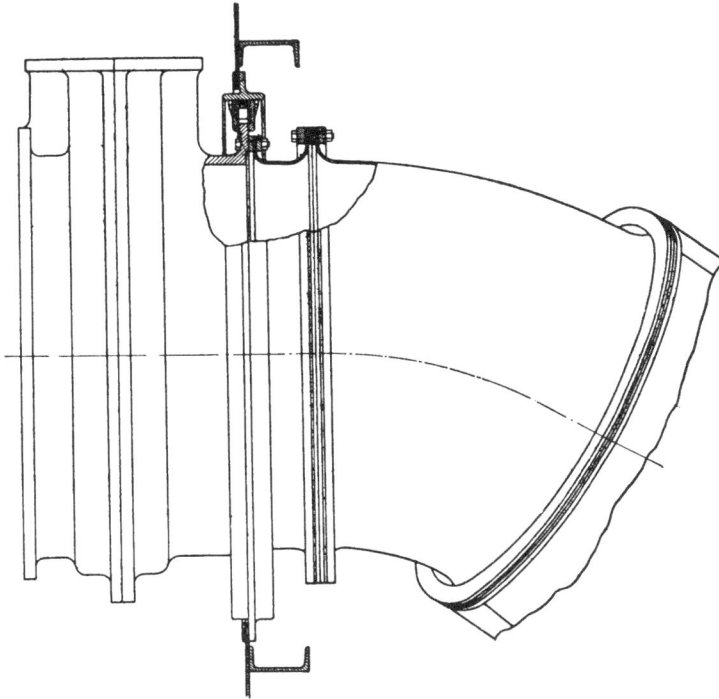

Fig. 200.

Zum Entwässern dienen die 3 Handhebel φ.

Um der Ausdehnung der Turbinen und Abdampfbogen Rechnung zu tragen, sind in letzteren dort, wo sie ein Schott durchbrechen, kupferne Expansionsstücke von in Fig. 200 dargestellter Form eingeschaltet. Es ist aus dieser Figur ferner zu ersehen, daß trotz des wasserdichten Abschlusses der Abdampfbogen sich nach jeder Seite hin verschieben kann.

Um den Druck in den aufeinanderfolgenden Expansionsstufen zu erkennen, sind für jede Turbine 2 Manometer vor-

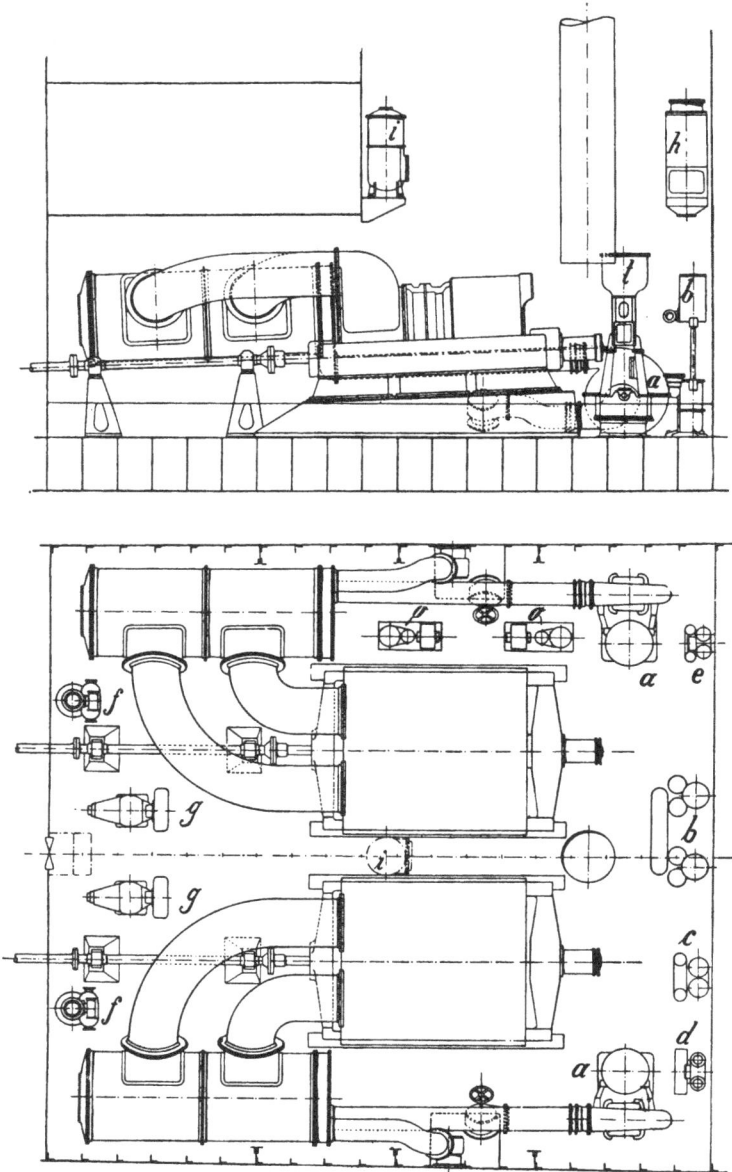

Fig. 201.

gesehen. An jedes Manometer schließt ein Drei- oder Vierwege-hahn an, dessen Leitungen zu den einzelnen Stufen führen. Durch Drehen des Hahnkükens kann man nacheinander den Druck in jeder Stufe am Maschinistenstand ablesen.

§ 167. Handelsdampfer mit Turbinen gemischten Systems.

1. Zunächst sei hier die Turbinenanlage des ersten Turbinen-dampfers für die deutsche Handelsmarine besprochen. —

Der Dampfer »Kaiser«[1]), gebaut im Jahre 1904 von der Stettiner Maschinenbau-Aktiengesellschaft »Vulcan«, besitzt zwei von der AEG erbaute Turbinen von je 3300 effektiven Pferde-stärken bei einer Umdrehungszahl von 560 per Minute. Die Turbinen selbst sind in Fig. 68 dargestellt. Die A n o r d n u n g d e r s e l b e n i m S c h i f f zeigt Fig. 201. Der Maschinenraum enthält in übersichtlicher Anordnung die beiden Turbinen, von denen jede mit dem dazugehörigen Kondensator durch zwei fluß-eiserne Abdampfrohre von kreisrundem Querschnitt verbunden ist. Die Kondensationsanlage, welche ein Vakuum von 94 bis 95% an der Quecksilbersäule gemessen, zu schaffen imstande ist, setzt sich für jede Turbine in der einfachsten Weise zu-sammen aus einer Zirkulationspumpe a mit in Tandemanordnung über deren Dampfzylinder angeordneter Trockenluftpumpe t (vgl. § 146) und einer Kondensatpumpe f von sehr kleinen Ab-messungen (vgl. § 146), welche lediglich dazu bestimmt ist, das Wasser aus dem Kondensator zu fördern.

Außerdem ist für jede Turbine noch 1 Ölpumpe o vorge-sehen, welche im Gegensatz zu denen der Kriegsschiffe nicht als Duplexpumpe, sondern als Räderpumpe konstruiert ist. Ferner enthält der Maschinenraum noch 1 Satz Hauptspeise-pumpen b, 1 Hilfsspeisepumpe c, 1 Lenz- und Ballastpumpe d, 1 Spülpumpe e, 2 elektrische Maschinen g, angetrieben durch Tur-binen der AEG, 1 Evaporator i und einen Vorwärmer h.

Die Maschinenanlage des Dampfers »Kaiser« ist außer den Turbinen noch dadurch interessant, daß das Schiff zu den ersten Handelsdampfern gehört, deren Kesselanlage aus Wasser-rohrkesseln besteht. Den Dampf liefern 4 Wasserrohrkessel, System Vulcan, welche mit Howdens forciertem Zug betrieben werden von zusammen 32 qm Rostfläche und 1696 qm Heiz-fläche. Diese Kessel haben sich vorzüglich bewährt.

2. Einen Sprung von außergewöhnlicher Tragweite hat die Entwicklung der Turbinen gemischten Systems für Handels-schiffe in Deutschland aufzuweisen, indem der oben beschriebenen Turbinenanlage des Dampfers »Kaiser« sechs Jahre nach deren Ablieferung die Bestellung der Turbinenanlage des Riesendampfers »Imperator« seitens der Hamburg-Amerika-Linie bei den Vulcan-werken in Hamburg und Stettin folgte.

Die Turbinenanlage des Dampfers »Imperator«, bei welcher das System der Hintereinanderschaltung zur Anwendung ge-

---

[1]) Vgl. Zeitschr. d. Ver. d. Ing., Jahrgang 1906.

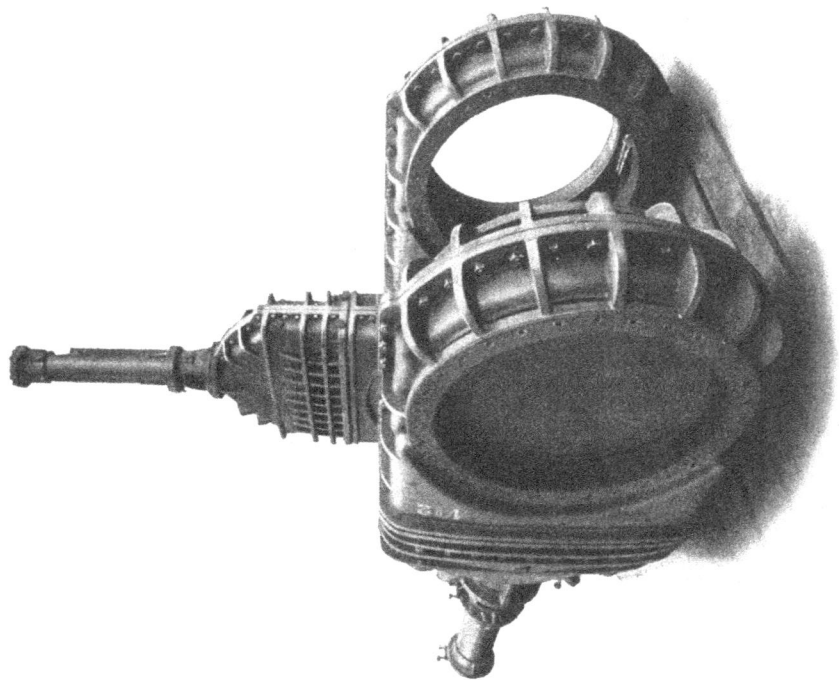

Fig. 204.

Fig. 203.

bracht ist, muß als Anlage gemischten Systems bezeichnet werden, indem sowohl bei den Vorwärts- als auch bei den Rückwärtsturbinen der erste Hochdruckteil als mehrkränziges Curtisrad ausgeführt ist. Die Umdrehungszahl der Turbinen beträgt
185 pro Minute. Was die Abmessungen betrifft, wird die Turbinenanlage dieses Schiffes alle bisherigen Ausführungen über-
treffen. Fig. 202, Tafel IV zeigt das Innere des vorderen Tur-
binenraumes während der Montage, Fig. 203 Dampfschieber,
welche für die Umschaltung in den Zwischendampfleitungen
dienen, und Fig. 204 eines der beiden Circulationspumpen-
Aggregate.

VII. Abschnitt.

Allgemeines über die Anordnung von Turbinenanlagen im Schiff.

§ 168. Allgemeines.

Bei der Disponierung von Turbinenanlagen im Schiff sind
folgende Gesichtspunkte nicht außer acht zu lassen:

1. Es ist Vorsorge zu treffen, daß sich die Turbinenober-
   teile genügend hoch heben lassen, damit die Revision
   der Turbinen nicht unmöglich gemacht wird, namentlich
   ist darauf zu achten, daß der Kondensator, von oben
   gesehen, die Konturen der Turbine nirgends überdecken
   darf.
2. Es ist darauf zu achten, daß die Kondensatorrohre sich
   aus den Kondensatoren herausziehen und in dieselben
   einbringen lassen, ohne daß wichtige Maschinenteile
   demontiert werden.
3. Es ist darauf zu achten, daß der Abdampfbogen sich
   verfahren läßt, so daß Platz geschaffen wird, um die
   Turbine auseinander zu nehmen.
4. Die Luftpumpen müssen so tief liegen, daß ihnen das
   Kondensationswasser der ND-Turbinen sicher zufließen
   kann. Sonst müssen andere Entwässerungsvorrichtungen
   vorgesehen werden.
5. Der Wärmeausdehnung der Turbinen, Abdampfbögen,
   Kondensatoren und Dampfleitungen ist Rechnung zu
   tragen.
6. Die Ölpumpen müssen bequem zugängig in der Nähe
   des Maschinistenstandes liegen. Vom Maschinistenstand
   aus muß der Wasserstand des Warmwasserkastens sowie
   die Maschinentelegraphen und die Tachometer leicht
   übersehen werden können.
7. Es ist dafür zu sorgen, daß der Maschinistenstand gut
   ventiliert wird.

IX. Teil.

Die Abdampfturbine.

§ 169. Vorbemerkung.

Die Erkenntnis, daß die Dampfturbine, wie sie für Schiffsbetrieb in Frage kommt, in ihrem Hochdruckteil verhältnismäßig unökonomisch, in ihrem Niederdruckteil jedoch sehr wirtschaftlich arbeitet, während bei der Kolbenmaschine das Gegenteil der Fall ist, hat den Gedanken nahegelegt, Kolbenmaschine und Dampfturbine derart zu kombinieren, daß der Dampf zuerst zwei Kolbenmaschinen passiert, welche die beiden seitlichen Schraubenwellen antreiben und mit etwa atmosphärischer Spannung in die auf die Mittelwelle wirkende Turbine eintritt, welche die hohen Wärmegefälle zwischen atmosphärischer Spannung und tiefem Vakuum ausnutzt.

Diese Kombination ist tatsächlich außerordentlich ökonomisch ,wie im nachstehenden gezeigt werden soll. Sie hat jedoch den Nachteil hohen Gewichtes, großen Raumbedarfs und umständlicher Manövrierorgane, wobei zudem noch die Manövrierfähigkeit verhältnismäßig gering ist, da die Mittelwelle nicht reversierbar ist. Sie verlangt ferner großes Bedienungspersonal, erheblichen Schmierölbedarf (letzteres auch nachteilig für die Kesselanlage) und schließlich treten hierbei auch die den Kolbenmaschinen eigenen Vibrationen auf.

Es ist daher anzunehmen, daß die Kombination von schnelllaufenden Turbinen und Transformatoren (vgl. § 174 u. f.) diese Anlagen nach und nach ersetzen werden.

Berechnung der Abdampfturbinen.

§ 170. Berechnung des Dampfverbrauches einer Abdampfturbinen-Anlage.

Diese wird in der Weise durchgeführt, daß man zuerst feststellt, welche Leistung mit 1 kg Dampf pro Stunde in dem gesamten Aggregat gewonnen werden kann.

Gegeben ist:

1. die erforderliche Gesamtleistung der Anlage,
2. der Dampfdruck vor dem Absperrventil der Maschine $= p$,
3. die spezifische Dampfmenge $=$ ca. 0,97,
4. der Anfangsdruck p_1 in der Turbine,
5. das Vakuum in der Turbine.

Die zur Fortbewegung des Schiffes erforderliche Leistung wird gewöhnlich in PS_i angegeben. Falls diese Angabe sich auf ein Schiff mit reinem Kolbenmaschinen-Antrieb bezieht, muß wegen des Wirkungsgrades des von der Abdampfturbine angetriebenen rasch laufenden Propellers ein entsprechender Zuschlag zu dieser Leistung gemacht werden. Wenn η_m den mechanischen Wirkungsgrad der Kolbenmaschine bedeutet, so ist die erforderliche effektive Maschinenleistung

$$N_e = N_i \cdot \eta_m.$$

Diese Gesamtleistung setzt sich nun zusammen aus der Leistung N_K der Kolbenmaschine und der Leistung N_T der Abdampfturbine, so daß

$$N_e = N_K + N_T \text{ ist.}$$

Die von 1 kg Dampf pro Stunde geleistete effektive G e -
s a m t a r b e i t N_e' ist dann, wenn

N_K' die in der Kolbenmaschine
N_T' die in der Abdampfturbine

von 1 kg Dampf pro Stunde geleistete effektive Arbeit ist:

$$N_e' = N_K' + N_T' \text{ PS}_e.$$

Die Leistungsverteilung wird durch den für die Turbine fest-gesetzten Anfangsdruck p_1 bedingt.

Der Gegendruck p_1' im Niederdruckzylinder der Kolben-maschine muß wegen der unvermeidlichen Drosselverluste um etwa 0,1—0,2 Atm. höher angenommen werden.

Der Anfangsdruck p_1 beträgt bei der meist üblichen An-ordnung mit zwei Kolbenmaschinen und einer Abdampfturbine etwa 0,6—0,7 Atm. abs.; hierbei erhält man ungefähr gleiche effektive Arbeitsleistung der 3 Propeller, während gleichzeitig sowohl in den Kolbenmaschinen als auch in der Abdampf-turbine die gesamte Expansion des Arbeitsdampfes unter den günstigsten Bedingungen erfolgt.

1. D e r   D a m p f v e r b r a u c h   d e r   K o l b e n m a -
s c h i n e bzw. die Leistung derselben pro 1 kg Dampf läßt sich aus den Diagrammen Fig. 205 einer ähnlichen Maschine, deren Dampfverbrauch pro PSe bekannt ist, leicht bestimmen.

Die schraffierte Fläche der Diagramme über der dem Druck p_1' entsprechenden Linie ab (Fig. 205) stellt die indizierte Arbeit N_1 dar, welche die Kolbenmaschine mit demselben Dampf-quantum leistet wie die durch die Gesamtfläche der Diagramme dargestellte Arbeit N, welche sie im Betrieb mit Kondensation leisten würde.[1]

Wird der Dampfverbrauch pro PSi und Stunde der mit Kondensation arbeitenden Maschine mit g_K' bezeichnet, so ist der Dampfverbrauch g_K der mit dem Gegendruck p_1' arbeitenden Maschine:

$$g_K = g_K' \frac{N}{N_1},$$

---

[1] Es ist nicht erforderlich, die Diagramme zu dem vorliegenden Zweck zusammenzulegen; dies ist hier nur der leichteren Übersichtlichkeit wegen getan worden.

die von 1 kg Dampf pro Stunde geleistete effektive Arbeit
der Maschine folglich

$$N_\kappa' = \frac{1}{g_\kappa} = \frac{1}{g_\kappa'} \cdot \frac{N_1}{N} \cdot \eta_m \quad PS_e$$

wobei η_m der mechanische Wirkungsgrad der Kolbenmaschine ist.

2. Die von 1 kg Dampf pro Stunde in der Kolbenmaschine
geleistete Arbeit läßt sich auch in folgender Weise schnell feststellen:

Der thermodynamische Wirkungsgrad einer Kolbenmaschine,
in welcher der Dampf bis zur Endspannung p_1' expandiert und
mit diesem Drucke dann ausströmt, ergibt sich aus Diagrammen
ausgeführter Maschinen je nach der Maschinengröße zu ca. η_κ
$= 65\%$ bis 72%, bezogen auf die effektive Leistung.

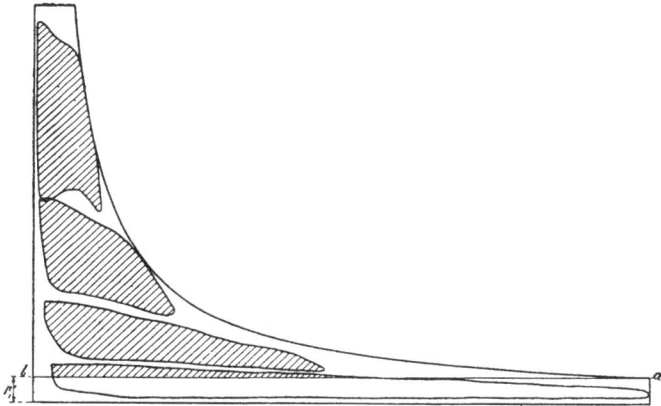

Aus dem JS-Diagramm Fig. 206 ergibt sich demnach, wenn
A der Zustand des Dampfes vor dem Absperrventil der Maschine
und p_1' der Enddruck der Expansion ist, ein adiabatisches
Wärmegefälle $H_\kappa = AB$.

Das wirklich zur Ausnutzung gelangte Gefälle ist jedoch nur:

$$h_\kappa = \eta_\kappa \cdot H_\kappa = AC.$$

Der Zustand des Dampfes am Ende der Expansion ist demnach durch den Punkt D gekennzeichnet, der dadurch erhalten
wird, daß man die Strecke AC im JS-Diagramm einträgt.

Die effektive Leistung von 1 kg Dampf pro Stunde in
der Kolbenmaschine ist ferner (siehe § 19):

$$N_\kappa' = \frac{h_\kappa}{632} = \frac{\eta_\kappa H_\kappa}{632} \quad PSe.$$

3. Die von 1 kg Dampf pro Stunde in der Abdampfturbine
geleistete Arbeit kann in folgender Weise bestimmt werden:

Der Anfangszustand des Dampfes in der Turbine entspricht im JS-Diagramm Fig. 206 dem Punkt E, welcher sich aus dem Endzustand D des Dampfes in den Kolbenmaschinen durch Drosselung bis auf den Druck p_1 ergibt.

Das adiabatische Wärmegefälle H_T der Turbine ist also EF, wobei F auf der dem Vakuum im Kondensator entsprechenden Drucklinie liegt.

Der thermodynamische Wirkungsgrad η_T einer Abdampfturbine kann, da es sich meist nur um größere Leistungen handelt, zu etwa 63 % bis 68 % angenommen werden, wobei dieser Wert natürlich außer von der Dampfmenge in erster Linie von dem Wert $\frac{c_0}{u}$ der Turbine abhängt.

Das in der Turbine ausgenutzte Wärmegefälle h_T ist:
$$h_T = \eta_T \cdot H_T = EG$$
und die mit 1 kg geleistete effektive Arbeit:
$$N_T' = \frac{h_T}{632} = \frac{\eta_T H_T}{632} \text{ PSe.}$$

Die Gesamtleistung, welche von 1 kg Dampf abgegeben wird, ist demnach:
$$N_e' = N_K' + N_T' = \text{ oder:}$$

a) $$N_e' = \frac{1}{g_K'} \cdot \frac{N_1 \eta_m}{N} + \frac{\eta_T \cdot H_T}{632} \text{ PSe,}$$

b) $$N_e' = \frac{\eta_K H_K}{632} + \frac{\eta_T \cdot H_T}{632} \text{ PSe.}$$

Die erforderliche, im Gesamtaggregat stündlich zu verarbeitende Dampfmenge ergibt sich hieraus zu $G = \dfrac{N_e}{N_e'}$ kg.

I. Beispiel: (Günstigste, überhaupt für die Abdampfturbine mögliche Verhältnisse vorausgesetzt). Erforderliche Maschinenleistung einschließlich Zuschlag $N_i = 10\,000$ PSi, mechanischer Wirkungsgrad $\eta_m = 0,93$, folglich die effektive Maschinenleistung
$$N = 10\,000 \cdot 0,93 = 9300 \text{ PSe.}$$
Es sei ferner:

Druck vor dem Absperrventil der Kolbenmaschinen 14,5 Atm. abs.,

spez. Dampfmenge $= 0,97$,

Anfangsdruck in der Turbine $p_1 = 0,7$ Atm. abs.

Endspannung im ND-Zylinder der Kolbenmaschine
$$p_1' = 0,7 + 0,2 = 0,9 \text{ Atm. abs.,}$$
Vakuum in der Turbine $p_2 = 0,06$ Atm. abs. $= 94\%$ bezogen auf 736 mm Barometerstand.

Hiermit ergibt sich aus dem JS-Diagramm Fig. 206 das adiabatische Gefälle AB in der Kolbenmaschine zu $H_K = 110$ WE.

Wird der thermodynamische Wirkungsgrad der Kolbenmaschine zu $\eta_K = 0,72$ angenommen, so ist die von 1 kg Dampf geleistete Arbeit in der Kolbenmaschine:
$$N_K' = \frac{0,72 \cdot 110}{632} = 0,126 \text{ PSe.}$$

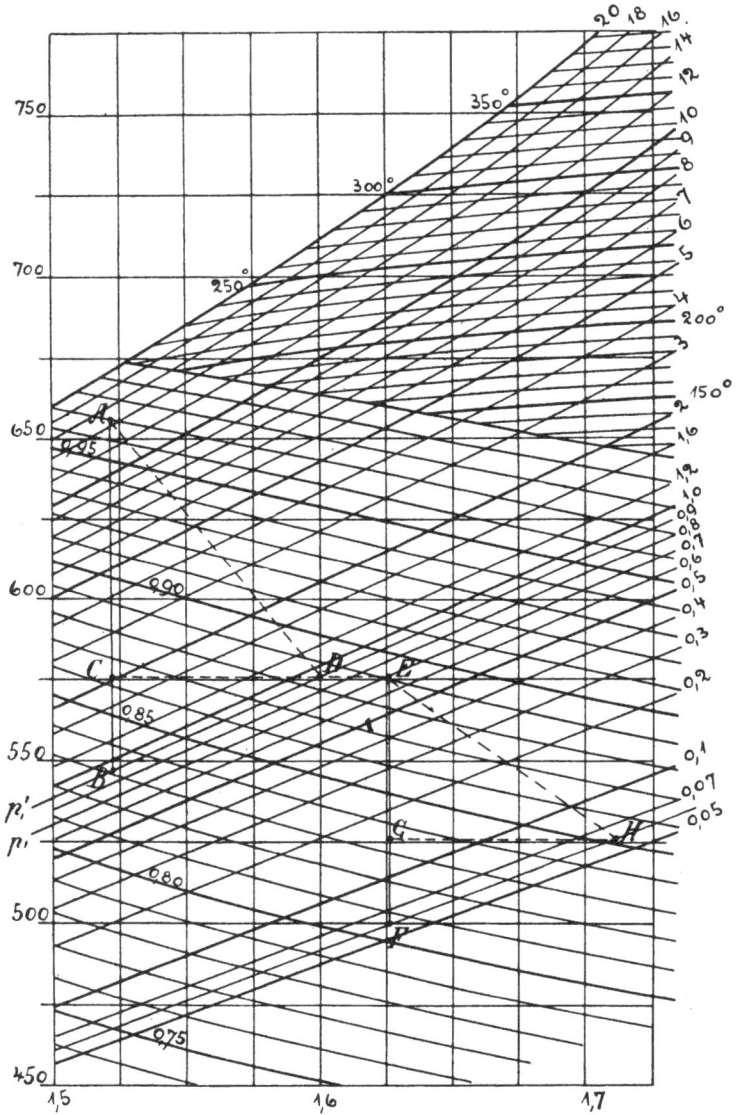

Fig. 206.

Die Strecke AC wird $= 0,72 \cdot 110 = 79,2$ WE.

Es ergibt sich ferner das adiabatische Gefälle EF in der Abdampfturbine zu $H_T = 76$ WE.

Wird der thermodynamische Wirkungsgrad der Turbine zu $\eta_T = 0,65$ angenommen, so ist die von 1 kg Dampf in der Abdampfturbine geleistete Arbeit:

$$N_T = \frac{0,65 \cdot 76}{632} = 0,078 \text{ PSe},$$

die von 1 kg Dampf geleistete Gesamtarbeit demnach:

$$N = 0,126 + 0,078 = 0,204 \text{ PSe.}$$

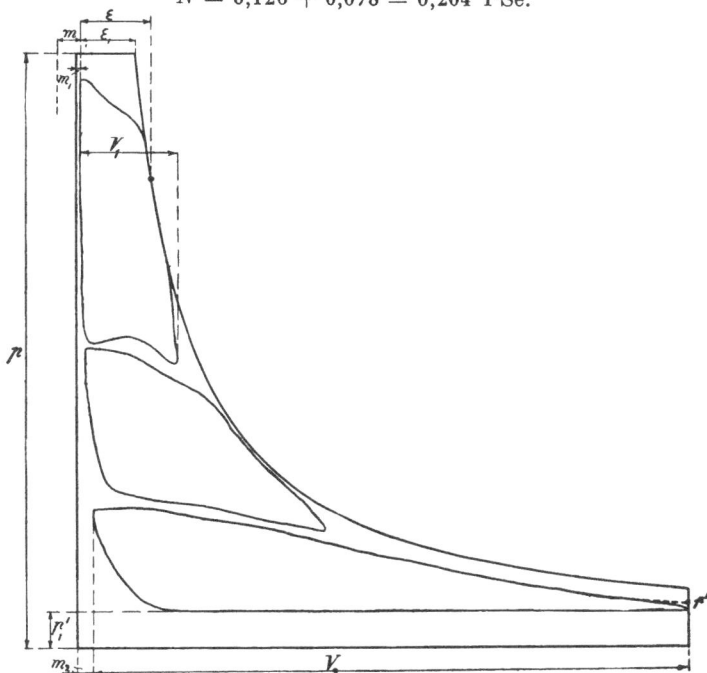

Fig. 207.

Es ergibt sich hieraus der Dampfverbrauch pro PSe der Gesamtleistung zu

$$\beta = \frac{1}{0,204} = 4,9 \text{ kg},$$

folglich die gesamte pro Stunde zu verarbeitende Dampfmenge:

$$G = \frac{9300}{0,204} = 45\,600 \text{ kg.}$$

Bauer u. Lasche, Schiffsturbinen. 21

Da eine gute mit Kondensation arbeitende Kolbenmaschine pro PSe und Stunde ca. 6,5 kg Dampf verbraucht, so ist die Ersparnis an Dampf:

$$= \frac{6,5 - 4.9}{6,5} = \frac{1,60}{6,5} \cdot 100 = 24,6\,\%.$$

II. Beispiel. Werden weniger günstige Verhältnisse vorausgesetzt und — wie dies wohl mehr dem normalen Schiffbetrieb entspricht — eingesetzt $\eta_K = 0,68$, $\gamma_2 = 0,08$ (entspr. 92 % Vacuum) und $\eta_T = 0,64$, so ergibt sich ein Dampfverbrauch für die Gesamtleistung von $g = \dfrac{1}{0,488} = 5,3$ und eine Dampfersparnis gegenüber der Kolbenmaschine von $\dfrac{6,5 - 5,3}{6,5} = 18,5\,\%$.

Die tatsächliche Ersparnis an Dampf fällt etwas kleiner aus als hier berechnet, da wegen des raschlaufenden Mittelpropellers etwas mehr Leistung gebraucht wird als bei Antrieb durch zwei Kolbenmaschinen allein, so daß man im Allgemeinen mit keiner größeren Dampfersparnis als etwa 15 % wird rechnen können.

Aus der vorstehend berechneten stündlich erforderlichen Dampfmenge und der angenommenen Umdrehungszahl der Turbinen werden die Hauptabmessungen und der Wirkungsgrad nach § 61 u. f. festgesetzt, wobei letzterer Wert gegenüber der ursprünglichen Schätzung im allgemeinen eine kleine Berichtigung erfahren wird.

Die Wahl der Umdrehungszahl kann nach den Angaben des § 133 u. f. erfolgen.

§ 171. Berechnung der Kolbenmaschinen für ein Abdampfturbinenaggregat.

Die Dimensionen der HD-Zylinder müssen derartig gewählt werden, daß bei einer bestimmten Füllung ε (etwa 65 % bis 75 %) die gesamte bei voller Fahrt zur Verfügung stehende Dampfmenge verarbeitet werden kann. Es muß also die Beziehung bestehen:

$$V_1 = k \cdot \frac{D_1^2\,\pi}{4} \cdot s \cdot \varepsilon \cdot 2 \cdot n \cdot 60 = G \cdot \varrho$$

oder:

$$V_1 = \frac{D_1^2\,\pi}{4}\, s = \frac{G \cdot \varrho}{k \cdot \varepsilon \cdot n \cdot 120},$$

worin D_1 der Durchmesser des HD-Zylinders in m,

$\quad V_1$ das Volumen des HD-Zylinders in cbm,

$\quad s$ dessen Hub in m,

$\quad \varepsilon$ die Füllung des HD-Zylinders,

$\quad n$ die Umdrehungszahl,

$\quad k$ einen Koeffizienten,

$\quad G$ das stündliche Dampfquantum pro Maschine, in kg

$\quad \varrho$ dessen spezifisches Volumen bei dem im Schieberkasten herrschenden Druck

bedeuten. (Vgl. Fig. 207).

Die Größe des *ND*-Zylinders wird so bemessen, daß der Dampf gerade etwa bis zu der gewünschten Spannung p_1 expandiert, was an Hand der üblichen Expansionskurve leicht geschehen kann.

Zu beachten ist hierbei, daß bei einem Anfangsdruck p und einer durch die Steuerung gegebenen Füllung ε im *HD*-Zylinder die tatsächliche, auf den Schieberkastendruck reduzierte Füllung ε_1 infolge der Drosselung durch den schleichenden Abschluß des Schiebers kleiner ausfällt, vgl. Fig. 207, und zwar ist nach ausgeführten Maschinen:

$$\varepsilon_1 = k \cdot \varepsilon, \quad \text{wobei } k = 0,72 - 0,75 \text{ ist.}$$

Ebenso ist der zur Wirkung kommende schädliche Raum des *HD*-Zylinders infolge der bei der Kompression zurückgehaltenen Dampfmenge bedeutend kleiner als der vorhandene schädliche Raum.

Ist der vorhandene schädliche Raum des Zylinders $= m_1$ in % des Hubvolumens, dann ist der zur Wirkung kommende schädliche Raum:

$$m_1 = \text{ca. } 0,15 \text{ m bis } 0,20 \text{ m.}$$

Auf den Schieberkastendruck $= p$ Atm. abs. bezogen, ist daher das Anfangsvolumen des Dampfes im Zylinder, wenn das Hubvolumen des *HD*-Zylinders $= V_1$ ist:

$$V_1' = (m_1 + \varepsilon_1) \, V_1 \quad \text{oder} \quad (m_1 + k \cdot \varepsilon) \, V_1$$

Von der durch Eintrittskondensation bewirkten Verringerung des Dampfvolumens ist hier abgesehen worden.

Das Endvolumen des Dampfes ist:

$$V_2 (1 + m_2),$$

worin V_2 das Hubvolumen und m_2 den mit Rücksicht auf die Kompression zur Wirkung kommenden schädlichen Raum des *ND*-Zylinders im Verhältnis zu V_2 darstellt. Es ist dann, entsprechend der gleichseitigen Hyperbel

$$p' = p \cdot \frac{(\varepsilon_1 + m_1) \, V_1}{(1 + m_2) \, V_2} = \text{Enddruck der Expansion.}$$

Da ferner durch Kondensation, Drosselung usw. die Spannung etwas rascher sinkt als der gleichseitigen Hyperbel entspricht, so kann die Endspannung im *ND*-Zylinder noch etwas kleiner genommen werden, und zwar um 20 bis 25%. Rechnet man den letzteren Wert, so ist

$$p' = 0,75 \, p \, \frac{(\varepsilon_1 + m_1) \, V_1}{(1 + m_2) \, V_2}.$$

Da die wirksamen schädlichen Räume m_1 bzw. m_2 verhältnismäßig klein gegen ε_1 bzw. 1 sind, so können sie der Einfachheit wegen auch fortgelassen werden; es ergibt sich dann:

$$p' = 0,75 \, p \, \frac{\varepsilon_1 \cdot V_1}{V_2}$$

Setzt man $k = 0,72$ also $\varepsilon_1 = 0,72\,\varepsilon$, so erhält man:

$$p' = 0,75 \cdot 0,72\, p\, \frac{\varepsilon \cdot V_1}{V_2} = 0,54\, p\, \frac{\varepsilon \cdot V_1}{V_2},$$

woraus sich das Volumen eines ND-Zylinders ergibt zu:

$$V_2 = 0,54\, \varepsilon\, \frac{p}{p'} \cdot V_1.$$

Da die Kolbenmaschinen für Abdampfturbinenanlagen auch bei einem Kesseldruck von ca. 15 Atm. Überdruck als Drei-fach-Expansionsmaschinen gebaut werden, so kann das Zylinder-verhältnis ungefähr

$$1 : \sqrt{\frac{V_2}{V_1}} : \frac{V_2}{V_1}$$

gewählt werden.

In dem vorerwähnten Beispiel würde, falls wie üblich, zwei Kolbenmaschinen ihren Abdampf an die Turbine abgeben, jede derselben

$$g = \frac{45\,600}{2} = 22\,800\,\mathrm{kg}$$

Dampf zu verarbeiten haben.

Wird angenommen, daß:

die Füllung des HD-Zylinders $\varepsilon = 0,70$
$$n = 90\ \text{p. Min.}$$
$$k = 0,72$$

ist, so ergibt sich, da entsprechend $p = 14,5$ und $x = 0,97$

$$v = 0,1406 \cdot 0,97 = 0,1365\,\mathrm{m^3}\ \text{pro kg}$$

der Inhalt des HD-Zylinders zu:

$$V_1 = \frac{D_1{}^2\pi}{4} \cdot s = \frac{22\,800 \cdot 0,1365}{0,72 \cdot 0,7 \cdot 90 \cdot 120} = 0,572\,\mathrm{m^3}.$$

Wird der Kolbenhub zu $s = 1,2$ m angenommen, so er-gibt sich

$$\frac{D_1{}^2\pi}{4} = \frac{0,572}{1,2} = 0,477\,\mathrm{m^2}$$

oder $\qquad D_1 = \backsim 780$ mm.

Ferner erhält man den Inhalt des ND-Zylinders, wenn $p' = 0,8$ at. a. und $p_1' = 0,9$ at. a. angenommen wird, aus der Gleichung:

$$V_2 = 0,75 \cdot k \cdot \varepsilon\, \frac{p}{p'}\, V_1$$

zu $\qquad V_2 = 0,75 \cdot 0,72 \cdot 0,7\, \frac{14,5}{0,9} \cdot 0,572 = 3,51\,\mathrm{m^3},$

daraus $\dfrac{D_2{}^2\pi}{4} = \dfrac{3,51}{1,2} = \backsim 2,92\,\mathrm{m^2}$

$$D_2 \backsim 1930\ \text{mm}$$

Zylinderverhältnis

$$\frac{V_2}{V_1} = \frac{3,51}{0,572} = 6,14$$

oder
$$HD : MD : ND = 1 : \sqrt{6{,}14} : 6{,}14$$
$$= 1 : 2{,}48 : 6{,}14.$$

Der Durchmesser des MD-Zylinders würde sich hiernach ergeben zu $D_m = 1230$ mm.

§ 172. Konstruktion der Abdampfturbinen.

Dieselbe ist ebenso wie die Berechnung der Abdampfturbine identisch mit derjenigen großer Trommelturbinen (vgl. Teil IV). Eine Spezialkonstruktion, welche für sehr große Abdampfturbinen von Vorteil sein dürfte, um zu große Schaufellängen zu vermeiden, zielt darauf ab von einer gewissen Stufe an den Dampfstrom in zwei Teile zu spalten, welche getrennt dem Kondensator zufließen.

Dieselbe Konstruktion wird erforderlich bei der Anwendung eines Föttinger Transformators (vgl. § 174 u. f.), da hier wegen der höheren Umdrehungszahl die Turbine bedeutend kleinere Abmessungen als bei direktem Antrieb erhält.

Die größte Ausführung, welche gegenwärtig an Abdampfturbinenanlagen für Schiffsbetrieb existiert, ist die Maschinenanlage des Schnelldampfers »Olympic«[1]) der White Star Line, erbaut von der Firma Harland & Wolff in Belfast.

Die beiden Kolbenmaschinen, welche die Seitenwellen des Schiffes betreiben, besitzen folgende Abmessungen:

Hochdruckzylinder . . . . . 1372 mm Durchm.
Mitteldruckzylinder . . . . 2134 » »
Zwei Niederdruckzylinder, je 2464 » »
Gemeinsamer Kolbenhub . . 1905 » »

Die Konstruktionsleistung jeder der beiden Maschinen ist 15000 PS bei 75 Umdrehungen pro Minute. Die Anordnung der Zylinder geht aus Fig. 216, S. 244, hervor. Die Abdampfturbine, welche auf der mittleren Welle angeordnet ist, entnimmt den Dampf aus den Kolbenmaschinen bei ungefähr 0,77 Atm. absolut und arbeitet mit einem Vakuum von ungefähr 0,07 Atm. abs. Die Konstruktionsleistung dieser Turbine ist 16 000 effektive PS bei 165 Umdrehungen pro Minute. Für Rückwärtsgang ist diese Turbine nicht eingerichtet. Das Umsteuern und die Rückwärtsfahrt wird nur mit den beiden Kolbenmaschinen bewerkstelligt. Das Gesamtgewicht der Turbine beträgt ca. 420 t, der Rotor besitzt einen Durchmesser von ca. 3660 mm, während seine Länge zwischen den Außenkanten der Schaufeln etwa 4170 mm beträgt. Die Länge der Turbinenschaufeln variiert von 457 bis 648 mm. Die Propeller für die beiden Seitenwellen sind dreiflügelig und besitzen einen Durchmesser von 7,015 m. Der Propeller für die Mittelwelle ist aus einem Stück gegossen, besitzt vier Flügel und einen

---

[1]) Vgl. »The Shipbuilder«, Spezialnummer 1911, »Olympic und Titanic«. Vgl. ferner »Engineering«, 18. November 1910.

Durchmesser von 5032 mm. Die Kondensatoren besitzen birnenförmige Form (vgl. § 144). Die Luftpumpen sind Dualluft-
pumpen (vgl. § 146).

Die Gesamtanordnung der Maschinenanlage geht aus
Fig. 216 hervor.

Besonderes Interesse verdient bei diesen Anlagen die Absperr-
vorrichtung für den Einlaß des Dampfes in die Abdampfturbine.

Der von jeder Kolbenmaschine kommende Dampf strömt
durch ein Rohr von 1550 mm Durchmesser in ein Wechselventil
von 1625 mm lichtem Durchmesser. Durch dieses Wechselventil
kann der Dampf entweder durch große Entwässerungsvorrichtungen der Turbine zugeführt oder direkt nach dem Kondensator
weiter geleitet werden. Diese Wechselventile sind Kolbenventile,
und zwar strömt der Dampf durch die Entwässerungsvorrichtung
der Turbine zu, wenn der Kolben des Wechselventils in seiner
höchsten Stellung steht und zum Kondensator, wenn der Kolben
in der tiefsten Lage sich befindet. Die Kolben beider Wechselventile sind mit Hebeln verbunden, welche durch eine
Brownsche Umsteuerungsmaschine betätigt werden. Diese
Umsteuermaschine kann durch einen Handhebel vom Maschinistenstand aus bewegt werden. Auf diese Weise kann die
Abdampfturbine verhältnismäßig rasch ausgeschaltet werden.

Nachrechnung der Hauptdimensionen der kombi-
       nierten Anlage der „Olympic".

Der Enddruck im ND.-Zyl. sei geschätzt zu 0,77 at. a.

Der Anfangsdruck in der Turbine zu   0,63 at. a, entsprechend einem Druckverlust zwischen Kolbenmaschine und
Abdampfturbine von 0,14 at. a.

Die Dampfnässe beim Eintritt in die Turbine sei ca. 11 $\%$. —
Nun ist der Trommeldurchmesser = 3660 mm.

Die Schaufellängen sind 457 bis 648 mm; also der mittlere

Trommeldurchmesser $3660 + \dfrac{457 + 648}{2} = 4212$ mm.

Bei dem Vakuum von 93 $\%$ = 0,07 at. a Gegendruck ist
das adiabatische Gefälle in der Turbine h = 68 WE.

Die Stufenzahl ist = 38; also das mittlere Gefälle pro Stufe
= 1,79 WE.

Für einen mittleren Austrittswinkel von tg α = 90 $\%$ und

eine mittlere Umfangsgeschwindigkeit von $\dfrac{4212 \cdot \pi \cdot 165}{60} = 36,5$

ergibt sich ein Wirkungsgrad der Beschaufelung von $\eta = 66,0$ $\%$.
(Vgl. § 46 Fig. 19 und 21. Für $u = 50$ m wird $h' = \left(\dfrac{50}{36,5}\right)^2$
$\cdot 1,79 = 3,37$ WE, woraus $\dfrac{c_0}{u} = 3,50$ und $\eta = 66,0$ $\%$.

Von diesem Wirkungsgrad ist abzusetzen:
    ca. 2,0 $\%$ für den Austrittsverlust,
    ca. 2,5 $\%$ für den Leerlauf,
    ca. 2,0 $\%$ für diverse Verluste in der Trommelbeschaufelung,
also insgesamt 6,5$\%$, so daß mit $\eta = 61,7\%$ gerechnet werden kann.

Auf die zur Verfügung stehende Dampfmenge soll nun aus den Dimensionen der Kolbenmaschine, wie folgt, geschlossen werden: Durchmesser des HD.-Zylinders = 1372 mm, Hub = 1905 mm; somit das Volumen des HD.-Zylinders 2,82 m³. Die Füllung ist 76 %, somit die tatsächliche Füllung 0,75·0,76 = 0,57.

Bei einem Kesseldruck von ca. 15 at. Überdruck ist das spez. Gewicht des Dampfes $\gamma = 7,814$ kg/cbm; bei 3 % Dampf-nässe $\gamma = \dfrac{7,814}{0,97} = 8,05$ kg.

Die pro Stunde die beiden HD-Zylinder passierende Dampf-menge ist somit bei $n = 75$:

$$G_1 = 2 \cdot 2 \cdot 75 \cdot 2,82 \cdot 0,57 \cdot 8,05 \cdot 60 = 233\,000 \text{ kg.}$$

Bei dieser Dampfmenge wird die Leistung der Abdampf-turbine:

$$N_e = \frac{G \cdot h \cdot \eta}{632} = \frac{233\,000 \cdot 68 \cdot 0,617}{632} = 15\,450 \; PS_e,$$

was der Konstruktionsleistung ungefähr entspricht.

Der stündliche Dampfverbrauch des g e s a m t e n Aggre-gates wird

$$\frac{233\,000}{2 \cdot 15\,000 \cdot 0,92 + 15\,450} = \frac{233\,000}{43\,050} = 5,4 \text{ kg pro } PS_e.$$

X. Teil.

Indirekter Antrieb von Schiffen durch Turbinen unter Zwischenschaltung von Übersetzungs-Vorrichtungen zwischen Turbine und Propeller.

I. Abschnitt.

---

§ 173. Allgemeines.

Der Antrieb der Schiffe durch direkt wirkende Turbinen ist nur dann rationell, wenn es möglich ist, den Propeller mit derjenigen Umdrehungszahl laufen zu lassen, bei welcher für die gegebene Leistung sich eine Turbine von angemessenem Gewicht und günstiger Dampfausnutzung konstruieren läßt (vgl. 2. Teil, I. Abschnitt).

Dieses ist nur bei verhältnismäßig wenigen Schiffstypen der Fall. Zu denselben gehören Torpedoboote von 28 Knoten aufwärts, Linienschiffe und Kreuzer von ca. 24 Knoten aufwärts und Schnelldampfer von etwa 23 Knoten Geschwindigkeit aufwärts. Bei sämtlichen anderen Schiffstypen, sowie bei den obigen Fahrzeugen für kleinere Geschwindigkeit ist der direkte Turbinenantrieb u n r a t i o n e l l, wenn er auch für Geschwindigkeiten, welche sich den oben angegebenen unteren Grenzen nähern, heutigen Tages häufig verwendet worden ist.

In den meisten Fällen hätte man aber besser getan, nicht den direkten Antrieb zu wählen, sondern ein Übersetzungsgetriebe, welches die Tourenzahl der Turbine reguliert, einzuschalten, so daß also die Turbine mit der für sie relativ günstigsten Umdrehungszahl und der Propeller mit derjenigen Tourenzahl getrieben wird, welche für ihn den besten Wirkungsgrad sichert.

Dieser Gedanke ist bisher in zweierlei Art in die Tat umgesetzt worden, und zwar:

1. durch den von Foettinger erfundenen hydraulischen Transformator (Foettinger-Transformator) und
2. durch Zahnrädergetriebe.

Der Foettinger-Transformator gestattet Leistungen jeder Größe bei allen Umdrehungszahlen, bis zu den höchsten zu übertragen. Anderseits ist derselbe weniger vorteilhaft zur Übertragung kleiner Leistungen bei sehr hohen Übersetzungen (von etwa 1:10 und darüber); für letztere Fälle ist das Zahnradgetriebe verwendbar, welches jedoch bei höheren Leistungen versagt.

II. Abschnitt.
Der Foettinger-Transformator.[1])

§ 174. Wirkungsweise des Foettinger Transformators.

Der Grundgedanke des Foettinger Transformators ist der, die Wellenleitungen an einer Stelle zu durchschneiden und auf der treibenden Seite (Turbinenseite) eine Zentrifugalpumpe anzubringen, welche eine bestimmte Wassermenge einer auf der angetriebenen Seite (Seite des Propellers) angebrachten Wasserturbine zuführt, aus welcher dasselbe wieder in die Pumpe zurückströmt und so einen fortwährenden Kreislauf bildet. Diese Idee würde an sich keine bahnbrechende Neuerung gebildet und auch nicht allein genügt haben, um praktische Verwendungsmöglichkeiten zu ergeben. Es ist sowohl der Wirkungsgrad bester Zentrifugalpumpen, als auch derjenige bester Wasserturbinen nicht höher als 85%, so daß die Kombination beider Apparate im günstigsten Falle nicht mehr als etwas über 70% Wirkungsgrad ergeben könnte, wenn nicht eben durch sinnreiche Kombination ein neues Moment eingeführt wird. Dieses ist beim Foettinger Transformator der Fall. Zentrifugalpumpe und Wasserturbine sind bei diesem Apparat in so eigenartiger Weise eng miteinander verbunden, daß durch diese Verbindung die den beiden Maschinen anhaftenden Verluste erheblich reduziert werden. Der gesamte Wirkungsgrad des Apparates steigt hierdurch je nach der zu übertragenden Leistung und dem Übersetzungsverhältnis auf 85 bis 95%. Gleichzeitig kann der Foettinger-Transformator umsteuerbar eingerichtet werden, so daß bei Verwendung desselben die Rückwärtsturbinen in Fortfall kommen. Die Umsteuerbarkeit des Transformators wird dadurch erreicht, daß man hintereinander einen

---

[1]) Vgl. Foettinger, Jahrbuch der Schiffbautechnischen Gesellschaft 1910.

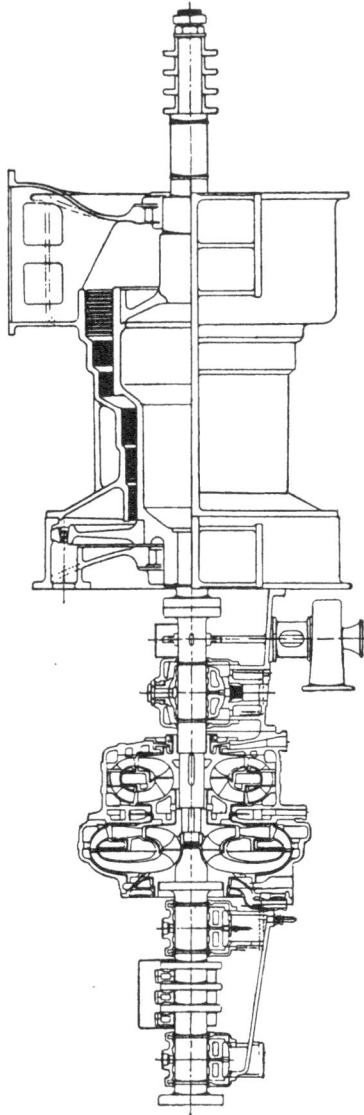

Fig. 208.

Vorwärts- und einen Rückwärtskreislauf anordnet. Beim Um-. steuern wird der arbeitende Kreislauf entleert, und das Arbeitswasser dem anderen Kreislauf momentan zugeführt. Vorwärts- und Rückwärtskreislauf unterscheiden sich nur durch die Beschaufelung der dieselben bildenden Räder.

§ 175. Beschreibung des Foettinger-Transformators für Schiffsantrieb.

Einen nicht umsteuerbaren Transformator zeigt in schematischer Form Fig. 209. Auf der treibenden Welle W_1 ist das Pumpenrad A angeordnet; dasselbe schleudert das Wasser in ein feststehendes Leitrad B, aus demselben tritt das Wasser in das getriebene Turbinenrad C ein, welches auf der getriebenen Welle W_2 angebracht ist. Soll dieser Transformator als Vorwärtskreislauf benutzt werden, d. h. also für die beiden Wellen $W\ 1$ und $W\ 2$ gleichen Drehsinn ergeben, dann muß die Beschaufelung ausgeführt werden, wie Fig. 209a in schematischer Abwickelung zeigt. Soll aber dieser Transformator die Bewegung der Welle $W\ 1$ umkehren, so daß die Welle $W\ 2$ den entgegengesetzten Drehsinn wie $W\ 1$ bekommt, dann müßte die Beschaufelung nach der schematischen Fig. 209b erfolgen. Es erhellt sofort, daß, wenn in geeigneter Weise zwei derartige Kreisläufe verbunden sind, man die getriebene Welle nach Belieben in gleichem Drehsinn oder in umgekehrtem Drehsinn als die treibende Welle bewegen kann, je nachdem man den einen oder anderen Kreislauf in Benutzung nimmt. Fig. 209 zeigt eine Form, welche in dieser Einfachheit bei Schiffsantrieb kaum zur Anwendung kommen kann. Hierbei wird nämlich stets eine ziemlich große Übersetzung notwendig, welche mit einstufigem Turbinenrad schwer erreichbar ist, ohne an Wirkungsgrad einzubüßen. Es wird daher wenigstens der Vorwärtskreislauf bei Schiffstransformatoren meistens zweistufig ausgeführt.

Es handelt sich nun darum, zu erklären, in welcher Weise Vorwärts- und Rückwärtskreislauf miteinander kombiniert werden. Fig. 208 zeigt ein Turbotransformator-Aggregat, bestehend aus schnellaufender Turbine und umsteuerbarem Transformator, wie es zum Antrieb eines kleinen schnelllaufenden Passagierdampfers in Frage kommt. (Leistung der Dampfturbine 3000 PS, Tourenzahl 2000 Umdrehungen pro Minute, Tourenzahl der getriebenen Welle 450 pro Minute, Wirkungsgrad des Transformators 90%). Fig. 210, Tafel V zeigt einen ganz ähnlichen Transformator in größerem Maßstab, so daß die weitere Erklärung desselben besser nach dieser Figur erfolgt. In dieser Figur sind die beiden Pumpenräder mit grüner, die Leiträder mit roter und der gesamte Sekundärteil mit blauer Farbe angelegt, während das Gehäuse schraffiert ist. Aus dieser Figur geht mit einem Blick hervor, in welcher Weise der gesamte Sekundärteil des Transformators auf der getriebenen Welle fliegend angeordnet ist. Es wird auch aus dieser Figur erklärlich, warum der Rückwärtskreislauf der Dampfturbine zunächst angeordnet ist. Der Rückwärtskreislauf

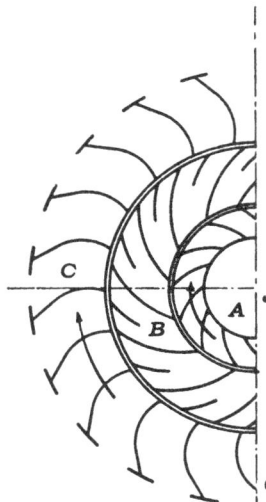

Fig. 209a.

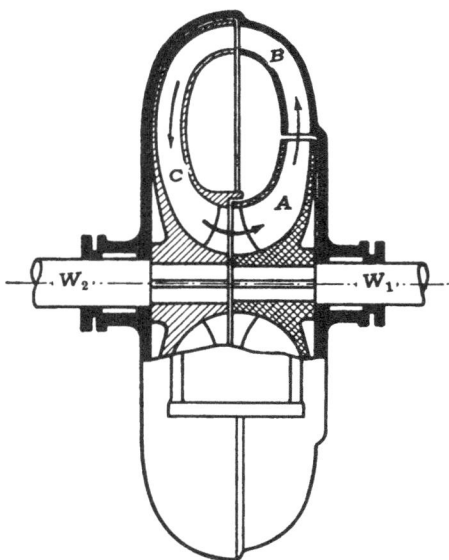

Fig. 209.

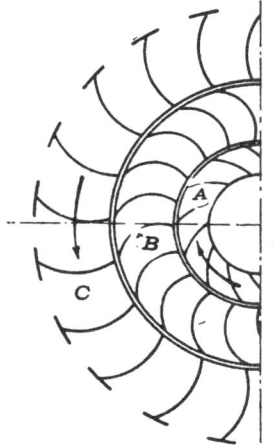

Fig. 209b.

kann, da man sich mit einer Rückwärtsleistung von 70 bis 80%
der Vorwärtsleistung in allen vorkommenden Fällen zufrieden
geben kann, kleiner gehalten werden als der Vorwärtskreislauf.
Das Gewicht des Sekundärteiles für den Rückwärtskreislauf
wird infolgedessen erheblich kleiner als beim Vorwärtskreislauf,
und es ist daher logisch, diesen leichteren Sekundärteil an das
äußere Ende des frei fliegenden Sekundärrotors zu verlegen.
Die Rotationskörper, aus welchen der Sekundärteil besteht,
ermöglichen es, denselben mit Leichtigkeit so stark zu gestalten,
daß sehr geringe Beanspruchungen in demselben auftreten, so
daß diese freitragende Konstruktion durchaus keine Schwierigkeiten bietet. Drehmoment und Biegung müssen allerdings
auch von den Schaufeln des Sekundärrotors übertragen werden,
doch stehen hier derartig große Querschnitte zur Verfügung,
daß auch an diesen Stellen die Übertragung des Drehmomentes
und der Biegung auf keine Schwierigkeiten stößt.

Durch die Spalten zwischen den Rädern resp. Wellen und
dem Gehäuse des Transformators tritt selbstverständlich fortwährend eine Quantität Wasser aus, welche man in einen unter
dem Transformator angebrachten Tank fließen läßt. Um dieses
Wasser fortwährend wieder in den Transformator zurückzubeför-
dern, bedient man sich einer häufig von der Primärwelle angetriebenen kleinen Zentrifugalpumpe, der sog. Rückförderpumpe.
Dieselbe ist in Fig. 208 gleich hinter der Dampfturbine unter
der Welle in horizontaler Lage angeordnet. Der Antrieb erfolgt
von der Welle durch Schraubenräder. Die Rückförderpumpe
hat auch die Funktion beim Umsteuern den zu füllenden Kreislauf rasch mit Arbeitswasser zu versorgen, während der abzu-
stellende Kreislauf selbsttätig leerläuft. Ein- und Auslaß
jedes der beiden Kreisläufe wird durch einen gemeinsamen
Schieber mittels Handhebel gesteuert, bei großen Ausführungen
auch durch Umsteuermaschinen (vgl auch § 181).

Der Antrieb der Rückförderpumpe kann auch durch eine
separate Antriebsmaschine (Dampfturbine od. dgl.) erfolgen
(vgl. § 181).

Während des Umsteuerns wird die Tourenzahl der Dampfturbine durch einen Regulator in bestimmten zulässigen Grenzen
gehalten.

Demzufolge besteht der Manövrierapparat eines Turbo-
transformator-Aggregates aus:

1. dem Hauptabsperrventil der Turbine, das genau wie bei
   einer Kolbenmaschine ausgebildet ist,
2. dem Steuerschieber des Transformators, welcher der Umsteuerung der Kolbenmaschine entspricht.

Die Umsteuerung von „volle Kraft voraus" auf „volle
Kraft rückwärts" erfolgt ohne vorheriges Schließen des Dampf-
ventils, da der Regulator das Ansteigen der Tourenzahl über
die gewünschte zulässige Höhe verhindert.

Die Geschwindigkeit der Schraubenwelle kann reguliert
werden:

1. durch das Manövrierventil, wobei die Turbinentourenzahlen
   ungefähr proportional den Schraubentourenzahlen zurückgehen, so daß das Übersetzungsverhältnis ungefähr konstant
   bleibt;
2. durch die Steuerschieber der Transformatoren allein, indem deren Steuerkolben nicht in die Endstellung, sondern
   in eine bestimmte Mittellage gestellt werden. In diesem
   Falle behalten die Dampfturbinen die vom Regulator vorgeschriebene Tourenzahl bei, die Propellertourenzahl geht
   infolge der unvollkommenen Füllung des Transformators
   zurück, und zwar wenn dies gewünscht wird, auf 0, so daß
   man also bei mit unveränderter Tourenzahl weiter laufender
   Turbine die Sekundärwelle mit einem Ruck des Handhebels stoppen kann.

Diese beiden Reguliermöglichkeiten können je nach den
Erfahrungen des praktischen Betriebes vereinigt oder jede für
sich verwendet werden. —

Im Transformator tritt ein Axialschub auf, und zwar
sowohl im treibenden, dem Primärteil, als auch im getriebenen,
dem Sekundärteil. Ersterer Schub ist nach hinten gerichtet
und wird dadurch aufgenommen, daß man die Dampfein-
strömung in die Turbine an das hintere Ende verlegt, wodurch
ein Trommelschub nach vorne auftritt. Zur Aufnahme des auf
den Sekundärteil wirkenden Schubes wird hinter dem Transformator ein Drucklager angeordnet, welches die Differenz des
nach hinten gerichteten Sekundärschubes und des Propellerschubes aufnimmt. Fig. 211 zeigt die erste Transformator-
ausführung für Schiffsantrieb, nämlich den Transformator des
Werftdampfers »Foettinger Transformator«. Die Turbine, unter
§ 178 näher beschrieben, leistet bei 1750 Umdrehungen pro Minute
ca. 500 PS. Das Übersetzungsverhältnis des Transformators
ist 1 : 5,5, die Umdrehungszahl der Sekundärwelle — Propellerwelle — also ca. 320 pro Minute. Der Sekundärteil des Vorwärts-
kreislaufes ist zweistufig, der des Rückwärtskreislaufes (zunächst
der Dampfturbine gelegen) ist einstufig. Die Rückförderpumpe
wird durch Kegelräder vom vorderen Wellenende der Turbine aus
angetrieben. Der Umsteuerschieber ist horizontal unter dem
Transformator angeordnet.

§ 176. Hydraulische Vorgänge im Transformator.

Es würde zu weit führen, an dieser Stelle auf die Berechnung des Transformators und einer genauen Darstellung der in
demselben auftretenden hydraulischen Vorgänge hinzuweisen.
Erläuternd sei hier nur folgendes ausgeführt: Die Pumpe (Primärteil) erteilt dem im Transformator kreisenden Wasserstrom
Energie in Form von Druck und Geschwindigkeit. Demnach
hat das Wasser beim Austritt aus der Pumpe außer einer für
den praktischen Betrieb geeigneten Geschwindigkeit einen Druck
von einigen Atmosphären. Beim Vorwärtskreislauf folgt unmittelbar auf die Pumpe die erste Sekundärstufe, welche haupt-

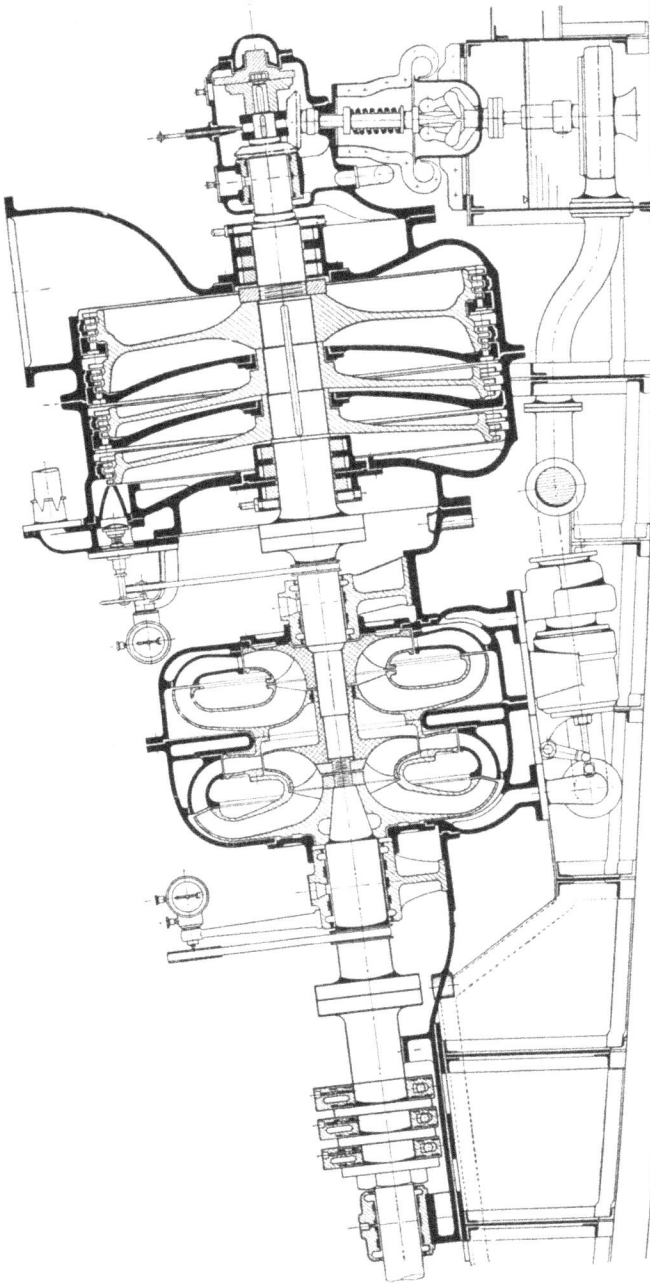

Fig. 211.

sächlich Geschwindigkeitsenergie verarbeitet. Nach dem Austritt aus diesem Sekundärrad durchströmt das Wasser einen festen Leitapparat, welcher dem Wasser die Geschwindigkeit und Richtung erteilt, deren es bedarf, um im zweiten Sekundärrad mit größter Ökonomie ausgenutzt zu werden. Die am Ende des letzteren vorhandene Geschwindigkeitsenergie geht nicht verloren, da dieselbe dem nunmehr wieder in die Pumpe ein tretenden Wasser erhalten bleibt. Beim Rückwärtskreislauf folgt auf die Pumpe sogleich ein Leitapparat, welcher die Bewegung des Wasserstroms umkehrt und dadurch beim Sekundärapparat den dem Primärteil entgegengesetzten Drehsinn erzeugt.

Da, wie hieraus ersichtlich, sowohl in den einzelnen Rädern des Transformators gewisse Druckunterschiede den andern Rädern gegenüber entstehen, als auch sich im Gehäuse Druckunterschiede gegenüber der Atmosphäre und dem nicht in Arbeit befindlichen Kreislauf einstellen, wird, um die Spaltverluste zu verringern, die Anordnung von Dichtungen an denjenigen Stellen, wo das größte Bestreben zu einem Druckausgleich vorliegt, notwendig. Die Dichtungen werden als besonders konstruierte Spitzendichtungen ausgeführt. Der gesamte Spaltverlust, welcher im Transformator eintritt, ist jedoch in Anbetracht der großen Wasserquerschnitte sehr gering. Er beträgt bei kleinen Ausführungen von etwa 1000 PS nicht mehr als 1 % und reduziert sich bei den größten Ausführungen auf ca. $1/3$ %.

Wie bereits im vorstehenden erwähnt, tritt im Transformator ein Axialschub auf, und zwar sowohl im Primärteil als im Sekundärteil. Die Größe des Achsialschubes beim Primärteil hängt von der gegenseitigen Lage der Dichtungen am Primärrad und dem Überdruck in den Spalträumen zu beiden Seiten derselben ab. Ähnlich liegt die Sache beim Sekundärrotor. Durch Veränderung der Lage der Dichtungen hat man es in der Hand, diese Schübe in den praktisch erwünschten Grenzen zu halten resp. sie mit dem Dampfschub der Turbine und dem Propellerschub ganz oder teilweise auszugleichen.

Die Berechnung des Transformators erfolgt unter Anwendung der Fundamentalgleichungen der Hydrodynamik, wie dieselben beim Bau hochwertiger Zentrifugalpumpen und Wasserturbinen heutzutage zur Anwendung kommen und in den betreffenden Fachschriften niedergelegt sind.[1]

§ 177. Konstruktion des Transformators.

Die Konstruktion des Transformators ist sehr einfach und bietet keinerlei Schwierigkeiten. Die Primärräder werden genau wie hochwertige Zentrifugalpumpen aus seewasserbeständiger Bronze mit angegossenen Schaufeln, ausgeführt, welche nach den Gesetzen des Zentrifugalpumpenbaues räumliche Krümmung erhalten. Die Oberfläche der Schaufeln wird, um die Reibungswiderstände zu verringern, sorgfältig geglättet. Nach den gleichen Prinzipien werden die Sekundärräder und die

---

[1] Über den hydraulischen Transformator vergl. die grundlegenden Schriften Foettingers, namentlich „Eine neue Lösung des Schiffsturbinenproblems", Jahrbuch der Schiffbautechnischen Gesellschaft 1910. —

Fig. 212.

Leitträder hergestellt.   Das Gehäuse wird nur in speziellen Fällen aus Bronze sonst aus Gußeisen angefertigt. Ein Rosten desselben ist nicht zu befürchten, da für den Betrieb des Transformators stets reines Süßwasser verwendet wird, welches, soweit es durch die Spalten nach außen austritt, oder beim Umsteuern entleert wird, durch die Rückförderpumpe aus dem Tank, in welchen es fließt, stets wieder dem Transformator zugeführt wird.   Die Wellen, namentlich diejenigen des Sekundärteiles, werden kräftig ausgeführt, wodurch sich mit Leichtigkeit die Durchbiegung auf kaum meßbare Größen verringern läßt.

Figur 212 zeigt einen Transformator mit herausgehobenem Rotor. —

§ 178.   Schiffsturbinen für Transformatorantrieb.

Die Schiffsturbinen, welche für Transformatorantrieb verwendet werden, unterscheiden sich von den Schiffsturbinen für direkten Antrieb durch die wesentlich höhere Tourenzahl und erhalten infolgedessen ein ganz anderes Aussehen als letztere. Die Hauptmerkmale solcher Turbinen sind:

1. Infolge der hohen Umfangsgeschwindigkeit ist es möglich, in jedem Schaufelkranz ein sehr großes Wärmegefälle zu verarbeiten.   Hieraus resultiert eine geringe Anzahl von Schaufelkränzen, kurzer Bau der Turbinen und die Möglichkeit, auch bei den größten Einheiten mit einem einzigen Gehäuse auszukommen.

2. Wenn das erste Rad mit mehreren Schaufelkränzen (Geschwindigkeitsstufen) ausgerüstet wird, kann man, ohne an Wirkungsgrad einzubüßen, in diesem Rad ein so großes Druckgefälle verarbeiten, daß in das Gehäuse keine höhere Spannung als etwa 3 bis 4 Atm. Überdruck hineinkommen. Hieraus resultiert die Möglichkeit, die Gehäuse solcher Turbinen aus Gußeisen herzustellen und dadurch den schwer zu beschaffenden und teuren Stahlguß für die Gehäuse zu vermeiden.

3. Infolge der geringen Drücke, welche im Innern der Turbine auftreten, können die Zwischenböden zwischen den einzelnen Rädern zweiteilig hergestellt werden, wodurch es möglich wird, die Turbine sehr leicht auseinanderzunehmen.

4. Anderseits muß bei den hohen Umdrehungszahlen auf die Wirkung der Zentrifugalkraft besonders geachtet werden und sind alle Teile nach diesem Gesichtspunkt zu dimensionieren, was jedoch meist keine Schwierigkeiten verursacht. Es handelt sich hier um genaue Feststellung der Beanspruchung der Welle (kritische Tourenzahl), der Räder, der Trommeln und der Schaufelbefestigung. Räder und Trommeln stellt man für solche Turbinen gern aus geschmiedetem Material her.

Die Konstruktion der Turbinen für Transformator-Antrieb erfolgt nach zwei Haupt-Typen und zwar 1. als T u r b i n e n g e m i s c h t e n   S y s t e m s mit einer abgestuften Trommel und mit einem oder zwei vorgeschalteten Curtisrädern oder 2. als r e i n e   R ä d e r t u r b i n e n.   Letztere empfiehlt es sich zu verwenden, wo die Umfangsgeschwindigkeit sehr hohe Werte erreicht.

Die typische Konstruktion einer solchen schnellaufenden Turbine gemischten Systems zeigt Fig. 208.   Die Turbine be-

steht aus einem zweikränzigen Curtisrad, auf welches eine
Trommel mit sechs Schaufelgruppen folgt. Die Trommel zeigt
hinter dem Rad eine Einschnürung, erstens, um an dieser
Stelle lange Schaufeln und keine verhältnismäßig zu großen
Spaltverluste zu bekommen, zweitens, um den Trommelschub
passend zur Aufhebung des Primärschubes am Transformator
zu erhalten. Um dem Gehäuse die nötige Steifigkeit zu geben,
kann dasselbe an der Stelle der Einschnürung doppelwandig
ausgeführt oder stark verrippt werden.

Eine für Transformatorenantrieb geeignete reine Räder-
Turbine zeigt Fig. 213. Diese Turbine leistet bei 1800 Umdrehungen und 16 Atm. Zudampfspannung ca. 15 000 PS und
würde in Verbindung mit einem Transformator von 1 : 4 Übersetzungsverhältnis zum Antrieb einer der Wellen eines Kreuzers
geeignet sein.

Die Turbine enthält ein zweikränziges und sechs einkränzige
Räder, welche mit hoher Umfangsgeschwindigkeit arbeiten
(am äußeren Umfang des letzten Rades ca. 200 m pro Sekunde).
Die Zwischenböden können alle zweiteilig gemacht werden,
da die Spannung in der ersten Stufe nur ca. 4 Atm., in den weiteren Stufen bzw. nur ca. 2,6 Atm., ca. 1,6 Atm., ca. 1,0 Atm. usw.
beträgt. Man kann jedoch auch, wie hier geschehen, die ersten
Zwischenböden einteilig aus Stahlguß herstellen. Die Turbine
erhält außerordentlich kleine Abmessungen: Düsenkreisdurchmesser des ersten Rades ca. 1820 mm, Länge von Mitte zu Mitte
Traglager 3400 mm. — Der Dampfverbrauch — vgl. § 179 — beträgt ca. 4,8 kg bei üblichem guten Vakuum. Die Anzahl der
Schaufeln in solchen Räderturbinen ist sehr gering; sie beträgt
bei der vorliegenden Turbine ca. 4000 gegenüber ca. 240 000 bei
einer direkt wirkenden Turbinenanlage eines solchen Schiffes.

Die Turbine des Versuchsdampfers »Foettinger-Transformator«, welche in Fig. 210 dargestellt ist, besteht aus 4 dreistufigen
Curtisrädern, von welchen die letzten zwei auf einem Rad gemeinsam angeordnet sind. Zwischen diesen beiden letzten dreikränzigen Rädern befindet sich ein Düsenring, welcher durch
Labyrinthdichtung gegenüber dem Radkranz abgedichtet ist.
Die Turbine ist so angeordnet, daß der Dampf e i n tritt am Hinter-
ende erfolgt. Durch die Druckdifferenz vor und nach dem letzten
Düsenkranz entsteht ein Schub auf die dritte Radscheibe,
welcher sich mit dem Primärschub des Transformators aus-
gleicht. Die Konstruktion, welche nicht eigentlich als typisch
angesehen werden kann, war für den speziellen Fall dieses Ver-
suchsaggregats geeignet.

§ 179. Die Ökonomie des Transformatorantriebes.

Wie eingangs erwähnt, liegt der große Vorteil dieses An-
triebes in der Möglichkeit, sehr rasch laufende Turbinen von
hoher Ökonomie zu verwenden, welche außerdem für die Verwendung überhitzten Dampfes sehr geeignet sind. Bei solchen Turbinen ist man stets in der Lage, die Stufenzahl so zu wählen, daß
der günstigste mögliche Wirkungsgrad (Scheitel der Wirkungsgradkurve § 47) erreicht wird. Der Dampfverbrauch kommt also

22*

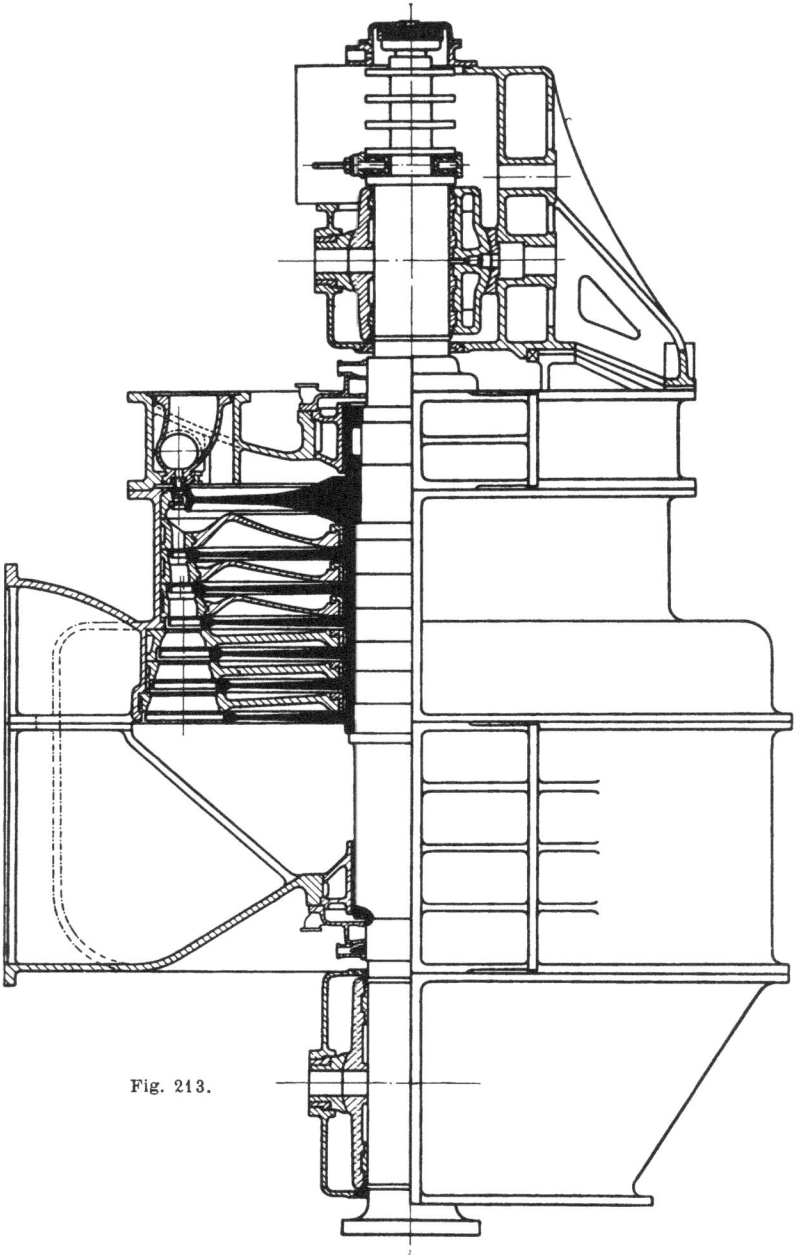

Fig. 213.

demjenigen der besten Landturbinen gleich und kann bei mittleren und großen Ausführungen o h n e Überhitzung auf ca. 4,8 bis 5,2, mit Überhitzung auf 300° auf 4 bis 4,3 kg pro Stunde und PS herabgedrückt werden.   Einschließlich des Transformator-wirkungsgrades von ca. 90% für normale größere Ausführungen ergibt dies einen Dampfverbrauch pro PSe und Stunde an der Propellerwelle von

5,3 bis 5,7 kg ohne Überhitzung, bzw.
4,5 » 4,8 » mit Überhitzung auf 300° C.

Aus diesen Ziffern geht die durch direkten Turbinen-Antrieb nicht erreichbare Ökonomie des Transformator-Antriebes bei Voll-last hervor; bei verringerter Leistung verschieben sich die Verhält-nisse noch weiter zugunsten des Transformators, da die schnell-laufenden Turbinen auch dann noch eine hohe Ökonomie aufweisen.

§ 180. Anordnung des Transformators im Schiff.

Im folgenden seien einige Beispiele solcher Anlagen in kurzen Worten beschrieben, wobei gleichzeitig ein Vergleich mit anderen Antriebsarten angestellt sei.

1. Fig. 214 zeigt eine Anlage für Turbotransformatorantrieb eines Fracht- und Passagierdampfers. Es sind zwei Wellen vor-handen, auf der einen sitzt eine *HD-*, auf der andern eine *ND-*Turbine (Foettinger-Schaltung vgl. § 151, wäre hier sehr geeignet). Die Umdrehungszahl der Turbine beträgt 800 pro Minute, die der Propeller 160, die Übersetzung im Transformator 1:5. Die Sekundärleistung beträgt 15 000 PSe total, der Wirkungsgrad des Transformators ca. 88 bis 90%; die Leistung der Turbinen also ca. 16 800 PSe.   Der Dampfverbrauch bei überhitztem Dampf von 300° C und 15 Atm. Überdruck beträgt ca. 4,7 kg pro PSe an der Sekundärwelle.

Die obere Abbildung Fig. 214 zeigt eine Anlage mit zwei Kolbenmaschinen der gleichen Leistung von 80 Umdrehungen pro Minute.   Der Raumbedarf dieser letzteren Maschinen ist, wie aus dem Vergleich der in demselben Maßstab gehaltenen Abbildungen hervorgeht, sehr erheblich; dazu kommen noch die Nachteile der Kolbenmaschine, Vibration, Ölverbrauch, um-ständliche Bedienung.   Die Ökonomie der Kolbenmaschine ist zudem geringer; ihr Dampfverbrauch beträgt bei gesättigtem Dampf etwa 6,5, bei überhitztem Dampf gleicher Temperatur etwa 5,4 kg pro effektive Wellenpferdestärke.

2. Die Abbildungen Fig. 215, beide in gleichem Maßstab, geben einen ähnlichen Vergleich für einen großen Panzerkreuzer von ca. 72 000 Wellenpferdestärken total, wobei die enorme Raum-ersparnis bei Turbotransformatorantrieb deutlich hervortritt.

Die obere Abbildung zeigt direkten Antrieb: 3 Wellen à 24 000 PSe Umdrehungszahl 225 pro Minute.

Die untere Abbildung dagegen zeigt Turbotransformator-antrieb mit 4 Wellen à 18 000 PSe sekundär, Umdrehungszahl primär 700 pro Minute; sekundär 255 pro Minute, Wirkungsgrad des Transformators 90%. Die Kondensatoren, welche in dieser Figur nicht eingezeichnet sind, finden an Stellen Platz, welche das Hochheben der Turbinen oder Transformatorgehäuse nicht stören.

Die Gewichtsersparnis bei letzterem Antrieb beträgt ca. 460 t.
Die Ökonomie ist bei Transformatorantrieb ca. 10% günstiger.

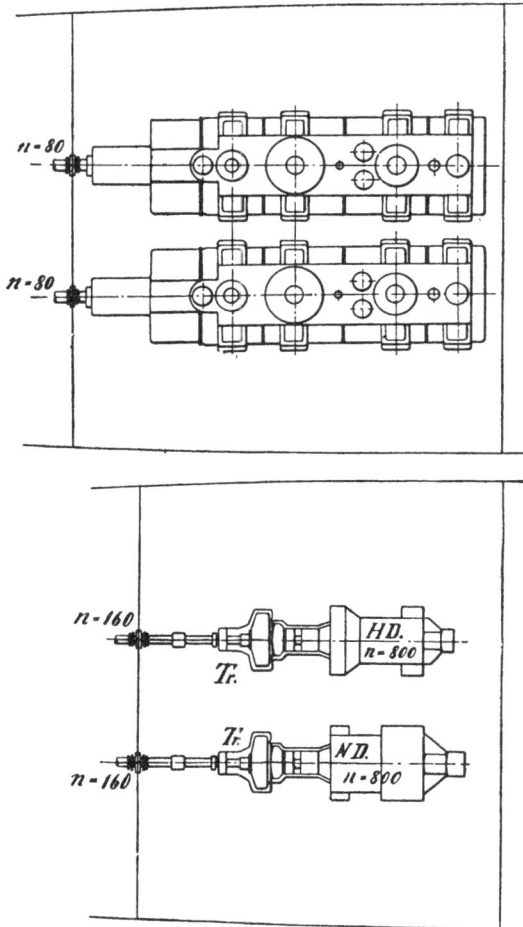

Fig. 214.

3. Am augenfälligsten werden die Vorteile des Turbo-
transformatorantriebes hinsichtlich Raum- und Gewichtsersparnis, wenn man für eine Abdampfturbinenanlage die
äquivalente Turbotransformatoranlage entwirft.

Die obere Abbildung Fig. 216 zeigt schematisch die Abdampfturbinenanlage des Riesendampfers »Olympic«, die untere
Abbildung in gleichem Maßstabe eine Anlage derselben Leistung

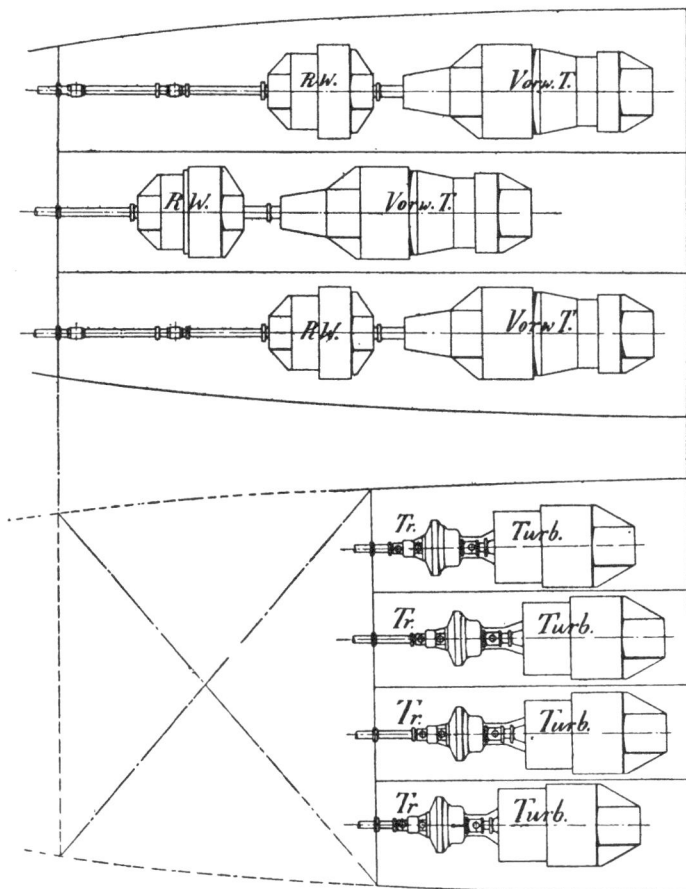

Fig. 215.

mit Turbotransformatorantrieb, wobei jede der drei Wellenleitungen mit der noch durchaus ökonomischen Umdrehungszahl von 150 pro Minute arbeitet, während die schnellaufenden
Turbinen eine Umdrehungszahl von 650 pro Minute besitzen.

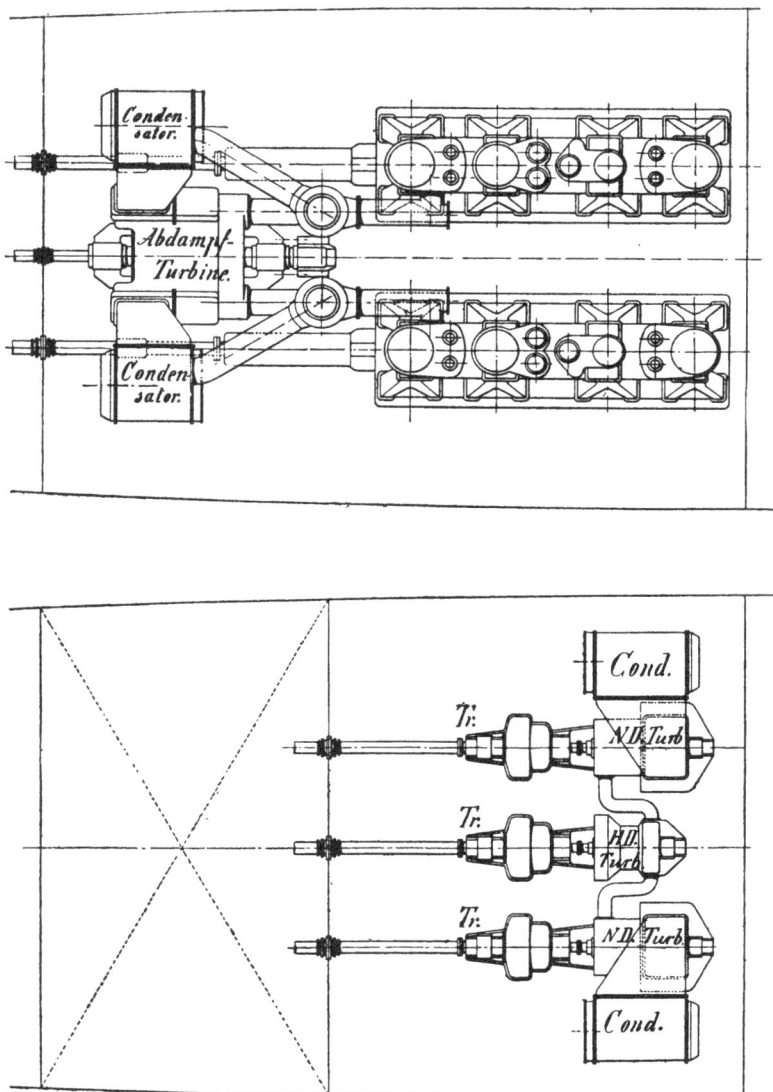

Fig. 216.

Die Turbinen sind in der Weise geschaltet, daß auf der Mittelwelle eine Hochdruckturbine, auf jeder der Seitenwellen eine
Niederdruckturbine angeordnet ist.   Die Gesamtleistung der drei
Turbinen beträgt ca. 45 000 Wellen-PS, genau entsprechend der
Leistung der kombinierten Anlage, bei welcher die Mittelwelle
(Abdampfturbine) 165 Umdrehungen pro Minute, die Seitenwellen 75 Umdrehungen pro Minute machen.
    Die Gewichtsersparnis des Turbotransformatorantriebes be-
trägt hier ca. 1600 t; gleichzeitig sprechen gegen die Abdampfturbinenanlage noch die in § 169 aufgezählten Nachteile derselben.

§ 181. Die Erprobung eines großen Turbo-Transformators für Schiffszwecke

haben die Vulcanwerke in Hamburg vorgenommen, um die im
vorstehenden näher beschriebenen Eigenschaften des Transformators nachzuweisen, und alle Fragen, welche für die Verwendung dieses Apparates zum Schiffsantrieb in größtem Maßstabe
von Wichtigkeit sind, endgültig zu klären.
    Der Transformator, welcher für diesen Versuch benutzt
wurde, ist konstruiert für eine Normalleistung von 8600 PSe
sekundär, für eine Primärtourenzahl von 800 und eine Sekundär-
tourenzahl von 160 pro Minute.   Der Aufbau des Transformators
ist genau der gleiche wie in Fig. 210 dargestellt, d. h. es ist ein
Vorwärtskreislauf und ein etwas kleinerer Rückwärtskreislauf
vorgesehen.
    Beide Kreisläufe besitzen zweistufige Sekundärteile.
    Die Hauptabmessungen des Transformators sind die fol-
genden:
    Durchmesser des Vorwärtskreislaufes über das Gehäuse ge-
messen 3000 mm,
    Durchmesser des Rückwärtskreislaufes über das Gehäuse ge-
messen 1950 mm,
    Gesamtlänge des Vorwärts- und Rückwärtsgehäuses 2140 mm.
    Die Photographie Fig. 217 zeigt den Transformator mit ab-
genommenem Gehäuseoberteil in der Montage, die Photographie
Fig. 218 zeigt den rotierenden Sekundärteil, und zwar sieht man
von links nach rechts die Drucklagerringe des Sekundärteiles,
das zweite Vorwärtssekundärrad, das erste Vorwärtssekundärrad,
das zweite Rückwärtssekundärrad und das erste Rückwärtssekundärrad.
    Die Erprobung des Transformators fand im Prüffeld der
Vulcanwerke in Hamburg statt.   Die Versuchsanordnung geht
aus der Photographie Fig. 219 deutlich hervor.
    Zum Antrieb des Transformators diente eine Torpedoboots-
turbine, zur Aufnahme der Leistung eine g r o ß e Foettinger-
bremse (vgl. § 197).   Die Messung der Primärleistung erfolgte
durch einen auf der Primärwelle angebrachten Torsionsindikator,
System Foettinger (vgl. § 198), die Messung der Sekundärleistung
außer der vorgenannten Wasserbremse auch noch durch einen
auf der Sekundärwelle angebrachten zweiten Torsionsindikator.

Fig. 217.

Da die Leistung der Antriebsturbine für die verschiedenen Dampfdrücke aus der Berechnung und ähnlichen Ausführungen

Fig. 218.

überdies bekannt war, unterlag bei diesen Versuchen sowohl die Messung der Primärleistung als auch diejenige der Sekundärleistung einer doppelten Kontrolle.

Fig. 219.

Die Manöveriereinrichtung des Transformators war entsprechend § 175 die folgende (vgl. die schematische Skizze Fig. 220): Auf der einen Seite des Transformators war in axialer Richtung der Einlaßschieber *A*, auf der anderen Seite desselben, parallel dazu, der Auslaßschieber *B* angeordnet. Der Einlaßschieber erhielt sein Zuflußwasser aus einer separat angeordneten vertikalen Rückförderpumpe, deren Antrieb durch eine kleine am oberen Ende der vertikalen Welle angeordnete Dampfturbine erfolgte, während die Pumpe am unteren Ende der vertikalen Welle angebracht war. Das Pumpengehäuse lag unmittelbar in dem Tank, welcher das aus den Spalten des Transformators abfließende und beim Manövrieren aus dem betreffenden Kreislauf austretende Wasser aufnahm.

Das Manövrieren erfolgte nun in folgender Weise: Mittels eines Handhebels wurde zunächst ein parallel zum vorgenannten Einlaßschieber angeordneter Kolbenschieber *C* bewegt, welcher auf eine der beiden durch Kolben begrenzte Enden des Einlaßschiebers Wasser aus der Rückförderpumpe zutreten ließ. Der Druck dieses Wassers bewegte den Einlaßschieber in der gewünschten Richtung, welcher nun einerseits die zum Wassereintritt in den zu füllenden Kreislauf dienenden Kanäle freigab, so daß die Füllung dieses Kreislaufs durch den von der Rückförderpumpe kommenden Strom erfolgen konnte. Der auf der anderen Seite des Transformators liegende Auslaßschieber war mit dem Gestänge des Einlaßschiebers durch einen doppelarmigen Hebel zwangläufig gekuppelt, so daß seine Bewegung derjenigen des Einlaßschiebers entsprechend erfolgen mußte, d. h. er mußte, wenn der eine Kreislauf durch den Einlaßschieber gefüllt wurde, die Ausströmung des Wassers aus dem anderen Kreislauf selbsttätig bewirken und umgekehrt. Es ist noch zu erwähnen, daß für den Fall des Versagens der hydraulischen Hin- und Herbewegung des Einlaßschiebers auch eine mittels Schraubenspindel zu betätigende Bewegungsvorrichtung des Einlaßschiebers vorgesehen war. Dieselbe wurde allerdings nie benötigt, da die sehr einfache hydraulische Umsteuerung des Einlaßschiebers niemals versagte.

Die Regulierung der Turbine erfolgte durch ein entlastetes Absperrventil. Dasselbe wurde durch einen Zentrifugalregulator unter Zwischenschaltung eines indirekt wirkenden Servomotors mit absoluter Sicherheit reguliert, so daß jedes Manöver ohne irgendwelche Rücksicht auf die Tourenzahlen der Turbine und ohne deren Gang zu beeinflussen, ausgeführt werden konnte.

Der Hauptversuch dauerte ununterbrochen 14 Tage. Während dieses 14 tägigen Versuches betrug die Belastung durchschnittlich 5500 bis 7500 effektive PS, je nach dem von den disponiblen Kesselanlagen lieferbaren Dampfquantum; doch wurde wiederholt viele Stunden lang eine mittlere Leistung von 9000 PSe primär gehalten. Die Maximalleistung während der Versuche betrug 10 200 PSe primär. Die Wirkungsgrade, welche von dem unparteiischen Sachverständigen[1]) festgestellt wurden,

---

[1]) Geheimrat Prof. Dr. Schröter, München.

gehen aus folgender Tabelle Nr. 16 hervor. Zu diesen Wirkungs-
gradziffern ist zu bemerken, daß das bei den betreffenden Ver-

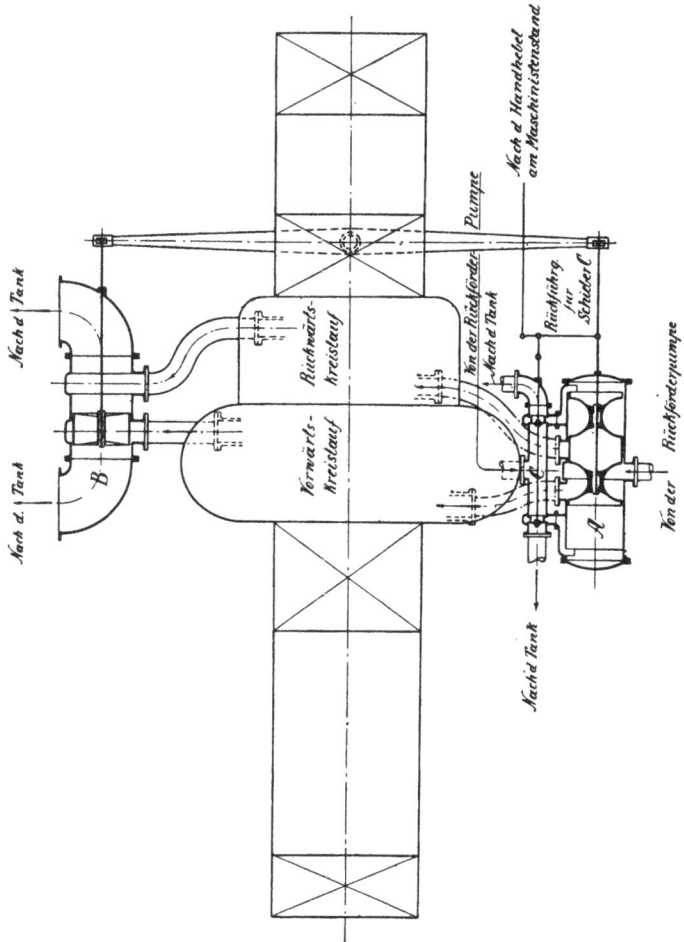

Fig. 220.

suchen verwendete Vorwärtsprimärrad nicht ganz einwandfrei
hergestellt war, und daß bei Vorversuchen mit dem gleichen
Versuchstransformator mit einem günstiger beschaufelten Vor-

wärtsprimärrad ein um 1,5 bis 2 % höherer Wirkungsgrad erzielt worden war. Es ist ferner daran zu erinnern, daß durch die Benutzung des im Transformator erwärmten Wassers zum Zwecke der Speisewasservorwärmung ein Gewinn an Wirkungsgrad von $1^1/_2$ bis 2 % erzielt wird, so daß also im tatsächlichen Schiffs-

Tabelle Nr. 16.

Versuchs-Resultate des bei den Vulcan-Werken in Hamburg im Dauerbetrieb erprobten großen Transformators für Schiffsantrieb (geordnet nach der Secundär-Tourenzahl).

lfd. Nr.	Tourenzahl		Primär Leistung PSe	Secundär- leistung PSe	Wir- kungs- grad in %	Über- setzungs- Verhält- nis:
	Primär- Welle	Secundär- Welle				
		I. Normale Belastung				
1	841,9	145,4	8912	7771	87,2	5,79
2	842,9	150,2	8922	7810	87,8	5,61
3	840,2	150,7	8943	7762	87,9	5,57
4	842,9	155,1	8927	7838	87,8	5,43
5	843,7	156,6	8936	7837	87,7	5,38
6	842,2	163,1	8920	7846	87,9	5,16
7	841.9	167,4	8942	7809	87,4	5,02
8	841,9	172,5	8947	7795	87,1	4,88
		II. Halbe Belastung				
9	723,2	134,6	5650	4905	86,8	5,37
10	724,1	138	5669	4928	86,9	5,25
11	720,9	145	5622	4861	86,5	4,97
12	722,7	151	5645	4842	85,8	4,78
13	722,9	154,4	5651	4801	85,0	4.68
		III. Größte Belastung				
14	846,9	162	9070	7981	88,0	5,23
15	848,4	158,5	9103	8009	88,0	5,35
16	876,8	159,8	10025	8774	87.5	5,48
17	880	167,2	10141	8937	88,1	5,26

betrieb bei einem Transformator dieser Größe und Konstruktion mit einem Wirkungsgrad von 90 % und darüber gerechnet werden kann.

Während des Dauerversuches wurden täglich Umsteuermanöver in großer Anzahl vorgenommen; dieselben ergaben eine ganz erstaunliche Manöverierfähigkeit des Transformators. Die

Dauer der Manöver betrug von voller Tourenzahl vorwärts auf volle Tourenzahl rückwärts und umgekehrt ca. 12 Sekunden.

Am vorletzten Tage des 14 tägigen Dauerversuches wurde eine 25 stündige Erprobung bei Rückwärtsfahrt mit einer Belastung von 6500 bis 8000 PSe primär vorgenommen, woran sich am letzten Tage des Dauerversuches fortgesetzte Manöver und Vornahme von Wirkungsgradversuchen mit kleiner Belastung anschlossen.

Während der Versuche arbeitete der Transformator unausgesetzt völlig einwandfrei und ohne die geringste Störung. Nach dem 14 tägigen Dauerversuche wurde der Transformator demontiert und ergab die Revision des Innern keinerlei Beschädigung oder Abnutzung.

Auf Grund der Versuche wurde der Einbau des Transformators in einen großen transatlantischen Passagier- und Frachtdampfer seitens einer deutschen Reederei beschlossen. Dieses Schiff erhält zwei Schrauben, deren jede von einer schnelllaufenden Turbine (800 Umdrehungen pro Minute), unter Zwischenschaltung eines derartigen Transformators mit Übersetzung 1 zu 5, entsprechend einer Tourenzahl der Schraube von 160 pro Minute, angetrieben wird.

III. Abschnitt.

Zahnrädergetriebe.

---

§ 182. Allgemeines.

Ursprünglich noch näherliegend als die Verwendung des hydraulischen Transformators war die Verwendung von Zahnrädergetrieben zwecks Erreichung des Zieles, schnellaufende Turbinen zum Schiffsantrieb verwenden zu können. Wie aus dem folgenden hervorgeht, eignet sich diese Art der Übersetzung auf dem Gebiete des Schiffsantriebes jedoch nur für kleinere Leistungen und große Übersetzungen. Solche Verhältnisse ergeben sich bei kleineren und langsamen Frachtschiffen, wo einerseits wegen der kleinen Leistung die Tourenzahl der Turbinen sehr hoch, anderseits wegen der kleinen Geschwindigkeit die Tourenzahl des Propellers sehr niedrig sein muß. In allen anderen Fällen können diese Getriebe gegenüber dem hydraulischen Transformator das Feld nicht behaupten. Auch haften diesen Getrieben trotz der sorgfältigsten Konstruktion Nachteile an, auf welche weiter unten näher eingegangen werden soll.

§ 183. Einiges über die Konstruktion und Ausführung der Getriebe.

Naturgemäß sind die Forderungen, welche an derartige schnellaufende Zahnradgetriebe zur Übertragung hoher Leistungen gestellt werden, sehr hohe, zudem für den Schiffsantrieb Dauerhaftigkeit und Betriebssicherheit in besonderem Maße beansprucht wird. Hier gaben die reichen Erfahrungen, welche mit den Zahnradgetrieben der de Lavalturbinen vorlagen, die beste Basis, wenn auch de Laval seine Getriebe mit Rücksicht auf die außerordentlich hohen Umlaufzahlen und Übersetzungsverhältnisse (Übersetzungen von 10 000 : 750 bis zu 30 000 : 3000 Umdrehungen pro Minute) für nicht mehr als 300 PS Leistungsübertragung ausgeführt hat. Darüber hinaus verursachten die Lavalgetriebe zu viel Geräusch, außerdem wurden sie für die hohen Umlaufzahlen zu schwer, da die geringen spezifischen Belastungen zu breite Räder (Radbreite ausgeführt bis 500 mm) und die kleinen Zähne (von 1,5 bis 5 mm Zahnhöhe und 3 bis 9,5 mm tangentiale Teilung) zur Sicherung eines guten Eingriffs und zum Schutze gegen Verzerrungen verhältnismäßig zu schwere Radkörper erforderten. Beim Schiffsantrieb hat man es gewagt, mit den zu übertragenden Leistungen wesentlich höher zu gehen; dies wurde ermöglicht einesteils durch die geringeren Umlaufzahlen der antreibenden Turbinen und durch eine außerordentlich sorgfältige Konstruktion der Getriebe.

Bei der Konstruktion der Zahnradgetriebe für Schiffsbetrieb werden folgende Gesichtspunkte besonders beachtet:

1. Man verwendet bei den Hochleistungsgetrieben für Schiffe im Gegensatz zu der Zykloidenverzahnung der de Lavalgetriebe vorwiegend Evolventenverzahnung. Diese ist für kleine Unterschiede der Achsenentfernung, wenigstens bei neuen Rädern, weniger empfindlich.

2. Allgemein verwendet man schräge, 20° bis 45° gegen die Radachse geneigte Zähne, die schraubenartig um den Radkörper liegen; ferner versieht man die Räder mit 2 bis 3 solcher Zahnkränze und ordnet diese zum Ausgleich des seitlichen Zahndruckes in der Weise an, daß die Zähne eine V-Form oder Z-Form bilden. Letztere Form wird mit Rücksicht auf den wechselnden Zahndruck insbesondere für Umsteuergetriebe verwendet. Durch die vorbeschriebene schräge Anordnung der Zähne wird eine höhere Festigkeit der Zähne erreicht, ferner wegen des kontinuierlichen Eingreifens der Zahnflanken das plötzliche Entlasten und Belasten des einzelnen Zahnes, wie es bei axialer Zahnanordnung der Fall ist, verhindert und so ein ruhiges Arbeiten des Getriebes erzielt.

3. Die meisten bisher ausgeführten Zahnrädergetriebe für Schiffe weisen verhältnismäßig kleine Zähne auf (vgl. § 185). Das Bestreben, kleine Zähne zu erhalten, erklärt sich aus dem Wunsche, bei annehmbarer Zähnezahl den Durchmesser des Ritzels möglichst klein zu halten, um keinen praktisch unmög-

lichen Durchmesser für das getriebene Rad zu erhalten. (Ein Ritzel-Durchmesser von 150 mm bedingt z. B. bei 30 facher Übersetzung einen Raddurchmesser von 4,5 m, dessen Unterbringung und Ausführung bereits die größten Schwierigkeiten mit sich bringen würde.)

Gleichzeitig erscheint es vorteilhaft, eine möglichst große Anzahl von Zähnen gleichzeitig zum Eingriff zu bringen, um die spezifische Belastung zu verringern.

4. Die Forderung nach kleinen Zähnen bringt den Nachteil großer Zahnradbreiten und damit schwerer Zahnradkörper mit sich. Die Radkörper müssen besonders kräftig sein, um verzerrend wirkenden Spannungen, seien es Eigenspannungen oder Temperaturspannungen, welche den guten Eingriff der kleinen Zähne verhindern, begegnen zu können. Man verwendet im allgemeinen zwei- oder mehrteilige kräftige, gußeiserne Radkörper mit übergeschrumpftem Ring aus bestem Stahlmaterial. In diesen Stahlring werden dann die Zähne eingeschnitten.

5. Grundbedingung ist eine reichliche Ölschmierung. Zu diesem Zweck überflutet man die Eingriffsstellen der Zahnräder mit Preßöl, das unter einem Druck von 0,5 bis 1 kg aus einem Spritzrohr mit mehreren kleineren Öffnungen über die Eingriffsstellen geleitet wird. Die Räder selbst laufen nicht in Öl; das abfließende Öl wird aus einem Sammelbecken auf dem Grunde des Gehäuses der Räder in die Ölpumpe ohne weitere Kühlung zurückgeführt. Man sieht entweder eine besondere Ölpumpe für die Zahnräder vor, oder für Lager und Zahnräder eine gemeinsame Ölpumpe.

Bei dieser Überflutungsschmierung wird mit Vorteil davon Gebrauch gemacht, daß das eine Zahnlücke ausfüllende Öl durch den eingreifenden Zahn verdrängt werden muß. Diese Verdrängung erfolgt bei den meist in Betracht kommenden schnellaufenden Antriebsmaschinen, wie Dampfturbinen, mit großer Geschwindigkeit; infolgedessen kann das Öl aus der Lücke — sofern es nur reichlich vorhanden ist — nicht schnell genug seitlich entweichen und muß sich teilweise seinen Weg unter verhältnismäßig hoher Pressung zwischen den Zahnflanken hindurch bahnen. Besitzen die Zähne nur geringes Spiel, das gewöhnlich wenig mehr als $1/_{25}$ mm beträgt, so bildet sich an der Berührungsstelle der Zahnflanken eine dünne Ölpreßschicht, welche ein direktes Berühren der Metallflächen verhindert. Bei größerem Spiel entweicht das Öl zwischen den Rückenflächen der Zähne, was eine schnellere Abnutzung derselben zur Folge hat. Bei zu dürftiger Schmierung werden die Zähne des Ritzels in kurzer Zeit vollkommen verbraucht.

6. Die Lagerung der antreibenden Wellen gegenüber dem getriebenen Rade muß mit der größten Sorgfalt ausgeführt werden, so daß ein tadelloser Eingriff der Zähne dauernd gewährleistet bleibt. Man ist in dieser Beziehung so weit gegangen, daß man die ganze Lagerung des antreibenden Rades in sinn-

reicher Weise unstarr ausgeführt hat, so daß sich das Ritzel jederzeit in die günstigste Lage dem großen Rad gegenüber einstellen kann.

§ 184.   Einteilung der Rädergetriebe.

Nach vorstehendem kann man die modernen Zahnrädergetriebe für Schiffsantrieb einteilen in solche m i t s t a r r e r L a g e r u n g d e s R i t z e l s und in solche mit b e w e g - l i c h e r L a g e r u n g d e s s e l b e n . Das erstere System wurde entwickelt von Parsons, das letztere von Melville & Macalpine.

§ 185.   Zahnrädergetriebe mit starrer Lagerung des Ritzels.

Das bekannteste Beispiel für eine derartige Ausführung ist die Anlage des Dampfers »V e s p a s i a n«. Dieselbe besteht aus zwei hintereinandergeschalteten Turbinen; die Hochdruckturbine auf Steuerbord-, die Niederdruckturbine auf Backbordseite des Schiffes. Jede Turbine treibt ein Ritzel, welches durch eine bewegliche Kupplung mit der Turbinenwelle verbunden ist. Beide Ritzel treiben das große Zahnrad an, welches mit der Propellerwelle gekuppelt ist.   Die Rückwärtsturbine ist in dem Abdampfgehäuse der Niederdruckturbine untergebracht; Luft-, Zirkulations-, Speise- und Lenzpumpen werden durch Kurbel- und Pleuelstange vom Vorderende der Welle des großen Rades angetrieben und sind im übrigen konstruiert wie bei Frachtdampfern üblich. Die Lager der Turbine und der Ritzel werden geschmiert wie bei Turbinen gebräuchlich, d. h. mittels Öldruckschmierung; die Zähne der Ritzel und des großen Rades dagegen werden durch ein Spritzrohr geschmiert, welches sich über die volle Breite der Verzahnung erstreckt, und zwar erhält dieses Spritzrohr das Schmieröl von besonderen Ölpumpen.

Die Umdrehungszahl der HD-Turbine betrug bei voller Fahrt ca. 1450, die Übersetzung des Getriebes beträgt 1:19,9, die Umdrehungszahl der ND-Turbine 970, die Übersetzung 1:13,3, so daß also die Umdrehungszahl der Propeller-Welle ca. 73½ pro Minute betrug. Die Dimensionen der Zahnräder sind die folgenden (vgl. Ansicht des großen Rades Fig. 221).

Durchmesser des großen Rades im Teilkreis 2527 mm;
Zähnezahl des großen Rades 398;
Totalbreite des großen Rades 610 mm;
Neigung der Zähne zur Achse 20⁰;
Material des großen Rades: Gußeisen mit zwei aufgeschrumpften Stahlbandagen;
Durchmesser des HD-Ritzels im Teilkreis 127 mm;
      »   des ND-Ritzels im Teilkreis 190 mm;
Zähnezahl des HD-Ritzels 20;
      »   des ND-Ritzels 30;
Teilung der Verzahnung 19,95 mm;
Material der Ritzel: Chromnickelstahl (später Spezialstahl).

Die Disposition der Gesamtanlage geht aus Fig. 222 hervor. In derselben ist *a* die Hochdruckturbine, *b* die Niederdruckturbine mit eingebauter Rückwärtsturbine, *c* der Kondensator, *d* das große Zahnrad, *e* die beiden Ritzel, *f* der Komplex der von der Welle angetriebenen Pumpen, *g* die Ölpumpen, *h* die Hilfsspeisepumpe, *i* die Ballastpumpe, *k* der Evaporator.

Die Turbinen sind Trommelturbinen und so konstruiert, wie für Landzwecke üblich.

Zur Aufnahme des Propellerschubes dient ein gewöhnliches Drucklager, wie bei Kolbenmaschinen.

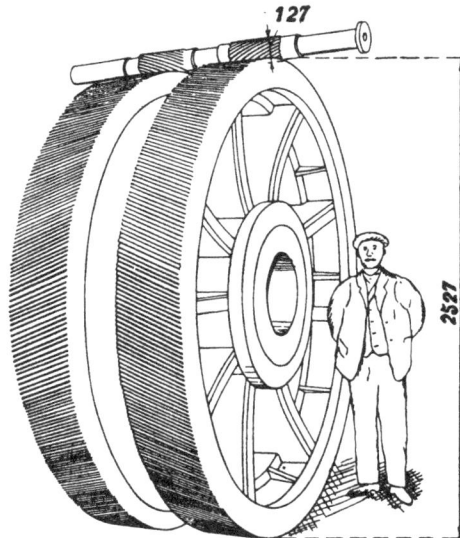

Fig. 221.

Die Probefahrtsresultate bei voller Fahrt sind die folgenden:

Geschwindigkeit des Schiffes 10,66 Knoten;

Umdrehungszahl pro Minute der Ritzel 1459 bzw. 976;

Umdrehungszahl pro Minute der Schraubenwelle 73,3;

Kesseldruck 10,2 kg pro qcm;

Vakuum 95,3 %;

Effektive Maschinenleistung an der Propellerwelle gemessen: 1111 PSe;

Dampfverbrauch der Turbinen für die Pferdestärke und Stunde 6,4 kg;

Als Wirkungsgrad des Zahnrädergetriebes werden ca. 98 % angenommen (siehe § 187).

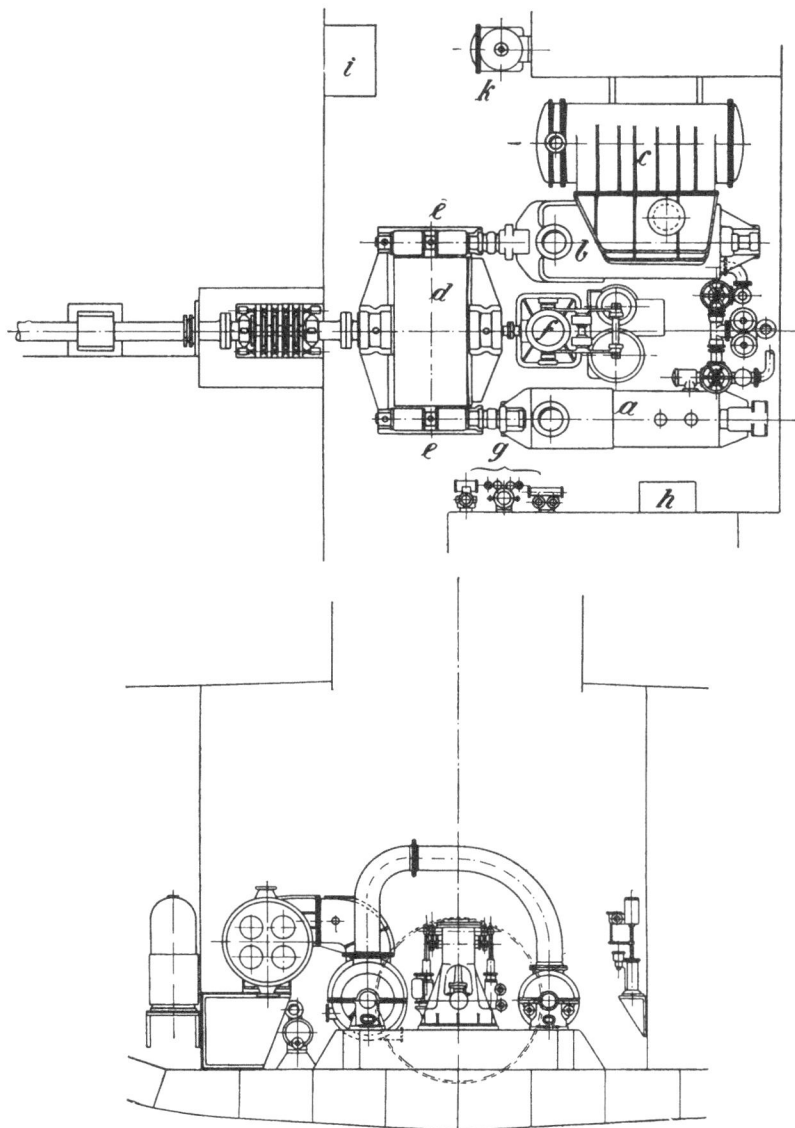

Fig. 222.

Der Betrieb des Schiffes hat sich bisher einwandfrei gestaltet; man muß anderseits auch zugeben, daß die Übertragung der verhältnismäßig sehr kleinen Leistung von ca. 1111 PS einen

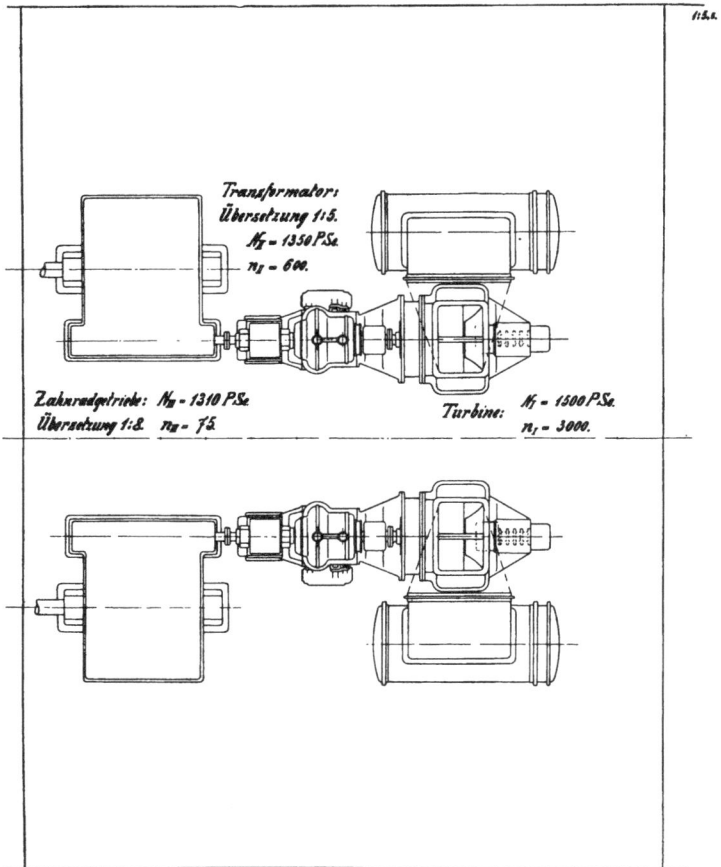

Fig. 223.

großen Aufwand von konstruktiven Mitteln erforderlich macht (Zahnrad von gewaltigen Abmessungen, Ritzel aus ungewöhnlich widerstandsfähigem Material, mehrere Ölpumpen für die Schmierung usw.). —

Ein neueres Ausführungsbeispiel von Turbinenanlagen mit Räderübersetzung bieten die beiden Kanaldampfer »Normannia«

und »Hantonia« (vgl. Engineering, 12. April 1912).   Die Anlage
jedes Schiffes besteht aus zwei Aggregaten, deren jedes sich
aus einer *HD*-Turbine und einer *ND*-Turbine zusammensetzt.
Die Leistung beider Turbinen wird durch je ein Ritzel auf ein
gemeinsames Zahnrad übertragen, welches mit der Propellerwelle gekuppelt ist.   Bei der Probefahrt erreichte die »Normannia« eine Geschwindigkeit von 20,4 Seemeilen bei einer
Leistung von 6100 PS, und einer Umdrehungszahl der Schraubenwellen von über 300 pro Min.   Die von jedem Ritzel übertragene
Leistung beträgt also im Maximum unter der Annahme, daß
jedes Ritzel gleiche Leistung übertragen hat, 1525 PS.   Die
Tourenzahl der Turbine beträgt bei normalem Betrieb für die
HD-Turbine etwa 2000, für die *ND*-Turbine etwa 1500.   Da die
Umdrehungszahl der Schraubenwellen im normalen Betrieb
ca. 300 beträgt, ergibt sich für die *HD*-Turbine eine Übersetzung
von ca. 1 : 6,7 und für die *ND*-Turbine eine Übersetzung von
ca. 1 : 5.

Eine interessante Kombination von Rädergetriebe und
Föttinger Transformator (vgl. Abschnitt II) zeigt Fig. 223.

Zum Antrieb des Schiffes (eines Frachtdampfers) dient hier
eine Turbine von 1500 effektiven Pferdestärken bei 3000 Umdrehungen pro Minute.   Die Tourenzahl der Turbine wird zuerst
durch einen Föttinger Transformator, welcher gleichzeitig umsteuerbar eingerichtet ist, im Verhältnis 5 : 1 reduziert und dann
zum zweitenmal durch ein Rädergetriebe im Verhältnis 8 : 1,
so daß also die Propellerwelle mit einer Tourenzahl von 75 pro
Minute arbeitet.   Trotz des doppelten Verlustes an Wirkungsgrad im Rädergetriebe und im Transformator kann diese Gesamtanordnung infolge des außerordentlich geringen Dampfverbrauchs der mit hoher Umdrehungszahl arbeitenden Turbine
als sehr ökonomisch angesprochen werden.

Beträgt der Dampfverbrauch der Turbine bei Verwendung
überhitzten Dampfes 4,2 kg pro PS, die Verluste im Transformator und im Rädergetriebe insgesamt 13%, so resultiert
ein Dampfverbrauch pro effektive Pferdestärke an der Propellerwelle von ca. 5,5 kg.   Diese Ziffer ist mit einer Kolbenmaschine
dieser Größe schwer erreichbar, abgesehen von den übrigen
Nachteilen der Kolbenmaschinen.

§ 186.   Die bekannteste Ausführung eines Zahnrädergetriebes mit beweglicher Lagerung des Ritzels

für Schiffsantrieb ist die Anlage des Dampfers »Neptune«.   Der
Antrieb dieses amerikanischen Frachtdampfers erfolgt durch
zwei Turbinen von je 4000 PS und 1250 Umdrehungen pro
Minute, und zwar treibt jede Turbine nur ein einziges Ritzel an,
so daß also jedes derselben ca. 4000 PS überträgt.   Das große
Zahnrad, welches jede Schraubenwelle antreibt, läuft mit
135 Umdrehungen pro Minute.   Die Anlage ist gebaut von der
»Westinghouse Machine Company« nach einem verbesserten
System Melville und Macalpine und soll zufriedenstellend ge-
arbeitet haben.   Die bewegliche Lagerung der Ritzel, welche den

Zweck haben soll, die Auflage der ganzen Zahnbreite dauernd zu sichern, ist wie folgt gewährleistet:

Die Welle des Ritzels liegt in drei Lagern. Dieselben sind in einem Gestell, sog. »floating frame«, untergebracht, welches seinerseits oben und unten durch je drei hydraulische Kolben gegen einen festen Rahmen abgestützt ist. Diese Lagerung gestattet eine geringe Verschiebung der Ritzel nach oben und unten. Als Druckflüssigkeit für diese hydraulischen Zylinder wird das von der Ritzelwelle mitgenommene Schmieröl verwendet, welches an der Stelle des höchsten Druckes aus dem Lagerumfang entnommen wird. Eine detailliertere Beschreibung der sehr komplizierten Vorrichtung würde zu weit führen; dieselbe ist verschiedentlich beschrieben (vgl. Engineering, Jahrg. 1911, S. 663).

§ 187. Allgemeine Bemerkungen über die Verwendung von Zahnrädergetrieben an Bord von Schiffen.

1. Bei Beurteilung des hohen Wirkungsgrades der Zahnrädergetriebe von im Mittel 97,5% ist zu beachten, daß derselbe die Verluste im Drucklager sowie die Ventilationsverluste der Rückwärtsturbinen nicht einschließt. Die ersteren sind im Mittel zu bemessen auf 0,5%, die letzteren sind bei schnellaufenden Turbinen sehr hoch und betragen bei Rückwärtsleistungen von mindestens 45% der Vorwärtsleistung, wie sie im Interesse des raschen Manöverierens bei Kriegsschiffen und im Interesse der Sicherheit der Passagiere bei Handelsschiffen gefordert werden müssen, wenigstens 3%. Der Wirkungsgrad der Turbinenanlage mit Räderübersetzung wird also im Mittel auf 97,5% minus 3,5% = 94% zu schätzen sein (gegenüber 90 bis 92% beim Transformatorantrieb, sofern dabei das erwärmte Wasser des Kreislaufes zur Vorwärmung des Speisewassers benutzt wird (vgl. Abschnitt II). Dabei verfügt aber der Transformatorantrieb über eine Rückwärtsleistung von 80 bis 90%.

2. Wenn man von der im § 186 beschriebenen komplizierten Konstruktion mit »beweglicher« Lagerung des Ritzels absieht, bei deren Anwendung nach den dort mitgeteilten Daten pro Ritzel bis zu 4000 PS bei etwa 9 facher Übersetzung übertragen werden können, dürfte es bei der von Parsons angewendeten Anordnung mit starrer Lagerung des Ritzels technisch große Schwierigkeiten bieten, Ritzel herzustellen, welche bei hohen Übersetzungen mehr als 3000 PS zu übertragen imstande sind. Für den Antrieb eines Panzerkreuzers von 72000 PS sind also mindestens 24 Ritzel und ebensoviel einzelne Turbinen zu verwenden. Zu dieser Anzahl von Turbinen kommen noch die nötigen Rückwärtsturbinen, etwa zehn an der Zahl, so daß man für eine solche Anlage mit dem Einbau von 34 Turbinen zu rechnen hätte, welche zum Antrieb der vier Wellen, entsprechend um die großen Zahnräder gruppiert werden müßten. Über eine ähnliche Anlage vgl. Ch. A. Parsons, Engineering, 14. März 1913.

XI. Teil.

Die Schiffshilfsmaschinen mit Turbinenantrieb.

§ 188. Allgemeines.

Eine Reihe von Gründen weist darauf hin, daß die Einführung des Turbinenantriebes der Hilfsmaschinen an Bord mit mancherlei Vorteilen verknüpft ist. Die mit dem Turbinenbetrieb verbundenen geringen Anforderungen bezüglich Wartung und insbesondere die Lieferung eines vollkommen ölfreien Kondensats sind die Hauptgesichtspunkte, welche ein Verlassen der bisherigen durch Kolbenmaschinen angetriebenen Hilfsmaschinen vorteilhaft erscheinen lassen. Der im Landturbinenbau zum Antrieb der Hilfsmaschinen als Ausweg benutzte elektrische Antrieb ist an Bord in der Regel ausgeschlossen, da derselbe eine lästige Abhängigkeit von den Schaltapparaten und einer Primärstation bedingen würde. Außerdem leiden elektrische Motoren, wenn auch vorsichtig konstruiert, doch im Laufe der Zeit unter der im Maschinenraum herrschenden Feuchtigkeit; sie sind ferner an Bord kaum reparierbar. Bei der großen Einfachheit, welche die schnellaufenden, zum Antrieb von Schiffshilfsmaschinen verwendeten Turbinen besitzen, ist es kein Zweifel, daß die Einführung des Turbinenantriebes für Hilfsmaschinen im Laufe der Zeit mit immer rascheren Schritten vor sich gehen wird.

§ 189. Die Kondensat- und Luftpumpe.

Dieselbe wird bordmäßig in vertikaler oder horizontaler Bauart ausgeführt.

Kondensat- und Luftpumpe sind in zwei getrennten Gehäusen angeordnet. Die Zuführung von Kondensat und Luft vom Kondensator her erfolgt durch getrennte Rohre, die Weiterbeförderung durch je ein Schleuderrad. Letztere Räder sind auf gemeinsamer Welle befestigt. Zwischen beiden sitzt auf der gleichen Welle das Laufrad der zum Antrieb der Pumpen dienenden Dampfturbine. Die Vakuumluftpumpen haben die Luft in außerordentlich verdünntem Zustand anzusaugen und auf ca. $^1/_{50}$ ihres Volumens bei atmosphärischer Pressung zusammenzudrücken. Eine derartig enorme Kompression läßt sich

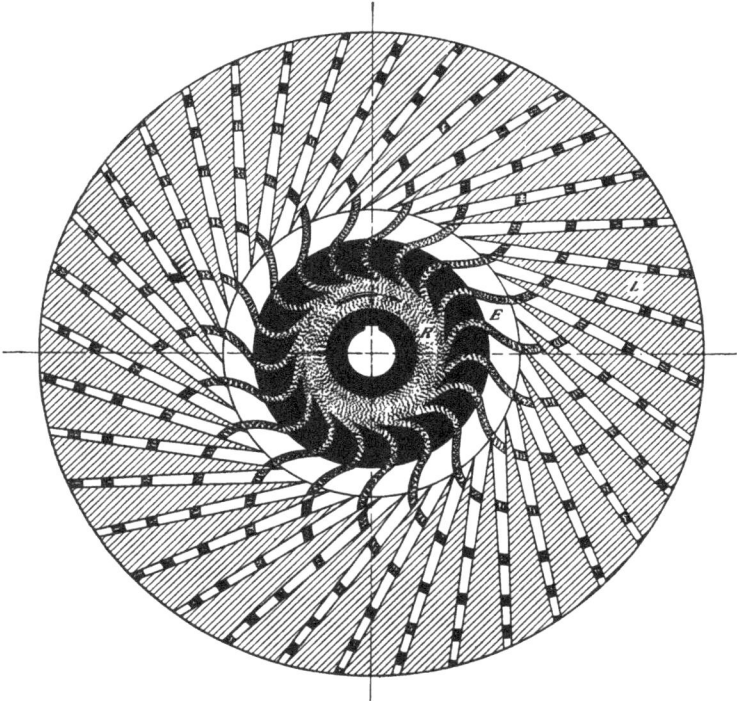

Fig. 224.

im Prinzip der Zentrifugalwirkung nicht ohne weiteres durchführen. Wollte man die stark verdünnte Luft hier ähnlich behandeln wie in einer Gebläsemaschine, so wäre eine für die konstruktive Durchführung unmögliche Zahl von hintereinander geschalteten Gebläserädern erforderlich.

Das Grundsätzliche der der AEG durch Patente geschützten Schleuderluftpumpe zeigt Fig. 224.

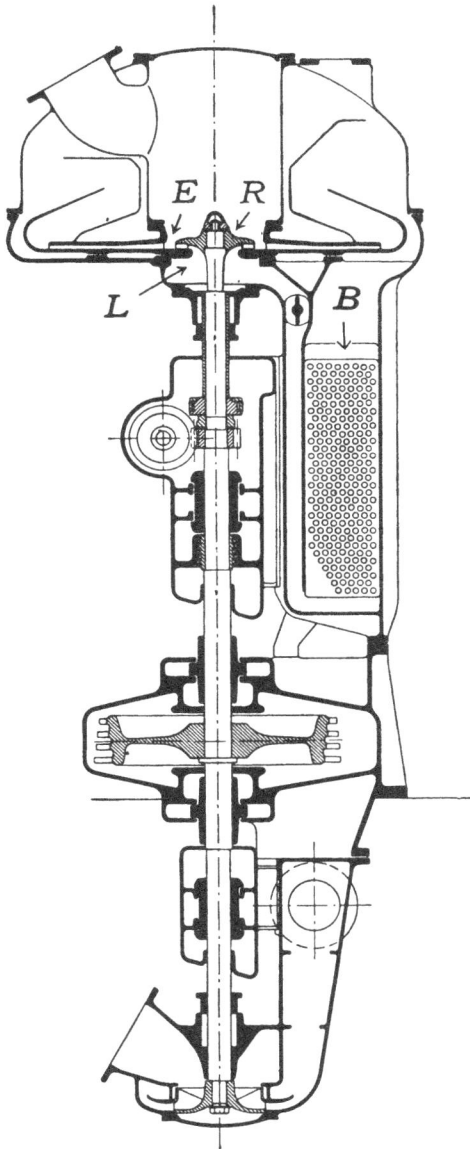

Fig. 225.

Ein hochtouriges Schleuderrad R (in Fig. 224 durch schwarze Farbe kenntlich gemacht) saugt Wasser aus einem Tank und wirft dieses Wasser in die Kanäle eines um das Rad herumgelegten Diffusors L. Der Raum E zwischen Rad und Diffusor steht mit dem Vakuumraum in Verbindung. Durch das geschleuderte Wasser wird die Luft angesaugt und mit in die Diffusorkanäle hineingeworfen; in diesen Kanälen wird die Luft durch das Weiterschreiten der einzelnen Wasserpfropfen bis zu ihrem Austritt aus den Kanälen auf atmosphärische Pressung verdichtet. Das Ansaugen und Verdichten der Luft geschieht also hier im Gegensatz zu den bekannten Strahlapparaten zwangsweise und gründet sich hierauf die große Wirkungsfähigkeit dieser Pumpen und der im Vergleich zu den bekannten Strahlapparaten geringe Bedarf an Schleuderwasser. Da das Laufrad voll beaufschlagt ist, kann sein Außendurchmesser verhältnismäßig klein sein, und die Umlaufszahl der Pumpe kann so hoch genommen werden, daß der Antrieb mittels Dampfturbinen ermöglicht werden konnte.

Das zum Schleudern benutzte Wasser sammelt sich unter der Pumpe in einem im Rücken des Ständers eingebauten Tank B (siehe Fig. 225), wird dort gekühlt und in geschlossenem Kreislauf von neuem benutzt.

Fig. 226.

Zum Schleudern ist an Bord nicht Seewasser, sondern ein für die Speisung brauchbares Wasser zu benutzen, da es unvermeidlich ist, daß bei der innigen Berührung zwischen Schleuderwasser und der aus dem Kondensator angesaugten Luft eine Nachkondensation der noch in der Luft befindlichen Feuchtigkeit stattfindet. Bei der Verwendung von Seewasser würde dieser Feuchtigkeitsgehalt, welcher bis zu 3% des gesamten Kondensats betragen kann, verloren gehen und wäre dieses verloren gegangene Speisewasser durch Evaporatoren zu ersetzen.

Um das Schleuderwasser für diesen Zweck brauchbar zu erhalten, ist die stete Kühlung desselben erforderlich. Diese erfolgt, wie bereits erwähnt, durch einen in den Ständer eingebauten Oberflächenkühler, der mit Seewasser als Kühlmittel arbeitet. In dem einen Deckel des Kühlers ist zugleich ein besonderes Röhrensystem zum Rückkühlen des gesamten Schmieröls der Maschine angeordnet.

Fig. 225 zeigt den Querschnitt, Fig. 226 eine photographische Ansicht einer solchen turbo-angetriebenen Luftpumpe, genügend für eine Dampfmenge von 80 t pro Stunde. Die Kondensatpumpe ist derart ausgebildet, daß sie das Doppelte der genannten Kondensatmenge vorübergehend wegschaffen kann.

Die Turbine wird durch einen Regulator auf konstanter Tourenzahl gehalten; gegen ein etwaiges Durchgehen ist sie durch ein zweites völlig selbständiges Regulierorgan, einen Schnellschlußregulator, gesichert.

Die Lager sind mit automatischer Schmierung versehen, so daß eine Bedienung der Maschine nach keiner Richtung hin erforderlich ist.

Der Gesamtaufbau der Pumpe ist, entsprechend den Anforderungen der Verwendung an Bord, leicht gehalten. Um an Grundfläche zu sparen, ist die Welle vertikal angeordnet. Die Art der Durchführung der Konstruktion gewährleistet einen genügend steifen Aufbau des Pumpenaggregates.

Der Tank im Rücken des Ständers, aus welchem die Schleuderluftpumpe saugt, steht zum Anfüllen mit den Speisewassertanks in Verbindung. Außerdem muß er mit dem Vakuumraum des Kondensators in Verbindung gesetzt werden können, um das im Dauerbetrieb niedergeschlagene Kondensat aus der Luftpumpe entfernen und in die Speisewasserzellen zurückführen zu können.

§ 190.   Ventilationsmaschinen mit Antrieb durch Turbinen.

Sowohl für die Lüftung der Maschinenräume als auch für die Erzeugung des Luftüberdrucks in den Kesselräumen eignen sich durch Turbinen angetriebene Ventilatoren in besonderem Maße, und zwar namentlich wegen der großen Einfachheit, welche diese schnellaufenden Turbinen im Vergleich zu den bei der hohen Tourenzahl immer Havarien und rascher Abnutzung ausgesetzten Kolbenmaschinen besitzen.

Eine derartige Ventilationsmaschine für den Kesselraum eines Torpedobootes zeigt Fig. 227. Das Flügelrad, welches ganz oben angebracht ist, ist ein Schraubenventilator mit axialem Eintritt. Die Luft wird aus dem Ventilatorkopf vertikal nach unten angesaugt und durch den Efusor in radialer Richtung in die Kesselräume gedrückt. Die Turbine besteht aus einem einzigen dreikränzigen Curtisrad, sitzt unter dem Ventilatorrad auf dessen Welle und ist in ein einfaches Gehäuse eingeschlossen. Die Turbinenwelle ist über und unter diesem Rad sorgfältig gelagert; die Abdichtung der Welle im Turbinengehäuse erfolgt durch Kohlenstopfbüchsen. Die Umdrehungszahl dieses Ventilators ist verhältnismäßig niedrig und

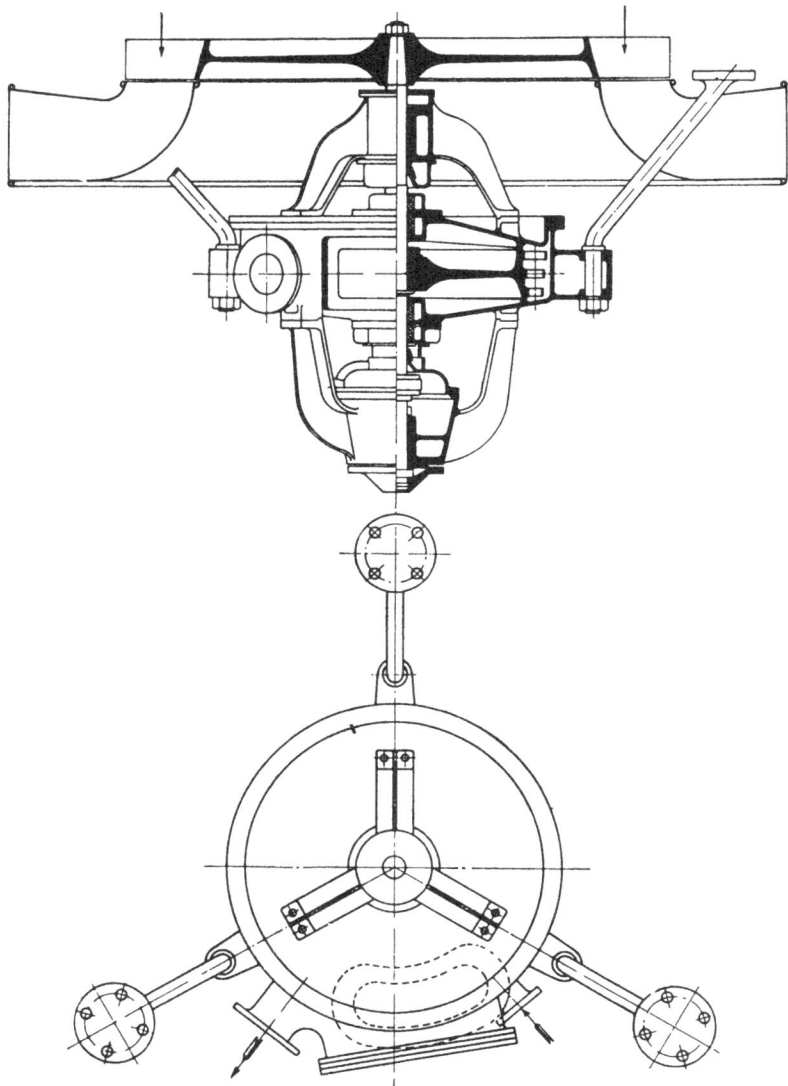

Fig. 227.

beträgt etwa 1100 bis 1300 per Minute, wobei die Dampfturbine immer noch ökonomischer arbeitet, als sich dies mit einer Kolbenmaschine ermöglichen ließe.

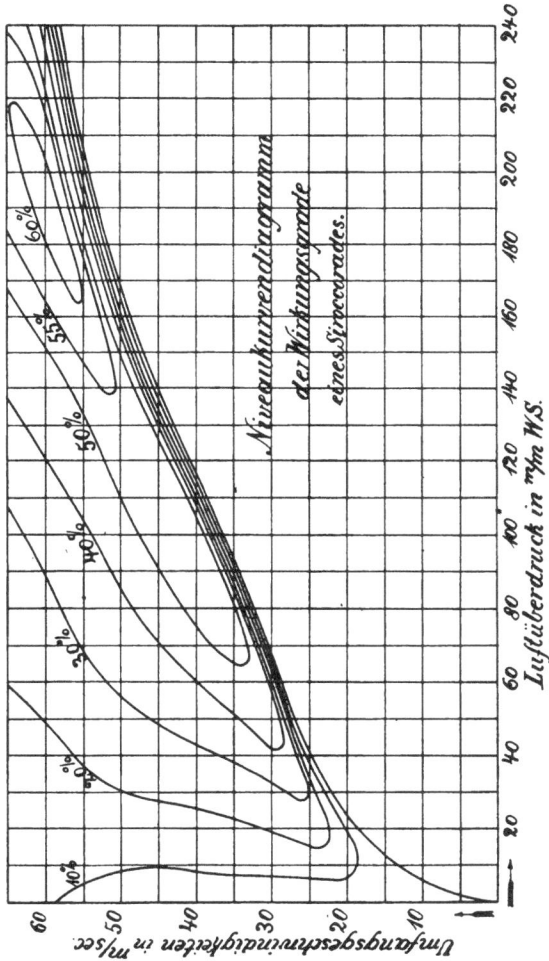

Fig. 228.

Auch Zentrifugalventilatoren mit den verschiedensten Schaufelformen haben sich für direkten oder indirekten Turbinenantrieb an Bord geeignet erwiesen. Die hohen Austritts-

geschwindigkeiten der Luft aus dem Rad verlangen jedoch eine
sorgfältige Formgebung des Gehäuses und Eintrittsstutzens,
da bei unzweckmäßiger Luftführung leicht starke Stöße und
Wirbelungen auftreten und erhebliche Druckverluste verursachen.

Fig. 228 zeigt ein Niveaukurvendiagramm eines sog. Sirocco-
ventilators. Als Abszissen sind hierin die Luftüberdrücke, als
Ordinaten die Umfangsgeschwindigkeiten des Rades eingetragen;
außerdem sind Kurven konstanten Wirkungsgrades, sog. »Niveau-
kurven«, eingezeichnet. Man ersieht daraus, daß bei konstanter

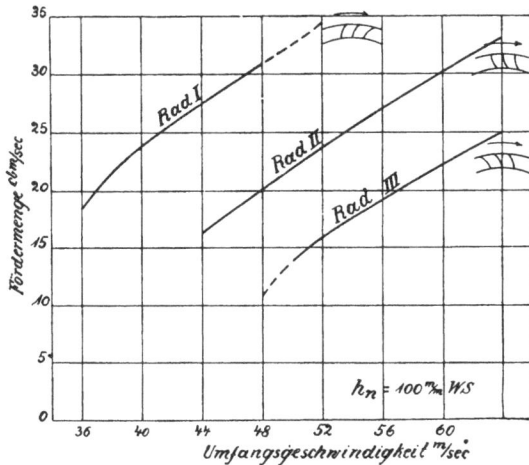

Fig. 229.

Tourenzahl in einem gewissen Bereich auch eine kleine Erhöhung
des Luftüberdruckes nur mit einer starken Verschlechterung
des Wirkungsgrades erreicht werden kann.

Welchen Einfluß die Schaufelform des Ventilators bei
gleicher Fördermenge auf die Tourenzahl der Antriebsturbine bzw.
bei gleicher Tourenzahl auf die Fördermenge hat ist aus Fig. 229
zu erkennen, in der für drei gleich große Versuchsräder, die sich
lediglich in der Krümmung der Schaufeln unterscheiden, bei
konstantem Gegendruck die Fördermengen in Abhängigkeit
von der Umfangsgeschwindigkeit des Rades aufgetragen sind.

§ 191.   Turbo-Kesselspeisepumpen.

Bei den Kesselspeisepumpen mit Turbinenantrieb tritt als
besonderer Vorteil der Wegfall jeglicher Bedienung in den
Vordergrund. Für die Einführung der Turbo-Speisepumpe an
Bord ist weiterhin maßgebend, daß gegenüber den Kolben-

pumpen auch eine große Ersparnis an Platz und Gewicht erzielt
wird. Die zuerst gebauten vielstufigen Pumpen waren zu schwer,
und erst die einstufige Turbo - Speisepumpe der AEG hat
den gewünschten Fortschritt auf diesem Gebiete gebracht.-
Diese einstufige Zentrifugalpumpe ist infolge ihrer Radschau_
felform und Anordnung imstande, Wasser von einer der Tem

Fig. 230.

peratur nach noch zulässigen Saughöhe auf Drücke bis zu
25 Atm. zu fördern. Diese Turbospeisepumpen sind durch eine
Anzahl von Patenten, die sich insbesondere auf die Verwendung
an Bord und auf die bezüglichen erforderlichen Hilfsapparate
beziehen, geschützt.

Fig. 230 zeigt die Photographie einer solchen Pumpe,
Fig. 232 die Schnittzeichnung derselben.

Die Welle der Antriebsturbine liegt in zwei Lagern,
die mit der unteren Hälfte des Turbinengehäuses zu einem

Bauer u. Lasche, Schiffsturbinen.   24

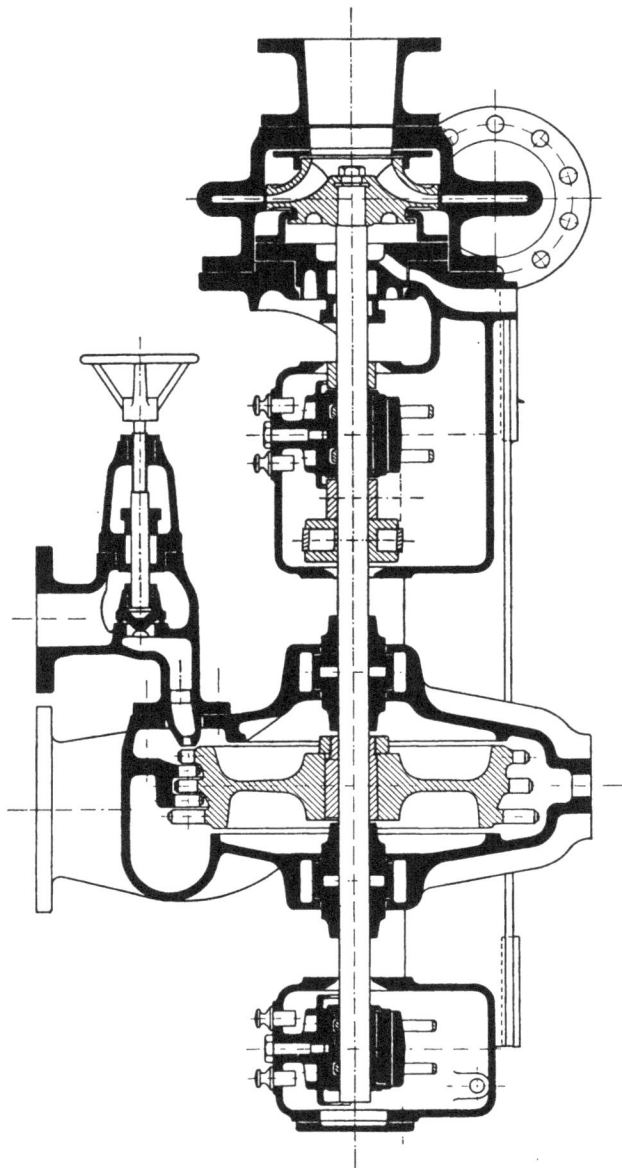

Fig. 232.

Rahmen vereint sind. Der Rahmen ist an der Pumpenseite als Flansch ausgebildet; an ihm wird das Pumpengehäuse befestigt; die Welle ist für die Aufnahme des Pumpenrades nach dieser Seite verlängert. Der axiale Druck in der Pumpe ist vollständig ausgeglichen, so daß ein Anlaufen nach der einen oder anderen Seite hin nicht stattfinden kann.

In dem zwischen Pumpe und Turbine befindlichen Lagergehäuse ist ein Sicherheitsregulator eingebaut, um beim Fehlen von Speisewasser ein Durchgehen der dadurch entlasteten

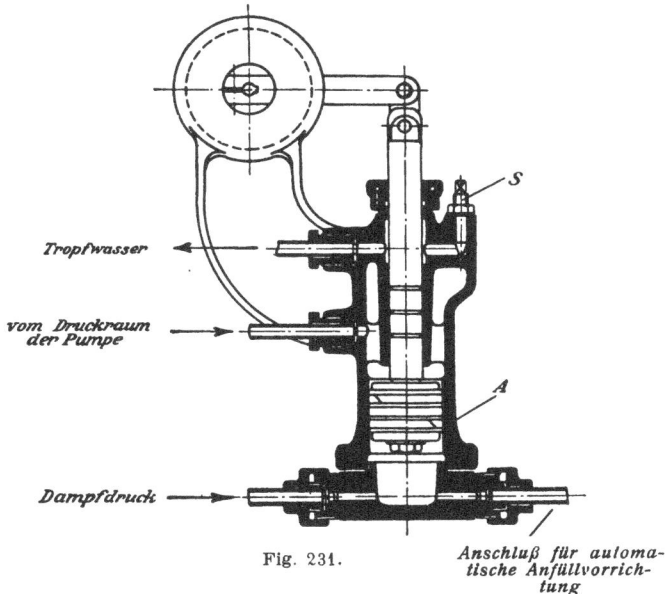

Fig. 231.

Anschluß für automatische Anfüllvorrichtung

Maschine zu vermeiden. Die eigentliche Regulierung der Pumpe arbeitet derart, daß der erzeugte Wasserdruck nahezu konstant bleibt, während sich die Umdrehungszahl entsprechend dem jeweiligen Förderquantum sehr verschieden einstellt. Diese Einstellung wird durch einen Differentialkolben (Fig. 231) selbsttätig bewirkt. Der Kolben gleitet in einem Gehäuse A, welches auf der Seite der großen Druckfläche des Kolbens mit dem Dampfdruck vor dem Drosselventil oder auch direkt mit dem Kessel in Verbindung gebracht ist. Die andere Seite des Gehäuses ist mit dem Druckraum des Pumpengehäuses verbunden. Beide Drücke müssen gegeneinander im Gleichgewicht sein. Erhöht sich infolge Schließens eines oder mehrerer Kesselspeiseventile der Druck in der Pumpe, so wird der Kolben nach der Dampfseite zu so weit verschoben, bis das mit diesem direkt ge-

24*

kuppelte Drosselventil 'die dem Druck und der Förderleistung
entsprechende Umlaufzahl eingestellt hat. Vermindert sich der
Druck in der Speiseleitung durch das Öffnen von Speiseventilen,
so überwiegt der Dampfdruck und der Kolben öffnet das Drosselventil weiter. Sind sämtliche Speiseventile geschlossen, wird
also kein Wasser entnommen, so wird das Wasser innerhalb der
Pumpe umgewälzt. Damit selbst bei längerem Arbeiten der
Pumpe gegen geschlossene Speiseleitung eine übermäßige Erwärmung des im Gehäuse befindlichen Wassers ausgeschlossen
bleibt, fließt durch den Druckausgleich ständig eine geringe
Wassermenge ab.

Mittels der beschriebenen Regulierung ist es fernerhin möglich, zwei Pumpen, welche miteinander auf die gleichen Dampfkessel zu arbeiten haben, so zu schalten, daß deren eine so lange
still steht, als die augenblicklich benötigte Wassermenge noch
von einer Pumpe allein bewältigt werden kann. Die Zusatzpumpe schaltet sich dann selbsttätig ein, sobald der Wasserbedarf größer wird. Hierzu werden die Speisewasserdruck-
leitungen D beider Pumpen in der in Fig. 232 angegebenen
Weise durch ein Ventil V_1 miteinander verbunden und die
Regulierung der als Hauptpumpe P_1 arbeitenden Speisepumpe
so eingestellt, daß diese einen etwa 1 Atm. höheren Pumpendruck erzeugt als die Zusatzpumpe P_2. Solange die Hauptpumpe allein fördert, hält der von ihr erzeugte höhere Druck
den Regler R_2 der Zusatzpumpe in Schlußstellung; steigt jedoch
der Wasserbedarf weiter, so läßt der Druck in der Hauptpumpe
P_1 nach, es überwiegt im Regler R_2 der Zusatzpumpe der
Dampfdruck gegenüber dem Wasserdruck am Differentialkolben
und die Pumpe P_2 läuft an. Die gegenseitige Einstellung der
Regler R_1 und R_2 für verschiedenen Druck erfolgt durch eine
Stellschraube S am Regulierapparat (Fig. 231). Sollen die
einzelnen Pumpen unabhängig voneinander arbeiten, so braucht
nur das Ventil V_1 geschlossen zu werden.

Für Anlagen, bei denen der Speisewasserbehälter, aus dem
die Pumpen saugen, zeitweise leer werden kann, ist die Vorrichtung getroffen, daß in diesem Falle aus einem Zusatztank
Wasser nach dem Speisewasserbehälter bzw. in die Saugleitungen
der Pumpen übertritt. Fig. 232 zeigt diese Anordnung. Es
saugt z. B. Pumpe P_1 aus dem Behälter T_1, in dem sich das
rücklaufende Kondensat sammelt. Aus dem Warmwasserkasten T_2 kann durch das Ventil V_2 Wasser nach der Saugleitung der Pumpe P_1 überfließen. V_2 wird durch eine Feder,
welche unter einem Kolben wirkt, ständig offen gehalten. Der
Raum über diesem Kolben ist mit dem Druckraum von P_1 in
Verbindung: solange die Pumpe speist, wird die Auffülleitung
durch den Pumpendruck in V_2 geschlossen gehalten. Ist der
Tank T_1 geleert, so verliert P_1 das Wasser und der Druck in der
Druckleitung bzw. in V_2 fällt ab, wodurch mittels der nun zur
Wirkung kommenden Feder dem Wasser der Weg von T_2
nach der Saugleitung der Pumpe geöffnet wird. Auf diese Weise
saugt P_1, nachdem T_1 sich durch Rücklauf von Kondensat
wieder genügend gefüllt hat, selbsttätig an. Das Ventil V_2

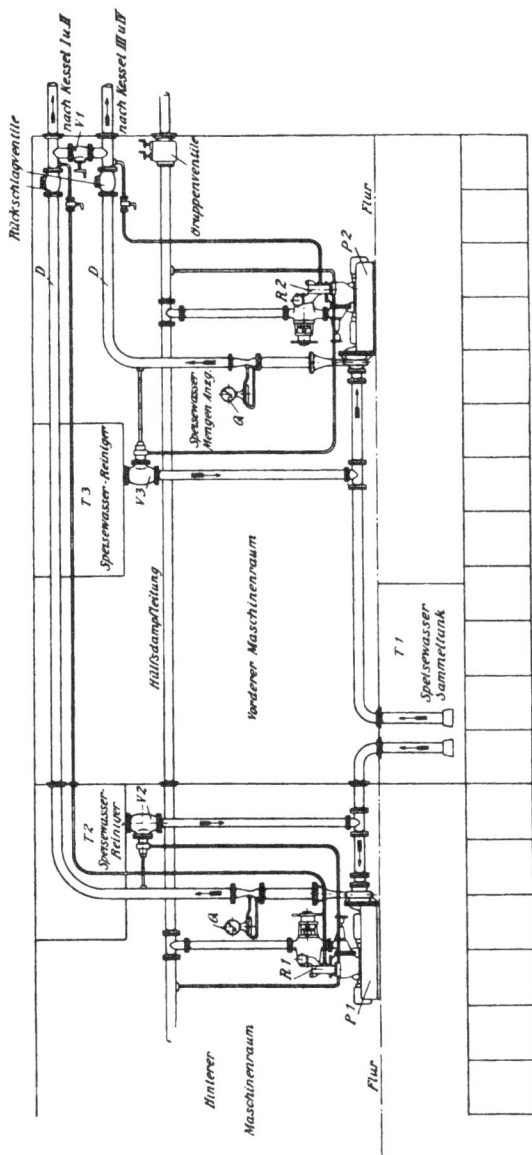

Fig. 232.

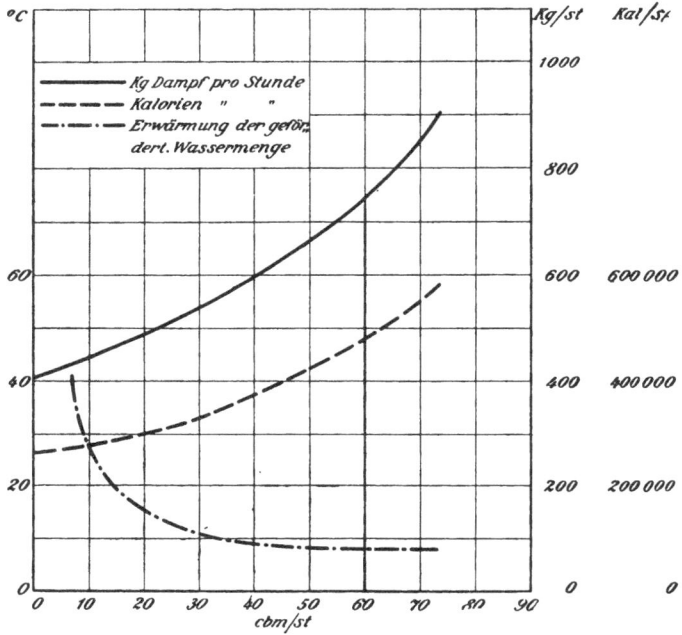

Fig. 233.

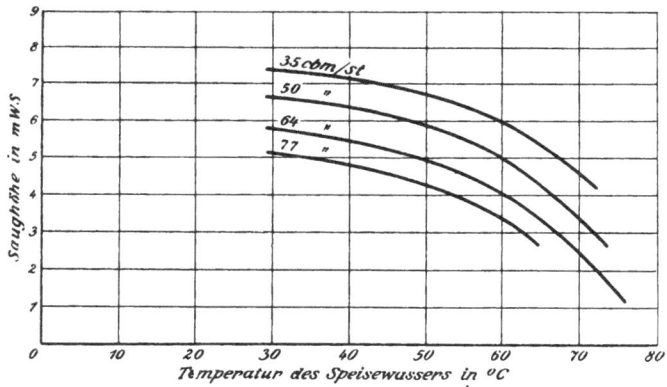

Fig. 234.

ist ferner in Verbindung mit dem Raum unter dem Regulierkolben des Regulierapparates von P_1, in welchem der Dampfdruck für die Regulierung zur Wirkung kommt. Ist V_2 geschlossen, so bleibt auch die Verbindungsleitung zwischen
dem Regulierapparat und V_2 geschlossen. Beim Öffnen von
V_2 wird zugleich die vorerwähnte Leitung so geöffnet, daß
Dampf nach dem Wasserraum des Ventiles V_2 überströmen
kann und dadurch der Dampfdruck unter dem Regulierkolben
sinkt. Auf diese Weise wird die Tourenzahl der Pumpe, auch
bei Leerlauf so niedrig eingestellt, daß der Sicherheitsregulator noch nicht zur Wirkung kommen kann. Die Be-

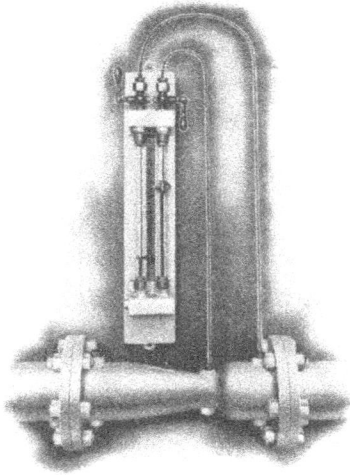

Fig. 235.

ziehung, welche T_2 und V_2 zu Pumpe P_1 haben, gilt analog
für P_2, T_3, V_3.

Der Abdampf der Antriebsturbine kann zum Anwärmen des
Kesselspeisewassers verwendet werden, indem man den Dampf
mittels Düse direkt in das Wasser einführt. Die Temperaturen,
welche sich durch die Ausnutzung des Abdampfes einer Pumpe von
normal 60 t Stundenleistung ergeben, sind aus beifolgender
Kurve ersichtlich (Fig. 233).

Die Saughöhe, welche die Pumpe überwindet, ist abhängig
von der Temperatur des Speisewassers und wird, ehe ein Ab-
reißen des Wassers erfolgt, die Menge des geförderten Wassers
geringer. Kurvenbündel Fig. 234 gibt diese Fördermengen

für eine Pumpe von normal 60 t Stundenleistung bei den in Frage
kommenden Temperaturen und Saughöhen.   Zum Erkennen der
den Pumpen entnommenen Wassermengen wird ein äußerst einfacher Wassermesser Q (Fig. 235) eingebaut.   Es wird zwischen
einer düsenförmigen starken Verengung in der Druckleitung
und einem benachbarten Punkt der Leitung ein Quecksilber-

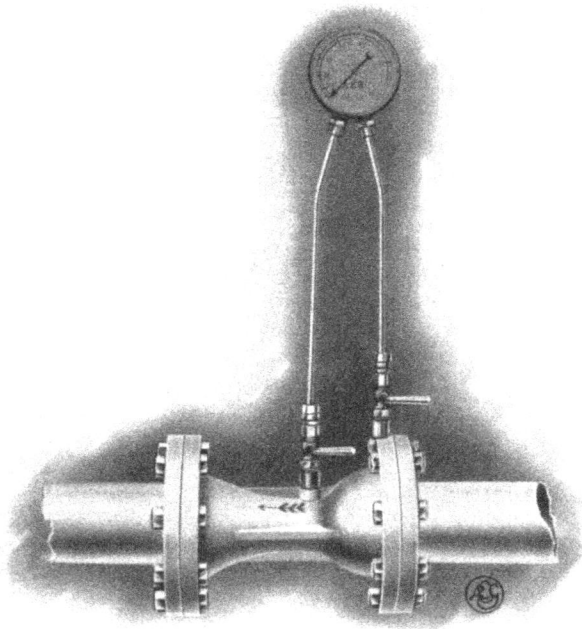

Fig. 236.

Differentialmanometer geschaltet.   Die Quecksilbersäule stellt
sich bei verschiedener durchfließender Wassermenge verschieden
hoch ein und gibt hierdurch ein genügend genaues Bild von der
durchfließenden Menge.   Das Glasrohr kann auch durch ein
Zeigerinstrument (Fig. 236) ersetzt werden.

Abgesehen von dem geringen Raumbedarf der Pumpen,
sei hier noch besonders auf das geringe Gewicht derselben hingewiesen; es beträgt dies z. B. für die Pumpe einer etwa 8000 PS-
Anlage nur 400 kg.

§ 192. Einige Bemerkungen über die zum Antrieb der Hilfs-maschinen verwendeten Turbinen.

Es ist nicht vorteilhaft, die Turbinen für die Hilfsmaschinen so zu konstruieren, daß sie für ein hohes Vakuum eingerichtet sind, da es nicht möglich ist, die Abdampfrohre so weit herzustellen, daß auf dem langen Weg zwischen Hilfsmaschine und Kondensator das Vakuum erhalten bleibt. Man richtet daher die Turbinen für die Hilfsmaschinen derartig ein, daß sie mit Auspuff arbeiten und daß die im Abdampf enthaltene Wärme noch soweit als möglich in Speisewasservorwärmern ausgenutzt wird, wie dies beim Antrieb der Hilfsmaschinen durch Kolbenmaschinen geschieht. Dementsprechend lohnt es sich nicht, die Turbinen für Hilfsmaschinen mit Trommeln zu versehen, sondern es bestehen die Turbinen lediglich aus einem zwei- bis dreikränzigen Curtisrad (vgl. Fig. 232). Wenn auch der Dampfverbrauch im Vergleich zu demjenigen von Hauptturbinen ein verhältnismäßig hoher ist (je nach der Größe der Hilfsmaschinen und der verwendbaren Tourenzahl etwa 15 bis 20 kg pro PSe), so ist derselbe doch wesentlich geringer als bei Hilfsmaschinen mit Kolbenantrieb. Wie allgemein bekannt ist, besitzen namentlich die direkt wirkenden Dampfpumpen oft einen Dampfverbrauch von etwa 30 bis 50 kg pro PSe und noch mehr.

XII. Teil.

Meſsvorrichtungen.

I. Abschnitt.
Speisewassermessung.

§ 193.   Vorrichtungen zur Speisewassermessung.

Da der Dampfverbrauch der Turbinen den sichersten Maßstab für deren Ökonomie bildet, ist eine zuverlässige Speisewasser-
bzw. Kondensatmessung von besonderer Bedeutung für die
Beurteilung derselben.

Eine Messung des Kohlenverbrauches, wie sie an Bord
üblich ist und natürlich zur Feststellung des wirtschaftlichen
Gesamtergebnisses der Maschinen- und Kesselanlage auch nicht
entbehrt werden kann, gibt allein keinen einwandfreien Aufschluß über die vom Standpunkt der Turbinenkonstruktion
aus interessierende Ökonomie der Hauptmaschinen, da auf
das Ergebnis einer Kohlenmessung der Dampfverbrauch der
Hilfsmaschinen, der Heizwert des Brennstoffes und der Wirkungsgrad der Kessel von großem Einfluß sind.

Eine zweckmäßige Methode zur Kondensatmessung, die
neben großer Genauigkeit auch den Vorteil geringen Platz-
bedarfes hat und bequemes Ablesen gestattet, sei nachstehend
beschrieben:[1])

In die Rohrleitung von der Luftpumpe zum Warmwasserkasten wird ein Tank eingebaut (Fig. 237), aus dem das Kondensat
durch eine oder mehrere Düsen von bekanntem Querschnitt
frei in ein Abflußrohr nach dem Warmwasserkasten hin ausströmt. Im Tank selbst stellt sich im Beharrungszustand der
Wasserspiegel auf eine von dem Querschnitt der Meßdüse und
der stündlichen Kondensatmenge abhängige konstante Höhe ein.

Aus dieser Druckhöhe H, gemessen zwischen Wasserspiegel
im Tank und Mitte der Ausflußdüse, sowie dem Düsenquer-

---

[1]) Vgl. Foettinger, Jahrbuch der Schiffsbautechnischen Gesellschaft.
Jahrg. 1910.

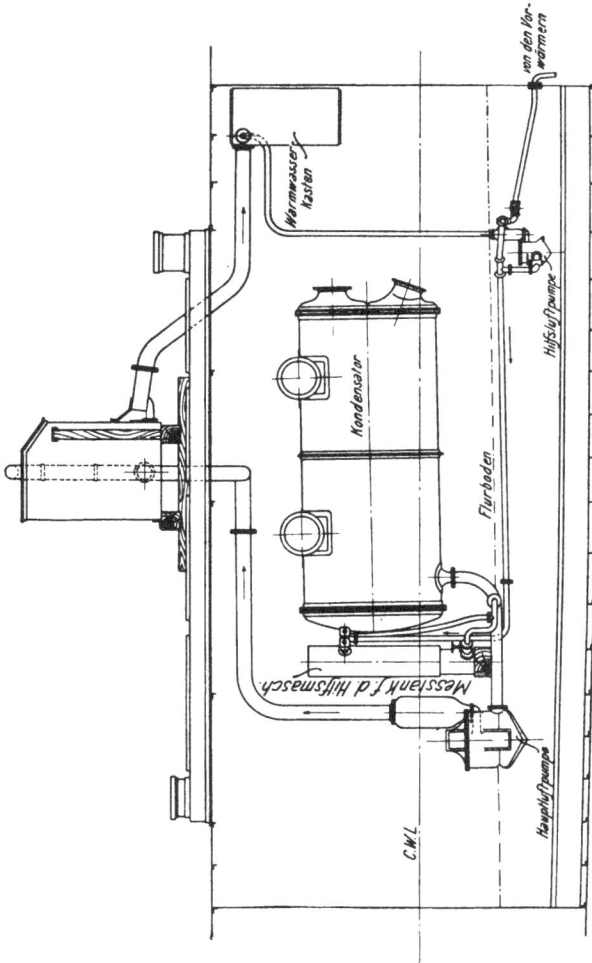

Fig. 237.

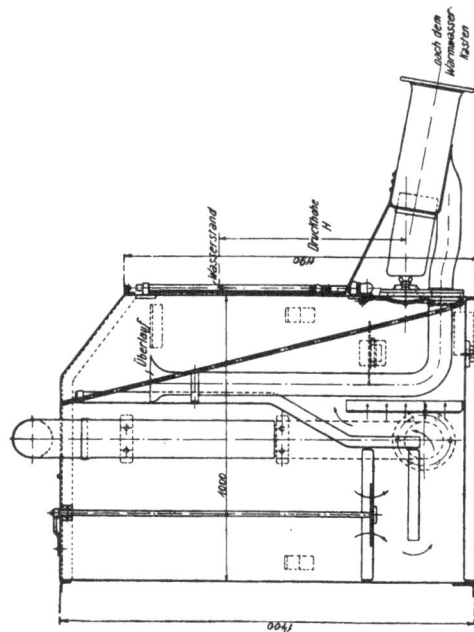

Fig. 239.

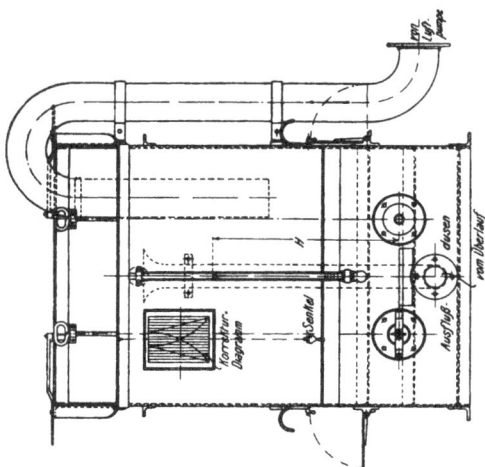

Fig. 238.

schnitt f kann dann ohne weiteres die ausfließende Wassermenge $Q = c \cdot f \cdot \sqrt{2 \cdot g \cdot H}$ berechnet werden.

In vorstehender Gleichung ist c der sog. Ausflußkoeffizient,
der bei den zur Messung benutzten Düsen mit gut abgerundeter
Mündung, wie sie Fig. 240 zeigt, sehr nahe an 1 liegt.

Die Messung der Druckhöhe H erfolgt in einfacher Weise
durch Ablesung des jeweiligen Wasserstandes an einem am Tank

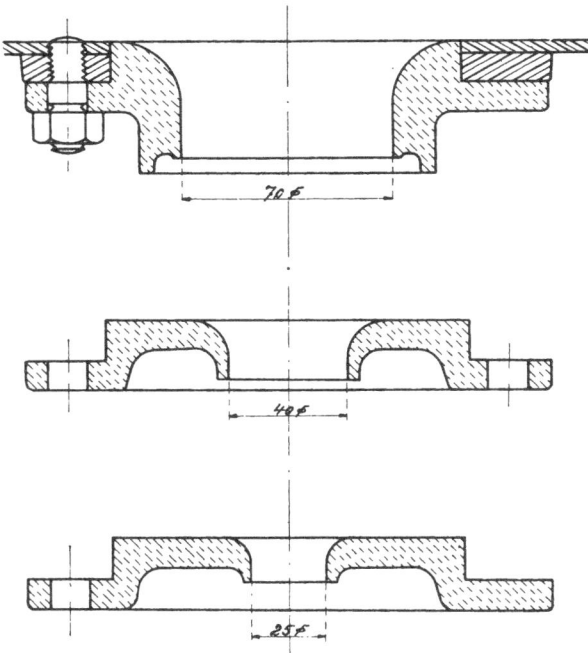

Fig. 240.

angeordneten Maßstabe. Das aus Fig. 238 ersichtliche Korrek-
turdiagramm dient zur Berichtigung der Ablesungen.

Die Fig. 238 und 239 zeigen einen derartigen Meßtank,
welcher bei den angegebenen verhältnismäßig kleinen Dimensionen für eine Durchflußmenge von ca. 100 cbm/Std. genügt.

Der Tank ist durch eine Querwand geteilt; die dadurch
gebildeten beiden Räume kommunizieren unter sich aus der

in Fig. 239 ersichtlichen Weise. Der Zweck dieser Konstruktion ist, das in die hintere Hälfte von der Luftpumpe meist mit beträchtlicher kinetischer Energie geförderte Kondensat vor dem Eintritt in den eigentlichen Ausflußraum zu beruhigen, damit nicht durch starke Schwankungen des Wasserspiegels die Ablesungen ungenau ausfallen. Gleichzeitig wird hierdurch vermieden, daß das Wasser im eigentlichen Ausflußtank eine nennenswerte Geschwindigkeit hat, wodurch natürlich ebenfalls Fehler in der Messung entstehen könnten.

Die Meßdüsen, die leicht ausgewechselt werden können, werden satzweise in bestimmten Durchmesserabstufungen hergestellt. Die Ausflußkoeffizienten der Düsen werden durch Eichung ermittelt; zweckmäßig wird für jede Düse eine Eichkurve aufgestellt, aus welcher direkt zu entnehmen ist, welche stündliche Wassermenge bei bestimmter Druckhöhe durchfließt.

Fig. 237 zeigt die Anordnung eines derartigen Kondensat-Meßtanks und der erforderlichen Rohrleitungen auf einem Torpedoboot.

Auf eine andere Methode der Speisewassermessung ist bereits in § 191 im Anschluß an die Beschreibung der Kesselspeisepumpen mit Turbinenantrieb hingewiesen worden.

II. Abschnitt.

Bremseinrichtungen.

§ 194. Allgemeines.

Für die Beurteilung der Wirkungsweise und damit für die weitere Entwicklung der Schiffsturbine hat sich die Vornahme von Probebelastungen und von eingehenden Dampfverbrauchsmessungen bereits vor dem Einbau der Turbine in das Schiff als sehr zweckmäßig erwiesen. Es wird hierdurch ermöglicht, etwaige Mängel einer Turbine vor deren Einbau in das Schiff zu erkennen und zu beseitigen. Es braucht dann nicht erst das summarische Resultat der erzielten Schiffsgeschwindigkeit und das Ergebnis der meist nur mit Schwierigkeiten ausführbaren Messungen an Bord abgewartet werden, sondern es kann schon lange vorher, unmittelbar nach erfolgter Fertigstellung der Turbine an sich, eine Messung des Dampfverbrauches durchgeführt werden, wobei zugleich auch durch die erheblich bequemeren Meßeinrichtungen im Prüffeld genauere Resultate gewonnen werden können und außerdem ein weit umfangreicheres Zahlenmaterial zu erzielen möglich ist als an Bord, wo zu jeder Leistung nur eine bestimmte, durch den Propeller vorgeschriebene Umdrehungszahl gehört. Bei der Erprobung im Prüffeld kann dagegen durch Verwendung geeigneter Vorrichtungen zum Abbremsen der Turbinenleistung sowohl letztere als auch die Tourenzahl in ziemlich weiten Grenzen verändert werden.

Über die seinerzeit erforderlichen Vorarbeiten für die Schaffung einer solchen Bremseinrichtung sei auf einen Artikel in der Zeitschrift des Vereins Deutscher Ingenieure, Jahrgang 1906, Nr. 34, Seite 1353, verwiesen.

§ 195. Wasserbremsen.

Zum Abbremsen wird bei den in Frage kommenden großen Leistungen meist die Reibung umlaufender Scheiben an Wasser bzw. die Reibung eines durch die umlaufenden Scheiben gebildeten Wasserringes gegen ein ruhendes Gehäuse benutzt. Dieses Bremsgehäuse ist um seine Achse drehbar gelagert und kann durch einen Anschlag begrenzte Ausschläge machen. Das Moment, welches diese Drehung zu bewirken sucht, ist das von den Scheiben durch Reibung auf den Wasserring und von diesem auf die Wandung des Gehäuses übertragene abzubremsende Drehmoment der Welle.

Die Größe dieses Momentes kann leicht gemessen werden, indem man die Kraft ermittelt, welche an einem bestimmten Hebelarm notwendig ist, um das Gehäuse im Gleichgewicht gegen Drehung zu halten.

Fig. 241 zeigt die Verbindung einer solchen Wasserbremse mit einer Torpedobootsturbine im Prüffeld der AEG-Turbinenfabrik. Das Messen der Bremskraft am Gehäuseumfang der Bremse erfolgt an der einen Seite mittels Zugorgans — Federdynamometer —, an der anderen Seite mittels Druckorgans, Druckstempel und Meßdose oder Brückenwage.

Fig. 242 und Fig. 243 geben in Ansicht und Schnitt die Zeichnung einer solchen Wasserbremse, wie sie zur Erprobung einer Kreuzerturbine ausgeführt wurde.

Fig. 243 zeigt im besonderen die Auflagerung des Bremsgehäuses, um ein möglichst reibungsfreies Schwingen desselben bei den verschiedenen Belastungen zu erreichen.

Fig. 244 gibt in Kurvenform die von glatten Scheiben von verschiedenen Durchmessern bei verschiedenen Umlaufzahlen und voller Füllung der Bremsgehäusekammern vernichteten Pferdestärken. Die unteren Enden der Kurven entsprechen ungefähr den niedrigsten Tourenzahlen, bei denen die Bremsen noch betriebsfähig sind. Bei langsamerem Gang läßt sich die

Ausbildung von umlaufenden Wasserringen nicht mehr erzielen, und der Betrieb wird so unregelmäßig, daß Messungen nicht mehr möglich sind. Innerhalb des brauchbaren Tourengebietes

Fig. 241.

ist eine kontinuierliche Leistungsregulierung bis auf einen kleinen Bruchteil der Volleistung möglich dadurch, daß das Wasser von einzelnen Kammern gänzlich abgeschaltet und

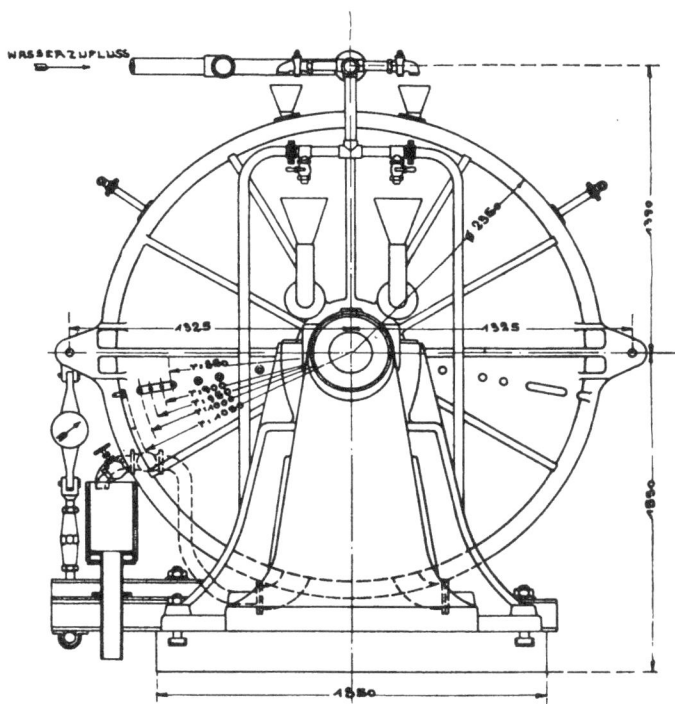

Fig. 242.

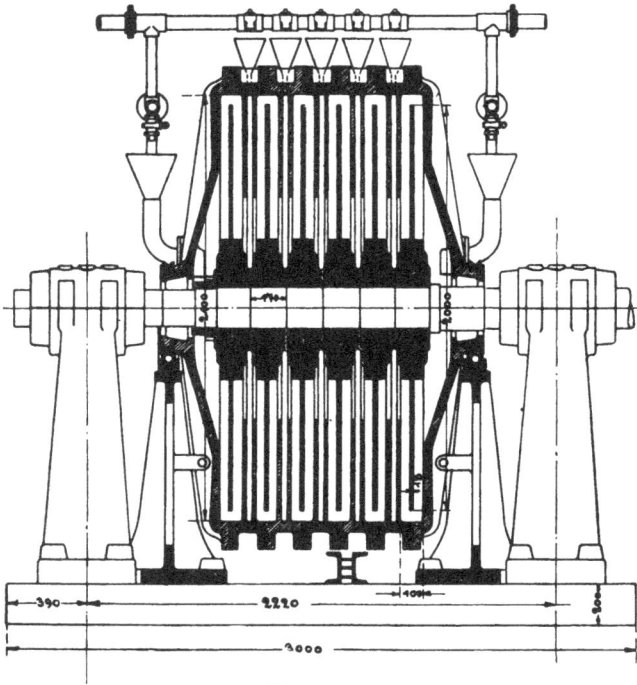

Fig. 243.

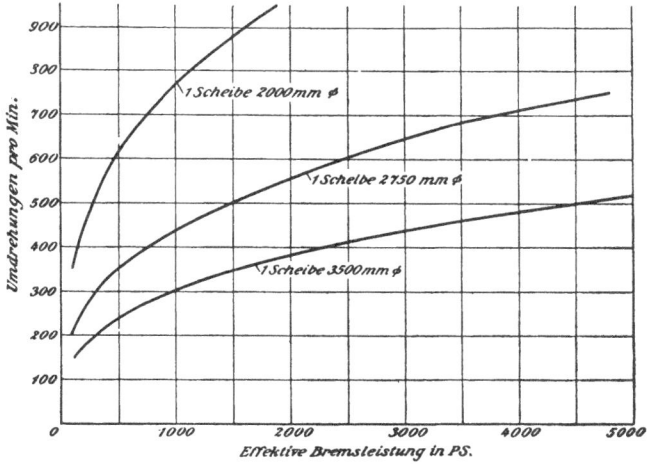

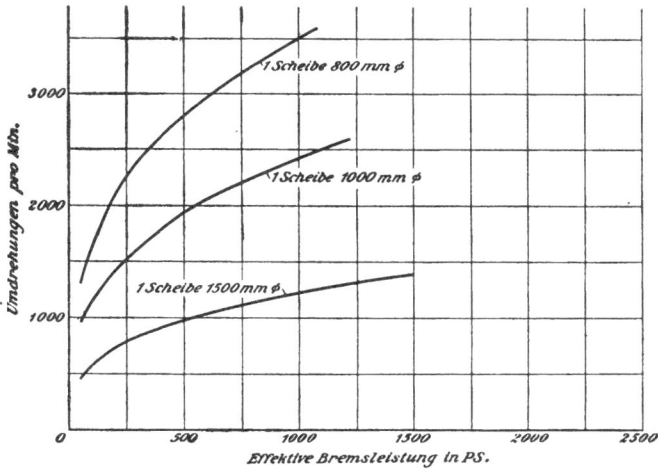

Fig. 244.

außerdem die radiale Breite des Wasserringes durch Einregulieren des Wasserzu- und Abflusses mittels entsprechender Schieber oder Ventile verändert wird.

Die für das Abbremsen durch eine Wasserbremse erforderliche Wassermenge bestimmt sich aus der durch die Bremsarbeit erzeugten äquivalenten Wärmemenge, wobei zu beachten ist, daß die Temperatur des ausfließenden Wassers nicht über 85° C steigen darf, um etwaige örtliche Dampfbildungen zu vermeiden, weil mit diesen ein unregelmäßiger Gang der Bremseinrichtung verbunden ist und das Ablesen genauer Werte unmöglich wird. Die Leistungsaufnahme der Bremsscheiben läßt sich durch Vergrößerung der Reibungsflächen mittels aufgesetzter konzentrischer Ringe oder durch Löcher in den Bremsscheiben, die eine vermehrte Wirbelbildung bewirken, bedeutend steigern.

§ 196. Lamellenbremsen.

Um bei Turbinen mit verhältnismäßig niedrigen Umdrehungszahlen größere Leistungen abzubremsen, kann an Stelle einer Wasser- oder Wirbelbremse, die für diese Verhältnisse sehr große Abmessungen erhalten muß, eine sog. Lamellenbremse nach Fig. 245 und 246 Verwendung finden, welche wesentlich kleinere Dimensionen erfordert, da sie nicht Flüssigkeitsreibung, sondern die weit größere Reibung zwischen Metall- und Holzflächen benutzt, die durch hydraulischen Druck zusammengepreßt werden.

Die Lamellenbremse besteht aus einem gußeisernen zylindrischen Gehäuse A, welches eine Anzahl von axial verschiebbar gelagerten, gegen Drehen jedoch im Gehäuse gesicherten Scheiben B enthält, die auf beiden Seiten mit Einsätzen aus Hirnholz versehen sind. Zwischen den im Gehäuse feststehenden Scheiben drehen sich Scheiben C aus Stahl, welche auf der Welle durch Federn gehalten werden, sich jedoch in axialer Richtung verschieben können. Das Anpressen der festen und drehbaren Scheiben gegeneinander geschieht durch Wasserdruck, welcher auf einen in einem Boden des Gehäuses untergebrachten Kolben D wirkt.

Die Regulierung des Wasserdruckes wird dadurch erreicht, daß man stets etwas Wasser aus dem Druckraum vor dem Kolben ausfließen läßt und die Öffnung des Austritts- oder Eintrittsventils für das Druckwasser von Hand verändert.

Das zur Kühlung und Schmierung der reibenden Flächen erforderliche Kühlwasser wird in der Nähe der Nabe eingeführt und tritt am äußeren Umfange des Gehäuses aus.

Das Messen des abgebremsten Momentes geschieht in derselben Weise wie oben bei der Wasserbremse beschrieben.

Ein klares Bild über die Vorzüge, welche eine Lamellenbremse gegenüber einer Wasserbremse hinsichtlich der Außenabmessungen aufweist, ergibt ein Vergleich der Fig. 247 und 248.

Die erstere Abbildung stellt eine Torpedobootsturbine mit Wasserbremse dar, die letztere eine Niederdruckrückwärts-

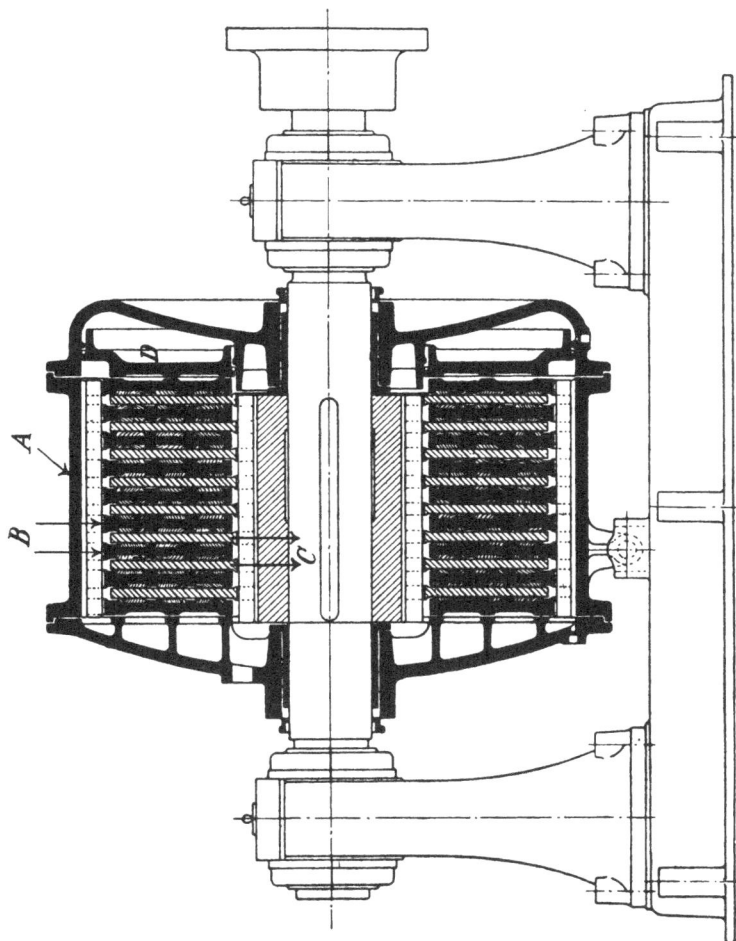

Fig. 245.

turbine für einen großen Handelsdampfer in Verbindung mit einer Lamellenbremse beides im Prüffeld der Vulcan-Werke Hamburg und Stettin. Während die Lamellenbremse imstande ist, schon bei 200 Touren 4000 PS aufzunehmen, erfordert die weit größere Wasserbremse für die gleiche Leistung über 400 Umdrehungen pro Minute. Allerdings ist eine feinere Regulierungsmöglichkeit und die leichte Umsteuerbarkeit unter Last ein Vorzug der Wasserbremse gegenüber der Lamellenbremse.

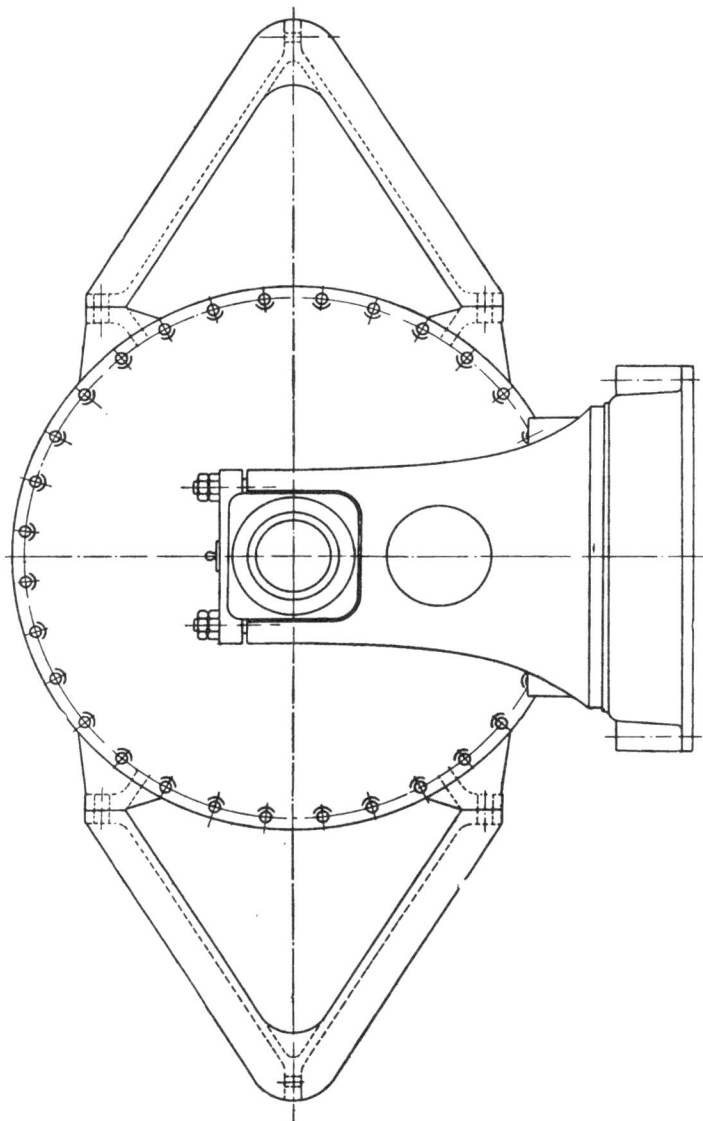

Fig. 246.

Fig. 247.

Fig. 248.

§ 197. Die Foettinger Bremse.*)

Diese Bremse besteht im Prinzip aus einem auf der angetriebenen Welle *a* sitzenden Zentrifugal-Pumpenrad *b* und
einem um die Welle frei drehbaren, das Pumpenrad umschlie-
ßenden Gehäuse *c*, wie in Fig. 249 dargestellt.

---

*) Siehe Patentschriften Nr. 252970 und 249782.

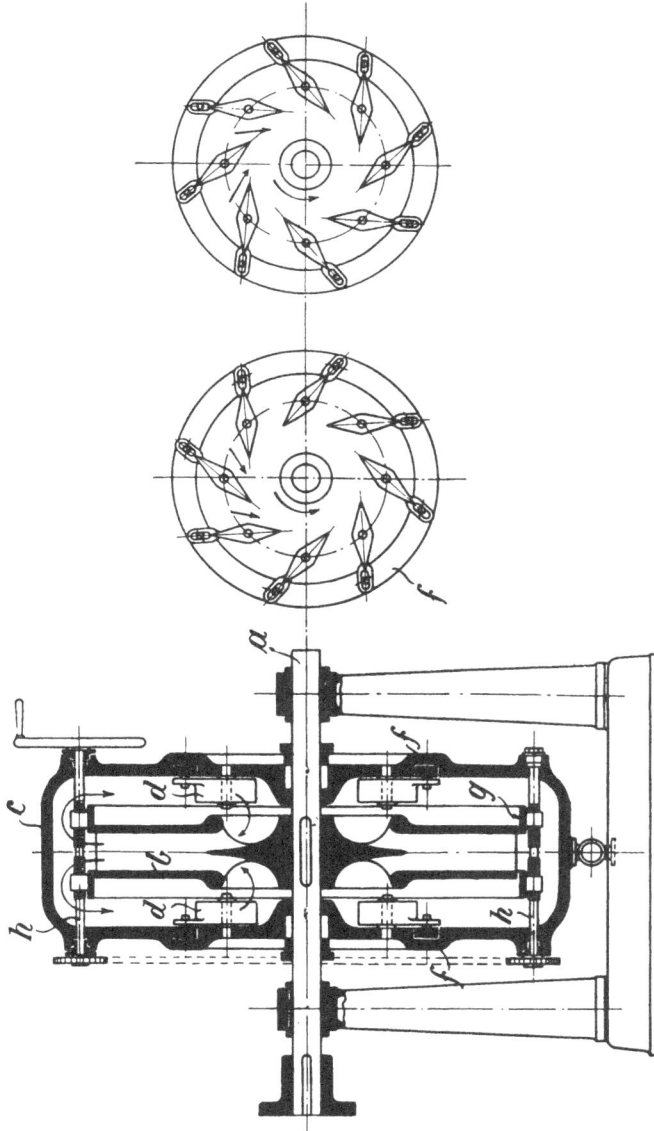

Fig. 249.

Das Gehäuse wird vollständig mit Wasser gefüllt, welches bei der Drehung der Welle in Strömung versetzt wird, wie dies durch die Pfeile in den Seitenansichten angedeutet ist. Gleichzeitig wird dem zirkulierenden Wasser jedoch auch eine Geschwindigkeit in tangentialer Richtung erteilt, so daß die eigentliche Bewegung des Wassers in Spiralen erfolgt und dieses mit einer gewissen Umfangsgeschwindigkeit wieder ins Laufrad eintritt.

Durch Drosselklappen bzw. drehbare Leitschaufeln d, welche in den Seitenansichten dargestellt sind, kann nun diese tangentiale Eintrittsgeschwindigkeit und gleichzeitig auch die zirkulierende Wassermenge verändert sowie die Strömungsrichtung des eintretenden Wassers auch der Drehrichtung des Laufrades entgegengesetzt gerichtet werden, wodurch die Arbeitsaufnahme des Laufrades verändert und der zu bremsenden Leistung angepaßt werden kann.

Die Einstellung der Klappen wird in ähnlicher Weise wie bei Wasserturbinen dadurch ermöglicht, daß alle Klappen durch Gelenke mit einem konzentrisch zur Drehachse liegenden Ring f verbunden sind, welcher sich von außen von Hand verstellen läßt.

Die zirkulierende Wassermenge kann jedoch auch durch Ringschieber g, welche den äußeren Umfang des Laufrades umschließen, verändert werden. Die Bewegung dieser Ringschieber wird durch Schraubenspindeln h bewirkt, welche durch die Gehäusewand nach außen geführt und hier in geeigneter Weise miteinander gekuppelt sind, um ein gleichmäßiges axiales Verschieben des Ringes zu erreichen.

Das erforderliche Kühlwasser wird in der Nähe der Welle eingeführt und an geeigneter Stelle des Umfanges unten wieder abgeleitet. Die Kühlwassermenge selbst wird genau wie bei anderen Bremsen, der Erwärmung entsprechend, von Hand reguliert und eingestellt.

III. Abschnitt.
Torsions- und Schubmesser.

§ 198. Leistungsmessung mittels Torsionsindikators.

Für die Messung der effektiven Leistungen, welche Schiffsturbinen im Bordbetriebe entwickeln, bedient man sich fast allgemein des Torsionsindikators nach System Föttinger, welcher die elastische Verdrehung der Laufwellen und damit das von diesen übertragene Drehmoment festzustellen ermöglicht (vgl. auch »Schiffsmaschinen«, IV. Auflage, VI. Teil.

Natürlich kann ein solcher Apparat auch im Prüffeld vorteilhaft Verwendung finden, indem man denselben zwischen Turbine und Bremsvorrichtung einbaut, und so die Leistungsangaben der Bremse kontrolliert.

Da das von Schiffsturbinen im Beharrungszustand entwickelte Moment vollständig konstant ist, im Gegensatz zum Kolbenmaschinenantrieb, wo fast stets größere periodische Schwankungen des Drehmomentes innerhalb jeder Umdrehung auftreten, und da auch die vom Propeller herrührenden Torsionsschwingungen der Welle erfahrungsgemäß meist nur kleine Amplitude aufweisen, so ist es bei Turbinenanlagen nicht unbedingt notwendig, den zeitlichen Verlauf des zu messenden Momentes in Diagrammform aufzuzeichnen, vielmehr genügt es, den durch das Hebelwerk des Apparates vergrößerten Verdrehungsbogen an dem Zeiger einer nicht rotierenden Skala abzulesen (vgl. Fig. 251).

Bisweilen wird jedoch außer einer festen Skala auch noch eine registrierende Schreibvorrichtung zum Aufzeichnen des Drehmomentes in Anwendung gebracht.

Diese Einrichtung ermöglicht es, die Schwankungen des Drehmomentes bei Änderung der Belastung, insbesondere beim Umsteuern der Welle, sowie eventuell auftretende stärkere Torsionsschwingungen zu untersuchen. Diese Aufzeichnungen liefern wertvolles Material, um verschiedene Fragen, wie z. B. die Beanspruchung der Welle beim Umsteuern, zu klären.

Die normale Konstruktion eines Föttingerschen Torsionsindikators für konstantes Drehmoment geht aus den Fig. 250 und 251 hervor. (Bei letzterem Torsionsindikator ist außer der Skala noch eine Schreibvorrichtung vorgesehen.) Die Übertragung und Vergrößerung des zur Messung benutzten Verdrehungsbogens erfolgt zunächst durch zwei mit den Armscheiben rotierende ungleicharmige Winkelhebel, welche eine auf dem Meßrohr axial verschiebbare und mit diesem rotierende Hülse bewegen. Ein an dieser Hülse angebrachter Flansch verstellt eine mit einem entsprechenden Anschlag versehene Zahnstange, die in ein mit dem Zeiger verbundenes Zahnrad eingreift. Durch eine schwache Spiralfeder, die auf das Zahnrad wirkt, wird die Zahnstange mit dem Anschlag gegen den Bund der Hülse gedrückt.

Um eine genaue axiale Einstellung der Skala gegenüber
der Welle zu ermöglichen und etwaige gegenseitige Verschie-
bungen dieser Teile unschädlich zu machen, wird die Skala

Fig. 250.

selbst in Richtung der Wellenachse verschiebbar angeordnet
und mit einem Anschlag versehen, der auf einer an der Lauf-
büchse für die Hülse angeordneten Lauffläche schleifen kann.

Während der Ablesung muß die Skala vermittelst eines kleinen Handhebels mit dem Anschlag leicht gegen diese Lauffläche angedrückt werden. Sobald dieser Handhebel freigegeben wird,

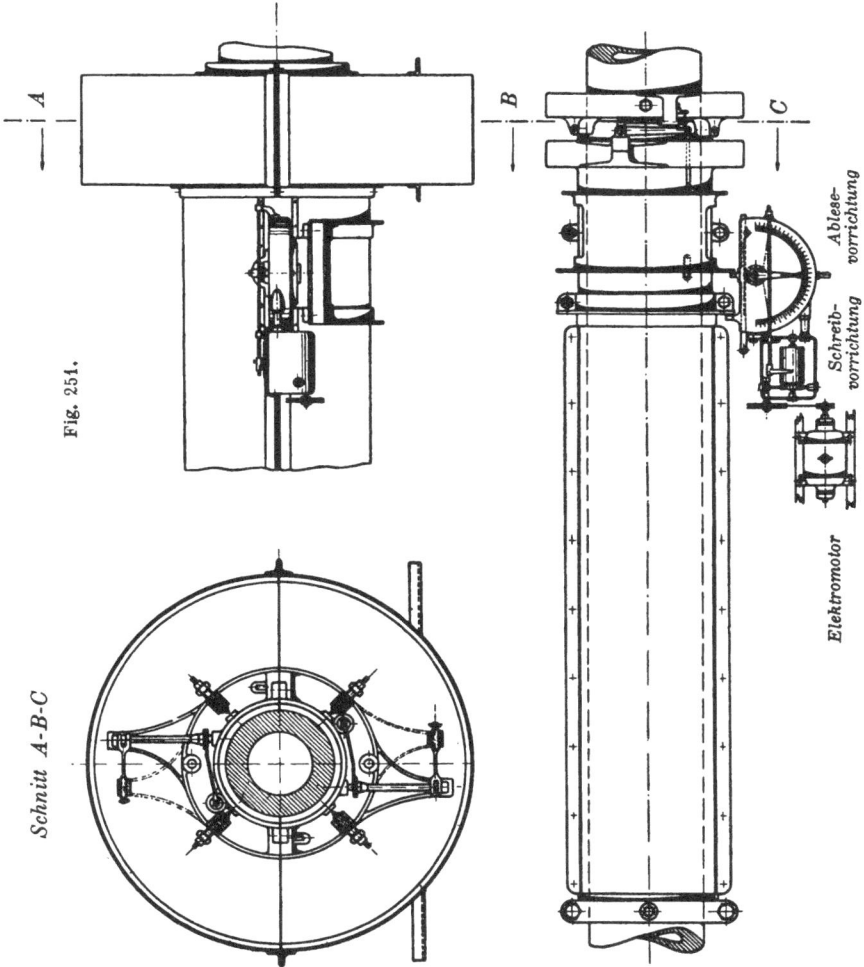

Fig. 251.

Schnitt A-B-C

rückt sich die ganze Ablesevorrichtung durch Federkraft selbsttätig aus.

Die Konstruktion der Armscheiben selbst erhellt aus Fig. 251. Die Abstützung und Zentrierung der am Meßrohr sitzenden beweglichen Scheibe gegenüber der festen erfolgt durch vier symmetrisch angeordnete Pendelstützen.

Die Berechnung des Momentes und der übertragenen Leistung aus den Ablesungen an der Skala stützt sich auf die nachstehend angegebenen Beziehungen.

Bedeutet:

s in cm den tatsächlichen Verdrehungsbogen, gemessen an dem äußeren kurzen Arm der Winkelhebel,

R in cm den Meßradius, das ist der Abstand dieser äußeren Hebelarme von der Wellenmitte,

L in cm die Meßlänge, d. i. die Entfernung zwischen den Befestigungsstellen des Meßrohres und der festen Armscheibe auf der Welle,

J in cm⁴ das polare Trägheitsmoment des innerhalb der Meßlänge konstanten Wellenquerschnittes,

G in kg/qcm den Schubelastizitätsmodul des Wellenmaterials,

M in kg/cm das die Welle verdrehende Moment, so ist

$$s = \frac{L \cdot R \cdot M}{G \cdot J} \quad \text{oder} \quad M = s \cdot \frac{G \cdot J}{L \cdot R}.$$

Bezeichnet ferner:

i das gesamte Übersetzungsverhältnis des Hebelwerkes und der Zahnstangenübertragung auf den Skalenzeiger,

a in mm den Ausschlagbogen des Skalenzeigers aus der Nullstellung, so ist

$$s_{cm} = \frac{a}{10 \cdot i}$$

und es wird

$$M = \frac{a}{10 \cdot i} \cdot \frac{G \cdot J}{L \cdot R} = C_1 \cdot a.$$

Macht die Welle gleichzeitig n Umdrehungen pro Minute, so ist die übertragene Leistung

$$N_e = \frac{M}{100 \cdot 75} \cdot \frac{n \pi}{30} \quad \text{in PS.}$$

Mit dem obigen Wert für M wird:

$$N_e = \frac{a \pi}{2\,250\,000} \cdot \frac{G \cdot J \cdot n}{i \cdot L \cdot R} = \frac{a}{716\,200} \cdot \frac{G \cdot J \cdot n}{i \cdot L \cdot R}$$

oder

$$N_e = C_2 \cdot n \cdot a.$$

C_1 und C_2 werden als Konstanten des Apparates bezeichnet, da sie nur von den Dimensionen des Indikators und der Meßwelle sowie dem Material der letzteren abhängen.

Der Ausschlag a wird an dem in mm geteilten Skalenbogen abgelesen, wobei natürlich eine entsprechende Korrektur der direkten Ablesung notwendig ist, wenn die Zeigerstellung bei spannungslosem Zustand der Welle von dem Nullpunkt der Skala abweicht. Es ist deshalb unbedingt erforderlich, vor und

Fig. 252.

nach den Messungen diese richtige Nullstellung zu ermitteln
bzw. zu kontrollieren.

Das Wellenstück, auf dem der Torsionsindikator montiert
ist, wird sorgfältig kalibriert ausgeführt. Im Interesse einer
möglichst genauen Messung wird meistens auch der Schubelastizitätsmodul G der Meßwelle vor dem Einbau derselben in das Schiff
durch direkte Eichung ermittelt. Übrigens ist der Schubelastizitätsmodul des Wellenmaterials meist ziemlich konstant im Mittel
ca. 830000 kg, sodaß — wenn es nicht auf Präzisions-Messungen
ankommt — ein besonderes Eichen der Welle unterbleiben kann.

Fig. 252 zeigt eine derartige Eichvorrichtung. Die Welle
ist an dem einen Ende eingespannt, während am anderen Ende

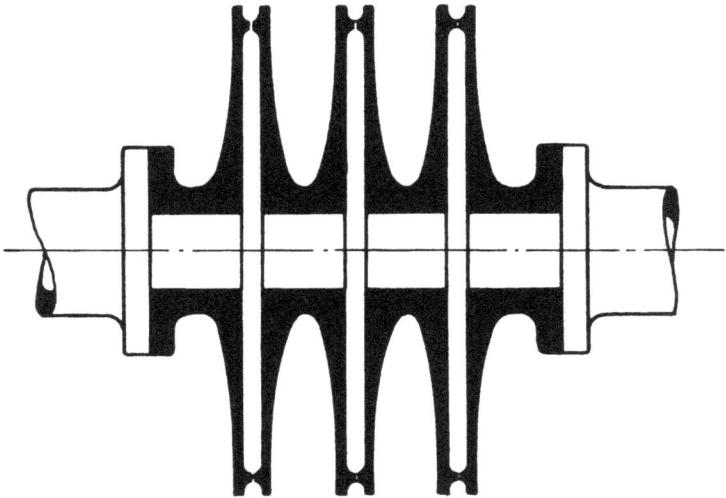

Fig. 253.

ein langer doppelarmiger Hebel befestigt ist, der sich auf eine
Brückenwage stützt. Die Wage wird durch Gewichte belastet
und durch entsprechende Einstellung der mit Mutter und Gewinde versehenen Druckstütze zum Einspielen gebracht. Die
Angabe der Wage entspricht dann der an dem Hebelarm angreifenden Kraft, welche die Welle verdreht. Die Größe des
Verdrehungswinkels zwischen zwei bestimmten Querschnitten
der Meßwelle wird dann in bekannter Weise durch Spiegel-
ablesungen mittels Fernrohr und Millimeterskala ermittelt.

In derselben Weise kann man natürlich auch den auf der
Meßwelle montierten Torsionsindikator direkt eichen und für
den ganzen Apparat eine besondere Eichkurve aufstellen, aus
welcher dann ohne weitere Rechnung das zu jeder Zeigerstellung
an der Skala gehörige Drehmoment entnommen werden kann.

§ 199. Schubmessung.

In ähnlicher Weise, wie das Drehmoment der Turbine, kann auch der durch die Welle übertragene Propellerschub

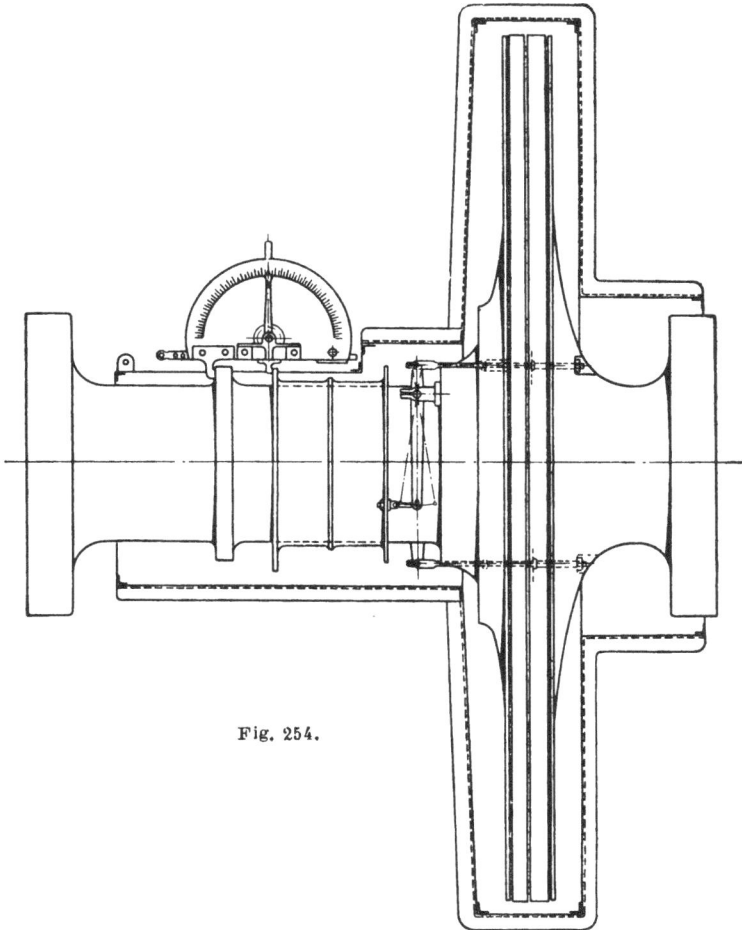

Fig. 254.

durch Beobachtung der elastischen Formänderung eines in die Wellenleitung zwischen Turbine und Propeller eingeschalteten Wellenstückes gemessen werden, welches so ausgebildet ist,

Bauer u. Lasche, Schiffsturbinen.   26

daß es unter der Wirkung des zu übertragenden Schubes in axialer Richtung eine meßbare elastische Längenänderung erleidet.

Der Aufbau solcher Schubmesser erfolgt zweckmäßig aus zwei oder mehreren kreisförmigen Platten oder Scheiben, die sich paarweise nur am äußeren Umfang berühren, siehe Fig. 253. Bei Übertragung einer axialen Druckkraft biegen sich diese Scheiben durch, wobei sich die auf der Wellenachse gemessene Gesamtbaulänge der Scheibenpaare verringert. Bei Übertragung einer Zugkraft, wie dies beispielsweise bei Rückwärtsfahrt in Frage kommt, erfolgt eine entsprechende Vergrößerung der axialen Baulänge. Für diesen Fall werden die Scheibenpaare am äußeren Umfang durch entsprechend angeordnete Schraubenbolzen zusammengehalten.

Die Durchbiegungen der Scheiben müssen im allgemeinen klein bleiben, damit unzulässige Materialspannungen vermieden werden; man führt aus diesem Grund meist mehrere gleiche Scheibenpaare aus; die gesamte Längenänderung, welche sich dann als Summe der einzelnen Durchfederungen ergibt, wird durch eine geeignete Hebelübersetzung weiterhin vergrößert und auf eine Skala übertragen.

Fig. 254 zeigt einen Schubmesser mit nur einem Plattenpaar, bei welchem die Vergrößerung der axialen Durchfederung, und deren Übertragung auf eine feststehende Skala durch Vermittlung einer axial verschiebbaren rotierenden Hülse genau in derselben Weise erfolgt wie bei dem in § 198 beschriebenen Torsionsindikator.

Die Durchfederung der Schubmesserscheiben hängt außer von dem zu übertragenden Schub von dem Durchmesser und der von außen nach innen nach bestimmtem Gesetz zunehmenden Dicke der Scheiben, sowie von dem Elastizitätsmodul des Scheibenmateriales ab. Eine Vorausberechnung dieser Durchbiegungen sowie der auftretenden Biegungsbeanspruchungen ist auf Grund der Festigkeitstheorie für kreisförmige Platten in ziemlich zuverlässiger Weise möglich.

Vor Einbau in das Schiff ist jedoch eine genaue Eichung der Schubmesser unbedingt erforderlich. Die Belastung der Scheiben erfolgt hierbei am besten mittels einer sog. Meßdose. Die zu verschiedenen Druck- oder Zugbelastungen gehörigen Stellungen des Zeigers werden an der Millimeterteilung der Skala abgelesen und graphisch als Eichkurve aufgetragen; aus dieser Kurve kann dann zu jedem bei den Messungen an Bord abgelesenen Ausschlag des Skalenzeigers der entsprechende Axialschub der Welle direkt entnommen werden.

XIII. Teil.

Bemerkungen über den praktischen Betrieb von Schiffsturbinenanlagen.

§ 200. Über die Betriebsgefahren, welchen die Schiffsturbinen ausgesetzt sind.

Im allgemeinen ist und bleibt die größte Gefahr, welcher die Turbinen im Betriebe ausgesetzt sind, das Anstreifen der Schaufeln entweder in radialer Richtung am Gehäuse oder Trommelkörper oder in axialer Richtung an den benachbarten Schaufeln. Diese Gefahr ist begründet:

1. in der Empfindlichkeit der Schaufeln, welche schon durch verhältnismäßig geringen Widerstand deformiert oder zerstört werden, und
2. in der Notwendigkeit, den Schaufeln in radialer und axialer Richtung geringe Spielräume zu geben.

Die Gefahr, welche ein Anstreifen der Schaufeln für die Turbine mit sich bringt, ist sehr groß, da dieses fast stets zu so umfangreichen Zerstörungen der Beschaufelung führt, daß ein Öffnen der Turbine und eine teilweise Neubeschaufelung notwendig werden; dies ist aber stets eine mehr oder minder kostspielige, zeitraubende und schwierige Arbeit, welche nicht ohne weiteres an jedem Ort und mit jedem Personal vorgenommen werden kann, so daß sie fast immer eine Rückkehr des Schiffes in den Hafen und in schweren Fällen eine längere Liegezeit an einer leistungsfähigen Werft mit Turbinenfabrik notwendig macht.

Um Schaufel-Havarien nach Möglichkeit zu vermeiden, ist folgendes zu beachten:

1. die axialen und radialen Spielräume müssen groß genug sein (vgl. § 90) u. f.;

26*

2. die Festigkeit der Schaufeln muß für die ungünstigsten
   Betriebsfälle sorgfältig nachgerechnet werden (siehe § 52);
3. das Schaufelmaterial muß sorgfältig geprüft werden;
4. die Legierung der Schaufeln muß auf die Dauer wider-
   standsfähig sein;
5. die Befestigung der Schaufeln und Bandagen muß in
   jeder Beziehung sorgfältig durchdacht und tadellos
   ausgeführt sein. Die Bandagen oder Bindedrähte müssen
   aus dauernd widerstandsfähigem Material hergestellt
   werden;
6. die Deformation des rotierenden Teiles, also der Trommeln, Räder und Wellen, durch deren Gewicht, Zentrifugalkraft und Wärmedehnung müssen vorher genau
   studiert werden, namentlich also:
   a) die kritische Tourenzahl der Wellen (vgl. § 58),
   b) die Durchbiegung der Wellen und Trommeln,
   c) die axiale Durchfederung der Trommelscheiben
      unter dem Einfluß des Dampfschubes,
   d) die Wärmedeformation der Wellen,
   e) die Wärmedeformation der Räder und Trommel-
      scheiben;
7. die Deformation der Turbinengehäuse durch deren Gewicht und Wärmedehnung muß sorgfältig beachtet
   werden, ebenso die Durchfederung der Drucklagerbalken
   infolge des darauf wirkenden Axialschubes;
8. die wechselseitigen Beziehungen zwischen den Deformationen der rotierenden Teile und der feststehenden
   Teile (Gehäuse) müssen klargestellt werden. Manchmal
   addieren sich die Einflüsse beider Deformationen zur
   Vergrößerung oder Verkleinerung der Schaufelspielräume,
   manchmal kompensieren sie sich teilweise;
9. die Entwässerungsleitungen müssen von reichlichem
   Querschnitt sein und geschickt disponiert werden, um
   Wasseransammlungen in den Gehäusen zu verhindern;
10. um den Möglichkeiten anderer Havarien entgegenzu-
    treten, empfiehlt es sich, folgendes zu beachten:
    Die Ölleitung für die Schmierung der Lager ist
    sorgfältig anzulegen, die Ölpumpen müssen reichliche
    Reserve besitzen, der Ölzufluß zu den Lagern muß sich
    leicht kontrollieren lassen. Sämtliche Rohre und Arma-
    turen der Ölleitung müssen vor dem Einbau genau darauf-
    hin untersucht werden, ob sie auch frei von Sand und
    Unreinigkeiten sind;
11. sowohl die Drucklager als auch die Traglager müssen
    durch geeignete Meßvorrichtungen kontrolliert werden
    können, so daß man jeden Augenblick genau darüber
    orientiert ist, wie die Rotoren in axialer und radialer
    Richtung stehen;
12. es ist darauf zu achten, daß die Nottragflächen (vgl. § 113
    stets hinreichend hinter den anderen Lagerflächen zurück)

stehen, damit nicht etwa die Nottragflächen selbst im
normalen Betriebe zum Tragen kommen und heißlaufen;
13. falls beim Einbau der Rotoren nicht auf die verschiedene
Wärmedehnung der Radscheiben bzw. Radsterne und
Trommeln Rücksicht genommen wird (vgl. § 98), kann
ein Loswerden des Verbandes der Rotoren eintreten;
14. die Schnellschlußventile müssen stets betriebsbereit sein;
15. eine Erhitzung des rotierenden Teiles oder des Gehäuses
infolge der bei Rückwärtsgang durch Ventilation ent-
wickelten Wärme muß vermieden werden;
16. das Anwärmen der Turbinen muß sehr sorgfältig geschehen, um ungleichmäßige Erwärmung und entsprechende Deformationen des rotierenden Teiles oder des
Gehäuses zu vermeiden.

§ 201. Die Konservierung von Schiffsturbinen.

Der Konservierung von Schiffsturbinen zwecks Verminderung der unvermeidlichen Oxydationserscheinungen wird in
den meisten Fällen viel zuwenig Beachtung geschenkt.

Die Ursachen, welche Korrosions- und Rosterscheinungen
bewirken, sind:

1. Salzhaltiges Kesselspeisewasser.

Salzhaltiger Dampf übt seine zersetzende Wirkung nicht
nur auf die Eisenteile der Turbinen sondern auch auf die Bronze-
resp. Messingbeschaufelung aus. Glücklicherweise sind die
Turbinen bei der Verwendung der modernen engrohrigen Wasserrohrkessel durch diese vor solchen Zerstörungen ziemlich geschützt, weil die Wasserrohrkessel die Neigung haben, schon
bei Anwesenheit eines sehr geringen Salzgehaltes im Speisewasser überzukochen, wodurch das Personal auf den zu hohen
Salzgehalt aufmerksam gemacht wird.

2. Im Betrieb Lufteintritt in den Dampf durch Außenstopfbüchsen oder sonstige Undichtigkeiten.

Wenn durch die Außenstopfbüchsen oder sonstige Undichtigkeiten während des Betriebes Luft in die Turbinen eintritt,
werden infolge des Sauerstoffgehaltes derselben hauptsächlich
die Rosterscheinungen verstärkt. Da der Lufteintritt außerdem
ein Sinken des Vakuums zur Folge hat, sollte das Betriebs-
personal schon aus diesem Anlaß genötigt werden, unbedingt
für eine gute Instandhaltung der Stopfbüchsen und für die
Vermeidung von Undichtigkeiten zu sorgen.

3. Das Übertreten von Feuchtigkeit vom Kondensator nach der Hauptturbine, wenn im Hafen-
betriebe der Hilfsmaschinenabdampf auf die
Hauptkondensation geschaltet wird.

Es ist heute noch bei vielen Anlagen üblich, keine besonderen Hilfskondensatoren aufzustellen, sondern den Hilfsmaschinenabdampf in die Hauptkondensatoren zu leiten. Da

man infolge der großen Dimensionen, welche die Abdampfstutzen der Turbinen erhalten müssen, nicht in der Lage ist,
wie bei Kolbenmaschinen die Maschinen vom Kondensator
abzusperren, wird bei stilliegendem Schiff während des Betriebes der Hilfsmaschinen die Hauptmaschine ständig mit
unter Vakuum gehalten. Vom Kondensator aus treten dann
einerseits Dampfwrasen in die Turbine über, andererseits wird
durch die Undichtigkeiten der Stopfbüchsen ständig Luft in die
Turbine gesaugt, die im Verein mit der Feuchtigkeit die Rost-
bildung außerordentlich begünstigt. Es ist aus diesem Grunde
anzustreben, daß Schiffsturbinenanlagen mit Hilfskondensatoren
ausgerüstet werden.

4. Bei stilliegendem Schiff das Eintreten von Sicker-
dampf in die Turbinen durch undichte Ventile.

Bekanntlich lassen sich Dampfventile bei den üblichen
hohen Kesseldrücken von Schiffsanlagen auf die Dauer nie
ganz dicht halten, so daß, wenn nicht besondere Vorkehrungen
getroffen werden, damit zu rechnen ist, daß bei stilliegendem
Schiff, solange die Dampfleitungen unter Dampf sind, auch
von hier aus Sickerwasser resp. -dampf in die Turbinen tritt
und zur Verstärkung der Rosterscheinungen Anlaß gibt. Es
ist daher erforderlich, daß in allen Frischdampfzuleitungen
nach den Turbinen stets zwei hintereinander liegende Ventile
angeordnet werden und daß die Rohrverbindung zwischen beiden
mit einer Entwässerungsleitung versehen wird, welche an den
Haupt- oder Hilfskondensator angeschlossen ist, so daß das
direkt an der Turbine sitzende Ventil keinem nennenswerten
Überdruck ausgesetzt ist und daher auch kein Leckdampf in
die Turbinen gelangen kann.

Absolut wirksame Schutzmittel gegen die Rosterscheinungen sind noch nicht bekannt geworden. Anstriche irgend-
welcher Art, von denen hauptsächlich teerhaltige oder oxy-
dierende Öle in Betracht kommen, bieten keinen dauernden
Schutz, da sie unter dem Einfluß des Dampfstromes und der
wechselnden Temperaturen mit der Zeit zerstört werden. Versuche mit Metallüberzügen, von denen wohl hauptsächlich
galvanische Verkupferungen oder Verzinnen oder Verzinken
in Frage kommen, sind bisher noch nicht ausgeführt worden.
Man hat auch versucht, durch Einführung mäßiger Ölquantitäten,
die kurz vor und nach dem Abstellen der Turbinen in die
Stopfbüchsen oder Düsen eingespritzt wurden, das Rosten zu
vermindern. Dadurch wird vermutlich ein teilweiser Erfolg
erreicht, soweit die den Eisenflächen applizierte Ölschicht den
Zutritt von Wasser und Luft erschwert. Die nicht im direkten
Dampfstrom liegenden Teile des Abdampfraumes, an denen
die Rostbildungen am stärksten auftreten, werden allerdings
von einer derartigen Ölung am wenigsten getroffen und folglich
auch am wenigsten geschützt.

Abgesehen davon, daß während des Betriebes der Eintritt
von Luft in die Turbinen soweit als irgend möglich vermieden
werden muß, ist zur Erzielung einer guten Konservierung bei

Stillstand das Hauptaugenmerk darauf zu richten, daß die Turbinen absolut ausgetrocknet und gegen das Eindringen neuer Feuchtigkeit geschützt werden.

Vorausgesetzt, daß eine Turbine so konstruiert ist, daß durch die Entwässerungseinrichtungen alle Wasseransammlungen entfernt werden können, bietet die ziemlich bedeutende Wärmemenge, welche die Metallmassen der Turbine im Betrieb aufnehmen, die Möglichkeit, das Innere der Maschine gut auszutrocknen. Es ist zu dem Zweck nur notwendig, unter Anwendung aller Vorsichtsmaßregeln zur Verhütung des Eindringens von Sickerwasser aus den Frischdampfleitungen, die Turbinen solange als möglich unter Vakuum zu halten, so daß alle Feuchtigkeit durch die Eigenwärme der Maschinen verdampft werden kann.

Wenn eine Turbine vollkommen ausgetrocknet ist und auch für vollkommene Entleerung der Dampfseite des Kondensators gesorgt wurde, besteht keine Gefahr für Verstärkung der Rostbildungen selbst bei längerer Liegezeit, wenn nicht irgendwie neue Feuchtigkeit in die Turbinen eintritt.

XIV. Teil.

Verschiedene Tabellen.

Tabelle No. I.
Knoten, Kilometer, Meter pro Sekunde.

Knoten pro Stunde	Kilometer pro Stunde	Meter proSekunde	Knoten pro Stunde	Kilometer pro Stunde	Meter proSekunde
4	7,413	2,06	14	25,944	7,21
4,25	7,876	2,19	14,25	26,408	7,34
4,5	8,339	2,32	14,5	26,871	7,46
4,75	8,802	2,45	14,75	27,334	7,59
5	9,266	2,57	15	27,797	7,72
5,25	9,729	2,70	15,25	28,261	7,85
5,5	10,192	2,82	15,5	28,724	7,98
5,75	10,656	2,96	15,75	29,187	8,11
6	11,119	3,09	16	29,651	8,24
6,25	11,582	3,22	16,25	30,114	8,37
6,5	12,046	3,35	16,5	30,577	8,49
6,75	12,509	3,47	16,75	31,041	8,62
7	12,972	3,59	17	31,504	8,75
7,25	13,435	3,73	17,25	31,967	8,88
7,5	13,899	3,86	17,5	32,430	9,01
7,75	14,362	3,99	17,75	32,894	9,14
8	14,825	4,12	18	33,357	9,27
8,25	15,289	4,25	18,25	33,820	9,39
8,5	15,752	4,38	18,5	34,284	9,52
8,75	16,215	4,50	18,75	34,747	9,65
9	16,678	4,63	19	35,210	9,78
9,25	17,142	4,76	19,25	35,673	9,91
9,5	17,605	4,89	19,5	36,137	10,04
9,75	18,068	5,02	19,75	36,600	10,17
10	18,532	5,15	20	37,063	10,30
10,25	18,995	5,28	20,25	37,526	10,42
10,5	19,458	5,41	20,5	37,990	10,55
10,75	19,921	5,53	20,75	38,453	10,68
11	20,385	5,66	21	38,916	10,81
11,25	20,848	5,79	21,25	39,379	10,94
11,5	21,311	5,92	21,5	39,843	11,07
11,75	21,775	6,05	21,75	40,306	11,20
12	22,238	6,18	22	40,769	11,32
12,25	22,701	6,31	22,25	41,233	11,45
12,5	23,165	6,43	22,5	41,696	11,58
12,75	23,628	6,56	22,75	42,160	11,71
13	24,091	6,69	23	42,623	11,84
13,25	24,554	6,82	23,25	43,086	11,97
13,5	25,018	6,95	23,5	43,549	12,10
13,75	25,481	7,08	23,75	44,013	12,23

Tabelle No. I.
Knoten, Kilometer, Meter pro Sekunde.
Fortsetzung.

Knoten pro Stunde	Kilometer pro Stunde	Meter pro Sekunde	Knoten pro Stunde	Kilometer pro Stunde	Meter pro Sekunde
24	44,476	12,35	32	59,302	16,47
24,25	44,939	12,48	32,25	59,765	16,60
24,5	45,403	12,61	32,5	60,228	16,73
24,75	45,866	12,74	32,75	60,691	16,86
25	46,329	12,87	33	61,154	16,99
25,25	46,792	13,00	33,25	61,618	17,12
25,5	47,256	13,13	33,5	62,082	17,25
25,75	47,719	13,25	33,75	62,545	17,37
26	48,182	13,38	34	63,008	17,50
26,25	48,646	13,51	34,25	63,471	17,63
26,5	49,109	13,64	34,5	63,934	17,76
26,75	49,572	13,77	34,75	64,397	17,89
27	50,035	13,90	35	64,860	18,02
27,25	50,499	14,03	35,25	65,324	18,15
27,5	50,962	14,16	35,5	65,788	18,27
27,75	51,425	14,28	35,75	66,251	18,40
28	51,889	14,41	36	66,714	18,53
28,25	52,352	14,54	36,25	67,177	18,66
28,5	52,815	14,67	36,5	67,640	18,79
28,75	53,279	14,80	36,75	68,104	18,92
29	53,742	14,93	37	68,568	19,05
29,25	54,205	15,06	37,25	69,031	19,18
29,5	54,668	15,19	37,5	69,494	19,30
29,75	55,132	15,31	37,75	69,957	19,43
30	55,595	15,44	38	70,422	19,56
30,25	56,058	15,57	38,25	70,885	19,69
30,5	56,522	15,70	38,5	71,348	19,82
30,75	56,985	15,83	38,75	71,812	19,95
31	57,448	15,96	39	72,275	20,08
31,25	57,911	16,09	39,25	72,738	20,21
31,5	58,374	16,22	39,5	73,201	20,33
31,75	58,838	16,34	39,75	73,665	20,46

Obige Tabelle ist berechnet für „admiralty knots" oder englische Seemeilen.

1 admiralty knot = 6080' engl. = 1,8532 km.

Die deutsche, österreichische und französische Seemeile ist gleich der mittleren Länge einer Bogenminute des Erdmeridians.

1 deutsche Seemeile = 6076,23' engl. = 1,852 km.

Tabelle No. II.   **Englische Pfunde und Kilogramme.**

Pfunde	kg	Pfunde	kg	Pfunde	kg	Pfunde	kg
1	0,4536	41	18,5973	81	36,7410	121	54,8847
2	0,9072	42	19,0509	82	37,1946	122	55,3383
3	1,3608	43	19,5045	83	37,6482	123	55,7919
4	1,8144	44	19,9581	84	38,1018	124	56,2455
5	2,2680	45	20,4117	85	38,5554	125	56,6991
6	2,7216	46	20,8653	86	39,0089	126	57,1527
7	3,1752	47	21,3189	87	39,4625	127	57,6063
8	3,6287	48	21,7724	88	39,9161	128	58,0599
9	4,0823	49	22,2260	89	40,3697	129	58,5135
10	4,5359	50	22,6796	90	40,8233	130	58,9671
11	4,9895	51	23,1332	91	41,2769	131	59,4207
12	5,4431	52	23,5868	92	41,7305	132	59,8742
13	5,8967	53	24,0404	93	42,1841	133	60,3278
14	6,3503	54	24,4940	94	42,6377	134	60,7814
15	6,8039	55	24,9476	95	43,0913	135	61,2350
16	7,2575	56	25,4012	96	43,5449	136	61,6885
17	7,7111	57	25,8548	97	43,9985	137	62,1421
18	8,1647	58	26,3084	98	44,4521	138	62,5958
19	8,6182	59	26,7619	99	44,9057	139	63,0494
20	9,0718	60	27,2155	100	45,3593	140	63,5030
21	9,5254	61	27,6691	101	45,8128	141	63,9566
22	9,9790	62	28,1227	102	46,2664	142	64,4102
23	10,4326	63	28,5763	103	46,7200	143	64,8638
24	10,8862	64	29,0299	104	47,1736	144	65,3174
25	11,3398	65	29,4835	105	47,6272	145	65,7710
26	11,7934	66	29,9371	106	48,0808	146	66,2246
27	12,2470	67	30,3907	107	48,5344	147	66,6782
28	12,7006	68	30,8443	108	48,9880	148	67,1317
29	13,1542	69	31,2979	109	49,4416	149	67,5853
30	13,6078	70	31,7515	110	49,8952	150	68,0389
31	14,0614	71	32,3051	111	50,3488	151	68,4925
32	14,5149	72	32,6587	112	50,8024	152	68,9461
33	14,9685	73	33,1123	113	51,2560	153	69,3997
34	15,4221	74	33,5658	114	51,7096	154	69,8533
35	15,8757	75	34,0194	115	52,1632	155	70,3069
36	16,3292	76	34,4730	116	52,5168	156	70,7605
37	16,7293	77	34,9266	117	53,0704	157	71,2141
38	17,2365	78	35,3802	118	53,5240	158	71,6677
39	17,6901	79	35,8338	119	53,9775	159	72,1212
40	18,1437	80	36,2874	120	54,4311	160	72,5748

Tabelle No. III.
Kilogramme und. englische Pfunde.

kg	Pfunde	kg	Pfunde	kg	Pfunde	kg	Pfunde
1	2,2046	41	90,3895	81	178,5743	121	266,7591
2	4,4092	42	92,5941	82	180,7789	122	268,9638
3	6,6139	43	94,7987	83	182,9836	123	271,1684
4	8,8185	44	97,0034	84	185,1882	124	273,3780
5	11,0231	45	99,2079	85	187,3928	125	275,5776
6	13,2277	46	101,4126	86	189,5974	126	277,7823
7	15,4324	47	103,6172	87	191,8020	127	279,9869
8	17,6370	48	105,8218	88	194,0067	128	282,1915
9	19,8416	49	108,0264	89	196,2113	129	284,3961
10	22,0462	50	110,2311	90	198,4159	130	286,6004
11	24,2508	51	112,4357	91	200,6205	131	288,8054
12	26,4554	52	114,6403	92	202,8251	132	291,0100
13	28,6601	53	116,8499	93	205,0298	133	293,2146
14	30,8647	54	119,0495	94	207,2344	134	295,4192
15	33,0693	55	121,2542	95	209,4390	135	297,6238
16	35,2739	56	123,4588	96	211,6431	136	299,8285
17	37,4786	57	125,6634	97	213,8482	137	302,0330
18	39,6832	58	127,8680	98	216,0529	138	304,2337
19	41,8878	59	130,6727	99	218,2575	139	306,4423
20	44,0924	60	132,2773	100	220,4621	140	308,6469
21	46,2970	61	134,4819	101	222,6667	141	310,8516
22	48,5017	62	136,6865	102	224,8713	142	313,0562
23	50,7063	63	138,8911	103	227,0760	143	315,2608
24	52,9109	64	141,0958	104	229,2806	144	317,4655
25	55,1155	65	143,3004	105	231,4852	145	319,6700
26	57,3202	66	145,5050	106	233,6898	146	321,8747
27	59,5248	67	147,7096	107	235,8945	147	324,0793
28	61,7294	68	149,9142	108	238,0991	148	326,2839
29	63,9340	69	152,1189	109	240,3037	149	328,4885
30	66,1386	70	154,3235	110	242,5083	150	330,6932
31	68,3433	71	156,5281	111	244,7129	151	332,8978
32	70,5479	72	158,7327	112	246,9175	152	335,1024
33	72,7525	73	160,9374	113	249,1222	153	337,3120
34	74,9571	74	163,1419	114	251,3268	154	339,5116
35	77,1617	75	165,3466	115	253,5314	155	341,7163
36	79,3664	76	167,5512	116	255,7360	156	343,9209
37	81,5709	77	169,7559	117	257,9407	157	346,1254
38	83,7756	78	171,9605	118	260,1453	158	348,3301
39	85,9802	79	174,1651	119	262,3499	159	351,1348
40	88,1848	80	176,3697	120	264,5545	160	352,7394

Tabelle No. IV.   **Engl. Tons und kg.**

Tons	0	1	2	3	4	5	6	7	8	9
00	0,0000	1016	2032	3048	4064	5080	6096	7112	8129	9145
·10	10161	11177	12193	13209	14225	15241	16257	17273	18289	19305
20	20321	21337	22353	23369	24386	25402	26418	27434	28450	29466
30	30482	31498	32514	33530	34546	35562	36578	37594	38610	39627
40	40643	41659	42675	43691	44707	45723	46739	47755	48771	49787
50	50803	51819	52835	53851	54868	55884	56900	57916	58932	59948
60	60964	61980	62996	64012	65028	66044	67060	68076	69092	70108
70	71125	72141	73157	74173	75189	76205	77221	78237	79253	80269
80	81285	82302	83317	84333	85349	86366	87382	88398	89414	90480
90	91446	92462	93478	94494	95510	96526	97542	98558	99574	100590

Tab. No. V.   **Engl. Pfunde pro Quadr.-Zoll u. Kilogr. p. Quadr.-Zentim.**

Pfund pro Quadratzoll	kg pro qcm	Pfund pro Quadratzoll	kg pro qcm	Pfund pro Quadratzoll	kg pro qcm	Pfund pro Quadratzoll	kg pro qcm	Pfund pro Quadratzoll	kg pro qcm
1	0,0703	36	2,530	71	4,991	106	7,452	141	9,913
2	0,1406	37	2,601	72	5,061	107	7,522	142	9,983
3	0,2109	38	2,671	73	5,131	108	7,593	143	10,054
4	0,2812	39	2,741	74	5,202	109	7,663	144	10,124
5	0,3515	40	2,812	75	5,272	110	7,733	145	10,194
6	0,4218	41	2,882	76	5,342	111	7,804	146	10,264
7	0,4921	42	2,952	77	5,413	112	7,874	147	10,335
8	0,5624	43	3,022	78	5,483	113	7,944	148	10,405
9	0,6327	44	3,093	79	5,553	114	8,015	149	10,475
10	0,7030	45	3,163	80	5,624	115	8,085	150	10,546
11	0,7733	46	3,233	81	5,694	116	8,155	155	10,897
12	0,8436	47	3,304	82	5,764	117	8,226	160	11,249
13	0,9140	48	3,374	83	5,834	118	8,296	165	11,600
14	0,9843	49	3,444	84	5,905	119	8,366	170	11,952
15	1,0546	50	3,515	85	5,975	120	8,436	175	12,303
16	1,1248	51	3,585	86	6,045	121	8,507	180	12,655
17	1,1952	52	3,655	87	6,116	122	8,577	185	13,006
18	1,265	53	3,725	88	6,186	123	8,647	190	13,358
19	1,335	54	3,796	89	6,256	124	8,718	195	13,710
20	1,406	55	3,866	90	6,327	125	8,788	200	14,061
21	1,476	56	3,936	91	6,397	126	8,858	210	14,76
22	1,546	57	4,007	92	6,467	127	8,929	220	15,46
23	1,616	58	4,077	93	6,537	128	8,999	230	16,16
24	1,687	59	4,147	94	6,608	129	9,069	240	16,87
25	1,757	60	4,218	95	6,678	130	9,140	250	17,57
26	1,827	61	4,288	96	6,748	131	9,210	260	18,27
27	1,898	62	4,358	97	6,819	132	9,280	270	18,98
28	1,968	63	4,428	98	6,889	133	9,350	280	19,68
29	2,038	64	4,499	99	6,959	134	9,421	290	20,38
30	2,109	65	4,569	100	7,030	135	9,491	300	21,09
31	2,179	66	4,639	101	7,101	136	9,561	310	21,79
32	2,249	67	4,710	102	7,171	137	9,632	320	22,49
33	2,319	68	4,780	103	7,241	138	9,702	330	23,19
34	2,390	69	4,850	104	7,312	139	9,772	340	23,90
35	2,460	70	4,921	105	7,382	140	9,843	350	24,60

Tabelle No. VI.

Kilogramm pro Quadratzentimeter und englische Pfunde pro Quadratzoll.

kg pro qcm	Pfund pro Quadratzoll	kg pro qcm	Pfund pro Quadratzoll	kg pro qcm	Pfund pro Quadratzoll	kg pro qcm	Pfund pro Quadratzoll	kg pro qcm	Pfund pro Quadratzoll
0,1	1,422	3,6	51,203	7,1	100,984	10,6	150,77	14,1	200,55
0,2	2,844	3,7	52,625	7,2	102,407	10,7	152,19	14,2	201,97
0,3	4,267	3,8	54,048	7,3	103,829	10,8	153,61	14,3	203,39
0,4	5,689	3,9	55,470	7,4	105,251	10,9	155,03	14,4	204,81
0,5	7,111	4,0	56,892	7,5	106,674	11,0	156,46	14,5	206,24
0,6	8,533	4,1	58,315	7,6	108,096	11,1	157,88	14,6	207,65
0,7	9,956	4,2	59,737	7,7	109,518	11,2	159,30	14,7	209,08
0,8	11,378	4,3	61,159	7,8	110,940	11,3	160,72	14,8	210,50
0,9	12,800	4,4	62,582	7,9	112,363	11,4	162,14	14,9	211,92
1,0	14,223	4,5	64,004	8,0	113,785	11,5	163,57	15,0	213,35
1,1	15,645	4,6	65,426	8,1	115,207	11,6	164,99	15,1	214,77
1,2	17,067	4,7	66,849	8,2	116,630	11,7	166,41	15,2	216,19
1,3	18,490	4,8	68,271	8,3	118,052	11,8	167,83	15,3	217,61
1,4	19,912	4,9	69,693	8,4	119,474	11,9	169,26	15,4	219,04
1,5	21,334	5,0	71,116	8,5	120,897	12,0	170,68	15,5	220,46
1,6	22,757	5,1	72,538	8,6	122,319	12,1	172,10	15,6	221,88
1,7	24,179	5,2	73,960	8,7	123,741	12,2	173,52	15,7	223,30
1,8	25,601	5,3	75,382	8,8	125,164	12,3	174,94	15,8	224,73
1,9	27,024	5,4	76,805	8,9	126,586	12,4	176,37	15,9	226,15
2,0	28,446	5,5	78,227	9,0	128,008	12,5	177,79	16,0	227,57
2,1	29,868	5,6	79,649	9,1	129,431	12,6	179,21	16,5	234,68
2,2	31,291	5,7	81,072	9,2	130,853	12,7	180,63	17,0	241,79
2,3	32,713	5,8	82,494	9,3	132,275	12,8	182,06	17,5	248,91
2,4	34,135	5,9	83,916	9,4	133,698	12,9	183,48	18,0	256,02
2,5	35,558	6,0	85,339	9,5	135,120	13,0	184,90	18,5	263,13
2,6	36,980	6,1	86,761	9,6	136,542	13,1	186,32	19,0	270,24
2,7	38,402	6,2	88,183	9,7	137,965	13,2	187,75	19,5	277,35
2,8	39,824	6,3	89,606	9,8	139,387	13,3	189,17	20,0	284,46
2,9	41,247	6,4	91,028	9,9	140,809	13,4	190,59	20,5	291,58
3,0	42,669	6,5	92,450	10,0	142,230	13,5	192,01	21,0	298,69
3,1	44,091	6,6	93,873	10,1	143,650	13,6	193,43	21,5	305,80
3,2	45,514	6,7	95,295	10,2	145,080	13,7	194,86	22,0	312,91
3,3	46,936	6,8	96,717	10,3	146,500	13,8	196,28	22,5	320,02
3,4	48,358	6,9	98,140	10,4	147,920	13,9	197,70	23,0	327,13
3,5	49,781	7,0	99,562	10,5	149,340	14,0	199,12	23,5	334,25

Tabelle No. VII.

Englische Tons pro Quadratzoll und kg pro Quadratzentimeter.

Tons pro Quadratzoll	0	1	2	3	4	5	6	7	8	9
00	0,0000	157,49	314,99	472,48	629,97	787,47	944,96	1 102,5	1 259,9	1 417,4
10	1 574,9	1 732,4	1 889,9	2 047,4	2 204,9	2 362,4	2 519,9	2 677,4	2 834,9	2 992,4
20	3 149,8	3 307,4	3 464,9	3 622,3	3 779,8	3 937,3	4 094,8	4 252,3	4 409,8	4 567,4
30	4 724,8	4 882,3	5 039,8	5 197,3	5 357,7	5 512,3	5 669,8	5 827,2	5 984,7	6 142,2
40	6 299,7	6 457,2	6 614,7	6 772,2	6 929,7	7 087,2	7 244,7	7 402,2	7 559,7	7 717,2
50	7 874,7	8 032,2	8 189,6	8 347,1	8 504,6	8 662,1	8 819,6	8 977,1	9 134,6	9 292,1
60	9 449,6	9 607,1	9 764,6	9 922,1	10 079	10 237	10 394	10 552	10 709	10 867
70	11 025	11 182	11 339	11 497	11 654	11 812	11 969	12 127	12 284	12 442
80	12 599	12 756	12 914	13 071	13 229	13 386	13 544	13 611	13 859	14 016
90	14 174	14 332	14 489	14 647	14 804	14 962	15 119	15 277	15 434	15 592

Tabelle No. VIII.

Reibungskoeffizienten.

(Bearbeitete Flächen ohne Schmiermaterial.)

Stahl auf Weißmetall	0,12
Bronze auf Bronze	0,2
Gußeisen auf Bronze	0,14
Stahl auf Bronze	0,14
Schweißeisen auf Schweißeisen .	0,3
Eisen auf Eichenholz	0,4

Es ist zu vermeiden, Stahl auf Stahl laufen zu lassen, da hierbei leicht ein Anfressen stattfindet. Aus diesem Grunde macht man auch die Muttern auf Stahlbolzen aus Schweißeisen und nicht aus Stahl. Am besten läuft Stahl auf Weißmetall; ein Anfressen der Stahlfläche kommt dabei fast niemals vor.

Tabelle Nr. IX.

Vergleichung von Thermometergraden.

Celsius	Réaumur	Fahrenheit	Celsius	Réaumur	Fahrenheit
—20	—16	— 4	+20	+16,0	+ 68,0
—19	—15,2	— 2,2	+21	+16,8	+ 69,8
—18	—14,4	— 0,4	+22	+17,6	+ 71,6
—17	—13,6	+ 1,4	+23	+18,4	+ 73,4
—16	—12,8	+ 3,2	+24	+19,2	+ 75,2
—15	—12,0	+ 5,0	+25	+20,0	+ 77,0
—14	—11,2	+ 6,8	+26	+20,8	+ 78,8
—13	—10,4	+ 8,6	+27	+21,6	+ 80,6
—12	— 9,6	+10,4	+28	+22,4	+ 82,4
—11	— 8,8	+12,2	+29	+23,2	+ 84,2
—10	— 8,0	+14,0	+30	+24,0	+ 86,0
— 9	— 7,2	+15,8	+31	+24,8	+ 87,8
— 8	— 6,4	+17,6	+32	+25,6	+ 89,6
— 7	— 5,6	+19,4	+33	+26,4	+ 91,4
— 6	— 4,8	+21,2	+34	+27,2	+ 93,2
— 5	— 4,0	+23,0	+35	+28,0	+ 95,0
— 4	— 3,2	+24,8	+36	+28,8	+ 96,8
— 3	— 2,4	+26,6	+37	+29,6	+ 98,6
— 2	— 1,6	+28,4	+38	+30,4	+100,4
— 1	— 0,8	+30,2	+39	+31,2	+102,2
0	0	+32,0	+40	+32,0	+104,0
+ 1	+ 0,8	+33,8	+41	+32,8	+105,8
+ 2	+ 1,6	+35,6	+42	+33,6	+107,6
+ 3	+ 2,4	+37,4	+43	+34,4	+109,4
+ 4	+ 3,2	+39,2	+44	+35,2	+111,2
+ 5	+ 4,0	+41,0	+45	+36,0	+113,0
+ 6	+ 4,8	+42,8	+46	+36,8	+114,8
+ 7	+ 5,6	+44,6	+47	+37,6	+116,6
+ 8	+ 6,4	+46,4	+48	+38,4	+118,4
+ 9	+ 7,2	+48,2	+49	+39,2	+120,2
+10	+ 8,0	+50,0	+50	+40,0	+122,0
+11	+ 8,8	+51,8	+51	+40,8	+123,8
+12	+ 9,6	+53,6	+52	+41,6	+125,6
+13	+10,4	+55,4	+53	+42,4	+127,4
+14	+11,2	+57,2	+54	+43,2	+129,2
+15	+12,0	+59,0	+55	+44,0	+131,0
+16	+12,8	+60,8	+56	+44,8	+132,8
+17	+13,6	+62,6	+57	+45,6	+134,6
+18	+14,4	+64,4	+58	+46,4	+136,4
+19	+15,2	+66,2	+59	+47,2	+138,2

Tabelle Nr. IX.

Vergleichung von Thermometergraden.
(Fortsetzung.)

Celsius	Réaumur	Fahrenheit	Celsius	Réaumur	Fahrenheit
+60	+48,0	+140,0	+100	+ 80,0	+212,0
+61	+48,8	+141,8	+101	+ 80,8	+213,8
+62	+49,6	+143,6	+102	+ 81,6	+215,6
+63	+50,4	+145,4	+103	+ 82,4	+217,4
+64	+51,2	+147,2	+104	+ 83,2	+219,2
+65	+52,0	+149,0	+105	+ 84,0	+221,0
+66	+52,8	+150,8	+106	+ 84,8	+222,8
+67	+53,6	+152,6	+107	+ 85,6	+224,6
+68	+54,4	+154,4	+108	+ 86,4	+226,4
+69	+55,2	+156,2	+109	+ 87,2	+228,2
+70	+56,0	+158,0	+110	+ 88,0	+230,0
+71	+56,8	+159,8	+111	+ 88,8	+231,8
+72	+57,6	+161,6	+112	+ 89,6	+233,6
+73	+58,4	+163,4	+113	+ 90,4	+235,4
+74	+59,2	+165,2	+114	+ 91,2	+237,2
+75	+60,0	+167,0	+115	+ 92,0	+239,0
+76	+60,8	+168,8	+116	+ 92,8	+240,8
+77	+61,6	+170,6	+117	+ 93,6	+242,6
+78	+62,4	+172,4	+118	+ 94,4	+244,4
+79	+63,2	+174,2	+119	+ 95,2	+246,2
+80	+64,0	+176,0	+120	+ 96,0	+248,0
+81	+64,8	+177,8	+121	+ 96,8	+249,8
+82	+65,6	+179,6	+122	+ 97,6	+251,6
+83	+66,4	+181,4	+123	+ 98,4	+253,4
+84	+67,2	+183,2	+124	+ 99,2	+255,2
+85	+68,0	+185,0	+125	+100,0	+257,0
+86	+68,8	+186,8	+126	+100,8	+258,8
+87	+69,6	+188,6	+127	+101,6	+260,6
+88	+70,4	+190,4	+128	+102,4	+262,4
+89	+71,2	+192,2	+129	+103,2	+264,2
+90	+72,0	+194,0	+130	+104,0	+266,0
+91	+72,8	+195,8	+131	+104,8	+267,8
+92	+73,6	+197,6	+132	+105,6	+269,6
+93	+74,4	+199,4	+133	+106,4	+271,4
+94	+75,2	+201,2	+134	+107,2	+273,2
+95	+76,0	+203,0	+135	+108,0	+275,0
+96	+76,8	+204,8			
+97	+77,6	+206,6			
+98	+78,4	+208,4			
+99	+79,2	+210,2			

Tabelle Nr. X. Eigenschaften gesättigter Wasserdämpfe.

1 Druck kg/qcm p	2 Temperatur t	3 Volumen von 1 kg Dampf cbm v''	4 Gewicht von 1 cbm Dampf kg γ''	5 Flüssigkeitswärme WE i'	6 Innere Verdampfungswärme WE ϱ	7 Äußere Verdampfungswärme WE ψ	8 Gesamtwärme WE i''
0,02	17,3	68,126	0,01468	17,3	553,6	31,91	602,9
0,04	28,8	35,387	0,02826	28,8	546,3	33,15	608,3
0,06	36,0	24,140	0,04142	36,0	541,7	33,92	611,6
0,08	41,3	18,408	0,05432	41,4	538,2	34,49	614,1
0,10	45,6	14,920	0,06703	45,7	535,4	34,94	616,0
0,12	49,2	12,568	0,07956	49,3	533,1	35,32	617,7
0,15	53,7	10,190	0,09814	53,8	530,1	35,79	619,7
0,20	59,8	7,777	0,12858	59,9	526,1	36,42	622,4
0,25	64,6	6,307	0,1586	64,8	522,9	36,92	624,6
0,30	68,7	5,316	0,1881	68,9	520,2	37,34	626,4
0,35	72,3	4,600	0,2174	72,5	517,8	37,70	628,0
0,40	75,5	4,060	0,2463	75,7	515,6	38,02	629,4
0,50	80,9	3,2940	0,3036	81,2	512,0	38,56	631,7
0,60	85,5	2,7770	0,3601	85,8	508,8	39,01	633,7
0,70	89,5	2,4040	0,4160	89,9	506,1	39,39	635,3
0,80	93,0	2,1216	0,4713	93,5	503,6	39,73	636,8
0,90	96,2	1,9003	0,5262	96,7	501,4	40,03	638,1
1,0	99,1	1,7220	0,5807	99,6	499,4	40,30	639,3
1,1	101,8	1,5751	0,6349	102,3	497,5	40,55	640,7
1,2	104,2	1,4521	0,6887	104,8	495,7	40,78	641,3

1,4	108,7	1,2571	0,7955	109,4	492,6	41,18	643,1
1,6	112,7	1,1096	0,9013	113,4	489,7	41,54	644,7
1,8	116,3	0,9939	1,0062	117,1	487,1	41,85	646,0
2,0	119,6	0,9006	1,1104	120,4	484,7	42,14	647,2
2,5	126,7	0,7310	1,3680	127,7	479,4	42,74	649,9
3,0	132,8	0,6163	1,6224	133,9	474,9	43,23	652,0
3,5	138,1	0,5335	1,8743	139,4	470,8	43,65	653,8
4,0	142,8	0,4708	2,1239	144,2	467,2	44,01	655,4
4,5	147,1	0,4217	2,3716	148,6	463,9	44,33	656,8
5,0	151,0	0,3820	2,6177	152,6	460,8	44,61	658,1
5,5	154,6	0,3494	2,8624	156,3	458,0	44,87	659,2
6,0	157,9	0,3220	3,1058	159,8	455,3	45,10	660,2
6,5	161,1	0,2987	3,3481	163,0	452,8	45,32	661,1
7,0	164,0	0,2786	3,5891	166,1	450,4	45,51	662,0
7,5	166,8	0,2611	3,8294	168,9	448,2	45,67	662,8
8,0	169,5	0,2458	4,0683	171,7	446,0	45,86	663,5
8,5	172,0	0,2322	4,3072	174,3	443,9	46,02	664,2
9,0	174,4	0,2200	4,5448	176,8	441,9	46,17	664,9
9,5	176,7	0,2091	4,7819	179,2	440,0	46,30	665,5
10,0	178,1	0,1993	5,018	181,5	438,2	46,43	666,1
11,0	183,1	0,1822	5,489	185,8	434,6	46,67	667,1
12,0	186,9	0,1678	5,960	189,9	431,3	46,88	668,1
13,0	190,6	0,15565	6,425	193,7	428,2	47,08	668,9
14,0	194,0	0,14515	6,889	197,3	425,2	47,26	669,7
15,0	197,2	0,13601	7,352	200,7	422,4	47,43	670,5
16,0	200,3	0,12797	7,814	203,9	419,7	47,58	671,2
18,0	206,1	0,11450	8,734	210,0	414,6	47,85	672,4
20,0	211,3	0,10365	9,648	215,5	409,8	48,08	673,4

Tabelle XI.
Spezifische Volumina
trocken gesättigten Dampfes. (Mollier.)

t	p kg/qcm	0	1	2	3	4	5	6	7	8	9
28,8	0,04	35,387	34,550	33,790	33,080	32,410	31,780	31,160	30,540	29,940	29,380
32,8	0,05	28,820	28,270	27,750	27,250	26,760	26,280	25,820	25,370	24,940	24,530
36,0	0,06	24,140	23,760	23,380	23,020	22,670	22,340	22,020	21,720	21,420	21,140
39,0	0,07	20,860	20,600	20,340	20,080	19,825	19,575	19,330	19,090	18,850	18,630
41,3	0,08	18,408	18,190	17,985	17,785	17,590	17,400	17,220	17,040	16,860	16,685
43,5	0,09	16,515	16,345	16,175	16,015	15,845	15,685	15,525	15,370	15,220	15,070
45,6	0,10	14,920	14,780	14,650	14,520	14,390	14,260	14,130	14,010	13,890	13,770
47,5	0,11	13,650	13,530	13,420	13,310	13,200	13,090	12,980	12,870	12,760	12,660
49,2	0,12	12,568	12,469	12,373	12,281	12,181	12,091	12,000	11,910	11,820	11,730
50,8	0,13	11,640	11,550	11,460	11,370	11,290	11,210	11,130	11,050	10,980	10,910
52,3	0,14	10,840	10,770	10,700	10,630	10,560	10,49	10,430	10,370	10,310	10,250
53,7	0,15	10,190	10,130	10,070	10,010	9,950	9,890	9,830	9,775	9,720	9,665
54,8	0,16	9,607	9,550	9,500	9,450	9,400	9,350	9,300	9,250	9,200	9,150
56,2	0,17	9,100	9,050	9,000	8,950	8,900	8,850	8,800	8,750	8,700	8,650
57,4	0,18	8,600	8,555	8,510	8,465	8,420	8,375	8,330	8,290	8,250	8,210
58,6	0,19	8,170	8,130	8,090	8,050	8,010	7,970	7,930	7,980	7,850	7,810
59,8	0,20	7,777	7,440	7,130	6,840	6,560	6,307	6,080	5,870	5,670	5,490
68,7	0,30	5,316	5,160	5,010	4,870	4,730	4,600	4,486	4,370	4,260	4,150
75,5	0,40	4,060	3,970	3,880	3,800	3,720	3,64	3,570	3,500	3,430	3,360
80,9	0,5	3,294	3,230	3,170	3,110	3,050	3,000	2,950	2,900	2,860	2,827
85,5	0,6	2,777	2,738	2,698	2,658	2,618	2,570	2,544	2,507	2,472	2,438
89,5	0,7	2,404	2,372	2,340	2,310	2,280	2,253	2,225	2,198	2,172	2,146
93,0	0,8	2,1216	2,097	2,073	2,005	2,026	2,050	1,984	1,963	1,942	1,921

0,9	96,2	1,739	1,755	1,773	1,790	1,807	1,824	1,842	1,861	1,880	1,9003
1,0	99,08	1,389	1,603	1,617	1,632	1,645	1,660	1,675	1,690	1,706	1,722
1,1	101,8	1,464	1,476	1,488	1,500	1,512	1,524	1,536	1,549	1,562	1,575
1,2	104,2	1,357	1,367	1,377	1,387	1,397	1,408	1,419	1,430	1,441	1,452
1,3	106,6	1,265	1,273	1,282	1,291	1,300	1,309	1,318	1,327	1,337	1,3473
1,4	108,7	1,185	1,193	1,201	1,209	1,217	1,225	1,233	1,241	1,249	1,257
1,5	110,8	1,115	1,122	1,129	1,136	1,143	1,150	1,157	1,164	1,171	1,1782
1,6	112,7	1,056	1,062	1,068	1,074	1,080	1,086	1,092	1,098	1,104	1,1096
1,7	114,5	0,999	1,004	1,009	1,014	1,020	1,026	1,032	1,038	1,044	1,050
1,8	116,3	0,949	0,954	0,959	0,964	0,969	0,974	0,979	0,984	0,989	0,9939
1,9	118,0	0,905	0,909	0,913	0,917	0,921	0,925	0,929	0,934	0,939	0,944
2,0	119,6	0,6360	0,6580	0,6820	0,7060	0,7310	0,7600	0,7900	0,8240	0,8600	0,9006
3,0	132,8	0,4820	0,4940	0,5070	0,5200	0,5335	0,5480	0,5640	0,5810	0,5980	0,6163
4,0	142,8	0,3895	0,3970	0,4050	0,4130	0,4217	0,4310	0,4410	0,4510	0,4610	0,4708
5,0	151,0	0,3270	0,3320	0,3374	0,3434	0,3494	0,3545	0,3610	0,3680	0,3750	0,3820
6,0	157,9	0,2823	0,2861	0,2905	0,2946	0,2987	0,3030	0,3076	0,3123	0,3171	0,3226
7,0	164,0	0,2485	0,2515	0,2548	0,2579	0,2611	0,2645	0,2679	0,2714	0,2750	0,2786
8,0	169,5	0,2223	0,2247	0,2271	0,2296	0,2322	0,2348	0,2374	0,2401	0,2429	0,2458
9,0	174,4	0,2012	0,2031	0,2050	0,2070	0,2091	0,2112	0,2133	0,2155	0,2177	0,2200
10,0	178,9	0,1838	0,1854	0,1871	0,1888	0,1905	0,1922	0,1939	0,1957	0,1975	0,1993
11,0	183,1	0,1692	0,1706	0,1720	0,1734	0,1748	0,1762	0,1777	0,1792	0,1807	0,1822
12,0	187,0	0,1567	0,1578	0,1589	0,1601	0,1613	0,1625	0,1638	0,1651	0,1664	0,1678
13,0	190,6	0,1460	0,1469	0,1479	0,1490	0,1501	0,1512	0,1523	0,1534	0,1545	0,15505
14,0	194,0	0,1368	0,1377	0,1386	0,1395	0,1404	0,1413	0,1423	0,1435	0,1443	0,14515
15,0	197,2	0,1287	0,1295	0,1303	0,1311	0,1319	0,1327	0,1335	0,1343	0,1351	0,13601
16,0	200,3	0,1215	0,122	0,1229	0,1236	0,12432	0,12506	0,12578	0,12651	0,12724	0,12797
17,0	203,3	0,1131	0,1157	0,1163	0,1169	0,1175	0,1181	0,1187	0,1194	0,1201	0,12080
18,0	206,1	0,1092	0,1097	0,1103	0,1109	0,1115	0,1121	0,1127	0,1133	0,1139	0,11450
19,0	208,8	0,1042	0,1047	0,1052	0,1057	0,1062	0,1067	0,1072	0,1077	0,1082	0,1087
20,0	211,3										0,10365

Hilfswerte zur Berechnung der Erzeugungswärme etc. von gesättigtem Wasserdampf.

t	Y	X	Z	t	Y	X	Z
25	0,056	6	0,015	200	0,0120	1,20	0,00198
30	0,053	5	0,014	205	0,0116	1,15	0,00189
35	0,050	5	0,013	210	0,0112	1,11	0,00181
40	0,048	5	0,012	215	0,0108	1,08	0,00173
45	0,045	5	0,011	220	0,0105	1,04	0,00166
50	0,043	4,3	0,0103	225	0,0101	1,00	0,00159
55	0,041	4,1	0,0097	230	0,0098	0,97	0,00152
60	0,039	3,9	0,0091	235	0,0095	0,94	0,00146
65	0,037	3,7	0,0085	240	0,0092	0,91	0,00139
70	0,035	3,5	0,0080	245	0,0089	0,88	0,00134
75	0,033	3,4	0,0075	250	0,0086	0,85	0,00128
80	0,032	3,2	0,0070	255	0,0083	0,82	0,00123
85	0,030	3,1	0,0066	260	0,0081	0,79	0,00118
90	0,029	2,9	0,0062	265	0,0078	0,77	0,00113
95	0,028	2,8	0,0059	270	0,0076	0,75	0,00109
100	0,0265	2,66	0,00554	275	0,0074	0,72	0,00105
105	0,0255	2,55	0,00524	280	0,0071	0,70	0,00101
110	0,0243	2,44	0,00494	285	0,0069	0,68	0,00097
115	0,0232	2,35	0,00468	290	0,0067	0,66	0,00093
120	0,0223	2,24	0,00442	295	0,0065	0,64	0,00090
125	0,0214	2,14	0,00418	300	0,0063	0,62	0,00086
130	0,0205	2,06	0,00397	305	0,0062	0,60	0,00083
135	0,0197	1,97	0,00376	310	0,0060	0,58	0,00080
140	0,0189	1,89	0,00357	315	0,0058	0,57	0,00077
145	0,0181	1,82	0,00339	320	0,0057	0,55	0,00074
150	0,0174	1,75	0,00321	325	0,0055	0,53	0,00072
155	0,0168	1,68	0,00306	330	0,0053	0,52	0,00069
160	0,0161	1,61	0,00291	335	0,0052	0,50	0,00067
165	0,0155	1,55	0,00277	340	0,0051	0,49	0,00064
170	0,0149	1,49	0,00263	345	0,0049	0,48	0,00062
175	0,0144	1,44	0,00251	350	0,0048	0,46	0,00060
180	0,0139	1,38	0,00239	355	0,0047	0,45	0,00058
185	0,0134	1,33	0,00228	360	0,0046	0,44	0,00056
190	0,0129	1,29	0,00217	365	0,0044	0,43	0,00054
195	0,0124	1,24	0,00208	370	0,0043	0,41	0,00052

Tabelle Nr. XIII.
Wärmeausdehnung von starren Körpern.

Bei einer Temperaturzunahme von 100° dehnt sich ein Stab von 1 m Länge um a mm aus.

Material	a	Material	a
Blei	2,9	Schweißeisen . .	1,2
Bronze	1,8	Stahl	1,1—1,2
Eichenholz . . .	0,8	Tannenholz . .	0,35
Gußeisen . . .	1,1	Zink	3
Kupfer i. Mittel .	1,6		

Tabelle No. XIV.
Schmelzpunkte verschiedener Stoffe.

Material	Grad Celsius
Antimon	430
Blei	330
Bronze	900
Gold	1200
Gußeisen, weiß	1050
do. grau	1200
Kupfer	1100
Platin	2500
Quecksilber	— 39
Schmiedeeisen	1500—1800
Schwefel	110
Silber	1000
Stahl	1350
Wachs (gelbes)	60
Weißmetall	210—260
Wismut	260
Wismut (8 T.), Zinn (3 T.), Blei (5 T.) . . .	100
Zink	360
Zinn	230

Tabelle No. XVa.
Spezifische Gewichte von Hölzern.
(Vgl. Johow, Hilfsbuch f. d. Schiffbau.)

Material	Gewicht von 1 cdm in kg	
	frisch	lufttrocken
Eiche	0,93—1,28	0,69—1,03
Esche	0,70—1,14	0,57—0,94
Fichte	0,40—1,07	0,35—0,60
Kiefer, Föhre	0,38—1,08	0,31—0,76
Kork	—	0,18—0,30
Pitch Pine	—	0,83—0,85
Pockholz	—	1,17—1,39
Tanne	0,77—123	0,37—0,75
Teak	—	0,75—0,98

Spezifische Gewichte von Metallen und Legierungen.

Material	Gewicht von 1 cdm in kg	Material	Gewicht von 1 cdm in kg
Aluminium	2,6—2,7	Eisen:	
Antimon	6,7	Roheisen, grau .	6,8—7,5
Blei	11,3—11,4	» weiß .	7,6
Bronze:		Siemens Martin Flußeisen. . .	7,85
Deltametall . .	8,6	Siemens Martin Stahl	7,85
Glockenmetall .	8,8	Werkzeugstahl .	7,86
Manganbronze .	8,5	Kupfer	8,8—9,0
Messing . . .	8,4—8,7	Neusilber	8,4—8,7
Muntzmetall . .	8,5	Platin	21,5
Phosphorbronze .	8,8	Quecksilber. . . .	13,6
Rotguß	8,7	Silber	10,5
Eisen:		Weißmetall	7,1
chemisch rein .	7,88	Zinn.	7,3
Gußeisen	7,25	Zink, gewalzt. . .	7,16

Spezifische Gewichte verschiedener Stoffe.

Material	Gewicht von 1 cdm in kg	Material	Gewicht von 1 cdm in kg
Asbestpappe . . .	1,2	Marmor	2,7
Asphalt	1,1—1,5	Putzwolle, ziemlich lose	0,16
Zement,losesPulver	1,15—1,7	Schwefel	2,0
» erhärtet .	2,7—3	Talg	0,91
Schamottesteine .	1,85	Ziegelsteine, gewöhnlich . . .	1,47
Konsistentes Fett .	0,92—0,94	Ziegelsteine, Klinker	1,80
Kautschuk, roh .	0,92—0,96		
» vulkanisiert	1,45		
Kreide	1,8—2,6		

Spezifische Gewichte von Kohlensorten.

Material	Gewicht von 1 cdm in kg	Material	Gewicht von 1 cdm in kg
Anthrazit	1,4—1,7	Koks, geschüttet .	0,4
Braunkohle . . .	1,2—1,5	Steinkohle	1,2—1,5
Koks	1,4	» geschüttet	0,75

Tabelle No. XV e.
Spezifische Gewichte von Flüssigkeiten.

Material	Gewicht von 1 cdm in kg	Material	Gewicht von 1 cdm in kg
Alkohol, absolut .	0,79	Salpetersäure, konz.	1,53
Kienöl	0,85	Salzsäure, konz. .	1,19
Leinöl	0,94	Schwefelsäure,	
Mineralöl.	0,90—0,93	konz..	1,84
Rüböl	0,91	Seewasser	1,025
Petroleum	0,80—0,82	Wasser, destilliert	
Quecksilber . . .	13,6	bei 4° C	1,00

Tabelle No. XV f.
Spezifische Gewichte von Gasen
bei 760 mm Quecksilbersäule Druck und 0° Celsius.

Gas	Gewicht von 1 cdm in kg	Gas	Gewicht von 1 cdm in kg
Kohlenoxyd . . .	1,250	Sauerstoff	1,429
Kohlensäure . . .	1,978	Stickstoff	1,256
Leuchtgas	0,690	Wasserdampf (siehe	
Luft	1,293	Tabelle Nr. X) .	—
Methan	0,720	Wasserstoff . . .	0,0896

Ist G das spezifische Gewicht eines Gases bei 760 mm Druck und 0° Celsius, so ist dasselbe hei einem Druck von p mm Quecksilbersäule und der Temperatur t

$$G_1 = G \frac{p}{760} \left(\frac{1}{1 + at} \right),$$

wobei der Ausdehnungskoeffizient a für alle Gase ungefähr gleich und $= \dfrac{1}{273} = 0,00366$ ist.

735 mm Quecksilbersäule $=$ 1 at $=$ 1 kg/qcm.

Tabelle Nr. XVl.
Festigkeit und Dehnung verschiedener Materialien.

Material	Bruch-festigkeit kg/qmm[1])	Dehnung auf 200 mm Länge,%	Elasti-zitäts-grenze kg/qmm	Elastizi-täts-Modul. kg/qmm
Gewöhnlich. graues Guß-eisen . . . . do. Druck	12—14 70—75	—	—	7 500
Sehr gutes · und festes Gußeisen, Zylinderguß do. Druck	16—21 75—80	—	—	10 500
Gutes Schweißeisen, kleine Schmiedestücke	34—38	14—18	20—25	20 000
Siemens-Martin-Flußeisen je nach Kohlenstoff-gehalt geschmiedet . .	38—42	20—25	20—30	21 500
Siemens-Martin-Stahl für Wellen etc. geschmiedet	45—55	20—25	25—35	22 000
Tiegelstahl, beste Quali-tät, geschmiedet . . .	45—55	20—25	25—35	22 000
Nickelstahl, geschmiedet	55—65	20	38	22 000
Werkzeugstahl, ungehärt.	75—90	—	40u.mehr	22 000
Stahlgußstücke(Siemens-Martin)	40—50	18—20	20—30	21 500
Kesselbleche aus Fluß-eisen (weichem Stahl)	38—42	20—25	25	21 500
Bester Tiegelgußstahl-draht f. Ia Stahltrossen	150—180	—	—	—
Messing, gewalzt	15	—	—	11 000
Best. Rotguß, Flanschen-metall, Bronze f. Ventile	20—20	mindestens 10—20	—	9 000

[1]) Für die Schub- oder Scherfestigkeit nimmt man meist ⁴/₅ der Zug-festigkeit.

Tabelle Nr. XVI.
Festigkeit etc. von Materialien.
(Fortsetzung.)

Material	Bruch-festigkeit kg/qmm	Dehnung auf 200 mm Länge,%	Elasti-zitäts-grenze kg/qmm	Elastizi-täts-Modul. kg/qmm
Muntzmetall, gewalzt od. geschmiedet	34	—	—	—
Deltametall, geschmied.	34—37	—	18	10 000
Manganbronze, gegossen (Propellerflügel) . . .	30—45	15 – 25	—	—
Manganbronze, gezogen (Schraubenbolzen) . .	40—50	20 –40	—	—
Kupferblech	20—23	38	14	11 000
Kupferdraht	bis 28	—	—	—
Eichenholz {in Richtung der Faser}	10 Zug 3,5 Druck	—	—	1 060
Kiefernholz {in Richtung der Faser}	7,9 Zug 2,8 Druck	—	—	930
Buchenholz {in Richtung der Faser}	13,4 Zug 3,2 Druck	—	—	1 750

Bemerkung. Wo nichts Weiteres bemerkt, ist hier unter Bruchfestigkeit die Zugfestigkeit verstanden.

Die Ziffer für die Dehnung gibt an, um wie viele Prozent der ursprünglichen Länge ein Probestab von 200 mm sich beim Zerreißen verlängert.

Tabelle No. XVII.

Flächeninhalte, äquatoriale Trägheitsmomente und Widerstands-momente verschiedener Querschnitte.

Querschnitt	Fläche F	Trägheits-Moment[1]) J	Wider-stands-Moment[1]) W
Rechteck.	$b \cdot h$	$\dfrac{b \cdot h^3}{12}$	$\dfrac{b h^2}{6}$
Quadrat.	b^2	$\dfrac{b^4}{12}$	$\dfrac{\sqrt{2}}{12} b^3 =$ $0{,}118\, b^3$
Hohlquadrat. B	$B^2 - b^2$	$\dfrac{B^4 - b^4}{12}$	$\dfrac{1}{6} \cdot \dfrac{B^4 - b^4}{B}$
Gurtungen.	$b\,(H - h)$	$b \cdot \dfrac{H^3 - h^3}{12}$	$b \cdot \dfrac{H^3 - h^3}{H \cdot 6}$
Kreis.	$\dfrac{d^2 \pi}{4} =$ $0{,}7854\, d^2$	$\dfrac{d^4 \pi}{64} =$ $0{,}0491\, d^4$	$\dfrac{d^3 \pi}{32} =$ $0{,}0982\, d^3$

[1]) Für die horizontale Schwerachse.

Tabelle No. XVII.

Flächeninhalte, Trägheitsmomente und Widerstandsmomente verschiedener Querschnitte.

(Fortsetzung.)

Querschnitt	Fläche F	Trägheits-Moment J	Widerstandsmoment W
Kreisring.	$(D^2-d^2)\dfrac{\pi}{4}$	$(D^4-d^4)\dfrac{\pi}{64}$	$\dfrac{D^4-d^4}{D}\cdot\dfrac{\pi}{32}$
Ellipse.	$b\cdot h\cdot\dfrac{\pi}{4}$	$b\cdot h^3\cdot\dfrac{\pi}{64}$	$b\cdot h^2\cdot\dfrac{\pi}{32}$
Elliptischer Ring.	$(BH-bh)\dfrac{\pi}{4}$	$(BH^3-bh^3)\dfrac{\pi}{64}$	$\dfrac{BH^3-bh^3}{H}\cdot\dfrac{\pi}{32}$
Halbkreis.	$\dfrac{r^2\pi}{2}$	$0{,}11\,r^4$	für h_1: $0{,}19\,r^3$, für h_2: $0{,}26\,r^3$. $h_2=0{,}424\,r$

Flächeninhalte, Trägheitsmomente und Widerstandsmomente verschiedener Querschnitte.
(Fortsetzung.)

Querschnitt	Fläche F	Trägheits-Moment J	Wieder-stands-Moment W
	$BH - bh$	$\dfrac{BH^3 - bh^3}{12}$	$\dfrac{BH^3 - bh^3}{6H}$
	$Bh + bh$	$\dfrac{Bh^3 + bH^3}{12}$	$\dfrac{Bh^3 + bH^3}{6H}$
	$BH - bh$	$\dfrac{(BH^2 - bh^2)^2 - 4BHbh(H-h)2}{12(BH - bh)}$	$\dfrac{(BH^2 - bh^2)^2 - 4BHbh(H-h)^2}{6(BH^2 + bh^2 - 2bHh)}$

Die angegebenen Trägheitsmomente und Widerstandsmomente gelten für Achsen, welche durch den Schwerpunkt gehen.
  Das Trägheitsmoment J_1 einer Fläche, bezogen auf eine
zur Schwerpunktsachse parallele Achse im Abstande a von derselben ist: $$J_1 = J + Fa^2$$

Die hier angegebenen Trägheitsmomente nennt man äquatoriale Trägheitsmomente.

Äquatoriale Trägheitsmomente »*J*« und Widerstandsmomente »*W*« kreisförmiger Querschnitte vom Durchmesser »*d*«.

d	$J = \dfrac{d^4\pi}{64}$	$W = \dfrac{d^3\pi}{32}$	d	$J = \dfrac{d^4\pi}{64}$	$W = \dfrac{d^3\pi}{32}$
10	490,9	98,17	30	39 761	2 651
10,5	596,4	113,6	31	45 333	2 925
11	718,7	130,7	32	51 472	3 217
11,5	858,5	149,3	33	58 214	3 528
12	1 018	169,6	34	65 597	3 859
12,5	1 179	188,6	35	73 662	4 209
13	1 402	215,7	36	82 448	4 580
13,5	1 630	241,5	37	91 998	4 973
14	1 886	269,4	38	102 354	5 387
14,5	2 170	299,3 ·	39	113 561	5 824
15	2 485	331,3	40	125 664	6 283
15,5	2 833	365,6	41	138 709	6 766
16	3 217	402,1	42	152 745	7 274
16,5	3 638	441,0	43	167 820	7 806
17	4 100	482,3	44	183 984	8 363
17,5	4 604	526,2	45	201 289	8 946
18	5 153	572,6	46	219 787	9 556
18,5	5 750	621,6	47	239 531	10 193
19	6 397	673,4	48	260 576	10 857
19,5	7 098	728,0	49	282 979	11 550
20	7 854	785,4	50	306 796	12 272
21	9 547	909,2	51	332 086	13 023
22	11 499	1 045	52	358 908	13 804
23	13 737	1 194	53	387 323	14 616
24	16 286	1 357	54	417 393	15 459
25	19 175	1 534	55	449 180	16 334
26	22 432	1 726	56	482 750	17 241
27	26 087	1 932	57	518 166	18 181
28	30 172	2 155	58	555 497	19 155
29	34 719	2 394	59	594 810	20 163

Äquatoriale Trägheitsmomente »J« und Widerstandsmomente »W« kreisförmiger Querschnitte vom Durchmesser »d«.

d	$J = \dfrac{d^4 \pi}{64}$	$W = \dfrac{d^3 \pi}{32}$	d	$J = \dfrac{d^4 \pi}{64}$	$W = \dfrac{d^3 \pi}{32}$
60	636 172	21 206	80	2 010 619	50 265
61	679 651	22 284	81	2 113 051	52 174
62	725 332	23 398	82	2 219 347	54 130
63	773 272	24 548	83	2 329 605	56 135
64	823 550	25 736	84	2 443 920	58 189
65	876 240	26 961	85	2 562 392	60 292
66	931 420	28 225	86	2 685 120	62 445
67	989 166	29 527	87	2 812 205	64 648
68	1 049 556	30 869	88	2 943 748	66 903
69	1 112 660	32 251	89	3 079 853	69 210
70	1 178 588	33 674	·90	3 220 623	71 569
71	1 247 393	35 138	91	3 366 165	73 982
72	1 319 167	36 644	92	3 516 586	76 448
73	1 393 995	38 192	93	3 671 992	78 968
74	1 471 963	39 783	94	3 832 492	81 542
75	1 553 156	41 417	95	3 998 198	84 173
76	1 637 662	43 096	96	4 169 220	86 859
77	1 725 571	44 820	97	4 345 671	89 601
78	1 816 972	46 589	98	4 527 664	92 401
79	1 911 967	48 404	99	4 715 315	95 259
			100	4 908 738	98 175

Tabelle Nr. XIX.
Biegungsbeanspruchungen.

Angriffsweise. Kurve für den Verlauf der Momente.	Auflagerdrücke A und B. Biegungsmoment M und größtes Biegungsmoment M_{max}.
	$A = P$ $M = P \cdot x$ $M_{\text{max}} = P \cdot l$ An einem Ende eingespannter Träger. Gefährlicher Querschnitt bei A.
	$A = B = \dfrac{P}{2}$ $M = \dfrac{P}{2} x$ $M_{\text{max}} = \dfrac{P \cdot l}{4}$ Frei aufliegender Träger. Gefährlicher Querschnitt in der Mitte.
	$A = P \cdot \dfrac{l_2}{l}$; $B = P \cdot \dfrac{l_1}{l}$ $M = P \cdot \dfrac{l_2}{l} \cdot x$ $M_{\text{max}} = \dfrac{P \cdot l_2 \cdot l_1}{l}$ Einseitig belasteter, frei aufliegender Träger. Gefährlicher Querschnitt b. C.

28*

Tabelle Nr. XIX.
Biegungsbeanspruchungen.
(Fortsetzung.)

Angriffsweise. Kurve für den Verlauf der Momente.	Auflagerdrücke A und B. Biegungsmoment M und größtes Biegungsmoment M_{max}.
	$$A = \frac{P_1\,(l_2 + l_3) + P_2\,l_3}{l}$$ $$B = \frac{P_2\,(l_1 + l_2) + P_1\,l_1}{l}$$ $M_1 = Al_1;\ M_2 = Bl_3$ $M = A \cdot x - P_1\,(x - l_1)$ $= B\,(l - x) - P_2\,(l - l_3 - x).$ Frei aufliegender Träger, von 2 Lasten angegriffen. Gefährl. Querschnitt in P_1.
	$$A = \Sigma p = P = p \cdot l$$ $$M = \frac{p x^2}{2}$$ $$M_{max} = \frac{p \cdot l^2}{2} = \frac{P \cdot l}{2}$$ $p =$ Belastung der Längeneinheit. Gefährl. Querschnitt in A. Einseitig eingespannter Träger gleichmäßig belast.
	$$A = P_1 + P = P_1 + pl$$ $$M = m_1 + m_2 = P_1 x + \frac{p x^2}{2}$$ $$M_{max} = M_1 + M_2 = P_1 l + \frac{p l^2}{2}$$ Gefährl. Querschnitt in A. Eingespannter gleichmäß. belasteter Träger und an einem Ende von einer Einzellast angegriffen.

Tabelle Nr. XIX.
Biegungsbeanspruchungen.
(Fortsetzung.)

Angriffsweise. Kurve für den Verlauf der Momente.	Auflagerdrücke A und B. Biegungsmoment M und größtes Biegungsmoment M_{max}.
Curve der Momente: *Parabel mit Scheitel in C.*	$$A = B = \frac{pl}{2} = \frac{P}{2}$$ $$M = p\,\frac{x}{2}\,(l - x)$$ $$M_{max} = \frac{p \cdot l^2}{8} = \frac{Pl}{8}$$ Gefährl. Querschnitt in C. An beiden Enden frei aufliegender, gleichmäßig belasteter Träger.
	$$A = B = \frac{P}{2}$$ $$M = \frac{Pl}{2}\left(\frac{x}{l} - \frac{1}{4}\right)$$ $$M_{max} = \frac{P \cdot l}{8} \text{ in } A, B \text{ u. } C.$$ Gefährliche Querschnitte in A, B u. C. Auf beiden Seiten eingespannter Träger, in der Mitte belastet.
	$$A = B = \frac{p \cdot l}{2} = \frac{P}{2}$$ $$M = \frac{pl^2}{2}\left(\frac{1}{6} - \frac{x}{l} + \frac{x^2}{l^2}\right)$$ $$M_{max} = \frac{Pl}{12}; \quad M_c = \frac{Pl}{24}$$ Gefährliche Querschnitte bei A u. B. Auf beid. Seiten eingespannter, gleichmäß. belasteter Träger.

Biegungsbeanspruchungen.
(Fortsetzung.)

Biegungsformel.

Ist: $M =$ Biegungsmoment in cm/kg,

$J =$ Äquatoriales Trägheitsmoment des Querschnittes, siehe Tabelle XVIII, bezogen auf eine im Querschnitt liegende Achse, welche durch den Schwerpunkt desselben geht und senkrecht zur Richtung der biegenden Kraft steht,

$e =$ Entfernung der stärkstgespannten Faser des Querschnittes von dieser Achse,

$W = \dfrac{J}{e} =$ Widerstandsmoment des Querschnittes in cm³

(siehe Tabelle XVIII),

dann ist die Biegungsspannung

$$S = \frac{M}{W} \text{ kg/qcm.}$$

Für S sind die für Zugspannung zulässigen Werte einzusetzen.

Tabelle Nr. XX.

Drehungsfestigkeit.

$M =$ Drehmoment in kg/cm.

$G =$ Schubelastizitätsmodul $=$ ca. 770 000 kg/cm² für Eisen

ca. 830 000 » » Stahl.

$l =$ Länge des verdrehten Körpers in cm.

$S =$ Verdrehungsspannung ungefähr $= \dfrac{4}{5}$ der zulässigen Zug-spannung.

1. Kreisquerschnitt.

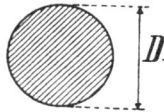

$$M = \frac{\pi}{16} D^3 \cdot S$$

2. Kreis-Ring-Querschnitt.

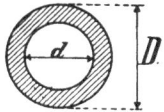

$$M = \frac{\pi}{16} \frac{D^4 - d^4}{D} \cdot S$$

3. Rechteckiger Querschnitt.

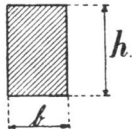

$$M = \frac{2}{9} b^2 h \cdot S. \quad (h > b)$$

4. Verdrehungsbogen φ für runde Wellen.

$$\varphi = \frac{32}{\pi D^4} \cdot \frac{M}{G} l,$$

φ ist der zum Radius 1 cm gehörige Verdrehungsbogen, um welchen die im Abstande l voneinander entfernt liegenden Querschnitte gegeneinander verdreht werden.

Knickfestigkeit.

$l =$ Länge des Stabes in cm,

$J =$ kleinstes äquatoriales Trägheitsmoment in cm⁴ (s. Tab. Nr. XVIII),

$E =$ Elastizitätsmodul in kg pro cm²,

$P =$ Belastung, bei welcher ein Knicken eintritt, in kg,

$d =$ Durchmesser des Stabes in cm.

Fall 1. Ein Ende des Stabes eingespannt, das andere Ende frei, Fig. I.

$$P = \frac{\pi^2}{4} \frac{E\,J}{l^2}.$$

Fall 2. Beide Enden frei, aber gezwungen, in der ursprünglichen Achse zu bleiben, Fig. II.

$$P = \frac{\pi^2\,E\,J}{l^2}.$$

Fall 3. Ein Ende eingespannt, das andere frei, aber gezwungen, in der ursprünglichen Achse zu bleiben, Fig. III.

$$P = \frac{2\,\pi^2\,E\,J}{l^2}.$$

Fall 4. Beide Enden eingespannt, Fig. IV.

$$P = 4\,\pi^2\,\frac{E\,J}{l^2}.$$

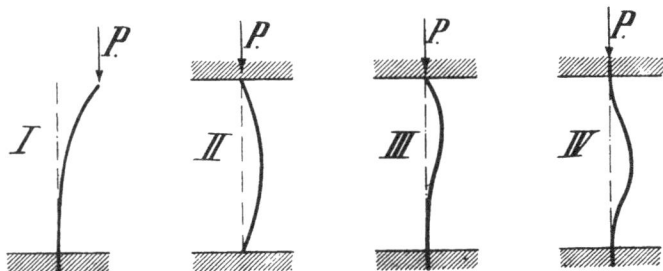

Der Stab ist auf Druckfestigkeit zu rechnen, wenn

Fall 1.	$l < 5\,d$ für Gußeisen,	$l < 12\,d$ für Schmiedeeisen	
» 2.	$l < 10\,d$ » »	$l < 24\,d$ »	»
» 3.	$l < 14\,d$ » »	$l < 33\,d$ »	»
» 4.	$l < 20\,d$ » »	$l < 48\,d$ »	»

Tabelle Nr. XXII.
Verschiedene Entfernungen auf den Dampferlinien in Seemeilen von Außenweser-Feuerschiff.

*Adelaide	8960	Kap der Guten		*Rangun	8230
*Aden	4910	Hoffnung	6400	Rio de Janeiro	5460
Algier	1815	Kap Horn	7680		
Ascension	4140	Kongo	5000	*Sansibar	6505
Athen	2920	Konstantinopel	3300	(durch Suezkanal)	
				um Kap der Guten	
Baltimore	3810	Lissabon	1310	Hoffnung	8310
*Bombay	6530			Santos	5710
Boston	3340	Madeira	1730	St. Thomas	4030
		*Madras	7540	St. Vinzent	2780
Cadix	1465	Malta	2525	San Franzisko	13830
Colon	5050	*Manila	9860	(über Magellanstr.)	
		Marseille	2260	*Shanghai	10690
Galveston	5380	*Melbourne	11330	Sierra Leone	3260
Genua	2450	Montevideo	6450	*Singapore	8520
Gibraltar	1570			*Smyrna	3155
		Natal	7020	Sydney	11790
Halifax	2430	(um Kap der Guten			
Havanna	4405	Hoffnung)		Tanger	1575
Honolulu	14080	Neapel	2470	Teneriffa	1940
(über Magellanstr.)		New York	3520	Triest	2195
		Norfolk	3690		
Jamaica	4550			Valparaiso	9050
Iquique	9760	Odessa	3620	(über Magellanstr.)	
(über Magellanstr.)				Walfisch-Bai	5795
		Panama	11565	Wellington	12680
*Kalkutta	8210	(über Magellanstr.)		(um Kap Horn)	
Kamerun	4810	Philadelphia	3660		
		Quebec	3210	*Yokohama	11420

NB! Die mit * bezeichneten Routen sind via Suezkanal gerechnet.

Tabelle Nr. XXIII.
Entfernungen in Seemeilen.

In den Tabellen 6 und 8 bis 11 ist als Ausgangspunkt der Meridian des Feuerschiffes A u ß e n w e s e r angenommen[1]); derselbe ist entfernt von: Wilhelmshaven 27, Bremerhaven 35, Bremen 69, Cuxhaven 37, Brunsbüttel 53, Hamburg 93 Seemeilen.

1. Bremen—Weser-F.-Sch.		2. Hamburg—Elbe-F.-Sch.		3. Kaiser Wilhelm-Kanal.	
Bremen	0	Hamburg	0	Kiel	0
Vegesack	7	Blankenese	6	Holtenau	3
Elsfleth	14	Brunshausen	17	Brunsbüttel	
Brake	20	Glückstadt	28	(Schleuse)	56½
Nordenhamm	29	Brockdorf	33	Cuxhaven	73
Bremerhaven	34	Brunsbüttel		Weser-F.-Sch.	110
Meyerslegde	46	(Schleuse)	40	Wilhelmshaven	138
Hohenweg	51	Cuxhaven	46		
Bremen-F.-Sch.	57	Elbe-F.-Sch. IV	61	4. Kiel—Memel.	
Rothe Sand	60	Elbe-F.-Sch. I	77	Kiel	0
Schlüsseltonne	66			Stoller Grund	12
Weser-F.-Sch.	69			Markelsdorfer Huk	39

[1]) Vgl. die ausführliche Entfernungstabelle in J. B o r t f e l d t s »Schiffstaschenbuch«, Bremen, Heinsius' Nachf.

Marienleuchte	47
Travemünde	90
Gyedser-F.-Sch.	79
Darser Ort	91
Stralsund	126
Arkona	128
Stubbenkammer	140
Greifswalder Oie	162
Swinemünde	186
Stettin	221
Adler-Grund	261
Jörshöft	239
Rixhöft	300
Hela	324
Neufahrwasser	342
Danzig	347
Pillau	356
Königsberg	378
Elbing	394
Brüsterort	358
Memel	412

5. Wilhelmshaven—Kiel.

Wilhelmshaven	9
Weser-F.-Sch	27
Helgoland	45
Hornsriff	131
Bovbjerg	195
Hanstholm	235
Hirshals	295
Skagen-F.-Sch.	330
Hirsholm	348
Läsö Rinn.-F.-Sch.	365
Tangen	399
Fornäs	413
Läsö Trindel	357
Kobber-Grund	376
Anhalts-Knob	405
Kullen	438
Helsingör	455
Kopenhagen	476
Falsterbo-F.-Sch	501
Fornäs	433
Schultz Grund	455
Roesnäs	482
Korsör	509
Fakkebjerg	551
Elefant-Grund	497
Trankjaer	535
Fakkebjerg	573
Friedrichsort	581
Kiel	585

6. Außenweser-F.-Sch.—Kanal.

Außenweser-F.-Sch	0
Borkum-F.-Sch.	53
Schiermonikoog	65
Ameland	84
Terschelling Tief	98
Terschelling-F.-Sch.	109
Texel	121
Kykduin	134

Haaks-F.-Sch	144
Ymuiden	177
Amsterdam	192
Maas-F.-Sch.	204
Rotterdam	229
Schouwen-F.-Sch.	222
Vlissingen	245
Antwerpen	290
Ushant	730
Nord Hinder	247
East Godwin	289
Dover	301
Dungeneß	319
Havre	419
Ushant	656
Beachy Head	351
Owers	386
Southampton Water	416
Needles	434
Cherbourg	496
Bishop Rock	687
Needles	419
Start Point	502
Plymouth	527
Bishop Rock	624
Eddystone	526
Lizard	564
Bishop Rock	613

7. Bishop Rock—New York.

Nördlicher Weg
vom 15. Juli bis 14. Jan.

a) Ausreise:

Bishop Rock		0
46° n. B. 49° w. L.		1703
43° » 60° »		2208
Nantucket		2664
Sandy Hook-F.-Sch.		2858
Hoboken Pier		2881

b) Rückreise:

Hoboken Pier		0
Sandy Hook-F.-Sch.		23
n. B.	w. L.	
40° 10'	70°	202
42° 5'	60°	670
46° 30'	45°	1368
Bishop Rock		2907

Südlicher Weg
vom 15. Jan. bis 14. Juli.

c) Ausreise:

Bishop Rock		0
n. B.	w. L.	
42° 30'	49°	1796
Nantucket		2733
Sandy Hook-F.-Sch.		2927
Hoboken Pier		2950

d) Rückreise:

Hoboken Pier		0
Sandy Hook-F.-Sch.		23
n. B.	w. L.	
40° 10'	70°	202
41° 40'	49°	1162
Bishop Rock		2983

8. Außenweser-F.-Sch.—Südamerika.

Antwerpen	290
Finisterre	1115
Vigo	1171
Oporto	1225
Lissabon	1396
Porto Grande	2953
Pernambuco	4565
Bahia	4955
Rio de Janeiro	5713
Santos	5919
Montevideo	6630
Buenos Aires	6757

9. Außenweser-F.-Sch.—Ostasien.

Antwerpen	290
Southampton Water	539
Gibraltar	1764
Genua	2668
Neapel	3004
Port Said	4194
Suez	4201
Aden	5509
Colombo	7602
Penang	8880
Singapore	9275
Hongkong	10712
Futschau	11173
Shanghai	11582
Nagasaki	11994
Hiogo	12383
Yokohama	12713

10. Außenweser-F.-Sch.-Australien.

Colombo (vgl. 9)	7602
Fremantle	10722
Adelaide	12052
Melbourne	12537
Sydney	13097

11. Singapore—Sydney.

Singapore (vgl. 9)	0
Batavia	532
Macassar	1282
Berlin-Hafen	2817
Friedrich-Wilhelm-Hafen	3092
Herbertshöhe	3634
Townsville	4769
Brisbane	5469
Sydney	5967

Farbenerklärung
Primärräder
Sekundärräder
Leitapparate
S. M. Stahl
Gußeisen
Bronze, Weißmetall

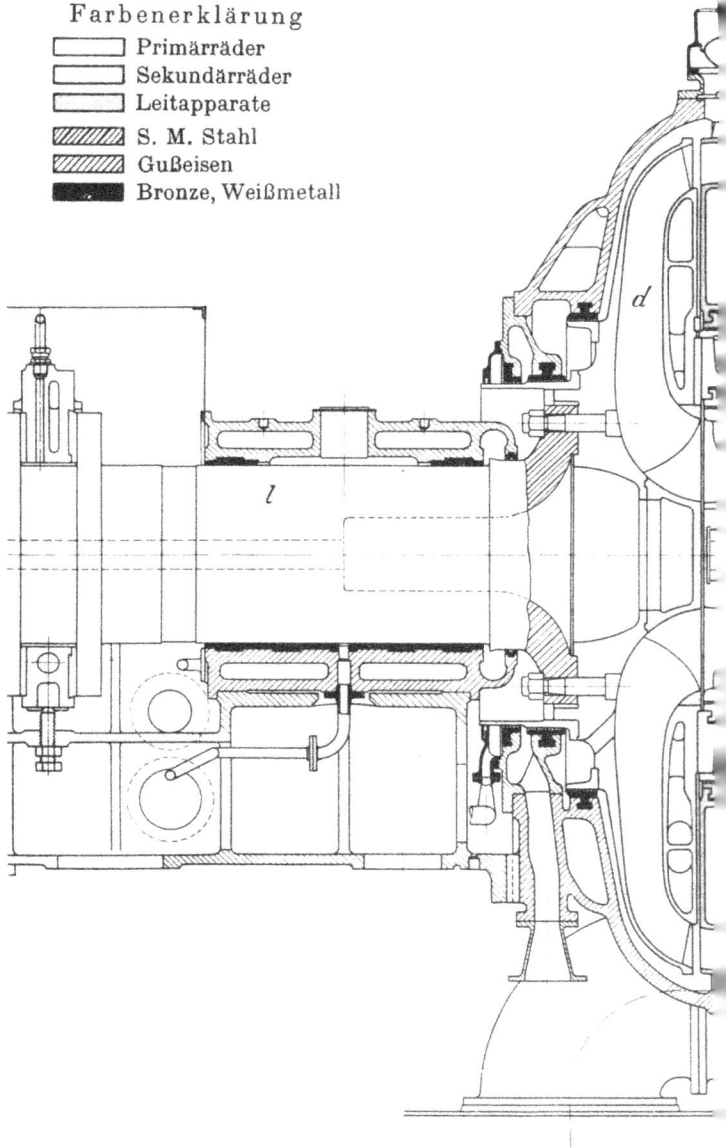

Tafel V.

Buchstabenerklärung

a	Primärrad	für den
b	I. Sekundärrad	Vorwärts-
c	Leitapparat	Kreislauf
d	II. Sekundärrad	
e	Primärrad	für den
f	Leitapparat	Rückwärts-
g	I. Sekundärrad	Kreislauf
h	Leitapparat	
i	II. Sekundärrad	
k	Turbinenwelle	
l	Propellerwelle	

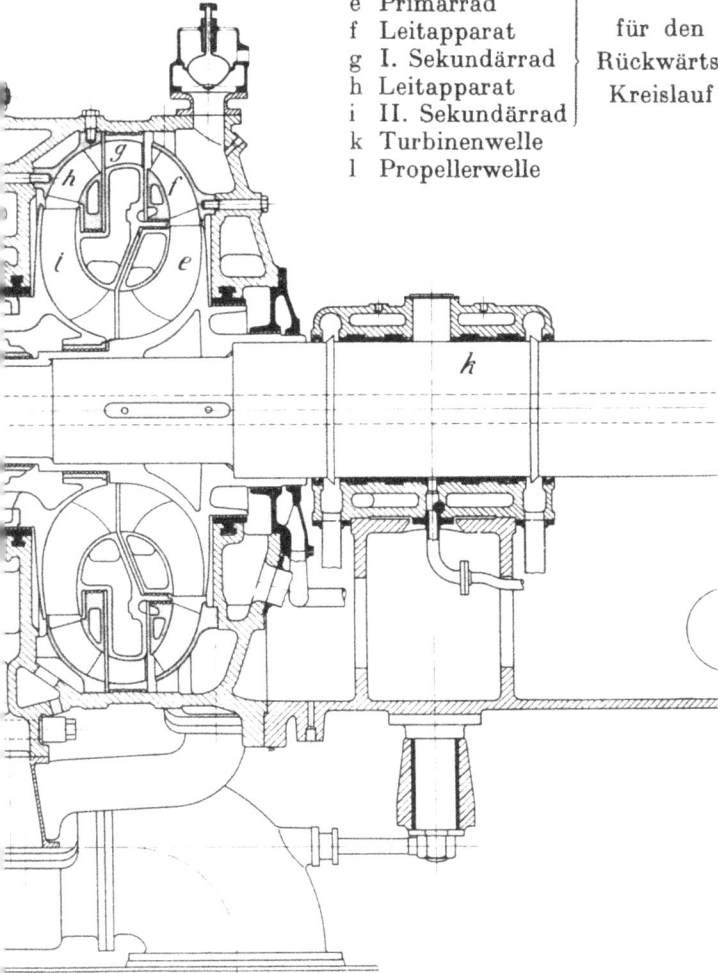

Verlag von R. Oldenbourg, München und Berlin.

Verlag von R. OLDENBOURG in München und Berlin

Berechnung und Konstruktion

der

Schiffsmaschinen und -Kessel

EIN HANDBUCH

zum Gebrauch für

Konstrukteure, Seemaschinisten und Studierende

von

Dr. G. Bauer

Direktor

der Stettiner Maschinenbau-A.-G. „Vulkan"

unter Mitwirkung der Ingenieure

E. Ludwig, A. Boettcher und Dr.-Jng. H. Foettinger

Vierte Auflage

Mit 623 Illustrationen, 27 Tafeln und vielen Tabellen

In Leinwand gebunden M. 24.—

Wenn wir einen Rückblick auf die einschlägige Literatur werfen, so müssen wir gestehen, daß von dem englischen Taschenbuch von Seaton und Rhounthraites, das noch vor einem Dezennium [der Katechismus des Schiffsmaschinenbauers war, bis zu dem vor uns liegenden Handbuch ein gewaltiger Schritt mit durchschlagendem Erfolge getan wurde — das besondere Verdienst des Verfassers und seiner Mitarbeiter.

(Zeitschrift des Österr. Ingenieur- und Architekten-Vereins)

Zu beziehen durch jede Buchhandlung

	Deutsch	English	Français	Русский	Italiano	Español

1 Klauenkupplung (f) / claw coupling / accouplement (m) à griffes — шипообразная муфта (f) / giunto (m) a denti / acoplamiento (m) de dientes

2 Lederkupplung (f) / leather coupling / accouplement (m) à cuir — кожаная муфта (f) / giunto (m) di cuoio / acoplamiento (m) de cuero

3 Stahllamellenkupplung (f) / steel lamination coupling / accouplement (m) à lames — стальная пластинчатая муфта (f) / giunto (m) a lamine d'acciaio / acoplamiento (m) de láminas

4 Nadelkupplung (f) / needle coupling / accouplement (m) à broches — стержневая муфта (f) / giunto (m) elastico a filo metallico / acoplamiento (m) de aguja

5 Schiffsturbine (f) / marine turbine / turbine (f) marine — судовая турбина (f) / turbina (f) [per] marina / turbina (f) marina

6 Hauptturbine (f) / main turbine / turbine (f) principale — главная турбина (f) / turbina (f) principale / turbina (f) principal

7 Vorspannturbine (f), Vorturbine (f), Vorschaltturbine (f) / auxiliary turbine / turbine (f) auxiliaire — передняя (носовая) турбина (f) / turbina (f) ausiliare / turbina (f) auxiliar

a

8 Vorschaltrad (n) / additional turbine wheel / roue (f) additionnelle — дополнительное колесо (n) / ruota (f) addizionale / rueda (f) adicional

9 Marschturbine (f) / cruising turbine / turbine (f) de croisière — ходовая турбина (f) / turbina (f) di marcia / turbina (f) de marcha

www.ingramcontent.com/pod-product-compliance
Lightning Source LLC
Chambersburg PA
CBHW031429180326
41458CB00002B/499